Für Carola

Heinz Marquardt

Geheimnis Leben

Forscher, Experimente, Abenteuer

www.tredition.de

Verlag & Druck: tredition GmbH, Halenreie 40-44, 22359 Hamburg

ISBN
Paperback: 978-3-7497-3320-0
Hardcover: 978-3-7497-3321-7
e-Book: 978-3-7497-3322-4

Inhalt

Der Dichter und die Ordnung in der Vielfalt 6
Auf hoher See.. 6
Ein Forscher in Berlin 19
Ein Abend im Hause Chamisso 28
Bilanz... 55
I think **59**
Zellen... **77**
Chemie und Leben... **93**
Justus von Liebig.. 93
Strukturformeln... 122
Studenten 1866.. **129**
Gregor Mendel.. **152**
Nuclein, der Stoff aus dem Zellkern............... **165**
Der Tanz der Chromosomen............................ **176**
Gene.. **196**
Zucker und Proteine, Moleküle des Lebens **215**
Atmung und Energie **252**
Tod am Schneeberg **266**
Gene und Strahlen.. **276**
Forschung in dunkler Zeit............................... **292**
Die Phagengruppe **303**
Was ist Leben? **314**
Der Theoretiker 314
Der Biochemiker.. 321
Die Doppelhelix.. 325
Die ersten sieben Jahre **344**
Der Code **374**
Der Weg zur Gentechnik................................. **384**
Studenten 2016.. **411**
Anhang 447

Der Dichter und die Ordnung in der Vielfalt der Natur

Auf hoher See

Chamisso erwachte. Eine heftige Bewegung des Schiffes hatte den Naturforscher unsanft an die Wand seiner Koje geworfen. Es war schon der zweite Tag, der ihn mit Sturm, Hagel und Schnee tatenlos in die Kajüte, in die Koje verbannte. Es war kalt, feucht und dunkel. Er zog die Decken dichter an den Körper und versuchte wieder einzuschlafen. Hatte ihn doch der Schlaf zuvor auf eine sonnige Wiese voller gelber Blumen entführt. Mit leuchtend gelben Blumen, Adonisröschen, hatte ihn auch das Oderbruch empfangen. Doch damals waren sie für ihn nicht Symbol für Wärme, Aufbruch und Neubeginn gewesen. In diesem bitteren Mai 1813 hatten sie ihn daran erinnert, dass diese Blumen in der griechischen Mythologie den Tränen der Aphrodite entsprossen seien sollten, den Tränen, die die Liebesgöttin um den vom Kriegsgott ermordeten Geliebten vergossen hatte. Und damals nach den ersten blutigen Schlachten des Befreiungskrieges waren Tausende junger Männer zu beweinen.

Der Schlaf kam nicht zurück, aber vor dem, was man geistiges Auge nennt, tauchte wieder der schöne von Wasserläufen durchzogene Park auf. Das Schloss, das sich im Teich spiegelte. Hierher nach Kunersdorf ins Oderbruch war er aus Berlin geflohen, geflohen vor einer Welle patriotischer Begeisterung, die Bürger und Studenten in Berlin erfasst hatte. Seit Reste der in Russland untergegangen „Grande Armee" die Stadt erreicht hatten, war Berlin nicht mehr zur Ruhe gekommen. Und geradezu ein Taumel hatte die Bevölkerung erfasst, als im März die französische Besatzung fast fluchtartig die Stadt verlassen hatte. Auf Plätzen, in Hörsälen und Wirtshäusern waren patriotische Flugschriften und Spottgedichte über Napoleon verlesen worden und bekannte Leute, darunter Professoren, waren bis an die Zähne bewaffnet durch die Straßen gezogen.

„Das Volk steht auf, der Sturm bricht los;/ Wer legt noch die Hände feig in den Schoß?"(1) - Für Freiheit, und Recht gegen Tyrannei und Knechtschaft hatten Prediger, Dichter und Fürsten in den Kampf, in den Krieg gegen Napoleon gerufen. Doch ihnen hatte er nicht folgen können. Hatte es doch für diese Patrioten keinen Unterschied zwischen dem diktatorischen Regime Napoleons und dem französischen Volk gegeben. Wie hätte er, dessen Wiege in Frankreich gestanden hatte, Seite an Seite mit jenen fechten können, die jedem „Franzmann" feind waren und darauf brannten ihre blanken Eisen mit Franzosenblut zu röten? Und er hatte schon damals geargwöhnt, den Führern der neuen Koalition gegen Napoleon, dem russischen Zaren und dem preußischen König, ginge es nicht um die Befreiung der Völker, sondern um die Wiederherstellung der Ordnung, die vor der französischen Revolution geherrscht hatte.

Sein Abseitsstehen hatte ihn nicht nur einsam gemacht, er hatte sich auch zunehmender Anfeindungen erwehren müssen. Und er war allein gewesen damals in Berlin. Die Eltern tot und die Geschwister in Frankreich. Inmitten der allgemeinen Begeisterung der Berliner für den Befreiungskrieg gegen Napoleon hatte er sich wie jemand gefühlt, dem etwas fehlt, etwas, das alle anderen haben - wie ein Mann ohne Schatten.

Anfangs hatte er sich vor dem allgemeinen Aufruhr noch in die Stille des Seziersaales zurückziehen können. Als aber die Berliner Universität ihre Pforten geschlossen hatte und viele Studenten freiwillig ins Feld gezogen waren, hatte ihn der Freund und Lehrer, Professor Lichtenstein, nach Kunersdorf vermittelt. Hier auf dem Gut der gegenüber Wissenschaft und Kunst aufgeschlossenen Familie von Itzenplitz hatte er bei freier Kost und Unterkunft die Pflanzenwelt des Oderbruchs studiert, ein Herbarium angelegt, die Söhne der Gutsherrschaft in Botanik und Französisch unterrichtet und den Landsturm exerziert.

Die Bewegungen des Schiffes hatten zugenommen. Chamisso versuchte darin eine Ordnung zu erkennen, um den Magen rechtzeitig auf den Sturz ins nächste Wellental vorzubereiten. Doch was da draußen vor sich ging, entzog sich jeglicher Voraussicht. Sich überschlagende Wellen, Brecher, schlugen auf das Deck, während durch Wind und Überlagerungen zerklüftete Wellenberge das Schiff aufforderten, allen Bewegungsarten der Seemannssprache, rollen, stampfen, tauchen und schlingern, möglichst gleichzeitig zu folgen. Und das kleine Schiff, die „Rurik", befand sich weitab von allen Handelswegen, tausende Kilometer von jeder Küste entfernt inmitten des größten Ozeans der Erde. Um der aufkommenden Angst zu entgehen, flüchtete sich Chamisso wieder in die Vergangenheit zurück nach Kunersdorf. Er sah sich wieder am Schreibtisch am offenen Fenster der Bibliothek. Nach einer langen Wanderung mit dem Obergärtner des Gutes hatte er hier an einem der ersten warmen Sommerabende begonnen, die Geschichte des Mannes ohne Schatten niederzuschreiben.

Ein junger Mann, Peter Schlemihl, auf der Suche nach Gold und Glück verkauft leichtfertig seinen Schatten an den Teufel. Schnell muss er erkennen, dass zum Fortkommen in der Gesellschaft neben Geld auch ein Schatten notwendig ist. Einsam von allen, die das Geld an ihn gebunden hatte, verlassen, versucht er, den Tausch rückgängig zu machen. Doch der Teufel verlangt für die Herausgabe des Schattens Schlemihls Seele. Die aber will Schlemihl nicht verlieren und verliert so seine Existenz in der Gesellschaft und die geliebte Braut. Bis hierher war er flott vorangekommen. Hatte er doch als Franzose in Deutschland, als Deutscher in Frankreich das Gefühl des nicht Dazugehörens gekannt und gewusst, wie die Gesellschaft auf einen Außenseiter reagiert.

Doch dann war es darum gegangen, wie Schlemihl noch Glück finden könnte. Dazu hatte Chamisso sein eigenes Leben und seinen Anspruch an die Zukunft überdacht und dann Schlemihl als

Naturforscher mit Siebenmeilenstiefeln in die Welt hinaus geschickt. Denn das war es, was er damals selbst gern getan hätte, beobachtend, sammelnd und messend die Welt der Tiere und Pflanzen erforschen. Und dieser Traum war wahr geworden! Er, Adelbert von Chamisso, war als Naturforscher einer russischen Expedition unterwegs, war auf dem Wege seinen Platz in der Gemeinschaft der Wissenschaftler zu finden.

Das war nicht an seiner Wiege gesungen worden. Als Sohn eines Grafen im Januar 1781 auf Schloss Boncourt in der Campagne geboren, wäre für ihn nur eine repräsentative Aufgabe bei Hofe, ein Dienst in der Ministralverwaltung oder als Offizier in Frage gekommen. Und so waren es weder Eltern noch Hauslehrer gewesen, die in dem heranwachsenden Knaben das Interesse an den Naturwissenschaften erweckt hatten. Die Natur selbst hatte mit Blumen und Pflanzen, mit Vögeln, Eidechsen und Käfern im Park, mit Blitzen am nächtlichen Himmel über Türmen und Zinnen des väterlichen Schlosses seine Wissbegierde auf ihre Geheimnisse gerichtet.

Doch er war gerade neun Jahre alt, da hatte der Sturm der französischen Revolution die Familie aus Frankreich vertrieben. Als Fremde waren sie sechs Jahre lang in Europa umhergeirrt. Oft war der Erlös aus dem Verkauf von Miniaturbildern, die seine älteren Brüder herstellten, die einzige Einnahme gewesen. Schließlich hatte man in Berlin Asyl gefunden.

Dort hatte er als herausgeputzter Page bei der preußischen Königin dienen müssen, hatte aber daneben das Französische Gymnasium in Berlin besuchen können. An dieser den Ideen der Aufklärung verpflichteten Schule waren nicht nur seine naturkundlichen Interessen bestärkt worden, sondern aus seinem Sinn für Schönheit und Ordnung war auch seine Leidenschaft für die Dichtung erwachsen. Interessen und Leidenschaften, die auch die folgende Zeit seines Dienstes als preußischer Offizier überdauert hatten.

Erste dichterische Versuche hatten ihn Freunde finden lassen. Eine Gruppe empfindsamer kluger junger Männer der „Nordsternbund". Doch auch hier keine völlige Zugehörigkeit. Der neuen romantischen Geistesströmung angehörig, hatten sie im Fortschreiten der Wissenschaft, in ihrem Ordnen und Zergliedern eine zunehmende Entfernung von der Welt der Gefühle und Wunder erblickt. Für sie waren die Natur als Ganzes und das Geheimnis ihrer Schönheit die Quellen aus der dem Menschen eine Ahnung von der höheren Bedeutung aller Dinge erwuchs. Verführerische Gedanken, die Zugehörigkeit und Wärme im süßen Weh der Sehnsucht nach der Einheit von Mensch und Natur versprochen hatten.

Doch hatten nicht Fragen an die Natur, der Gebrauch der Vernunft die Menschheit voran gebracht? In der Lektüre der Denker der Aufklärung Voltaire, Diderot und Kant in den Schriften der Wissenschaftler Linné, Haller und Alexander von Humboldt hatte er eine andere, klarere Weltsicht gefunden, die Sicht von einer durch das fortschreitende Wissen, durch neue Sichten schöner, klarer und verständlicher werdenden Natur.

Und dann 1810 in Paris die Begegnung, die Bekanntschaft mit Alexander von Humboldt. Dieser rastlos tätige Mann; musste man ihn nicht bewundern und verehren! In allen Naturwissenschaften kundig hatte er mit dem Chemiker Gay-Lussac Luftproben aus großer Höhe analysiert und war er mit dem Botaniker Aime Bonpland durch Urwälder und Steppen Amerikas gereist. Dort hatten sie den Gefahren und Strapazen einer viermonatigen Flussfahrt auf einem Einbaum umgeben von Krokodilen, Boas und Jaguaren getrotzt und waren am Vulkan Chimborazo fast 5900 m hinaufgestiegen, so hoch wie kein Mensch zuvor. Alexander von Humboldt war für Chamisso zu einer Leitgestalt geworden, der zu folgen, die aber nicht zu erreichen war.

Durch dieses Vorbild gefestigt hatte sein Interesse an den Naturwissenschaften die Zeit der vergeblichen Suche nach einer Existenz in Frankreich und die Zeit im Zauberkreis der Madame de Staël überdauert.

In den Kreis um diese ungewöhnliche Frau war er durch den Literaten und Wegbereiter der deutschen Romantik August Wilhelm Schlegel geraten. Schlegel, mit fürstlichem Gehalt zur Entourange der reichen Schriftstellerin gehörend, hatte ihm zu einem Zeitpunkt höchster Not Arbeit angeboten, die Mitarbeit bei der Übersetzung von Vorlesungen Schlegels ins Französische. Gearbeitet hatten sie zunächst auf Schloss Chaumont an der Loire. Doch bald hatte man umziehen müssen; Napoleon hatte der Staël, einer scharfen Kritikerin seiner Politik, den Aufenthalt in Frankreich verboten. Zum neuen Arbeitsort war Schloss Coppet in der Schweiz geworden. Hier am Genfer See in der Heimat des großen Gelehrten und Dichters Albrecht von Haller war dann eine ernsthafte Beschäftigung mit der Botanik möglich geworden. Die Bekanntschaft mit dem Genfer Professor Nicolas Theodore de Saussure hatte sein Interesse auch auf die Lebensprozesse der Pflanzen gelenkt und im Botaniker Auguste de Staël, dem Sohn der Schriftstellerin, hatte er einen der Schönheit der Pflanzenwelt ergebenen Freund gefunden. Unter beider Anleitung hatte er mit wachsender Begeisterung begonnen, Pflanzen zu sammeln und zu bestimmen. Bei seinen Bergwanderungen, auf einsamen Pfaden mit wunderbaren, grandiosen Ausblicken, hatte er sich auf Wegen gewusst, die vor ihm schon Albrecht von Haller gegangen war und erstmals die Pflanzenwelt der Schweiz erforscht hatte. Wie der große Mann der Aufklärung hatte auch er sich dabei als Schüler der Natur empfunden, einer Natur, die sich dem forschenden Geiste offenbart. Auf einsamen Wegen, allein der Natur gegenüber war ihm Suters „Flora Helvetica" die einzige Verbindung zur Welt der Wissenschaft gewesen. In diesem Buch war die Vielfalt der zuerst von Haller erforschten Pflanzenwelt der Schweiz beschrieben und nach dem System Linnés geordnet worden. Albrecht von Haller hatte dieses Ordnungssystem lange kritisch angegriffen und mit Linné heftig darüber gestritten. Doch nur zwei Jahrzehnte nach dem Tod beider waren von der Nachwelt die Entdeckungen des Einen nach dem System des Anderen geordnet worden.

Schon seit fast achtzig Jahren half Linnés System, Ordnung in die Vielfalt der Organismen zu bringen. Linnés Festlegungen bei der Beschreibung der Blüten, die Einteilung der Blütenpflanzen nach Verteilung, Zahl und Verwachsung der Staub- und Fruchtblätter machten es möglich, Pflanzen eindeutig für alle Forscher gleich zu beschreiben. Mit der Benennung jeder Art durch je einen lateinischen Namen für die Gattung und die Art hatte Linné eine internationale Sprache für die Naturkunde geschaffen und die angesichts des gewaltigen Artenreichtums zu erwartende Verwirrung von vornherein beseitigt.

Auch dieses Werk war nur dank der Vorarbeit anderer Forscher entstanden und hatte sich gegen die Kritik großer Geister wie Haller und Buffon durchsetzen müssen. Bei allen Erfolgen und Ehrungen war Linné gegenüber Natur und Wissenschaft bescheiden geblieben. Er hatte nicht geglaubt, dass seine Gliederung der Welt des Lebenden, seine Idee die Blütenpflanzen nach Form und Aussehen ihrer Geschlechtsorgane zu ordnen, einem göttlichen Schöpfungsplan entsprach. Zeit seines Lebens war Linné davon überzeugt, dass eine in der Natur verborgene Ordnung und Harmonie, ein natürlicher Schöpfungsplan, einmal seine „Systema naturae „ ablösen werde.

Und an dieser Aufgabe wollte Chamisso damals und auch heute mitarbeiten. Er wollte ein anerkannter Arbeiter am ständig wachsenden Bau der Wissenschaft werden. Für dieses Ziel war er damals aus der Schweiz über den St. Gotthard zu Fuß nach Berlin gelaufen, um sich am 17. Oktober 1812 als Student der Medizin und Naturkunde einschreiben zu lassen.

Und von dieser selbst gestellten Aufgabe mochte er sich auch nicht durch das aufgepeitschte Meer da draußen abhalten lassen. Er war jetzt sechsunddreißig Jahre alt, hatte vor zwei Jahren die Studien abgeschlossen und könnte nicht wie sein Schlemihl frei in Wäldern, Steppen und Wüsten umherschweifen. Wollte er als Naturforscher leben, müsste er eine möglichst gut dotierte Stelle im Betrieb der gelehrten Welt anstreben. Und dazu musste er erst seine Sammlungen und Aufzeichnungen sicher und trocken nach Hause bringen.

Und zusammen mit dem Schiffsarzt Johann Friedrich Eschscholtz, der jetzt in der Nachbarkoje schnarchte, hatte er schon einiges zusammen getragen. Und das trotz den für den Forscher und Sammler schlechten Arbeitsmöglichkeiten auf der „Rurik". Nicht allein, dass auf dem nur 180 Tonnen großen Segler der Platz für eine naturkundliche Sammlung recht begrenzt war, sondern auch der Kapitän zeigte wenig Verständnis dafür, dass unter der russischen Kriegsflagge Kräuter zum Trocknen aufgehängt und ausgebreitet wurden. Wozu dieses Heu? Reichten nicht Zeichnungen, um die Funde zu belegen? Hatte man zu diesem Zweck nicht einen Künstler an Bord? Dass dieses „Heu" besser als die kunstvollste Zeichnung für den Botaniker ein Gedächtnis darstellt, ein Gedächtnis, indem ihm die Natur zu jeder Zeit zur Ansicht, zum Vergleich und zur Untersuchung vorliegt, war dem jungen Kapitän bis heute nicht wirklich zu vermitteln gewesen. Dennoch hatten sie zwischen Südsee und Beringmeer an Küsten und auf Inseln unverdrossen die Pflanzen der jeweiligen Weltgegend gesammelt. Wenn es nötig war, hatten sie die Sammelstücke unter oder in ihrer Koje so lange gespeichert, bis der Kapitän eine seefeste Verpackung in Kisten erlaubte. Mehrmals hatten sie jedoch erleben müssen, dass Teile ihrer Sammlung von den Matrosen teils mutwillig teils durch Unachtsamkeit beschädigt oder zerstört worden waren.

Auch der Expeditionsplan war für Forschung und Erkundung nicht gerade zuträglich. Er war strikt der Hauptaufgabe der Forschungsreise, der Suche nach einer Nordwestpassage zwischen Pazifik und Atlantik, untergeordnet. Ein solcher Seeweg nördlich des amerikanischen Kontinents hätte der russischen Kolonie Alaska und auch den sibirischen russischen Besitzungen eine schnelle Verbindung zu den Haupthandelswegen eröffnet. Da die Suche nach diesem Seeweg nur während des in den hohen Breiten nur kurzen Nordsommers erfolgen konnte, waren die Aufenthalte an vielen Orten nur kurz gewesen oder hatten für die Naturforscher zur falschen Zeit stattgefunden.

Auf der Insel St. Catharina vor der brasilianischen Küste hatten Regengüsse einen Teil der bereits gesammelten Pflanzen unbrauchbar gemacht und in Chile, dessen Küste sie im Februar 1816 erreicht hatten, war die Vegetation von der Sommerhitze verbrannt.

Trotz aller dieser Widrigkeiten hatten sie ein beachtliches Herbarium zusammen getragen. Angetrieben zu diesen Mühen wurden sie weniger von der durchaus vorhandenen Sammelleidenschaft, als viel mehr von der Überzeugung, dass das Sammeln, das Anhäufen von Tatsachen eine Voraussetzung für das Fortschreiten der Wissenschaft wäre. Wie anders, als aus der Überschau der ungeheuren Vielfalt der Natur, könnten neue Zusammenhänge erkennbar werden, könnten alte Fragen beantwortet werden? Und es gab viele Fragen die einer Antwort harrten. Da waren Fragen nach dem natürlichen System. Gab es ein solches System überhaupt? Waren Linnès Arten, Gattungen, Ordnungen und Klassen nicht nur künstliche Hilfsmittel, um sich in der gewaltigen Menge der Lebewesen zurechtzufinden? Hatte doch der große Gelehrte und Widersacher Linnés, Georges Buffon, erklärt, die Natur ordne ihre Wesen nicht in Haufen und Gattungen, in Wirklichkeit existierten nur Individuen.

Dann die alten Fragen zur Verbreitung der Lebewesen auf der Erde. Zu ihrer Klärung hatte schon im Sommer 1700 der Botaniker Joseph Pitton Tournefort in Kleinasien den Berg Ararat bis zur Schneegrenze bestiegen. Hier sollte nach der Sintflut die Arche Noah gelandet sein und der Reisende hatte gehofft, von dort aus Spuren der Wiederbesiedlung der Erde verfolgen zu können. Gefunden aber hatte er, dass sich die Vegetation mit der Höhe in der gleichen Weise wie bei einer Reise von Kleinasien nach Lappland ändert.

Hundert Jahre nach Tournefort hatte Alexander von Humboldt versucht, die Verteilung der Gewächse mit dem Klima, dem Boden, den Mineralien der jeweiligen Weltgegend in Verbindung zu bringen.

Chamisso überlegte, ob seine Beobachtung, dass die am Beringmeer beheimate Pflanzenwelt derjenigen auf den Alpenmatten der Schweiz überraschen ähnlich war, zur Klärung der Frage beitragen könne. Doch was war mit den großen Unterschieden in den Tier– und Pflanzenwelten Südafrikas, Südamerikas und Australiens trotz ähnlicher klimatischer Verhältnisse?

Wenn er zur Klärung dieser Fragen beitragen wollte, sollte er auch weiterhin, nicht nur Pflanzen, Tiere und menschliche Schädel, sondern auch Mineralien sammeln und alle Beobachtungen zur Pflanzen– und Tiergeographie, zu Klima und Geologie festhalten. Wenn er diesen Sturm überlebte!

Der war offenbar zum Orkan angewachsen und es war als stürzten nicht Wellen, sondern lebende Wesen voller Hass von allen Seiten auf das in allen Spanten und Planken ächzende Schiff ein. Das schwache Licht der Öllampe vollführte einen wilden Tanz durch die Kajüte. Einen Tanz, dem sich der grotesk vergrößerte Schatten von Leutnant Schischmarew anschloss, als dieser jetzt nass und leise fluchend in die Kajüte herunter kam.

Der Kapitän, Otto von Kotzebue, hatte den Leutnant abgelöst. Es musste also gegen vier Uhr am Morgen sein. Kein Grund zur Besorgnis. Der Kapitän würde zwar erst am Ende des Jahres sein dreißigstes Lebensjahr vollenden, war aber trotz seiner Jugend ein gut ausgebildeter und erfahrener Seeoffizier. Gleich nach Abschluss der Ausbildung, sechzehn Jahre alt, hatte er an der ersten russischen Weltumseglung teilgenommen. Und den Rest an jugendlichem Leichtsinn mochte ihm ein Ereignis zu Beginn dieser Forschungsreise ausgetrieben haben. Anfang des vergangenen Jahres, in der Nähe von Kap Horn, hatte sich der Kapitän ungeachtet der hoch gehenden See auf einer Kiste mit vierzig Hühnern ausgestreckt und, ein Kissen unter dem Kopf, das Tosen des Sturmes genossen, bis ihn eine Welle mitsamt der Kiste über Bord geschleudert hatte. Zum Glück hatte er eine Leine ergreifen und sich wieder an Deck schwingen können. Chamisso lächelte bei dieser Erinnerung.

Da geschah es. Ein gewaltiger Stoß erschütterte das Schiff. Es krachte und rauschte. Und er hatte das Gefühl, eine riesige Faust drücke das Vorderschiff ins Meer hinab, um es dann wieder wie einen Korken hoch schnellen zu lassen. Alle sprangen aus ihrem Nachtlager. Chamisso und Eschscholtz rannten hinter Schischmarew hinauf aufs Deck.

Dort draußen brüllte die See. Und obwohl es bereits dämmerte, war kaum zu erkennen, welche Schäden zu beklagen waren. Denn die Luft war voller Wasser, das der Wind waagerecht von der aufgewühlten See hinweg wehte. Chamisso blieb auch keine Zeit, sich umzuschauen. Drei Matrosen waren erheblich verletzt worden, Eschscholtz und er mussten sie versorgen.

Später erfuhren sie: Es war kein Menschenleben zu beklagen. Außer den drei Verletzten und dem Kapitän hatte sich zum Zeitpunkt des Einschlags der Riesenwelle nur ein weiterer Matrose an Deck befunden. Den hatte die Welle ins Meer geschleudert. Zu seinem Glück hatte das vor dem Sturm ablaufende Schiff zu beiden Seiten etliche Leinen nachgeschleppt und er hatte sich daran wieder auf das Schiff retten können. Der Kapitän war von der Welle niedergeworfen aber nicht schwer verletzt worden. Neben einem zerbrochenem Steuerrad und vielen Schäden an den Aufbauten hatte die Welle einen gebrochen Bugspriet zurückgelassen. Hier zeigte sich, mit welcher Wucht die Welle auf das Schiff geschlagen war. Der etwa zwei (60 cm) Fuß dicke Balken war von diesem einen Stoß der Welle zersplittert worden.

Aber viel wichtiger war: Der Schiffskörper, von finnischen Bootsbauern aus bestem finnischen Fichtenholz hergestellt, hatte der Wucht der Welle unbeschädigt standgehalten. Und als sich der Sturm nach zwei weiteren Tagen legte, konnte die Fahrt zum russischen Hafen Unalaska auf der gleichnamigen Aleuteninsel fortgesetzt werden.

Und doch sollten die Beschädigungen aus der Sturmnacht des 13. Aprils 1817, die auf Unalaska nur notdürftig beseitigt werden konnten, einer der Gründe werden, dass der Kapitän Mitte Juli das vorzeitige Ende der Expedition beschloss. Die weiteren Ursachen waren der schlechte Gesundheitszustand des Kapitäns und die in diesem Jahr am Beringmeer ungewöhnlich spät einsetzende Eisschmelze. Noch am 11. Juli war die Expedition im Beringmeer weit südlich ihres Erkundungsgebietes auf geschlossenes Packeis gestoßen.

Für die Forschungsarbeit Chamissos stellte diese Änderung keine wesentliche Einschränkung dar, wurden doch bevor es nach Hause ging die Hawaii - und Marshallinseln, Manila und Kapstadt angesteuert. Und alle angelaufenen Inseln und Häfen boten ihm und dem Schiffsarzt Gelegenheit zu weiterer Forschungsarbeit. Aber nicht nur die Küsten forderten ihren Forscherdrang heraus. Sooft das Schiff vor Anker träge in der Dünung dümpelte oder auf offener See der Wind fast einschlief, erschienen sie in leichter Kleidung, einen Strohhut auf dem Kopf, ohne Strümpfe und Halsbinde an Deck. Mit an Stangen befestigten Keschern aus Flaggentuch fischten sie kleine Meeresbewohner, die die Sonne an die Oberfläche gelockt hatte. Besonders beschäftigten sie die Salpen, glashelle, zarte fast durchsichtige Organismen von fünf bis zehn Zentimeter Länge. Durch Einsaugen und Ausstoßen von Wasser nach dem Rückstoßprinzip glitten diese Meeresbewohner als Einzeltiere oder als Kolonie aneinander „geketteter" Individuen durch das Wasser. Diese schönen Tiere hatten schon im Atlantik zu Beginn der Reise das Interesse der beiden Forscher geweckt. Und sie hatten jede Gelegenheit, in jeder warmen Meeresregion genutzt, um das Geheimnis dieser Tiere zu ergründen. Denn die Einzeltiere und die Kettensalpen waren bisher von den Wissenschaftlern als verschiedene Arten beschrieben worden. Chamisso und Eschscholz hatten dagegen aber beobachtet, dass die einzelnen frei-schwimmenden Tiere an einem Knospungszapfen Folgen von aneinander geketteten Individuen hervor brachten. Und in solchen aneinander hängenden Tieren konnten sie winzige Embryonen beobachten, die heranwuchsen, um als Einzeltiere geboren zu werden. Diesen Kreislauf konnten sie bei einer Salpenart (Salpa pinnata) in allen seinen Phasen nicht nur beobachten, sondern der gute Zeichner Chamisso konnte ihn auch auf Papier dokumentieren. Es wäre als gebäre die Raupe den Schmetterling und der Schmetterling wiederum die Raupe, hatte Chamisso in seinem Tagebuch notiert. Sie hatten etwas Neues, der Naturwissenschaft noch nicht Bekanntes – einen Generationswechsel- entdeckt. Eine Entdeckung auf die Chamisso nicht wenig stolz war.

Als dann das Schiff Mitte Juni 1818 England erreichte, ergab sich für Chamisso in London sogar die Gelegenheit, diese Entdeckung Georges Cuvier vorzustellen. Und dass Cuvier diese Entdeckung für durchaus wichtig hielt und zur Veröffentlichung riet, war für Chamisso, wie ein Ritterschlag. Cuvier, einer der bedeutendsten und einflussreichsten Naturwissenschaftler der Gegenwart, hatte sich für seine Forschungsarbeit interessiert und sich anerkennend geäußert! Chamissos Hochgefühl in London wurde noch verstärkt, als er noch von einem anderen bedeutenden Naturwissenschaftler dem Präsidenten der Royal Society, Sir Joseph Banks, empfangen wurde. Der inzwischen sechsundsiebzig Jahre alte Banks war einer der erfolgreichsten Botaniker seiner Zeit. Er konnte auf die Entdeckung von 1300 neuen Pflanzenarten und von 110 neuen Pflanzengattungen zurückblicken. Vor fünfzig Jahren war er als Naturforscher mit James Cook zu dessen ersten Weltumseglung aufgebrochen. Während dieser Reise hatte Banks zusammen mit dem Linnéschüler Daniel Solander und dem finnischen Naturforscher Herman Spöring begonnen, die damals für die Wissenschaft noch unbekannte Pflanzenwelt Australiens zu erforschen. Später war unter dem Einfluss Banks die Royal Britannic

Gardens in Kew zu einer bedeutenden Stätte botanischer Forschung geworden.

Chamisso hoffte, dass die Anerkennung seiner Forschungsarbeit durch solch bedeutende Wissenschaftler, wie Banks und Cuvier, helfen könnte, nach dem bevorstehenden Ende der Expedition einen Platz, eine Anstellung im preußischen Wissenschaftsbetrieb zu finden.

Im August 1818 warf die „Rurik" in der Newa vor dem Haus des Grafen Romanzow Anker. Da weder der Graf, der die Forschungsreise finanziert hatte, noch eine andere russische Stelle an den naturkundlichen Sammlungen interessiert waren, konnte Chamisso diese am Ende der Reise nach Berlin verschiffen. Dort gingen die Mineralien und die Tierpräparate in den Besitz der Universität und der Museen über. Die Sammlung von etwa 2400 Pflanzenarten, von denen fast jede Dritte bisher unbekannt war, ging an das königliche Herbarium.

Im Oktober war Chamisso wieder in Berlin, wo seine glückliche Heimkehr von den „Seropionsbrüdern", dem Freundeskreis um den Dichterkollegen E.T.A. Hoffmann, feucht fröhlich gefeiert wurde.

Ein Forscher in Berlin

Als erste wissenschaftliche Arbeit zu den Forschungen während der Weltreise publizierte Chamisso im folgenden Jahr eine kleine Abhandlung über die Salpen. In klarem Latein erörterte er darin zunächst den allgemeinen Charakter der Gattung Salpa und den zusammen mit Eschscholtz entdeckten Generationswechsel. Anschließend beschrieb er darin elf unterschiedliche, davon acht bisher unbekannte Arten der Gattung nach äußerer Erscheinung und anatomischem Bau.

Diese Arbeit hatte für Chamisso erfreuliche Folgen: Die Berliner Universität verlieh ihm den doctor honoris causa, er erhielt eine feste Anstellung, wurde zweiter Kustos am königlichen Herbarium und konnte die achtzehnjährige Antonia Piaste heiraten.

Nach dreijähriger Abwesenheit war Chamisso in ein verändertes Land zurückgekehrt. Nach dem Sieg über Napoleon hatten die Fürsten Europas begonnen, eine Ordnung aufzubauen, welche die Vorrechte des Adels wieder herstellen und sichern sollte. Nicht Freiheit, Gleichheit und Brüderlichkeit, sondern eine zwar auf Frieden gerichtete Fürstenherrschaft von Gottes Gnaden waren Ziele einer Politik, zu deren Wortführer sich Österreichs Kanzler Fürst von Metternich aufgeschwungen hatte. Gegen dessen Ziele aber stand eine selbstbewusste Jugend, die im Befreiungskrieg für die Freiheit gefochten und geblutet hatte und die keine Rückkehr in politische Unmündigkeit, die Kant eine selbstverschuldete genannt hatte, dulden wollte. Interessen, Hoffnungen und Ängste stießen hart aufeinander. Als in Jena der liberale Professor Lorenz Oken, wegen seiner Berichte über das Wartburgfest entlassen wurde, wallte und gärte es heftig unter den Studenten.

Wenn Chamisso im Glück des Erfolgs und der Liebe zunächst die politische Situation wenig beachtet und das Zurückdrängen der nationalistischen Einpeitscher aus der Öffentlichkeit als angenehm empfunden hatte, sollte er durch ein schreckliches Ereignis hart mit der Wirklichkeit konfrontiert werden.

Er erfuhr, auch sein Kapitän, der Kapitän der „Rurik" Otto von Kotzebue, hätte nach der Weltumseglung geheiratet und sich Anfang 1819 auf die Reise nach Deutschland begeben. Hier hätte er mit seiner jungen Frau den Vater in Mannheim besuchen wollen. Fast am Ziel hätte er in Hanau in einer Zeitung eine Meldung aus Mannheim gefunden. Dort wäre am 23. März eine abscheuliche Tat verübt worden. Ein Student hätte den Dichter August von Kotzebue, seinen Vater, durch mehrere Dolchstiche getötet.

Eine schreckliche Tat, die eine gründliche Untersuchung erforderte. Die gerichtlichen Ermittlungen führten schnell zu dem Ergebnis, dass der Mörder, Karl Ludwig Sand, ein Einzeltäter ohne Mittäter und Mitwisser war.

Doch für Metternich war er auch ein Theologiestudent und Burschenschaftler aus Jena. Ein Burschenschaftler also, einer jener Umstürzler, deren Ziele und Anhänger August von Kotzebue in seinem „Literarischen Wochenblatt" angegriffen und verspottet hatte. So wurde unter dem Einfluss Metternichs aus dem fanatischen Ausbruch eines Schwärmers gegen erdrückend übermächtig empfundene Fürstenherrschaft, wurde aus dem Einzeltäter eine Verschwörung gegen die sittliche, christliche und staatliche Ordnung. Für Metternich war es nun leicht, die Ermordung des umjubelten Bühnendichters und Napoleongegners zu benutzen, um liberale und nationale Strömungen, die seiner Politik entgegenstanden, zu bekämpfen. Auf der Ministerkonferenz in Karlsbad peitschte er Beschlüsse durch, die Bespitzelung, Überwachung und Zensur vorsahen. Man verbot die Burschenschaften und das Turnen, führte eine politische Überwachung der Hochschulen ein. Zensur und Vorzensur sowie eine Kommission zur Untersuchung staatsgefährlicher Umtriebe führten in allen deutschen Staaten zu Maßregelungen und Verfolgungen freiheitlich gesinnter Persönlichkeiten. Spitzel, Denunzianten, Polizeischikanen schufen ein Klima, indem die öffentliche Meinung, wie Chamissos Freund Varnhagen es ausdrückte, zu einer geheimen wurde.

Chamisso, der als Gast in Preußen die errungene Anerkennung nicht gefährden wollte, zog sich mehr und mehr aus der Öffentlichkeit zurück. Und als er von seinem Freund, dem Kammergerichtsrat E.T.A. Hoffmann, erfuhr, dass der Tagebuchvermerk man sei heute „ mordsfaul" ausreiche, um als Staatsfeind verdächtigt zu werden, war er froh, sich weit ab vom öffentlichem Getriebe seiner Arbeit als Botaniker widmen zu können.

Seinen Sinn für Schönheit und Ordnung konnte er hier beim Vergleichen und Beschreiben von Pflanzen ausleben. Waren nicht der Versuch des Ordnens, das Erkennen einer Ordnung und das Verstehen dieser Ordnung Ausgang und Ziel der Wissenschaft? Seine gewissenhafte, qualifizierte Arbeit und die Aufarbeitung der

Sammlungen aus der Weltumseglung und zugehörige Veröffentlichungen in Fachzeitschriften brachten ihm Anerkennung europäischer Gelehrter und Freunde unter den Naturwissenschaftlern Berlins. Aber nicht nur Wissenschaftler auch Schriftsteller und Dichter gehörten bald zum Freundeskreis Chamissos, der als Dichter zunehmend Erfolg und Anerkennung erlangte. Man traf sich gern zu einer geselligen Runde bei Chamisso, gehörten doch dessen Gartenhaus vor den Toren Berlins in Schönberg und später seine Stadtwohnung zu den wenigen Orten, wo sich Männer aus der Welt der Künste und aus der Welt der Naturwissenschaft zwanglos treffen konnten.

Freude und Stolz über den gewachsenen Schatten wurden jedoch dadurch getrübt, dass die Entdeckung des Generationswechsels bei den Salpen in der Fachwelt keine Resonanz fand. Hatte er gehofft, mit dieser Entdeckung der Erforschung von Fortpflanzung und Vererbung einen neuen Anstoß zu geben, musste er sich jetzt gegen Vorwürfe wehren, die den Generationswechsel zu Peter Schlemihl ins Reich der Fabel verweisen wollten.

Er hatte natürlich selbst und in der Diskussion mit Freunden versucht, die Beobachtungen über die Fortpflanzung der Salpen im Licht der bestehenden Lehrmeinungen zu verstehen und einzuordnen.

Unter den Freunden war man sich einig, dass die Entdeckung ein gutes Argument gegen die Präformationslehre gewesen wäre. Doch die alte Lehre von der Präformation, die so hervorragende Forscher wie Gottfried Wilhelm Leibniz, Lazzaro Spallanzani und Albrecht von Haller vertreten hatten, war inzwischen zumal in Berlin der Lächerlichkeit preisgegeben. Wer mochte noch glauben, dass je nach Glaubensrichtung entweder im Ei oder im Spermienkopf präformiert, vorgeformt, die Wesen der nächsten und aller folgenden Generation bereits vorliegen und ineinander geschachtelt seit Erschaffung der Welt auf Entfaltung und Wachstum warten.

Genaue überprüfbare Beobachtungen werdenden Lebens und

die Tatsache, dass Eigenschaften beider Eltern an die folgende Generation weitergegeben werden, hatten zur Überwindung der Präformationslehre geführt. Die für die Gelehrten an den europäischen Hochschulen kaum überprüfbare Entdeckung eines Generationswechsels bei kleinen Meeresbewohnern war dazu nicht mehr erforderlich.

Der eigenartige Wechsel in der Art der Fortpflanzung zwischen den Generationen der Salpen hat Chamisso sicher bewogen sich mit einer Theorie zu beschäftigen, welche alle bekannten Arten der Fortpflanzung von der Knospung bis zur geschlechtlichen Zeugung aus einer gemeinsamen Ursache zu erklären versuchte. Diese Theorie war nicht neu. Bereits 1749 hatte sie George Louis Leclert de Buffon im zweiten Band seiner Naturgeschichte vorgestellt. Buffon hatte aus den Tatsachen, dass aus Knospen ganze Pflanzen und aus jedem Teil eines zerstückelten Süßwasserpolypen ein vollständiger Polyp heranwachsen, gefolgert, dass alle Lebewesen, Tiere wie Pflanzen, eine Ansammlung kleinster organischer Teilchen darstellen. Diese Urteilchen sollten nach Buffons Lehre die ganze Erde, Luft, Wasser und den Boden bevölkern und von den Pflanzen mit den Wurzeln und von den Tieren mit der Nahrung aufgenommen werden. Durch ihre Assimilation in den jeweiligen Organismus sollten sie Ursache und Stoff für Wachstum und Leben sein. Wie die Ernährung erklärte Buffon auch die Fortpflanzung mittels der im Überschuss aufgenommenen Urteilchen. Bei niederen Geschöpfen sollten sich diese als Keime überall im Körper bei höheren in den Geschlechtsorganen sammeln und so alle Formen der Fortpflanzung ermöglichen. Dass aber aus den Aggregaten von Urteilchen immer ein Organismus derjenigen Art hervorgeht, in der sich der Keim gebildet hat, hatte Buffon mit einer formbildenden Kraft, dem „Modell" zu erklären versucht.

Diese Lehre Buffons hatte sich in der Zeit der Herrschaft der Präformationstheorie nicht durchsetzen können.

Das lag unter anderem daran, dass von Buffon angenommen worden war, dass nach dem Tod der Organismen die Urteilchen wieder in die Umwelt freigesetzt werden und neues Leben bildend einen Kreislauf des Organischen aufrechterhalten. Als Beweis dazu hatte Buffon die Experimente des englischen Naturforschers John Turberville Needham herangezogen. Dieser hatte Pflanzensamen und andere organische Materialien mit Wasser übergossen und beobachtet, dass sich im Wasser nach einiger Zeit kleine nur unter dem Mikroskop sichtbare Lebewesen entwickelt hatten. Um sicher zu gehen, dass nicht schon vorhandene Keime für dieses Ergebnis verantwortlich waren, hatte er Hammelfleischbouillon zum Kochen erhitzt, anschließend in einen Versuchskolben gefüllt und diesen mit einem Korken verschlossen. Nach einigen Tagen hatte er unter dem Mikroskop das gleiche Ergebnis beobachtet- in der Bouillon wimmelte es von Mikroorganismen. Needham hatte das Versuchsergebnis als Beweis für die Entstehung von lebenden Organismen aus totem Material gedeutet. Doch schon bald hatte der Italiener Lazzaro Spallanzani nachgewiesen, dass die Entstehung von lebenden Organismen ausblieb, wenn die Bouillon ausreichend lange erhitzt wurde. Für die Anhänger der Präformationstheorie hatte dieses Forschungsergebnis Spallanzanis den schlagenden Beweis dafür bedeutet, dass es eine Urzeugung und damit den von Buffon angenommenen Kreislauf der organischen Substanzen nicht geben konnte

Jetzt aber mit dem Niedergang der Präformationstheorie wurden Zweifel an der Deutung von Spallanzanis Versuchen laut. So nahm Oken an, dass in der Luft eine „Lebenskraft" enthalten wäre, etwas bisher Unbeobachtetes und Unbekanntes, das die Lebensfähigkeit in die tote Materie hineinbringe. Und diese Kraft sei durch Spallanzanis Versuchsausführung zerstört worden.

Als Konsequenz zu seiner Ansicht hatte Oken mehr als ein halbes Jahrhundert nach Buffons eine Theorie veröffentlicht, welche weitgehend der Lehre Buffons entsprach. Doch viele Anhänger hatte Oken für diese als sehr spekulativ empfundene Lehre unter den Wissenschaftlern nicht finden können. Daran konnte auch die Entdeckung des Generationswechsels nichts ändern, denn auch diese Theorie konnte nicht erklären wozu eine Änderung in der Art der Fortpflanzung von Generation zu Generation notwendig wäre.

Die Mehrheit der Forscher hing inzwischen einer Lehre an, nach der die Nachkommen der Lebewesen sich durch Neubildung, Epigenese, entwickeln. Auch diese Lehre war nicht neu. Bereits 1759 hatte der junge Anatom Caspar Friedrich Wolff seine Untersuchungen veröffentlicht und darin aufgezeigt, dass sich Embryonen aus undifferenziertem Gewebe entwickeln und keineswegs schon vorgebildet sind. Doch im Streit mit Albrecht von Haller hatte Wolff seine Meinung nicht gegen die Autorität seines Gegners durchsetzen können.

Doch schon 1781 vier Jahre nach dem Tode Hallers hatte Johann Friedrich Blumenbach, der Nachfolger Hallers auf dem Lehrstuhl in Göttingen, mit seiner Abhandlung „ Über den Bildungstrieb" den Beifall der wissenschaftlichen Welt gewinnen können. In dieser Arbeit hatte Blumenbach die schon von Wolff vertretene neue Sicht durch Beobachtungen der Entwicklung des bebrüteten Hühnereies und durch Untersuchungen menschlicher Fehlgeburten untermauert.

Das tiefe Geheimnis, was von den Eltern an die folgende Generation weiter gegeben wird und wie dieses Unbekannte das Werden, die Entstehung neuen Lebens voran treibt, versuchte die neue Lehre mit der Wirkung eines geheimnisvollen Bildungstriebes, Nisus formativus, zu erklären. Eine Erklärung, welche die bestehende Unwissenheit nur notdürftig verdeckte. Aber die Anerkennung der bestehenden Unkenntnis war schon ein Fortschritt gegenüber der Präformationslehre. Fast zweihundert Jahre lang war die Fortpflanzung der Lebewesen nicht Gegenstand der Forschung gewesen. Die Vertreter der Präformationstheorie hatten zwar heftig darüber gestritten und zu beweisen gesucht, ob Spermienkopf oder Ei der Aufenthaltsort für die vorgeformte Generationenfolge sei, das eigentliche Geheimnis der Fortpflanzung jedoch hatte für sie als gelöst gegolten.

Dass wieder über die Fortpflanzung der Lebewesen geforscht wurde, davon konnte sich Chamisso 1828 in Berlin überzeugen.

In diesem Jahr, im September fand die 7. Versammlung der „Gesellschaft Deutscher Naturforscher und Ärzte" in Berlin statt. Als Alexander von Humboldt am 18. September die Versammlung eröffnete, begrüßte er 458 Teilnehmer, die aus allen deutschen Staaten, aus Schweden, Norwegen und Dänemark, aus Holland England und Polen in die preußische Hauptstadt gekommen waren. Unter ihnen ein junger Professor aus Königsberg, Karl Ernst von Baer.

Am vorletzten Tag des Kongresses sprach er im Haus der Singakademie „ Über die Formenänderungen in der Entwicklungsgeschichte des Individuums". Der aus dem russischen Estland stammende Forscher berichtete, wie er zunächst am Hühnerei untersucht hatte, wie sich das befruchtete Ei zu einem unabhängig lebenden Organismus entwickelt. Später wäre er dazu übergegangen, diese Entwicklung auch an den Eiern von Fischen Amphibien und Reptilien zu verfolgen. Mehr noch hätte ihn diese Entwicklung bei den Säugetieren interessiert. Doch wo wäre das Ei der Säuger zu finden gewesen? Haller hätte es bei der anatomischen Untersuchung von Schafen nicht finden können und gefolgert, erst nach der Begattung ergieße sich aus den Eierstöcken eine Flüssigkeit und gerinne zum Ei. Andere Forscher hätten die Graafschen Follikel für die Eier der Säugetiere gehalten. Baer hätte diese Unwissenheit keine Ruhe gelassen. Bei der Betrachtung des Eierstocks einer Hündin, die ein Kollege der Wissenschaft geopfert hätte, wäre ihm in einigen Graafschen Follikeln je ein gelbes Fleckchen aufgefallen. Schnell hätte er eines der Bläschen geöffnet und das Fleckchen auf einem Uhrglas unter das Mikroskop gebracht. Nach dem ersten Blick durch das Mikroskop wäre er wie vom Blitz getroffen zurückgefahren, denn er hätte eine sehr kleine, scharf ausgebildete gelbe Dotterkugel –das Ei eines Säugetiers – erblickt. Sehr überrascht, fast erschreckt hätte ihn die große Ähnlichkeit zwischen dem Dotter der Vögel und dem Inhalt des Eies der Hündin.

Ähnlichkeiten bestimmten auch den weiteren Vortrag Baers. Unabhängig davon, ob es sich um das Ei eines Frosches oder um ein Säugerei gehandelt hätte, aus dem befruchteten Ei hätten sich immer zunächst undifferenzierte Gewebeschichten, Keimblätter, gebildet. Und jedes dieser Keimblätter wäre Ausgang zur Bildung verschiedener spezialisierter Organe geworden. Deshalb sähe er, betonte von Baer, die Entwicklung neuen Lebens nicht so sehr als Neubildung, sondern mehr als Wachstum und Umbildung an.

Ein weiterer überraschender Befund seiner Forschungen wäre, führte der Vortragende weiter aus, dass sich die Embryonen der Säugetiere, Vögel, Eidechsen und Schlangen in ihren frühen Stadien als Ganzes als auch in der Ausbildung der Teile so ähnlich wären, dass sie nur der Größe nach zu unterscheiden wären. Selbst, wenn sich schon Gliedmaßen gebildet hätten, in den frühen Entwicklungsstadien könne man nicht unterscheiden, um Nachkommen welcher Tierklasse es sich handle, denn die Füße der Eidechsen und Säugetiere, die Flügel und Füße der Vögel sowie die Hände und Füße der Menschen bildeten sich aus der gleichen Grundform.

Für die Zuhörer warf der Vortrag ein erstes Licht auf ein noch unverstandenes Band zwischen den Lebewesen.

Ein Abend im Hause Chamisso

Einem Austausch, einer Diskussion über Fragen zu Verwandtschaften, Beziehungen der Lebewesen unter einander galt auch das Treffen von Chamissos Freundeskreis an einem schönen Sommerabend im August 1830. Diese Probleme, die in der Pariser Akademie einen Streit ausgelöst hatten, bei einem Glas Wein im Freundeskreis erörtern zu können, wünschten vor allem diejenigen, von denen die Öffentlichkeit eine Meinung dazu erwartete, – die anwesenden Professoren für Zoologie, Botanik und vergleichende Anatomie. Es gab aber noch einen weiteren Grund, weshalb man heute gerade bei Chamisso zusammen gekommen war - Chamissos Verbindungen nach Frankreich.

Gerüchten und Extrablättern zufolge, wehte über Paris nicht mehr der Lilienbanner der Bourbonen, sondern die Trikolore, das Fanal der Revolution. Die versammelten Freunde waren bis auf den Juristen und Schriftsteller Julius Eduard Hitzig wohlbestallte Angehörige der Berliner Universität. Noch vor wenigen Tagen hatten sie im großen Hörsaal der Friedrich-Wilhelms Universität ohne Murren dem Festakt zum sechzigsten Geburtstag des preußischen Königs beigewohnt und den lateinisch vorgetragenen Lobhudeleien mit sichtbarem Interesse gelauscht. Doch tief im Innersten hofften alle, die sich heute bei dem inzwischen fast fünfzigjährigen Chamisso versammelt hatten, auf politische Veränderungen auf mehr Freiheit, verbürgte Grundrechte und einen dadurch bedingten allgemeinen Aufschwung.

Außer Chamisso und Hitzig hatten noch fünf weitere

Männer an einem großen runden Tisch Platz gefunden. Sie alle führten den Professorentitel. Es waren : Paul Erman, Physiker und mit sechsundsechzig Jahren, der Senior des Kreises, dem Alter nach folgte Karl Asmund Rudolphi, Botaniker, Zoologe und vergleichender Anatom, zu beiden gesellten sich die „Fünfziger", der Zoologe Martin Hinrich Lichtenstein und der Mineraloge und Geologe Samuel Weiss. Den Schluss bildete die „Jugend", die beiden Mittdreißiger, der Botaniker Diedrich Franz Leonhard von Schlechtendal und der Naturforscher Christian Ehrenberg.

Nachdem alle versorgt waren und sich die hübsche, junge Hausfrau zurückgezogen hatte, erbot sich Hitzig Chamissos engster Freund und Pflegevater seiner Frau zur Einstimmung ein Gedicht des Gastgebers vorzutragen.

> „ Leipzig, Leipzig! arger Boden,
> Schmach für Unbill schafftest du.
> Freiheit! hieß es, vorwärts, vorwärts!
> Trankst mein rotes Blut wozu?"

Er sprach leise aber sehr klar und deutlich und der Kontrast des düsteren Textes zu dem schönen Sommerabend, das Wissen um politische Enge in Preußen und der Hoffnungsstrahl aus Frankreich verlieh dem Vortrag eine tiefe Wirkung.
Und als er mit,

> „ Schrei ich wütend noch nach Freiheit,
> Nach dem bluterkauften Glück,
> Peitscht der Wächter mit der Peitsche
> Mich in schnöde Ruh zurück." (2)

die eigene politische Wirklichkeit beschworen hatte,

konnte Chamisso mit unzensierten Meldungen liberaler Zeitungen aus Frankreich und England den Informationshunger seiner Gäste zufrieden stellen.

Draußen war es so finster geworden, dass Kerzen angezündet werden mussten. Ihr Licht ließ die Schatten der aufgeregt lesenden sich auf bestimmte Stellen hinweisenden Männer grotesk vergrößert über Wände und Decke tanzen. Stimmen schwirrten durch den Raum.

„Der Louvre, die Tuilerien in der Hand des Volkes!"

„Der König geflohen! Die Nationalgarde, La Fayette, kontrollieren Paris!"

„Diese Franzosen, sie lassen sich nicht mehr unter ein Joch von Gottesgnaden zwingen! Wenn doch auch bei uns…".

„Aber wie denn, bei neununddreißig Einzelstaaten unter dem Wiener Zuchtmeister."

„Und wer? Unsere Studenten, die ihren Mut auf geheime Paukböden tragen und auf den rotbärtigen Erlöser warten? Wessen Bart durch den Stein- Stammtisch gewachsen ist, der steht nicht wieder auf."

„Seien wir doch froh über die Besonnenheit unserer Studenten! So bleiben uns Anarchie und Blutvergießen erspart!"

Aus Ausrufen der liberalen Presse zum zivilen Ungehorsam, aus Meldungen über dessen Umschlagen in bewaffnete Auseinandersetzungen, aus Situationsberichten über das schauerliche Sturmgeläut von allen Kirchtürmen und dem Donner der Kanonen, aus Berichten über blutige Kämpfe, erschloss sich den Gästen ein Bild von den Vorgängen in Paris.

Die Bürger der französischen Hauptstadt hatten nach dreitägigem Barrikadenkampf gesiegt. Der Versuch des Königs, wie seine Vorfahren absolut ohne Parlament zu

regieren, war gescheitert, die königliche Regierung aufgelöst; darauf konnte man anstoßen. Doch was nun? Wie
reagierte man in Wien und St. Petersburg? Nach den Zeitungen war der Herzog von Orleans, Louis Philipp, in Paris eingetroffen. In einen Trikolore-Schal eingewickelt wäre er
mit einem vorausgehenden Trommler zu Fuß zum Hauptquartier
der Republikanischen Partei gegangen. Dort hätte ihn La Fayette
öffentlich umarmt. Bedeutete das, dass die Republikaner bereit
waren, eine kontrollierte Monarchie zu akzeptieren? Akzeptierte
auch Metternich diese Lösung? Es blieben unbeantwortete Fragen
und die Angst vor einem erneuten Feldzug gegen Frankreich.

„Nun, nachdem es uns möglich war, von leidenschaftlichen Ereignissen Kenntnis zu erhalten, die wie ich
glaube, dem Hochmut eines Herrschers und der Blindheit
seiner Minister gegenüber dem Geist des Fortschritts geschuldet sind, gestattet mir, liebe Freunde, den Blick auf
einen weiteren Streit in Paris zu richten. Es ist ein Streit
innerhalb der Wissenschaft, speziell der Wissenschaft von
den lebendigen Kreaturen, der Wissenschaft für die jetzt
häufig der Begriff Biologie verwendet wird. In Frankreich
hat diese akademische Auseinandersetzung mittlerweile
eine solche öffentliche Aufmerksamkeit erhalten, dass
Zeitungen ausführlich darüber berichten und in Paris die
Sitzplätze bei den Sitzungen der Akademie von einem laut
anteilnehmenden Publikum überfüllt werden.", mit diesen
Worten lenkte der Gastgeber das Gespräch auf das für den
Abend vorgesehene Thema.

Er fuhr fort: „ In diesem Streit treffen die Meinungen zweier
bedeutender Männer aufeinander. Der erste, Baron Georges Cuvier, ist Sekretär der französischen Akademie und nicht nur unter
Naturforschern weltbekannt, auch sein Widerpart Geoffroy Saint-
Hilaire ist als würdiger Mitglied der Akademie unter den Naturforschern hoch geachtet. Ich bitte nun meinen verehrten Lehrer,

unseren Freund, Professor Karl Asmund Rudolphi um Informationen zur Person der Kontrahenten und zur Vorgeschichte der Auseinandersetzung. Ich denke keiner aus unserer Runde besitzt einen tieferen Einblick in das wissenschaftliche Denken der Rivalen als Rudolphi, beackert er doch den gleichen wissenschaftlichen Boden – die vergleichende Anatomie. Auch ist er schon vor nahezu dreißig Jahren mit Cuvier zum wissenschaftlichen Austausch zusammen getroffen und hat den Werdegang und das Auseinanderdriften der Meinungen beider Forscher seit langem verfolgt."

Rudolphi erklärte, er komme dieser Aufforderung gern nach, vorher möge man ihm jedoch nachschenken, auf dass er die trockene Zunge benetzen könne. Er trank und begann: „Etienne Geoffroy de Saint Hilaire wurde am 15. April 1772 in Etampes, einer kleinen Stadt, in der Nähe von Paris geboren. Schon früh fiel der Junge durch Intelligenz, Phantasie und Wissensdurst auf. Allein als das jüngste von vierzehn Geschwistern in einer wenig begüterten Familie konnte er nicht auf eine höhere Bildung hoffen. Jedoch fand sich in dem Geistlichen und Arzt, Abee Tessier, ein Mann, der es ermöglichte, dass Geoffroy in Paris Naturkunde und Theologie studieren konnte. Der zweite Teil seines Namens ‚Saint Hilaire‘ stammt wohl aus dieser Zeit und soll ein Spitzname gewesen sein. Nach erfolgreicher Ausbildung in seinen Heimatort zurückgekehrt, erlebte Geoffroy als Kanonikus den Ausbruch der Revolution, die seine kirchliche Karriere beendete. Trotz der Wirren der Revolution ging er nach Paris, um Medizin zu studieren. 1793 berief sein Lehrer Dauberton den erst einundzwanzigjährigen Geoffroy als Professor für Zoologie ans Musée d'Histoire Naturelle in Paris. Hier war er für Arbeiten über Säugetiere, Wale, Vögel, Reptilien und Fische zuständig. Für dieses weite Arbeitsfeld benötigte er kenntnisreiche Mitarbeiter.

Sein früherer Förderer der Abee Tessier empfahl ihm Georges Cuvier. Dieser traf 1795 in Paris ein und bewährte sich anfangs glänzend als Mitarbeiter und wurde zum Freund. Die beiden jungen Forscher schwärmten von der Idee, die Vielgestaltigkeit des Lebens aus seiner Ganzheit einfangen und verstehen zu können. Aus der gemeinsamen Arbeit gingen fünf Veröffentlichungen zur Naturgeschichte hervor.

Von 1798 bis 1801 nahm Geoffroy als Naturforscher an Napoleons Ägyptenfeldzug teil. Wieder zurück in Paris widmete er sich der Beschreibung des in Ägypten gesammelten Materials, und der Klassifikation der Tiere und der vergleichenden Anatomie. Letzteres ist sein Hauptarbeitsgebiet geblieben. 1818 erschien der erste Teil seiner ‚Philosophie anatomique', dem vier Jahre später der zweite Teil folgte. In diesem Werk entwickelt Geoffroy seine Theorie von der ‚Einheit des Bauplanes'.

Diese Theorie geht von der den Zoologen und Anatomen lange bekannten Tatsache aus, dass es im Bau verschiedener Tierarten Ähnlichkeiten gibt. Manche sind sogleich augenfällig wie die Übereinstimmungen im Bau der Beine von Ziege und Rind. Beide sind aber äußerlich dem Flügel eines Vogels und dem Grabbeins eines Maulwurfs kaum ähnlich. Erst der Vergleich aller vier Gliedmaßenskelette offenbart, dass sie übereinstimmend in Oberarmknochen, Elle und Speiche, Handwurzel-, Mittelhand- und Fingerknochen gegliedert sind. Solche homologen Ähnlichkeiten, die Geoffroy Analogien nennt, gibt es natürlich auch für andere Skelettteile und Organe. Und nicht immer sind diese so leicht zu erkennen, wie in dem Beispiel. Bei der Entwicklung von Kriterien zum Erkennen solcher Übereinstimmungen hat Geoffroy Bedeutendes geleistet und eine beträchtliche Verfeinerung der Methoden erreicht.

Bei meinen anatomischen Untersuchungen so unterschiedlicher Kreaturen wie Löwe und Wal, war mir sein Prinzip, Übereinstimmungen des Körperbaus aus der relativen Lage im Gefügesystem des Lebewesens zu erkennen, immer eine wertvolle Hilfe.

Liebe Freunde, ich muss betonen, dass diese Art der Ähnlichkeiten und Übereinstimmungen von der Wissenschaft noch völlig unverstanden ist, Es ist als hätte der Schöpfer aus ökonomischen Erwägungen, erprobte Baupläne für die verschiedensten Anwendungen modifiziert. Es liegt auf der Hand, dass diese Tatsachen zu Spekulationen Anlass geben.

Auch Geoffroy begnügt sich nicht mit Ähnlichkeiten innerhalb der Tierstämme, er vertritt die alte Lehre, dass eine ununterbrochene Kette der Lebewesen existiert und diese sich in einem für alle Tiere bestehenden gemeinsamen Grundbauplan, `Unité de composition`, zeigen müsse. Dieser Hang Geoffroys, die Natur von einer spekulativen Idee her erklären zu wollen, führt ihn, wie ich meine, zu einer Wissenschaft, die sich mit Spekulationen über die Natur immer weiter von dieser entfernt. Diese Gefahr sehe ich auch in der Naturphilosophie, die bei uns in Deutschland immer noch im Schwange ist.

Dagegen zeichnet Cuvier eine nüchterne aller Spekulation abholde Sicht auf die Welt der Lebewesen aus. Doch bevor ich auch noch dessen Werdegang skizziere, gönnt mir, gönnt uns einen Schluck dieses köstlichen Weines. Auf den Fortschritt, auf die Wissenschaft. Zum Wohle."

„Wie Geoffroy Saint Hilaire stammt auch Georges Cuvier aus kleinen Verhältnissen. Als er am 23. August 1769 in Mömpelgard geboren wurde, lebte die Familie von der mäßigen Pension des Vaters, eines ehemaligen Leutnants. Nach erstem Unterricht durch die gebildete Mutter, trat der Zehnjährige in das Gymnasium des kleinen Ortes ein. Mit großer Leichtigkeit bewältigte er hier den Schulstoff und begann sich durch Buffons Naturgeschichte angeregt, mit der Naturkunde zu beschäftigen. Selbst nicht in der Lage die Mittel für eine höhere Ausbildung des jungen Cuvier aufzubringen, durfte die Familie bei dessen glänzenden Lernerfolgen auf eine Freistelle für ein Theologiestudium in Tübingen hoffen. Doch eine unbedachte scharfzüngige Bemerkung des fünfzehnjährigen Abiturienten gegenüber dem Rektor des Gymnasiums machte diesen Plan zunichte. Er erhielt nicht die für die Freistelle nötige Beurteilung. Ein vermeintliches Unglück, das sich als Glücksfall für die Wissenschaft erweisen sollte. Und es folgte gleich der nächste Glücksfall; die in Mömpelgard residierende Prinzessin von Württemberg konnte für Cuvier eine Einladung des Herzogs zum Studium an der Hohen Karlsschule in Stuttgart erwirken. Ein Glück für die Wissenschaft. Doch wird es der junge Cuvier auch so empfunden haben?

Obgleich drei Jahre vor Cuviers Eintritt zur Universität erhoben, war die Karlsschule kein Ort der Burschenherrlichkeit. Soweit mir bekannt ist, begann ein Unterrichtstag morgens um fünf Uhr, winters um sechs Uhr. Alle Bewegungen zu den Speisesälen, zu den Unterrichtsräumen und zu den Schlafsälen erfolgten unter Kommando. Ständig war die Uniform zu tragen und ständig wurden die Schüler überwacht. Ein Schultag aus Unterrichts- Nacharbeitungsstunden und kaum aus Freizeit bestehend endete um neun Uhr abends. Und selbst die Nachtruhe erfolgte unter Aufsicht.

Vier Jahre lang von 1784 bis 1788 besuchte Cuvier diese Schule. Bei streng militärisch geregeltem Tagesablauf erwarb er hier vorrangig Wissen in Juristerei, zu Verwaltungs – und Wirtschaftsdingen. Aber auch seinen naturwissenschaftlichen Interessen konnte der Zögling nachgehen. Diese erfuhren eine besondere Förderung, als der nur vier Jahre ältere Carl Friedrich Kielmeyer sein Lehrer wurde. Unter Kielmeyer Anleitung lernte er wohl auch sehr geschickt sezieren.

1788 war die Zeit der Ausbildung beendet und Cuvier fand bei dem Grafen d´Hericy in der Normandie eine Anstellung als Hauslehrer. Im folgenden Jahr brach in Paris die Revolution aus. Doch die von Paris ausgehenden Wellen der Veränderung waren bereits stark gedämpft, wenn sie die normannische Provinz erreichten. Und während in Paris glänzende Reden gehalten und heftig, ja blutig gestritten wurde, nutzte Cuvier die reichliche Freizeit, um an der Kanalküste die Vielfalt der Meerestiere zu studieren. Fische, Mollusken, Würmer und Seesterne boten ihm ein reiches Material für vergleichende anatomische Studien. Er beobachtete, sezierte und notierte.

Der Zufall wollte, dass der Freund und Förderer Geoffroy de Saint Hilaires, der Abee Tessier, zur Zeit der Schreckensherrschaft aus Paris in die Normandie geflohen war und hier die Bekanntschaft Cuviers machte. Beeindruckt von den naturkundlichen Arbeiten des fünfundzwanzigjährigen Hauslehrers schickte Tessier einige anatomische Zeichnungen Cuviers nach Paris zu Geoffroy. Der erkannte die Begabung Cuviers und rief ihn nach Paris.

1795, die Schreckensherrschaft war zu Ende, kam Cuvier nach Paris, erhielt eine Anstellung als Professor für Naturgeschichte an der Ecole central. Noch im gleichen Jahr erfolgte die Berufung zum Professor für vergleichende Anatomie an das Musee d`Histoire Naturelle.

Liebe Freunde stellt Euch den Umschwung im Leben des jungen Cuvier vor; eben noch Hauslehrer und Freizeitforscher in der beschaulichen Normandie und plötzlich Paris, eine Professur, Forscher an der Seite der wissenschaftlichen Elite Frankreichs. Und das war erst der Anfang. Es folgte ein kometenhafter Aufstieg als Wissenschaftler und Staatsbeamter. Ich kann nur einige Stationen nennen. Unter Napoleon wurde er Generalinspektor des öffentlichen Unterrichts, Rat der kaiserlichen Universitäten, Ritter der Ehrenlegion und Staatsrat. Der Sturz Napoleons hemmte seine Karriere nicht. Unter Ludwig XVIII wurde er zum Kanzler der Pariser Universität und zum Baron ernannt. Und ich denke auch die neue Regierung, die sich ja wahrscheinlich schon konstituiert hat, wird nicht auf den Rat dieses ausgezeichneten Mannes verzichten wollen.

Bevor ich Cuvier vor nun schon fast dreißig Jahren in Paris traf, hatte man mich vor seiner Ungeduld gewarnt; er arbeite gleichzeitig an sieben Schreibtischen und wäre leicht erregbar, wenn der Gesprächspartner dem Fluss seiner Gedanken nicht folgen könne. Nun ich fand damals in Cuvier einen sehr liebenswürdigen, sehr kompetenten Gesprächspartner, der nicht nur meine Fragen zur Organisation von Lehre und Forschung in Frankreich umfassend beantwortete, sondern auch an meinen Forschungen reges Interesse zeigte. Ihr werdet es nicht glauben, bei einem gemeinsamen Essen befragte er mich eingehend über meine Forschungen zu den Eingeweidewürmern. Übrigens war er damals noch ein schlanker fast magerer junger Mann. Inzwischen soll er bedeutend an Körperfülle gewonnen haben, wie mir Freund Chamisso von seinem Treffen mit Cuvier berichtet hat. Hinter vorgehaltener Hand soll man ihn in Paris das Mammut nennen.

Doch uns soll heute vor allem die wissenschaftliche Leistung Cuviers interessieren. Auch hier müssen wir uns bescheiden, denn seine wissenschaftlichen Beiträge sind fast zu zahlreich, um auch nur aufgezählt zu werden.

Schon früh hat sich Cuvier das Ziel gesetzt, die für unzureichend erkannte Linnèsche Klassifizierung des Tierreiches durch ein neues, natürliches System zu ersetzen. Den Weg zu diesem System sah er in der vergleichenden Anatomie.

Und er machte sich an die Arbeit, die ihn weg von den Ansichten Geoffroys führen sollte. Bald kam er zu der Meinung, dass alle früheren Taxonomen den Fehler begangen hätten, die körperlichen Merkmale der Tiere als voneinander unabhängig zu betrachten. Seine Forschungen führten ihn dagegen zur Formulierung des Gesetzes der Korrelation der Organe. Dieses besagt, dass bei jedem Lebewesen die verschiedenen Organe in Bau und Funktion so genau aufeinander abgestimmt sind, dass kein Körperteil eines Tieres seine Form oder Funktion ändern kann, ohne dass dies Änderungen aller anderen Organe des gleichen Tieres zur Folge hätte.

Eine nette Anekdote zu diesem Gesetz will ich Euch nicht vorenthalten. Eine kleine Schar von Cuviers Studenten beschloss nach einem Kneipenbesuch, dem Professor einen Streich zu spielen. Spät nachts drangen sie verkleidet in das Schlafgemach Cuviers ein. Einer von ihnen, der als Teufel verkleidet war, trat an Cuviers Bett und raunte dem Erwachenden zu: ‚Ich bin Satan und werde dich fressen!'‘. Cuvier richtete sich etwas auf, betrachtete das Wesen und antwortete: ‚ Selbst wenn du es wolltest, du könntest mich nicht fressen. Du hast Hörner, du hast Hufe und hättest du meine

Vorlesung besucht, wüsstest du, dass du nach dem Korrelationsgesetz ein harmloser Pflanzenfresser bist.'

Die Korrelation der Teile bedeute für Cuvier aber nicht, dass alle körperlichen Merkmale als gleichwertig angesehen werden müssen. Im Gegenteil einige Organsysteme sollten von solch großer Bedeutung sein, dass sie alle anderen Merkmale steuern. Als solche bestimmenden, übergeordneten Merkmale erkannte Cuvier die Kreisläufe des Blutes und die mannigfaltigen Nervensysteme. Auf dieser Grundlage schuf Cuvier eine neue sich nur auf Ergebnisse der anatomischen Forschung stützende Klassifizierung des Tierreiches. Eine große Aufgabe, die Cuvier mit einer großen Anzahl von Mitarbeitern, Studenten und steigenden finanziellen Mitteln erreichen konnte. Da konnten wir anderen, die ähnliche Gedanken und Ideen hatten, nicht mithalten. Im Vergleich dazu, hatte ich hier in Berlin, statt zu forschen, oft um die Gelder für anatomisches Theater und Museum feilschen müssen. Doch bleiben wir bei Cuvier. Wohin führten seine Arbeiten?

Nun Cuvier unterteilte das Tierreich nach den unterschiedlichen Bauplänen in vier grundlegende Stämme oder ‚embranchements' und stellte diese als gleichberechtigt neben einander. Diese in sich gegliederten Stämme sind: Wirbeltiere, Weichtiere, Gliedertiere und Strahlentiere. Cuvier sieht jedes Tier, jeden Organismus als so vollkommen für seinen Platz in der Natur geschaffen an, so dass es nach dem Gesetz der Korrelation keine Ähnlichkeit, keine Verwandtschaft, ja keine Vergleichbarkeit zwischen den Tieren verschiedener Stämme geben kann. Und damit wären wir bei der Ursache des Pariser Akademiestreits.

Auf der einen Seite Geoffroy Saint- Hlaire, der an eine Verwandtschaft aller Lebewesen, an eine Einheit des Bauplanes der Tiere glaubt und daher nach Ähnlichkeiten sucht und auf der anderen Seite Cuvier, der Ähnlichkeiten nur hinsichtlich ähnlicher Funktionen anerkennt, für den es in der Welt der Tiere keine Stufenfolge, kein niedrig oder hoch, nur gleichberechtigte Stämme und Arten gibt.

Der öffentliche Streit entzündete sich an der Arbeit zweier junger Wissenschaftler. Sie hatten im Herbst vergangenen Jahres bei der Académie des sciences eine Arbeit eingereicht, in der die beiden versuchten den Körperbau von Weich- und Wirbeltieren auf einen gemeinsamen Bauplan zurückzuführen. Sie glaubten eine Übereinstimmung in der Anordnung der inneren Organe gefunden zu haben, wenn das Wirbeltier so verbogen wird, dass sich Nacken und Gesäß berühren.

Anfang Februar dieses Jahres wurden Geoffroy und der Insektenforscher Pierre Andre Latreille in der wöchentlichen Sitzung der Akademie beauftragt, eine Bewertung über die eingereichte Arbeit vorzubereiten. Und in der folgenden Sitzung nutzte Geoffroy den Vortrag seiner Einschätzung zu einem Angriff auf Cuviers Lehrmeinung. Der mächtige Cuvier, für den schon der Versuch Übereinstimmungen im Körperbau von Tieren aus verschiedenen Stämmen zu finden einen Affront darstellte, musste erleben, dass Geoffroy den unbekannten Forschern Beifall zollte. Sie hätten die Bedürfnisse der heutigen Wissenschaft richtig erkannt, wenn sie daran arbeiteten, die Erkenntnislücke zwischen den Tierstämmen zu schließen. Geoffroy führte weiter aus, dass die einseitige Aufmerksamkeit an den Unterschieden zwischen den Tieren eine Arbeitsweise der Vergangenheit sei. Stattdessen sei der Gegenstand der neuen Forschung die Ähnlichkeiten zwischen den Lebewesen. Als Beispiel für eine veraltete Sicht zitierte er, ohne die Quelle zu nennen, aus einer Abhandlung Cuviers. Geoffroy beendete seinen Bericht mit einer Empfehlung, die Abhandlung in dem Journal der Académie für Nichtmitglieder zu publizieren.

Der provozierte Cuvier blieb äußerlich ruhig und erklärte, die Ausführungen der jungen Autoren seien fehlerhaft bis völlig falsch und er werde dies in der nächsten Sitzung ausführlich begründen.

Dies tat er dann bei der nächsten Sitzung der Akademie am 22. Februar. Ruhig und sachlich entwickelte er an Hand von Skizzen eines Tintenfisches und einer nach hinten gebogenen Ente seine Stellungnahme zu der Arbeit der jungen Forscher. Er erläuterte, dass die verschiedenen Tierstämme durchaus Organe gemeinsam haben, es jedoch keinen Grund zu Annahme eines gemeinsamen Bauplanes gäbe. Mit Hilfe von Diagrammen zeigte er, dass die Organe von Weich- und Wirbeltieren trotz des Verbiegens häufig unterschiedlich angeordnet wären. Auch seien Organe der Wirbeltiere oft gar nicht bei Weichtieren vorhanden und umgekehrt. Geschickt nutzte Cuvier sein überlegenes anatomisches Wissen zu beiden Tierstämmen, um den Autoren eine Vielzahl grober Fehler nachzuweisen. Schließlich war es ihm ein Leichtes, die ja auf Fehlern beruhende Beweiskette der jungen Autoren zu zerschlagen. Cuvier ließ durchblicken, dass er die Ursache für eine solche Arbeit, einer Arbeit ohne wissenschaftliche Substanz, auch in der unklaren nebulösen Lehre Geoffroys von der Einheit der Komposition und der Einheit des Bauplanes sehe.

Diesmal war es an Geoffroy, eine ausführliche Entgegnung in der folgenden Sitzung zu versprechen. Die nächsten Sitzungen, liebe Freunde, waren gekennzeichnet von einem moderaten Einlenken Geoffroys, was die wissenschaftlichen Fakten betraf. Gleichzeitig versuchte er den Streit auf eine höhere, philosophische Ebene zu heben. Des ungeachtet versuchten beide mit wechselndem Erfolg, ihre Position durch anatomische Beispiele zu erhärten. Doch auf diese Einzelheiten sollten wir jetzt nicht eingehen. Der gegenwärtige Stand der Auseinandersetzung ist: Cuvier kann in der Anatomie der Tiere unterschiedlicher Stämme keine Einheit der Komposition, keinen Ansatz eines gemeinsamen Bauplanes erkennen. Vielmehr sieht er in den Ideen Geoffroys eine Bedrohung und Einschränkung der Wissenschaft, da sie ja eine Beschränkung für den Schöpfer voraussetzten. Geoffroy hingegen behauptet, ihn und Cuvier trenne keine Unstimmigkeit über Fakten, sondern die Weltsicht, die Philosophie. Für den Fortschritt der Wissenschaft sei es nötig, nach Ähnlichkeiten zu suchen, die als scheinbare Unähnlichkeiten verkleidet wären. Der Wert der Theorie der Analogien sei, dass sie eine Erklärung für unterschiedliche Strukturen im Bau der Tiere biete.

Freunde, ihr kennt jetzt die bisherige Geschichte des Streits, die Positionen der Kontrahenten, jetzt erwarte ich einen lebhaften Disput. Und streitet ihr, denkt daran, dass nach dem Rektor unserer Alma Mater, Hegel, Streit und Auseinandersetzung Tricks der Vernunft sind, den Fortgang der Geschichte zu befördern. Doch vorher lasst uns anstoßen. Auf dass der Wein den Geist befeuere!".

„Es fällt mir etwas schwer, die Position Geoffroys zu vertreten", ergriff Martin Lichtenstein das Wort, „ in einem muss ich ihm jedoch völlig Recht geben: die eigentliche Differenz zwischen den Streitenden liegt in der Philosophie, in der Art, wie sie über den Weg der Wissenschaft denken. Und darüber sollten wir uns heute Abend Gedanken machen und nicht darüber streiten, ob es Homologien zwischen den Stämmen der Tiere gibt oder nicht. Ich denke, die Anhänger beider Wissenschaftler werden dies angestachelt vom Streit durch sorgfältige Arbeit nachweisen. Seit Ende des vergangenen Jahrhunderts hat sich besonders bei uns in Deutschland eine Denkrichtung in der Wissenschaft herausgebildet, der Geoffroy zumindest nahe steht. Sicher auch als Reaktion auf die Wirrnisse unserer Zeit, Revolution und Krieg, wird darin versucht, die verlorene Harmonie zwischen Naturwissenschaft und Glauben wieder herzustellen. Diese Weltsicht von Schelling `Naturphilosophie` genannt, glaubt, dass sich die Natur insbesondere das Wesen alles Lebendigen nicht mit den Mitteln exakter Wissenschaft erschließen lasse, statt dessen sei eine philosophische Annäherung, ein Erkenntnisgewinn aus dem Gedanken heraus möglich. Dies mag ja, wenn man mit dem Philosophen Georg Wilhelm Friedrich Hegel, annimmt, dass alle guten und wahren Gedanken direkt von Gott kommen, sehr erfolgreich sein. Ich will gar nicht in Abrede stellen, dass dies bei Hegel der Fall ist. Doch wir, dem Schöpfer nicht so nahe stehenden Arbeiter am Bau der Wissenschaft, wem sollen wir folgen? Cuvier oder Geoffroy, oder gar Schelling und Oken? . In seinem ‚Lehrbuch des Systems der Naturphilosophie‘ definierte Lorenz Oken die Naturphilosophie als die ‚Wissenschaft von der ewigen Verwandlung Gottes in die Welt´. Aus ‚dieser selbst gesetzten Idee, dass die Natur die materielle Erscheinung Gottes sei, versucht er sie in ihrer ganzen Fülle zu erklären. Er entwirft ein Lehrgebäude, nach dem Lebenskräfte die ganze Erde durchsetzen und aus dem Urschleim des Meeres soll durch kosmische Einflüsse alles Leben hervor gegangen sein. Solchen Lehren zu folgen, bedeutet das nicht, den auf Beobachtung, Experimenten und Vergleichen beruhenden festen Grund unserer so erfolgreichen Naturwissenschaften verlassen und uns auf den schwankenden Boden der Spekulation begeben? Ich denke, Cuvier hat die Gefahr erkannt, die der Wissenschaft durch die Naturphilosophie droht, wenn er sich gegen auf Wolken der Spekulation erbaute Weltgebäude wendet und eine Rückkehr zur Erforschung von Tatsachen fordert."

„Und zu welch kuriosen Schlüssen ein Mann der Wissenschaft gelangen kann, wenn er die Wirklichkeit durch die Brille einer spekulativen Philosophie sieht, mag folgende Begebenheit zeigen", ergriff Chamisso das Wort. „Wie ihr wisst, habe ich die von der Weltreise mitgebrachte Algensammlung zur Auswertung einem ausgewiesenen Fachmann überlassen, dem Schweden Carl Adolph Agardh. Nun ist diese Agardh aber ein Metamorphosler, der glaubt eine Pflanzenart könne, ja müsse sich in eine andere verwandeln. Und folglich wollte er in meinen am Kap der Guten Hoffnung gesammelten Algen, den Beweis dafür gefunden haben: Die Umwandlung einer grünen Fadenalge in eine Rotalge.

Nun, ich habe das am selben Material überprüft und gefunden, die rote Alge hatte sich auf der grünen angesiedelt."

„Es ist unbestritten richtig, wenn wir uns bei unseren Beobachtungen von vorgefassten Meinungen frei halten", bemerkte Rudolphi. „Wenig gedeihlich für die Wissenschaft halte ich jedoch Cuviers völlige Abkehr von der Stufenleiter der Natur, der scala naturae. Es ist sicher richtig, dass es die von Leibnitz angenommene ununterbrochene Kette der Lebewesen von den Infusorien bis zum Menschen so nicht gibt; wir müssen nach den Forschungen der Gelehrten um Cuvier anerkennen, dass zwischen Arten,

Klassen und Stämmen der Tiere deutliche Grenzen bestehen. Doch daraus zu folgern, es könne keine Ähnlichkeiten zwischen Tieren verschiedener Stämme geben, halte ich für genauso vermessen wie die Meinung die philosophische Scala naturae erfordere solche Homologien, also müsse es sie geben."

„Mich hat auch die überaus heftige Reaktion Cuviers überrascht". warf Lichtenstein ein." Vermutet er hinter den Ideen Geoffroys eine Gefahr für die Wissenschaft? Sind es die Experimente Geoffroys zu Fehlbildungen in der Keimesentwicklung bei Wirbeltieren durch Umwelteinflüsse? Befürchtet Cuvier, dass Geoffroy nach einem Mechanismus sucht, wie sich Arten verändern könnten? Vermutet er hinter der Theorie Geoffroys die von ihm auf das heftigste bekämpfte Theorie von der Wandelbarkeit der Arten eines anderen Pariser Professors."

„Du denkst an Lamarck?", fragte Rudolphi, „ Von diesem Mann ging für Cuvier keine Gefahr aus. Zwar hat Lamarck einige durchaus beachtenswerte Beiträge zur Erweiterung unseres Wissens als Botaniker und bei der Klassifizierung der Wirbellosen geleistet, doch seine Transmutationslehre, auf die du anspielst, konnte nie wirklichen Einfluss gewinnen und verdient es auch nicht, diskutiert zu werden. Als Cuvier und Lamarck zur gleichen Zeit in benachbarten Hörsälen Vorlesungen hielten, liefen die Hörer dem fünfundzwanzig Jahre älteren Lamarck davon, um Cuvier zu hören. Warum also sollte Cuvier Lamarck fürchten?"

Lichtenstein antwortete: „Fürchten ist vielleicht nicht das richtige Wort, aber die Entwicklungslehre Lamarcks scheint Cuvier mehr beschäftigt zu haben, als er bereit ist einzugestehen. Wie sonst ist zu erklären, dass Cuvier, als sein Widersacher Ende vergangenen Jahres fünfundachtzigjährig zu Grabe getragen wurde, das Andenken des Toten in seinem Beitrag dermaßen mit Hohn und Spott überzog, dass seine Abhandlung nicht in den Nachruf der Akademie aufgenommen werden konnte."

„Woraus sich diese Rivalität der beiden speist, vermag ich nicht zu ergründen", ergriff Rudolphi wieder das Wort. „Das von dir geschilderte Verhalten entspricht so gar nicht Cuviers sonstigem Verhalten gegenüber Männern der Wissenschaft, die eine andere Meinung vertreten. Zu Blumenbach in Göttingen und Kielmeier in Stuttgart hat Cuvier eine freundschaftliche Beziehung, obwohl beide der Scala naturae anhängen und Kielmeier soll in seinen Vorlesungen behaupten, dass sich die Lebewesen im Laufe der Erdgeschichte verändert hätten. Blumenbach vertritt eine solche Ansicht für die Menschenrassen, die nach seiner Ansicht alle aus einer Stammform hervor gegangen seien und sich unter dem Einfluss von Klima und Nahrung auseinander entwickelt hätten."

„So scheint die Ursache für die ungewöhnlich heftige Reaktion Cuviers wohl doch in der Lehre Lamarcks begründet zu sein und in der Nähe der Ansichten Geoffroys zu denen Lamarcks ", entgegnete Lichtenstein. „In seiner ,Philosophie zoologique' von 1809 hat Lamarck eine Theorie entwickelt, die eine langsame Veränderung der Tierarten in einer langen Generationsfolge behauptet. Diese Entwicklung soll durch eine den Organismen innewohnende Kraft oder Macht derart erfolgen, dass aus durch Urzeugung entstandenen einfachen Infusorien immer höher entwickelte, komplexere Organismen entstehen, so dass die vollkommensten Wesen, also wir Menschen, auf die längste Entwicklung zurück blicken können."

„Lieber, Professor Lichtenstein", meldete sich Julius Eduard Hitzig zu Wort, „wenn ich als interessierter Laie diese Lehre richtig verstanden habe, sollte diese Höherentwicklung entsprechend der Scala naturae, der Kette des Seins, erfolgen. Und wenn diese Kette von dem aller Einfachsten bis zum aller Höchsten reicht, sollten wir alle Engel oder mindestens auf dem Wege dahin sein, und so unangenehme Wesen, wie Infusorien und Würmer, sollte es auch nicht mehr geben. Als Kriminaldirektor kann ich nur sagen, der Weg zu den Engeln ist noch weit. Und nach Aussagen unserer

Freunde Rudolphi und Ehrenberg soll es auch noch nicht an Würmern und Infusorien mangeln. Diese Indizien sprechen also gegen Lamarck."

Lichtenstein antwortete: „Nun so einfach macht es uns Lamarck nicht, seine Lehre ad absurdum zu führen. Er behauptet, dass die Bildung einfacher Organismen durch Urzeugung immer wieder erfolgt und die Höherentwicklung aufhört, wenn die für die jeweilige Tierklasse höchste Stufe erreicht ist. So kann die vollständige Stufenleiter erhalten bleiben. Nach Lamarck haben sich demnach die einzelnen Tierklassen unabhängig voneinander entwickelt. Ihre jeweilige Höherentwicklung verläuft demnach parallel und unabhängig voneinander. Die Vielfalt der Arten, ihr Leben in Harmonie mit ihrer Umwelt und Abweichungen von der strengen Stufenfolge erklärt Lamarck mit einem zweiten Mechanismus:

Verändert sich die Umwelt hat das eine Änderung der Bedürfnisse der Tiere zur Folge und die veränderten Bedürfnisse führen zu neuen Gewohnheiten, die zu einem veränderten Gebrauch der Körperteile führen. Schließlich werden die durch häufigen Gebrauch größer und stärker gewordenen oder die durch Nichtgebrauch verkümmerten Körperteile an die Nachkommen weiter vererbt."

„Die langsame Veränderung, Umbildung der Lebewesen ist die Hauptthese in Lamarcks Theorie und diese Idee ist nicht von vornherein abzulehnen, erklärt sie doch viele unverstandene Tatsachen hinsichtlich der Fossilienfunde", ergriff Rudolphie wiederum das Wort. „ Cuvier hat deshalb große Mühe darauf verwendet, die Wissenschaft und auch sich selbst von der Konstanz der Arten zu überzeugen.

Er hat Füchse und Wölfe aus Polargegenden mit denen aus heißen und gemäßigten Zonen verglichen und keine Unterschiede gefunden, die den Rahmen der Variation innerhalb der Art gesprengt hätten. Gleiche Ergebnisse brachte der Vergleich zwischen Haustieren und ihren Wildformen Ja, selbst beim Haushund, konnte die Jahrtausende währende Haltung durch den Menschen zwar sehr unterschiedlich aussehende Rassen, aber keine Veränderung der Art hervorbringen.

Cuvier führt noch einen weiteren Umstand gegen die Theorie Lamarcks ins Feld – die von Geoffroy aus Ägypten mitgebrachten Tiermumien. Während Napoleons Ägyptenexpedition hatte Geoffroy in den Grabkammern so viele Mumien, als er nur auffinden konnte gesammelt. Und, obwohl sie vor zwei bis drei Tausend Jahren gelebt haben, zeigen diese einbalsamierten Katzen, Ibisse, Raubvögel, Hunde Affen und Krokodile keine anatomischen Unterschiede zu den noch heute lebenden Vertretern ihrer Art.

Freunde, ist nach dieser Fülle von Beweisen nicht verständlich, dass Cuvier vor seinem Kollegen Lamarck den Respekt verloren hat, wenn dieser trotz aller sorgfältig erarbeiteten Gegenargumente an seiner spekulativen Lehre festhielt?"

„ Die Fossilienfunde sind ein Punkt, der die Unsinnigkeit von Lamarcks Lehre besonders deutlich zeigt", warf Chamisso ein. „Nach Lamarck gibt es keine ausgestorbenen Lebewesen; die als Fossilien gefundenen Formen sind für Lamarck bei der Höherentwicklung durchschrittene Zwischenformen.

Während der Forschungsreise mit der Rurik hatte ich Gelegenheit, am Beringmeer Überreste der gewaltigen Mammuts zu sammeln. Zwar hatten die Matrosen einen großen Teil der von mir zusammengetragenen Stücke dadurch vernichtet, dass sie damit ihr Biwakfeuer unterhielten , einige konnte ich jedoch retten und mich darüber später mit Cuvier austauschen. Und ich bin durchaus stolz, dass er meine Zeichnungen der Mammutzähne in sein großes Werk aufgenommen hat. Eine Besonderheit bei den Mammuts ist, dass ihr Aussterben offensichtlich noch nicht so weit zurück liegt, wie bei anderen Arten. In Sibirien hat der Frostboden Kadaver freigegeben, die so gut erhalten waren, dass die Schlittenhunde das Fleisch fressen konnten. Man müsste also, wenn Lamarck Recht haben sollte, auch die Überreste aller Zwischenformen zu den heute lebenden Elefanten finden. Das ist aber nicht der Fall. Zum anderen hat Cuvier nachgewiesen, dass die heute auf der Erde lebenden Elefantenarten in ihrem Körperbau sehr deutliche Unterschiede zum fossilen Mammut aufweisen. Daraus ergibt sich der Schluss, dass nach Lamarck das Mammut, wenn es nicht ausgestorben ist, noch heute auf unserer Erde leben müsste. Und das ist offensichtlich nicht der Fall, denn ein so gewaltiges Tier wäre spätestens von unserem hier anwesenden Freund Christian Ehrenberg bei seinen großen Forschungsreisen in Nordafrika und in die Weiten des russischen Reiches entdeckt worden, entgeht ihm doch kein noch so kleines Tierchen in Berlins Tümpeln."

„Freunde, ich würde gern auch von meinem Wirkungsfeld her einen Schlag gegen Lamarck führen und Euch verkünden, dass es die Urzeugung, eine der Säulen seiner Lehre nicht gibt", ergriff Christian Ehrenberg das Wort, „ Allein noch fehlen mir noch schlagende Beweise. Zu kurz ist die Zeit, seit der ich mich bemühe, die Geheimnisse des Lebens bei Mikroorganismen zu belauschen Noch konnte ich keine Klarheit darüber gewinnen, ob sich diese Wesen, die wir nach Oken Infusorien, Aufgusstierchen, nennen, aus unbelebter Materie bilden können. Doch meine bisherigen Erkenntnisse sprechen eher dagegen. Ich vermute, dass sie sich in den Aufgüssen aus vorhandenen Sporen bilden, wie ich es für den Schimmel beweisen konnte. Dafür spricht auch, dass sich in den Aufgüssen immer die gleichen Arten von Organismen finden, während es sehr viel mehr Arten gibt und die größten und schönsten dieser Lebewesen, die ich in Berliner Gewässern entdecken konnte, in den fauligen Aufgussbrühen gar nicht leben können. Leider ist es so schwierig diese kleinen beweglichen Kreaturen über längere Zeit unter dem Mikroskop zu beobachten, so dass ich kaum hoffen kann, Zeuge einer Sporenbildung zu werden. Indes kann man in Erfahrung bringen, wie sich ihre Zahl mit der Zeit vergrößert. Und da findet man, dass sich die Anzahl von Stunde zu Stunde verdoppelt und dies spricht für eine Vermehrung durch Spaltung oder Selbstteilung. Was wäre das auch für ein Wunder der Schöpfung, wenn es sich täglich wiederholen sollte? Spricht nicht auch die scharfe Grenze zwischen anorganischen und organischen Stoffen gegen die Urzeugung?"

„Letztere Grenze erscheint nach jüngstem Stand der Chemie wohl nicht ganz so scharf", warf Rudolphi ein. „ Vor zwei Jahren, zur Naturforschertagung beherbergte ich einen Freund aus meiner Geburtsstadt Stockholm, den Chemiker Jöns Jakob Berzelius, der mir einen seiner ehemaligen Schüler vorstellte. Und dieser junge Kerl, Friedrich Wöhler, hatte hier in Berlin Harnstoff produziert, ohne seine Nieren zu bemühen. Es ist ihm gelungen, aus einem anorganischen Stoff eine organische Verbindung, echten Pissharnstoff, zu gewinnen. Und das spricht doch eher für als gegen die Urzeugung. Wenn auch die generatio aequivoca, die Urzeugung, von euch Jungen mit dem Bannfluch belegt wurde, wage ich es, dieser verhassten Hypothese das Wort zu reden, denn bei meinen Forschungen zu den Eingeweidewürmern habe ich Tatsachen beobachtet, die ich nicht anders erklären kann. Kommen doch einige dieser Würmer im Körper ihres Wirts in geschlossenen Höhlen vor, wo die Eier ihrer Mutter unmöglich hingelangen konnten. Aber lasst uns nicht abschweifen. Wie steht man unter den Botanikern zum Pariser Streit?"

„ Für uns in der königlichen ‚Heumanufaktur', antwortete von Schlechtendal, „ für Taxonomen, die, wie Chamisso und ich, ihren Arbeitstag mit dem Systematisieren und Klassifizieren verbringen, kann es nichts besseres geben als eine Natur, die nach den Grundsätzen Cuviers eingerichtet ist. Nichts ist unserer Arbeit förderlicher als Beständigkeit und klare Grenzen zwischen Arten, Klassen und Stämmen. Nach der Lehre von der ununterbrochenen Stufenfolge der Natur sollten diese Grenzen immer undeutlicher werden, je vollständiger wir die Mannigfaltigkeit der Pflanzenwelt kennen. Das ist offensichtlich nicht der Fall. Linné kannte etwa sechstausend Pflanzenarten. Dank der Sammeltätigkeit von Forschungsreisenden, wie unseren Freunden Chamisso und Ehrenberg, die in die entlegensten Flecken der Erde vordringen, kennen wir inzwischen , wenn es reicht, die zwanzigfache Anzahl, die Grenzen zwischen den Arten sind jedoch geblieben.

Um die ungeheure Vielfalt des pflanzlichen Lebens für den menschlichen Geist zu bändigen, für die Wissenschaft überschaubar zu machen, bemühen sich auch die Botaniker Cuviers Prinzip von der Abhängigkeit der Merkmale untereinander anzuwenden, um das natürliche System zu finden.

Indessen auch die Tatsache, dass wir Arten in Gattungen und Gattungen in Familien ordnen können, lädt zu Spekulationen über Verwandtschaftsbeziehungen ein. Eine Graphische Darstellung von Linnés Klassifikation, die mit großen Gruppen beginnt und in immer kleinere über die Familien und Gattungen bis zu den Arten unterteilt, erscheint wie ein Lebensbaum. Beim Anblick einer solchen Struktur stellt sich unwillkürlich die Frage, ob eine solche Anordnung ganz und gar zufällig sei, oder ob sie in irgendeiner Weise einen verwandtschaftlichen Zusammenhang ausdrückt.

Solche noch unverstandenen Tatsachen bilden den Boden, auf dem auch in der Botanik Spekulationen gedeihen. Diese machten aus der Morphologie, der Lehre von der Gestalt, die zunächst eine Hilfswissenschaft der Systematik war, eine Gestalten– und Verwandlungslehre, die alle Pflanzen auf einen gemeinsamen Bauplan zurück zu führen versucht. Ihr wisst sicher, dass Goethe, unser großer Dichter, diese Urpflanze vergeblich auf Sizilien gesucht hat.

Ich kann mit solchen Spekulationen wenig anfangen. Sicher unterliegt auch die Welt der Pflanzen allgemeinen Gesetzen. Doch auf dem Wege zu deren Erkenntnis bedarf es für mich nicht der Spekulation, sondern des Eindringens in die ganze bunte Vielfalt des Lebendigen, durch untersuchen, beschreiben, beobachten und vergleichen."

„ Es ist sicher nicht nötig ganz auf die Spekulation zu verzichten", griff der Mineraloge und Geologe Christian Samuel Weiß in die Unterhaltung ein. „Es ist vielleicht sogar schädlich, ganz ohne spekulative Ideen an die Forschung zu gehen. Nur durch solche Ideen können doch Erkenntnisse, die scheinbar nicht zusammen gehören in einer höheren Sicht vereinigt werden. Ganz ohne Spekulation, glaube ich, gliche unsere Wissenschaftslandschaft bald einer Wüste mit weit voneinander entfernten Oasen. Selbst Cuvier kommt nicht ohne Spekulation aus.

Es ist euch sicher bekannt, dass Cuvier seine Forschungen auf die Fossilien ausgedehnt hat. Mit seinen überragenden anatomischen Kenntnissen konnte er auch hier Erfolg auf Erfolg erringen. Aus meist zerbrochenen, durcheinander liegenden Knochen gelang es ihm, trotz fehlender Teile unter Anwendung des Gesetzes von der Korrelation der Organe, das Aussehen ausgestorbener Tiere zu rekonstruieren. Seine Studenten und Fachkollegen verblüffte er, als er ein Fossil, von dem zunächst nur der Schädel freigelegt worden war, auf Grund der Bezahnung als Beutelratte identifizierte und voraussagte, dass dieses Tier die charakteristischen Beutelknochen besitzen müsse. Vor dem gespannten Auditorium wurde dann das ganze Fossil freigelegt und es zeigte sich, dass Cuvier recht gehabt hatte.

Aber dann brachten die Ausgrabungen im Pariser Becken Cuvier in Erklärungsnot. Schon 1808 begannen Alexandre Bongniart und Cuvier, die Erdschichten des Pariser Beckens zu untersuchen. Aus der Gesteinsbeschaffenheit und aus den Fossilfunden konnten sie neun verschiedene Sedimentformationen unterscheiden. Und die Fossilien jeder dieser Gesteinsschichten repräsentierte eine eigenständige Fauna. Vergleichbare Befunde lieferte William Smith aus England. Beim Kanalbau hatte der Vermessungsingenieur bemerkt, dass bei übereinander liegenden Ablagerungsformationen jede dieser Schichten ihre eigenen für sie charakteristischen Fossilien beherbergt. Wie auch immer eine solche Schicht verlief, undeutlich wurde oder sogar in der Tiefe verschwand und erst viele Kilometer entfernt wieder auftauchte, sie behielt ihre charakteristischen Fossilien. Und damit nicht genug; je tiefer und damit älter die Formation war, in der Fossilien gefunden wurden, umso fremdartiger, den heutigen Tieren unähnlicher wurden die versteinerten

Überreste untergegangener Tierwelten. Auch scheinen die Eier legenden Vierfüßer, die Amphibien, viel früher auf der Erdoberfläche erschienen zu sein, als die Säugetiere.

Wie waren diese geologischen Befunde mit Cuviers gut abgesicherter These in Einklang zu bringen, dass jede Art seit ihrer Schöpfung ihren besonderen Platz in der Natur einnimmt, dass alle Organe und ihre Funktionen derart an diesen Platz angepasst sind, dass keine Veränderungen möglich sind? Es ist ihm recht und schlecht gelungen, aber nicht ohne spekulative Annahmen.

Cuvier postulierte, zu verschiedenen Zeiten hätte es auf der Erde gewaltige geologische Erdumwälzungen gegeben, die sämtliche Lebewesen der betroffenen Gebiete vernichtet hätten. Zahllose Lebewesen des festen Landes wären durch gewaltige Fluten verschlungen und Bewohner des Meeres von plötzlichen Hebungen des Meeresbodens aufs Trockene gesetzt worden. Dabei seien viele Arten unwiederbringlich vernichtet worden und nur spärliche Überreste gäben heute dem Naturforscher Kunde von ihrer einstigen Existenz. Später seien Lebewesen aus nicht von der Katastrophe betroffenen Gebieten in die verheerten Landschaften eingewandert und hätten neue Populationen aufgebaut.

Diese Theorie Cuviers lässt noch Fragen offen. Warum ist die Tierwelt aus den ältesten Schichten der heutigen so unähnlich? Warum finden wir die Säugetiere erst in den jüngeren Formationen? Gab es Neuschöpfungen, wie manche glauben? Von der Seite der Geologie gibt es auch Vorbehalte gegenüber der Annahme von gewaltigen Katastrophen in der Erdgeschichte. Schon James Hutton, der Widerpart meines Lehrers Abraham Gottlob Werner in der Frage, ob das Urgestein vulkanischen oder ozeanischen Ursprungs sei, schon dieser Hutton war der Ansicht, dass nur die auch in der Gegenwart wirksamen Kräfte durch ihre Summierung über lange Zeiträume die Veränderungen der Erdoberfläche bewirkt haben. Diesen Aktualismus vertreten heute der thüringische Diplomat und Freizeitgeologe Adolph von Hoff und ein noch junger Mann in England, Charles Lyell."

„Die Spekulationen Cuviers verzeihe ich gern", ergriff der Physiker Paul Erman das Wort, „gehen sie doch nicht über das hinaus, was wir Menschen ergründen können. Und die noch offenen Fragen werden den Blick der Forscher auf diese Probleme lenken und so die Erkenntnis befördern. Neue Forschungen, neue Ausgrabungen werden zeigen, was die Wahrheit ist.

Nicht dieser Form der Spekulation sollten wir uns entgegen stellen, sondern den Spekulationen, wie wir sie in der milderen Art bei Geoffroy finden. Es sind Spekulationen, die den Boden, dessen was erfahrbar ist, verlassen. Dieses Denken geht von der Hypothese aus, dass die Natur, die wirkliche Welt, Ergebnisse des Denkens eines schöpferischen Geistes sind. Und da die Anhänger dieser Anschauung sich selbst für scharfe Denker halten, glauben sie, auch ohne äußere Erfahrung nur durch das „Nach- Denken" der Gedanken des Schöpfers die Geheimnisse der Natur ergründen zu können. Ja, einige dieser Naturphilosophen glauben sich der raunenden Weltseele in Traum und Albtraum besonders nahe und bringen ihre „Ahndungen" im Saal eines alten Schlosses im Schein flatternder Kerzen in hymnisch gesteigerter Sprache unter das Volk. Mit Wissenschaft haben diese Phantastereien nur insofern zutun, dass sie Begriffe aus der Naturwissenschaft übernehmen und aus Magnetismus und Elektrizität, aus Minus – und Pluspol die Quellen allen Seins machen. Es muss uns nicht wundern, wenn in einem solchen geistigen Klima Aber- und Wunderglaube gedeihen, wenn sich Hellseher, Magnetiseure und Wunderheiler regen Zuspruchs erfreuen.

Die Ursache für die unerfreuliche Entwicklung sehe ich nicht so sehr, wie Freund Lichtenstein, in dem Harmoniebedürfnis der Menschen sondern im Fortschritt.

Seit Rene Descartes, seit fast zwei Jahrhunderten hat die Naturwissenschaft alle Bewegungen und Ereignisse auf Druck und Stoß, auf direkte mechanische Ursachen und Wirkungen zurückgeführt. Und sie war damit sehr erfolgreich. Physiker entwarfen aus hier auf der Erde erkannten Naturgesetzen eine Himmelsmechanik, die es gestattet den Lauf der Planeten genau vorherzusagen. Die Anwendung der Hebelgesetze auf Gelenke, Sehnen und Knochen, die Vorstellung vom Herzen als Pumpe, von den Herzklappen als Ventilen machten Funktionen lebender Körper verständlich. Dem Verstand des Menschen schien jedes Geheimnis lösbar. Mechanische Maschinen, der Siegeszug der Dampfmaschine veränderten das gewerbliche und gesellschaftliche Leben. Laplac erklärte, er habe die Hypothese, Gott, nicht mehr nötig.

Doch dann wurde die Wellennatur des Lichts bewiesen und die Vorstellung geboren, dass ein immaterielles Medium, der Äther, die Lichtwellen von den fernsten Sternenwelten transportiert. Neue Entdeckungen, Elektrizität und Magnetismus kamen hinzu, Kräfte, die ohne mechanische Vermittlung geisterhaft durch den leeren Raum wirken. Schellings naturphilosophische Spekulation, dass Elektrizität und Magnetismus verschiedene Erscheinungsformen einer gemeinsamen Ursache seien, veranlassten Hans Christian Oersted nach einer Beziehung zwischen beiden Kräften zu suchen. Und, welch ein Triumph für Schellings romantischen Spekulationen, vor zehn Jahren hat der Däne Oersted die magnetische Wirkung von elektrischen Strömen entdeckt. Ihr erinnert Euch vielleicht noch an Oesteds Vortrag vor zwei Jahren hier in Berlin.

Galvanis zuckende Froschschenkel ließen eine enge Verbindung dieser neuen Kräfte mit der Welt des Lebendigen vermuten. Und Giovanni Aldini zeigte durch seine grausigen Experimente mit den Köpfen enthaupteter Straftäter, dass unsere Empfindungen und die Befehle des Gehirns wohl auf elektrischem Wege durch die Nerven geleitet werden. All das deutet darauf hin, dass es außer der materiellen Welt der Körper und Substanzen eine immaterielle Welt geheimnisvoller Kräfte und Wirkungen gibt.

Freunde, es ist bei dieser Entwicklung der Naturwissenschaft verständlich, wenn das Interesse der Menschen wieder mehr einer spirituellen Welt hinter den Dingen gilt? Doch von dort erhalten wir keine Antwort, wenigstens nicht durch Spekulation. Antworten können wir von der Natur nur erwarten, wenn wir die Herausforderungen der neuen Entdeckungen annehmen und die neuen Möglichkeiten, wie Voltas Säule nutzen, um der Natur neue Fragen zu stellen. Ich sehe keinen anderen Weg, um die Ordnung und die Gesetze in dem Wunderwerk der göttlichen Schöpfung zu erkennen.

Freunde, wenn ich sagte, dass wir uns den spekulativen Naturphilosophen entgegenstellen sollen, meine ich, dass wir das mit solider wissenschaftlicher Arbeit tun sollten. Völlig falsch wäre der Ruf nach der Macht des Staates, denn falsche Ideen muss die Wissenschaft bei ihrem Voranschreiten immer aus eigener Kraft überwinden. Nichts wäre dabei hemmender, als wenn Staatsräson oder Nützlichkeit den Weg der Forschung bestimmten."

„Ich denke, dass gerade unsere Berliner Universität durch die hier geforderte Einheit von Forschung und Lehre dem Einfluss der Naturphilosophie erfolgreich widerstehen kann", sagte Lichtenstein. „ Ein Naturforscher, der mit seinen Studenten Eigenschaften und Wirkungen erforscht wird schwerlich in geistigen Räumen agieren können, die der Beobachtung und dem Experiment unzugänglich sind.

Bevor wir auseinander gehen, möchte ich an Alexander von Humboldts Rede auf der Tagung der Naturforscher und Ärzte hier in Berlin erinnern.

Er sagte, dass die Entschleierung der Wahrheit nicht ohne Divergenz der Meinungen denkbar sei, weil die Wahrheit nicht in ihrem vollen Umfang, auf einmal und von allen zu gleich erkannt werde. Die Verschiedenheit der Ansichten, der Zwist der Gelehrten sei dadurch untrennbar mit dem rastlosen Fortschreiten der Wissenschaft verbunden."

Die Droschken waren vorgefahren. Noch ein letzter Toast auf die Universität, auf die Wissenschaft dann verabschiedeten sich Chamissos Gäste.

Bilanz

Für Chamisso brachte das Jahr 1833 eine Veränderung sein Vorgesetzter und Freund Diedrich Franz Leonhard von Schlechtendal übernahm den Lehrstuhl für Botanik in Halle/Saale und Chamisso wurde Leiter des königlichen Herbariums zu Berlin. Die damit verbundene Zunahme der Arbeit bewältigte er mit Fleiß und Disziplin, wenn auch ein hartnäckiger Husten an seiner Kraft zu zehren begann. Freude aber auch viel Mühe bereitete ihm die Herausgabe des „Deutschen Musenalmanachs". Diese Aufgabe, die er zusammen mit Gustav Schwab besorgte, bescherte Chamisso manche Auseinandersetzung mit der Zensurbehörde, deren Repressionen gegen demokratische und nationale Gesinnungen jetzt nach dem Hambacher Fest und dem Frankfurter Wachensturm verschärft worden waren. Doch weder die Zustände in Deutschland noch die grausame Niederwerfung der Aufstände der Polen und der Seidenweber in Lyon, konnten Chamisso von seiner Überzeugung abbringen, dass sich die Geschichte einem göttlichen Plan folgend zu einer besseren Welt hin bewege. Zeigten nicht der erfolgreiche Freiheitskampf der Griechen, die Abschaffung der Sklaverei im britischen Empire und der Zollverein in Deutschland, dass sich das Rad der Geschichte, wenn auch knarrend, in Richtung einer besseren Zukunft bewegte?

Im Laufe des Jahres 1835 verschlimmerte sich Chamissos Leiden; ein wiederholter Kuraufenthalt brachte der kranken Lunge zwar zeitweilige Erleichterung, aber keine Genesung. Umso größer war seine Freude, als er im Mai 1835 während der Kur erfuhr, dass er von der Berliner Akademie der Wissenschaften zum Mitglied gewählt worden war. Den Vorschlag zu seiner Wahl hatten der Botaniker Carl Sigismund Kunth und Alexander von Humboldt eingebracht.

Diese Würdigung seines Lebenswerks spornte den kranken Chamisso an, noch einmal eine größere wissenschaftliche Arbeit zu verfassen. Diese Veröffentlichung über die Pflanzenwelt

Kamtschatkas, die in Heft 1 und Heft 2 des 10. Bandes der „Linnaea" erschien, sollte seine letzte sein.1836 erkrankte auch seine Ehefrau schwer und verstarb im Mai des folgenden Jahres. Trotz dieses schweren Schicksalsschlages ging der zunehmend von Krankheit gezeichnete Adelbert von Chamisso weiterhin seiner Arbeit am Herbarium in Schöneberg nach und wagte sich sogar noch an eine wissenschaftliche Arbeit über die Hawaiische Sprache. Doch schon im Frühjahr 1838 fühlte er sich den Anstrengungen, welche sein Amt auch von seinem Körper verlangte, nicht mehr gewachsen und bat um seine Entlassung, welche ihm auch mit Weiterzahlung seines vollen Gehaltes gewährt wurde.

Wenn Chamisso jetzt am Ende seines Berufslebens zurück blickte, konnte er zufrieden resümieren, dass er mehr erreicht hatte, als er sich als Jüngling erträumt hatte. Sein „Schlemihl" war nicht nur in Deutschland sondern, in alle wichtigen Sprachen übersetzt, in ganz Europa bekannt geworden und seine Balladen wurden von deutschen Schülern auswendig gelernt.

Und in der Botanik mussten es wohl an die zweitausend Druckseiten sein, auf denen er über die Jahre die wissenschaftliche Welt mit bis dahin unbekannten oder bisher nur unzureichend beschriebenen Pflanzen bekannt gemacht hatte. Von der Anerkennung, die dieser Arbeit gezollt wurde, zeugten fünf Pflanzengattungen, achtundzwanzig Pflanzenarten, elf Tierarten und eine Insel in der Nähe der Beringstraße; sie alle waren ihm zu Ehren mit dem Namen Chamisso benannt worden. Es schmerzte zwar, dass die Entdeckung des Generationswechsels der Salpen so wenig Anerkennung gefunden hatte. Doch er brauchte nicht zu erröten, wenn er auf seinen Lebensweg zurück blickte.

Zu einer Zeit, als es nach den fast abgeschlossenen geographischen Entdeckungen galt, die Vielfalt des Lebens auf der Erde zu erkunden, hatte er sich in die Ferne hinaus gewagt. Für viele kühne

Männer war eine solche Forschungsreise eine Fahrt ohne Wiederkehr geworden. Von den siebzehn Schülern Linnés, die dieser als seine „Apostel" in alle Teile der Welt geschickt hatte, starben sieben während der Reise zumeist an tropischen Krankheiten. Auf seiner an Abenteuern und Gefahren reichen Forschungsreise nach Ägypten, Lybien und Palästina hatte Ehrenberg 1825 seinen Freund und Reisegefährten den Zoologen Friedrich Wilhelm Hemprich verloren. Alle Teilnehmer der französischen La Perouse-Expedition, darunter zehn Naturforscher, hatten den Tod in den Wellen des Pazifiks gefunden. Die letzte Nachricht, das letzte Lebenszeichen von den Forschungsreisenden vom Februar 1788 hatte ein englischer Kapitän nach Europa gebracht; erst vierzig Jahre später waren Wrackteile der beiden verschollenen Schiffe bei einer kleinen Südseeinsel gefunden worden.

Ein solches Schicksal hätte auch die „Rurik" ereilen können. Chamisso erinnerte sich an die Sturmnacht im April 1818 im nördlichen Pazifik.

Ja, er, Adelbert von Chamisso, hatte nicht hinter dem Ofen gesessen, hatte sich dem Leben gestellt. Er könnte dem Lebensende gelassen entgegen sehen, wenn nicht die Kinder wären. Gern hätte er sie noch ein Stück auf ihrem Lebensweg begleitet. Für ihr Aufwachsen und ihre Ausbildung war gesorgt, danach müssten sie sich allein durch das Leben schlagen. Über ihre Zukunft bestimmen, mochte er nicht? Die Welt, in der er gelebt hatte, war eine andere, als die, für welche er erzogen worden war, und so würde es auch ihnen ergehen. Aber die Welt, in der seine Kinder leben würden, so hoffte er, würde eine glücklichere sein, eine Welt, in der Dampfschiffe, Eisenbahnen und Luftschiffe die Entfernungen überwinden und die Menschen verschiedener Nationen zusammen führen würden. Mit der Verschlimmerung der Krankheit träumte er sich immer häufiger in die schöne Welt der Zukunft oder las Heine, der über Zustände der Gegenwart spottete. Und da gab es auch köstlichen Spott gegen die Teleologie, nach der alles in der Natur von göttlichen Zielen und Zwecken bestimmt sei. Heines Spott erheiterte den Schwerkranken und forderte ihn zum Nachdenken heraus.

Inwieweit war Heines Kritik an der Teleologie berechtigt? War in der Welt der Lebewesen das zweckmäßige Walten des Schöpfers nicht augenscheinlich? Chamisso hatte Immanuel Kant gelesen und wusste, für Kant war der Zweck kein objektives Urteil über die Dinge, sondern lediglich eine in die Dinge gelegte Eigenschaft. Und damit wurde die teleologische Beschreibung von Organismen für Kant lediglich zu einem Hilfsmittel der Vernunft, welches zur treffenden Beschreibung zwar dienlich ist, dem jedoch keine objektive Wahrheit zukommt. Doch war dem Menschen nur die Vernunft gegeben? War die Welt der Organismen nicht ein Feld, wo sich die Vernunft mit Gefühl, Herz und Glauben versöhnen konnte? Als Naturforscher hatte er überall in der Welt eine zweckmäßige Anpassung, ja Einpassung, der Lebewesen in ihre Lebensumwelt beobachten können. Da gab es nicht nur die Anpassungen von Körperfunktionen und Verhaltensweisen an die physische Umwelt, sondern auch eine Angepasstheit der Lebewesen untereinander. Insektenkörper waren entsprechend der zu bestäubenden Blüten und die Blüten entsprechend der Insektenkörper ausgebildet. Mussten nicht all diese Wunder des Lebens das Werk eines weisen Schöpfers sein?

Lange hatte sich Chamisso durch geistige Regsamkeit gegen die Krankheit gewehrt, doch dann war seine Kraft erschöpft. Am 21. August 1838 starb er in Berlin.

I think

Wir wissen nicht, wie viele Menschen im Spätsommer des Jahres 1838 über die wunderbaren und zweckmäßigen Anpassungen der Organismen an ihre belebte und unbelebte Umwelt nachgedacht haben. Wir wissen es aber mit Sicherheit von einem der damaligen fast Zweimillionen Einwohner Londons. Dieser Eine hieß Charles Darwin, war neunundzwanzig Jahre alt und hatte sich erst im März des Vorjahres hier in der Great Marborough Street eingemietet.

Und wir treffen diesen Darwin, als er sinnend in einem Buch, in William Paleys „Natural Teologie" blätterte. Auf jeder Seite beschrieb Paley mit viel Liebe die Anpassung der Lebewesen zueinander und an ihre Umwelt. Augen, Ohren, der Knochenbau und alle Organe dienten dem Autor als Beweise für die wunderbare Ordnung, Schönheit und Zweckmäßigkeit in der Natur. Und wie jeder, der eine Uhr am Boden findet und angesichts ihres abgestimmten zweckmäßigen Baues nach dem Hersteller frage, so müsse angesichts der Zweckmäßigkeit überall in der Natur auf einen weisen, aller Wissenschaften kundigen Schöpfer der Natur geschlossen werden. Und dieser Schöpfer, der Gott der Offenbarung, wäre nicht nur allmächtig, sondern auch unendlich gütig; hätte er doch die Körper der Tiere bis ins kleinste Detail zu ihrem Nutzen gestaltet und ihre Empfindungen mit Lust und Vergnügen verbunden. Es war eine glückliche Welt, die William Paley beschrieb. Luft, Erde und Wasser wimmelten von glücklichen Geschöpfen, die herum schwirrten, sprangen und sich fröhlich vermehrten und dank ihrer Fruchtbarkeit die Erde bis in den letzten Winkel bevölkerten.

Vor acht Jahren hatte sich Darwin als Theologiestudent die Inhalte von Paleays Schriften genau einprägen müssen, um das Baccalaureatsexamen zu bestehen. Damals hatten ihn die klare Sprache und die Logik in der „Natural Teologie" begeistert. Zwischen damals und heute lagen aber die fünf Jahre einer Forschungsreise, die ihn um die ganze Erde geführt hatte. Und die Erlebnisse auf dieser Reise hatten ihn an der wunderbaren Welt des William Paley zweifeln lassen.

In Brasilien hatte er erlebt, wie gläubige Christen Mitmenschen als Sklaven halten. Und in der argentinischen Pampa hatte er erfahren, dass in diesem sich christlich zivilisiert gebendem Land gegen die Ureinwohner ein Krieg geführt wird, in dem die indianischen Männer und Frauen abgeschlachtet und deren Kinder verkauft werden.

Und auch in der Natur gab es die von Paley beschworene Harmonie nicht. Mit Zähnen, Krallen Klauen, Hörnern, Stacheln und Gift kämpften Tiere auf Leben und Tod mit einander. Lebewesen fraßen andere Lebewesen und wurden selbst gefressen. Selbst unter den Pflanzen keine Harmonie. Er hatte beobachtet, dass von den Menschen aus Europa nach Südamerika gebrachte Pflanzen einheimische Arten verdrängt hatten. Wie war das möglich, wenn Gott seine Geschöpfe vollkommen für das Leben in einer bestimmten Weltgegend angepasst geschaffen haben sollte? Und war von einem allwissenden Gott anzunehmen, er habe mit Vorbedacht die Schlupfwespen erschaffen, damit sie sich innerhalb des Körpers lebender Raupen von ihren noch lebenden Wirten ernähren?

Nein, es konnte nicht sein, dass für alles in der Natur der Schöpfer verantwortlich war. Nach seiner Weltreise hatte er in den „Dialogues Concerning Natural Religion" des schottischen Philosophen David Hume Argumente dafür gefunden, dass Palleys Uhren – Analogie kein schlüssiger Gottesbeweis war. Doch die scharfsinnigen Widerlegungen Humes waren kaum noch nötig gewesen, um ihn nach natürlichen Ursachen für viele Tatsachen und Beobachtungen in der Natur suchen zu lassen.

Und jetzt suchte er nach einer natürlichen Erklärung, einem Mechanismus für all die von Paley so schön beschriebenen Anpassungen der Lebewesen überall in der Natur. Im vergangenen Jahr etwa um die Zeit seines Einzugs in diese Londoner Wohnung hatte sich bei ihm ein Gedanke verfestigt: Alle Arten von Lebewesen, ob lebend oder ausgestorben, sind durch allmähliche Veränderungen aus einem oder wenigen gemeinsamen Vorfahren hervorgegangen.

Der Gedanke, dass die Arten nicht unveränderlich sind, war nicht neu. Sein Großvater Erasmus Darwin und der Franzose Lamarck hatten ihn schon gehabt. Ihre Hypothesen hatte aber weder die Vielfalt der Arten noch das Aussterben von Arten schlüssig erklären können.

Wenn man aber die Idee von der Veränderlichkeit der Arten durch die Annahme einer gemeinsamen Abstammung ergänzte, ergaben sich plötzlich Erklärungen für viele Tatsachen.

So erklärte diese Hypothese zwanglos, warum Fossilien, die er in Südamerika gefunden hatte, sich als Überreste von Tieren erwiesen hatten, die mit den noch heute in dieser Weltgegend lebenden Faultieren, Gürteltieren, Nagern und Lamas verwandt waren. Darwin erinnerte sich, wie er im Oktober 1832 in der Nähe von Bahia Blanca den Schädel eines großen Tieres entdeckt und fast drei Stunden benötigt hatte, ihn aus dem weichen Gestein herauszuarbeiten. Damals hatte er den Fund für den Schädel eines Nashorns gehalten. Jetzt hatte der Experte Professor Owen herausgefunden, dass es sich um den Schädel eines Megatheriums, eines Riesenfaultieres, handle.

Für die Tatsache, dass sich die organischen Wesen nach dem Grad ihrer Ähnlichkeit in Gruppen und Untergruppen einteilen ließen, gab es bisher nur eine Erklärung –Wille und Plan eines göttlichen Schöpfers. Ging man aber von der Annahme aus, die Angehörigen einer solchen Gruppe seien die Abkömmlinge eines gemeinsamen Vorfahren, wurde sofort klar, dass es die von den Systematikern von Linné bis Cuvier gefundenen Ordnungen geben musste. Aber das bedeutete doch, er hatte das Natürliche System gefunden, die Ordnung der Lebewesen, nach der Naturforscher seit über hundert Jahren suchten!

Doch, um mit dieser Erkenntnis hervortreten zu können, musste er erklären können, wie es zu der allmählichen Veränderung der

Organismen kommt und warum sie so gut an ihre Umwelt angepasst sind.

War es überhaupt richtig anzunehmen, dass die Veränderungen der Lebewesen allmählich erfolgen sollten? Es gab keinen Zweifel an der Richtigkeit von Cuviers Erkenntnis, dass bei jedem Lebewesen die verschiedenen Organe in Bau und Funktion so genau aufeinander abgestimmt sind, dass kein Körperteil eines Tieres seine Form oder Funktion ändern kann, ohne dass dies Änderungen aller anderen Organe des gleichen Tieres zur Folge hätte. Es gab also nur zwei Möglichkeiten: Die Veränderungen erfolgten entweder schnell in Sprüngen mit gleichzeitiger Veränderung mindestens aller wichtigen Organe oder aber sehr langsam durch nur kleine zunächst unbedeutende Abweichungen. Und solche kleinen Veränderungen, Varietäten, konnte man in der Natur überall beobachten. Glich doch kein Lebewesen einem anderen seiner Art in allen Einzelheiten. Mit solchen kleinen Veränderungen könnte aber die Bildung neuer Arten nur innerhalb eines sehr langen Zeitraumes erfolgen. Das wäre auch eine Erklärung für das Aussterben von Arten. Die Arten, deren Veränderungen nicht mit der für sie ungünstigen Veränderung der Umwelt hatten Schritt halten können, waren dem Untergang anheimgefallen.

Das warf aber schon die nächste Frage auf. Hatte die Zeit ausgereicht, die auf der Erde lebende Artenvielfalt entstehen zu lassen? Wie alt war die Erde?

Darwin dachte zurück und musste eingestehen, noch zu Beginn seines Theologiestudiums in Cambridge hätte er ein Alter für die Erde von etwa 6000 Jahren akzeptiert, wie es der Erzbischof James Ussher 1650 nach Auswertung aller Bibelstellen errechnet hatte.

Doch glücklicherweise hatte ihn sein Lehrer John Stevens Henslow im Frühjahr 1831 angeregt, sich mit Geologie zu beschäftigen, und ihn mit dem Geologieprofessor Adam Sedgwick bekannt gemacht. Schon im folgenden Sommer hatte er Sedgwick bei einer geologischen Exkursion nach Nordwales begleitet. Kaum von dort zurückgekehrt hatte ihn Henslows Nachricht erreicht, er könne als Naturforscher an einer Weltumseglung unter Kapitän Fitzroy auf der „Beagle" teilnehmen. Professor Henslow war es auch zu verdanken, dass er den damals gerade erst veröffentlichten ersten Band von Charles Lyells „Principles of Geologie" mit auf die Reise nahm. Er erinnerte sich, dass Henslow, der damals noch Cuviers Katastrophentheorie anhing, ihn ermahnt hatte, nur den in Lyells Buch aufgeführten Tatsachen nicht aber Lyells Folgerungen Glauben zu schenken. Jedoch schon bei der ersten geologischen Erkundung auf Sao Thiago im Kapverdischen Archipel hatte er die Überlegenheit der Ansichten Lyells gegenüber anderen geologischen Lehrmeinungen erkannt. Nicht gewaltige Katastrophen, sondern Vorgänge die auch in der Gegenwart noch wirkten, sollten nach Lyell das Gesicht der Erde ständig verändern. Das waren nach dieser neuen Lehre nicht nur die zerstörerischen Wirkungen von Erdbeben und Vulkanen, sondern neben Erosion und Sedimentation auch langsam wirkende Kräfte aus dem Erdinneren, die ein langsames Heben oder Senken des Bodens bewirken. Er erinnerte sich, auf Sao Thiago war ihm eine Felsschicht, ein weißes Band aus Muscheln und Korallen aufgefallen. Dieses Band befand sich gut zehn Meter über dem Meeresspiegel. Die langsame Anhebung auf diese Höhe musste Jahrtausende gedauert haben. Seither hatte er viel über das Alter der Erde nachgedacht und seit er hier in London lebte hatte er viel mit Lyell und anderen Geologen diskutiert und kalkuliert.

Wenn er die Forschungsergebnisse der modernen Geologie, die Kenntnisse über die gewaltige Mächtigkeit der Sedimentablagerungen und die Langsamkeit der Ablagerung und der vorausgehenden Erosion berücksichtigte, musste er ein Alter von vier bis fünf Milliarden Jahren annehmen. Er hatte ausgerechnet, dass, dächte man sich diese ungeheure Zeitspanne auf ein Jahr geschrumpft, die Jahrtausende seit Bau der ägyptischen Pyramiden nur den letzten drei Sekunden vor Ablauf des Jahres entsprächen. Angesichts dieses Atemzuges der Weltgeschichte musste es nicht verwundern, dass Cuvier zwischen den ägyptischen Tiermumien und den heutigen Vertretern der gleichen Arten keine wesentlichen Unterschiede hatte finden können. Die gesamte Zeitspanne sollte aber ausgereicht haben, die Vielfalt der auf der Erde lebenden und auch der ausgestorbenen Arten hervorzubringen. Wie aber war dies geschehen, wie entstehen neue Arten und wie ist ihre Anpassung an ihr Lebensumfeld zu erklären?

Ein sich langsam veränderndes Lebensumfeld musste bei den Tieren doch auch zu einem veränderten Gebrauch der Organe geführt haben. War hier die Lösung zu suchen? Dass Muskeln bei Gebrauch kräftiger werden und bei Nichtgebrauch verkümmern, war eine anerkannte Tatsache. Dass solche Veränderungen vererbbar werden, war umstritten; oft behauptet nie aber schlüssig bewiesen worden. Wie auch immer, die Veränderungen, die Lebewesen durch Gebrauch und Nichtgebrauch ihrer Organe erfahren, könnten höchstens ein modifizierender Nebenweg von Abänderung und Anpassung sein; denn, um Flügel durch Gebrauch zu stärken, mussten diese ja erst vorhanden sein.

Er dachte nach; gab es auf dem Weg zu seiner neuen Anschauung irgendwelche Beobachtung, nicht ausreichend gewürdigte Tatsachen, die zu einer Antwort führen könnten?

Wie und wann war er überhaupt zu seiner Hypothese über die Entwicklung der Lebewesen gekommen? War das erst im vergangenen Jahr hier in London, nachdem John Gould seine Ergebnisse über die Finken von den Galapagosinseln vorgetragen hatte, oder schon viel früher in Südamerika?

Sosehr er sein Gedächtnis bemühte, er wusste es nicht zu sagen.

Den Anstoß über die Entstehung und Entwicklung der Arten nachzudenken, hatten Lyells „Principles" gegeben. Wenn sich, wie Lyell überzeugend nachgewiesen hatte, die Erdoberfläche langsam aber stetig veränderte, wie konnten dann auf ihr an die Umwelt angepasste aber unveränderliche Arten leben? Lyell hatte diesen Widerspruch dadurch zu lösen versucht, dass er annahm jede Art würde aussterben, wenn die Umwelt für sie nicht mehr geeignet wäre, und die ausgestorbenen würden von neuen Arten abgelöst. Das Aussterben war plausibel. Aber die neuen Arten; die These von der Neubildung, erinnerte sich Darwin, hatte ihn immer wieder zum Nachdenken angeregt. Ohne dass er es wollte, hatten sich diese Gedanken immer eingestellt, wenn er Beobachtungen mit Tatsachen oder Theorien zu verbinden versucht hatte. Da waren schon während der Reise plötzlich Ideen aufgeblitzt, dass die Arten vielleicht doch veränderlich wären und von anderen abstammen könnten. Er hatte sich zunächst gegenüber diesen Gedanken gesperrt, hatte sie hinter den Tagesereignissen zurücktreten lassen. Waren es doch Gedanken, die der biblischen Schöpfungslehre widersprachen. Und doch waren sie , als hätten sie ein Eigenleben, immer wieder in neuen Zusammenhängen aufgetaucht, hatten sich mal in die Überlegungen zu geologischen Problemen, mal unter die Fragen zur geographischen Verbreitung der Arten oder zu den Fossilien aus Südamerika gemischt. Ja selbst als er mit Gauchos über die Pampa galoppiert war, hatten sie ihn heimgesucht. Obwohl sie nie abwesend waren, hatte er diese Gedanken aber zunächst immer verdrängt und nicht zu Ende gedacht.

Er konnte sich nicht erinnern, dass der Vortrag von John Gould am 10. Januar 1837 etwas daran geändert hätte. Der Vortrag hatte ihn überrascht und auch beschämt. Eine Woche vorher hatte er der Zoologischen Gesellschaft aus seiner während der Reise mit der „Beagle" angelegten Sammlung vierhundertfünfzig Vögel und achtzig Säugetiere übergeben. Unter den Vögeln befanden sich einunddreißig etwa zwanzig Zentimeter große Tiere, die er auf den Galapagosinseln geschossen hatte. Er hatte diese Vögel ihrer Schnäbel entsprechend für Amseln und Zaunkönige gehalten. Der geübte Spezialist Gould hatte aber in seinem Vortrag berichtet, dass es sich um eine zwölf Arten umfassende völlig neue Gattung von Finken handele. Und diese mit Sicherheit nur auf den Galapagosinseln vorkommenden Finkenarten wären untereinander in Körperbau und Federkleid verblüffend ähnlich, aber im Bau ihrer Schnäbel gänzlich verschieden. Die Schnäbel zeigten in der Größe

Abstufungen von der Schnabelgröße eines Kernbeißers bis zum Schnabel einer Grasmücke. Später hatte Gould der Gattung noch eine weitere Art zugeordnet.

Nun sein taxonomischer Irrtum, fand Darwin, war angesichts der großen Sachkenntnis von Gould verzeihlich, peinlich war jedoch, dass er versäumt hatte, zu notieren, auf welcher Insel der jeweilige Vogel erlegt worden war. Er hatte sich beim Einsammeln der Vögel einfach nicht vorstellen können, dass aus gleichem Gestein bestehende, ganz nahe beieinander liegende Inseln verschiedene Bewohner haben sollten. Glücklicherweise hatten sein Gehilfe Syms Covington und Kapitän Fitz Roy ihre Sammlungen sorgfältiger beschriftet. Der Fehler konnte ausgemerzt werden, doch der Funke zur Erkenntnis war immer noch nicht übergesprungen. Auch nicht, als sich herausgestellt hatte, dass einige der Finken nur auf ganz bestimmten Inseln vorkamen.

Es hatte noch bis zum März gedauert, bis wie in einem Roman die Handlungsstränge zusammenfanden und einen ganz neuen Blick auf die Welt der Organismen erlaubten. Der Auslöser war ein Gespräch mit Gould. Dabei hatte Gould ihm mitgeteilt, die Untersuchung der von den Galapagos mitgebrachten und diesmal korrekt beschrifteten Spottdrosseln habe ergeben, dass es sich um drei nahe verwandte Arten handele, deren Vorkommen auf diese Inselgruppe beschränkt sei. Auffällig sei, dass nach den vorliegenden Exemplaren auf jeder der besuchten Inseln offensichtlich nur eine der drei Arten anzutreffen sei.

Und jetzt hatte er sich erinnert, dass ihm bereits beim Besuch der Galapagosinseln die Ähnlichkeiten und die Unterschiede der dort lebenden Spottdrosseln untereinander und zu den Exemplaren aus Argentinien und Chile aufgefallen waren. Ja, bereits damals hatte er mit dem Gedanken gespielt, eine vom Festland stammende Art, sei auf den Inseln für die dort herrschenden Lebensumstände modifiziert worden.

Aber jetzt erst hatte er diesen Gedanken weiter verfolgt. War es nicht vorstellbar, ja wahrscheinlich, dass es Spottdrosseln vom

Festland auf die Inseln verschlagen hätte und diese die Vorfahren der heute dort lebenden Arten wären? Wenn er dies annahm, mussten die heute auf den Inseln lebenden Spottdrosselarten aus der Festlandart hervorgegangen sein; mussten aus einer Art mehrere neue entstanden sein. Wenn aber aus einer Vogelart mehre Arten entstehen konnten, war es dann nicht denkbar, ja logisch, dass alle Vögel von einem gemeinsamen Vorfahren abstammten? Und das gleiche müsste für die Säugetiere, ja für alle Tiere und auch für alle Pflanzen gelten!

Plötzlich hatte er seine Beobachtungen auf den Galapagosinseln in einem völlig neuen Licht gesehen. Dass die großen schwarzen Meerechsen, die Riesenschildkröten und andere Tierarten der Galapagosinseln nur auf diesem kleinen, geologisch jungen Archipel vulkanischen Ursprungs und sonst nirgends auf der Erde vorkamen, hatte ihn, solange er an unveränderliche durch einen Schöpfer hervorgebrachte Arten geglaubt hatte, in hohem Maße erstaunt.

Jetzt aber war die Erklärung einfach, ja sogar die vorher unerklärliche Ähnlichkeit der Tierwelt der Inseln mit der Südamerikas ergab sich zwanglos aus der Annahme, dass die Vorfahren der auf den Inseln lebenden Arten vom etwa tausend Kilometer entfernten Festland stammten. Mit der neuen Hypothese brauchte auch der Schöpfer nicht mehr der Vergesslichkeit verdächtigt werden, weil es auf den Galapagos, wie auf anderen weit vom Festland entfernten Inseln, keine Frösche und Kröten gab, obwohl in der Regenwaldzone für diese Tierklasse geeignete Lebensräume vorhanden waren. Die einfache Erklärung war: Frösche und Kröten sowie ihr Laich werden so schnell durch das salzige Meerwasser getötet, dass ein Transport zu entfernten Inseln durch Meeresströmungen nicht möglich ist.

Es war aufregend. Seit März vergangenen Jahres versuchte er, seine neuen Erkenntnisse auf immer mehr bisher unverstandene Tatsachen anzuwenden. Im Juli hatte er begonnen, Fakten und Gedanken zu dem Abstammungsproblem zu notieren. In seinem Notizbuch hatte er auch skizziert, wie die Artbildung durch Aufspaltung erfolgt sein könnte. „I think", hatte er darüber geschrieben; seither hatte er viel nachgedacht, das Problem von allen Seiten überdacht. Aber immer blieb am Ende die Frage, wie war es zu den zweckmäßigen Abänderungen, die zur Bildung neuer Arten geführt hatten, gekommen. Wurde die Anpassung der Organismen durch die Wirkung von Umweltfaktoren auf noch unbekannte Lebensfunktionen bewirkt?

Aber musste die Umwelt dann nicht auf die gesamte Art, auf alle ihre Mitglieder gleichartig wirken? Und wenn das so war, wie war dann auf nur einer Insel das Vorkommen ganz ähnlicher Finken mit unterschiedlicher Schnabelform, das Nebeneinander von Meeres- und Landechsen zu erklären?

Darwin dachte nach, vielleicht war es nötig, die Art nicht als Ganzes, sondern als Ansammlung von Individuen zu betrachten. Das taten Landwirte. Für sie zählten einzelne Tiere, die sich durch erwünschte Eigenschaften auszeichneten. Während des Studiums hatte er seinen Freund Thomas Campbell Eyton und andere Gutsbesitzersöhne unter seinen Kommilitonen oft von erzielten hohen Preisen für Zuchthengste oder Zuchtstiere mit ausgezeichnetem Stammbaum reden hören. In der Hoffnung durch das Verständnis der Tier – und Pflanzenzucht dem Verständnis von Artbildung und Veränderung näher zu kommen, hatte er jetzt Verbindung zu Züchtern aufgenommen und begonnen, ihre Fachzeitschriften zu verfolgen. Und es war erstaunlich, in welchem Maße die besten Züchter die Haustierrassen verändert hatten. Die englischen Rennpferde übertrafen ihre arabischen Stammformen deutlich an Größe und Schnelligkeit und bei den Rindern auf Englands Weiden hatten die Aufzeichnungen der Züchter gegenüber früher eine deutliche Zunahme an Gewicht und früherer Reife erkennen lassen. Diese Zuchterfolge waren nach Aussage der Züchter aber keineswegs auf die Kreuzung verschiedener Rassen zurückzuführen. Die erfolgreichsten Züchter waren sogar Gegner dieses Verfahrens. Erreicht hatten die Züchter ihre Zuchterfolge dadurch, dass sie unter den

Nachkommen eines Zuchtpaares immer wieder die Individuen zur Weiterzucht ausgewählt hatten, deren Eigenschaften ihrem Zuchtziel am nächsten kamen.

Konnte diese künstliche Zuchtwahl als Modell für die Vorgänge in der Natur dienen? Wo aber war in der Natur die lenkende Hand des erfahrenen Züchters?

Er kam heute nicht dazu, weiter über diese Fragen nachzudenken; Syms Covington; schon während der Weltreise sein Diener, Sekretär und Gehilfe ermahnte ihn, dass es jetzt höchste Zeit wäre, sich für die heutige Abendgesellschaft bei Professor Babbage umzukleiden. Charles Babbage war wegen seiner Vielseitigkeit als Mathematiker, Philosoph, Erfinder und liberaler Ökonom eine schillernde Gestalt der Londoner Gesellschaft, an deren Leben der junge Darwin seitdem er in London lebte, teilnahm. Dass er schnell Anschluss an den Kreis der Londoner Gelehrten gefunden hatte, war vor allen Professor Henslow zu verdanken.

Noch als Darwin auf der „Beagle" als Forschungsreisender unterwegs war, hatte Henslow die Wissenschaftler Englands bereits auf die Leistungen des jungen Naturforschers aufmerksam gemacht. Hierzu hatte er Passagen naturkundlichen und geologischen Inhalts aus Briefen, die er von Darwin während dessen Weltreise erhalten hatte, als zweiunddreißigseitige Broschüre drucken und an bekannte Wissenschaftler verteilen lassen. Die selbstlose Fürsorge Henslows und dessen guten Beziehungen hatten Darwin viele Türen geöffnet, ihn aber auch in einen Strudel von Arbeiten und Verpflichtungen gerissen. Die Aufnahmen in die Geological Society of London und in die Royal Society waren zwar ehrenvoll aber die damit verbundenen Vorträge mussten sorgfältig erarbeitet werden, die Vorbereitungen eines Buches über die Reise und eines Manuskriptes über die „Geologischen Beobachtungen" konkurrierten miteinander, Termine zu Gesprächen mit Experten aus Geologie, Zoologie und Botanik zur Aufarbeitung der während der Reise angehäuften Sammlungen wechselten mit Bemühungen zur staatlichen Unterstützung zur Herausgabe der mehrteiligen „Zoologie of the voyage of the Beagle ".

Bei aller Anstrengung genoss er aber auch das turbulente Leben in London, die Bekanntschaft mit der Elite der britischen Wissenschaft und nicht zuletzt das exklusive „Tafeln" zusammen mit Männern aus Wissenschaft, Kunst und Literatur im Athenaeum Club.

Im Juni aber hatte er sich eine Erholungsreise gegönnt. Und während vierhunderttausend Besucher nach London strömten, um am 28. Juni die fünfstündige Zeremonie zur Krönung der jungen Queen Victoria in der Westminster Abbey zu erleben, befand er sich bei herrlichem Wetter auf einer Exkursion zum Glen Roy – Tal in Schottland.

In London verkehrte der junge Darwin nicht nur in Kreisen der Naturwissenschaftler. Durch seinen Bruder Erasmus hatte er auch die Bekanntschaft von Publizisten, Schriftstellern, Ökonomen und Historikern gemacht. In diesen Kreisen wurde zu jener Zeit über die soziale Frage, über Wege zur Linderung der entsetzlichen Not der Fabrikarbeiter und die Reformbewegung der Chartisten heftig debattiert und gestritten. Sollte der Staat durch Gesetze versuchen das Los der Arbeiter zu bessern? Oder wäre es besser, nicht in das freie Spiel der wirtschaftlichen Kräfte einzugreifen? Sollte doch nach der Lehre von Adam Smith, durch die unsichtbare Hand des Marktes aus dem wirtschaftlichen Erfolg Einzelner der Wohlstand Aller wachsen. War es überhaupt möglich, Wohlstand für alle zu erreichen? Die Publizistin Harriet Martineau, Freundin seines Bruders, machte Charles Darwin auf eine eher pessimistische Schrift „An essay on the principle of population" von Thomas Malthus aufmerksam.

Zur Entspannung und wohl auch, um „mitreden zu können", las Darwin am 28. September 1838, einem Freitag, diese Abhandlung. In seinem Essay versuchte Malthus nachzuweisen, dass eine künftige Gesellschaft, in der alle Menschen glücklich leben könnten, nicht möglich wäre. Er begründete dies damit, dass die menschliche Bevölkerung nach einem mathematischem Gesetz schneller wachse, als das Nahrungsangebot wachsen könne. Wenn es also gelänge, die das Bevölkerungswachstum beschränkenden Faktoren Armut, Hunger, Krankheit und Krieg abzuschaffen, würde die Bevölkerung so stark anwachsen, dass der gesetzmäßig eintretende Nahrungsmangel wieder zu Armut , Hunger, Krankheit und Krieg führen müsste. Darwin wollte es nicht einleuchten, dass die Menschheit als Gemeinschaft vernunftbegabter, denkender Wesen keinen Ausweg aus der " Bevölkerungsfalle" finden sollte.

Doch darüber wollte er jetzt nicht nachdenken. Ihm war beim Lesen ein Gedanke gekommen, den er weiter verfolgen musste: Wenn es richtig war, dass die menschliche Bevölkerung nach einem Potenzgesetz wachsen würde, wenn sich alle Individuen auch erfolgreich fortpflanzten, müsste dies auch für die Arten des Tier– und Pflanzenreiches gelten. Diesen Gedanken hatte er doch schon irgendwo gelesen.

Ja, natürlich in der „Natural Teologie". Dort hatte Paley ausgeführt, es gäbe keine Art von Landtieren, die nicht die ganze Erde überzöge, keine Art von Fischen, die nicht den Ozean füllte, wenn Gott es ihr gestattet hätte, sich vollkommen ungehindert zu vermehren. Bei ungehinderter Fortpflanzung einer Tierart seit Erschaffung der Welt müsste allen anderen Nahrung und Lebensraum entzogen worden sein.

Wenn also die Fruchtbarkeit der Lebewesen so groß war, die Größe der Populationen von Schwankungen abgesehen aber stabil blieben, dann musste nicht nur unter den Arten, sondern besonders unter den Angehörigen der gleichen Art ein erbitterter Kampf um die begrenzten Nahrungsquellen und Lebensräume stattfinden. Und nur ein kleiner Teil der Lebewesen jeder Generation könnte diesen Kampf ums Dasein überleben. Nun bestand aber jede Art aus einer großen Anzahl von Individuen, von denen wohl nie zwei genau gleich sind. Wie die Arbeit der Züchter zeigte, waren die Variationen der Organismen zumindest meist erblich. Die Individuen mit der für die jeweilige Lebensumwelt vorteilhafteren Konstitution könnten den Kampf ums Dasein nicht nur häufiger überleben, sondern würden ihre vorteilhaften Eigenschaften auch häufiger an die folgende Generation weitergeben. Damit wurde aber das ungleiche Überleben, zu einem natürlichen Ausleseprozess. Es gab also eine natürliche Zuchtwahl, weil Individuen einer Art mit Merkmalen, die für das Überleben und die Fortpflanzung vorteilhaft sind, mehr Nachkommen haben, als Individuen ohne diese Merkmale. Auf diese Weise müssen innerhalb einer Art die Träger der vorteilhaften Merkmale häufiger werden und über viele Generationen hinweg zu den wunderbaren Anpassungen der Lebewesen an ihre Umwelt führen. War das die Erklärung für die vielen ungelösten Fragen in der Welt der Lebewesen?

Es war wie ein Rausch; bisher unerklärliche Tatsachen fanden im Licht der natürlichen Zuchtwahl eine einfache Erklärung. Nach der bisherigen Schöpfungsansicht, wonach alle Lebewesen für das Leben in ihrer jeweiligen Umwelt geschaffen worden sind, war es höchst verwunderlich, dass Bewohner einer Weltgegend von eingewanderten Tieren und Pflanzen verdrängt werden. Die natürliche Zuchtwahl gab eine einfache Erklärung: Da die natürliche Auslese durch den Wettbewerb zwischen den Individuen wirkt, konnte sie die Bewohner eines Gebietes nur in Bezug auf ihre Mitkonkurrenten in ihrer unmittelbaren Umwelt nicht aber gegenüber Lebewesen in einem entfernten Land verbessern. Es war auch nicht verwunderlich, dass die ohne menschliche Moral- und Ethikvorstellungen wirkende natürliche Zuchtwahl Schlupfwespenlarven hervorgebracht hatte, die in und von den Körpern lebender Raupen lebten.

Dass eine sich verändernde Umwelt nach diesem Selektionsprinzip zu veränderten Arten führen musste, lag auf der Hand. Wie war es aber mit der Aufspaltung einer Art in mehrere neue Arten, mit der Entstehung der Vielfalt des Lebens?

Nun man müsste sich vielleicht vorstellen, dass die Individuen einer Art, die ein sehr großes Territorium besiedelt hat, innerhalb

ihres Siedlungsgebietes unterschiedlichen Umwelteinflüssen aus-
gesetzt ist. Und diese Einflüsse müssten eine unterschiedliche
Auslese und damit über einen langen Zeitraum unterschiedliche
Arten zur Folge haben. Konnte das klappen, ohne dass die einzel-
nen Teilpopulationen voneinander getrennt wären? Das müsste die
Forschung zeigen.

Darwin war erregt. Er hatte einen natürlichen Mechanismus gefunden, der im Verlauf von Generationen die wunderbaren Anpassungen der Organismen an ihre Lebensumwelt und neue Arten hervorgebracht haben könnte.

Dann erschrak er. Sollte dieser einfache Ausleseprozess in der
Lage gewesen sein, so komplizierte Formen wie den Körper eines
Spechts und das Auge eines Falken hervorzubringen? Wie kam es
zu dem Rohmaterial für die Auslese, den Variationen innerhalb der
Arten? Wie war die Vererbung zu erklären?

Fragen über Fragen, Antworten zu finden, würde seine zukünftige Aufgabe sein. Es war eine ungeheure Arbeit, vor der er stand.
Er wusste aber, er konnte nicht zurück; das Problem würde ihn
nicht mehr los lassen. Es ging um nicht weniger, als der Welt zu
erklären, dass die ganze Vielfalt der organischen Wesen, ihr Körperbau, ihre Organe und selbst ihre Gehirne das Ergebnis eines
langen natürlichen Entwicklungsweges waren.

Er hatte jetzt eine Theorie und würde ihre Tragfähigkeit erproben müssen. An eigenen Forschungen und Experimenten. Und er
würde auch auf viele Erkenntnisse und Beobachtungen anderer zu-
rückgreifen können. Der Botaniker Sir Joseph Banks, der an James
Cooks erster Weltumsegelung teilgenommen hatte, der Universal-
gelehrte Alexander von Humboldt und viele andere hatten die Welt
bereist und ein umfangreiches Tatsachenmaterial über die Lebewesen der Erde, über deren Beziehungen zu einander und zu Klima
und Landschaft zusammen getragen. All das könnte er nutzen.

Er allein? Schon jetzt machte ihm zuweilen ein Unwohlsein zu
schaffen, hielten ihn Kopfschmerzen, Magen – und Herzprobleme
von der Arbeit ab. War er es nicht der Wissenschaft, ja der

Menschheit, schuldig, jetzt seine Gedanken und Erkenntnisse der Öffentlichkeit bekannt zu machen?

Doch war er sich denn überhaupt klar darüber, um was es ging? Es ging um eine völlig neue Ansicht darüber, wie die auf der Erde lebenden Wesen zu ihrer heutigen Gestalt gekommen waren und wie die gewaltige Vielfalt an Arten entstanden war. Es ging um eine Theorie, die der biblischen Schöpfungslehre widersprach, und den Protest der Kirchen herausforderte.

Aber sollte es nicht auch für die Männer der Kirche ein erhabener Gedanke sein, dass der Schöpfer vielleicht nur einer einzigen Art den Funken des Lebens eingehaucht hat und sich daraus nach auch heute noch wirkenden Gesetzen die ganze wunderbare Vielfalt des Lebens gebildet hat? Müsste die Folgerichtigkeit seiner Theorie nicht zumindest die Gelehrten von ihrer Richtigkeit überzeugen? Darwin dachte nach, die Männer aus der Welt der Wissenschaft, die ihm am nächsten standen John Stevens Henslow und Adam Sedgwick waren Theologen, waren geweihte Geistliche der anglikanischen Kirche. Für sie war naturwissenschaftliche Arbeit ein Dienst an Gott, die Erforschung der Werke und Gesetze des Schöpfers. Auch von Richard Owen durfte er keine Unterstützung erwarten. Zu schwer war der Weg dieses Mannes an die Spitze der Wissenschaft gewesen, als dass er die errungene Stellung wegen der Theorie eines jungen Heißsporns aufs Spiel setzen würde. Auch Charles Lyell war ein tiefgläubiger Mensch, aber bei ihm, wie auch bei Henslow, durfte er hoffen, dass er die Theorie nicht aber den Menschen Charles Darwin verdammen würde.

Sollten sie ihn doch alle verdammen! Er lebte im England des neunzehnten Jahrhunderts und musste nicht wie Galilei das Schicksal Giordano Brunos befürchten. Dank der Geschäftstüchtigkeit seines Vaters war er reich genug, keine Professur oder einen anderen Broterwerb anstreben zu müssen; er könnte der öffentlichen Meinung trotzen und die Wahrheit würde sich schon durchsetzen. Würde sie das? Lamarcks Theorie enthielt die Wahrheit, dass die Arten der Lebewesen sich im Laufe der Erdgeschichte verändert hatten. Aber in der Welt der Wissenschaft hatte sie keinen festen Platz finden können. Sollte mit seiner Theorie das gleiche geschehen? Und das würde es, ginge er jetzt ohne ausreichende Beweise an die Öffentlichkeit. Und er, gerade er, Charles Darwin, hatte keinen Grund die Macht der öffentlichen Meinung zu unterschätzen. War er ihr nicht selbst erlegen? Oder warum hatte er das Angebot von Professor Robert Edmond Grants ausgeschlagen, als dieser angeboten hatte, die bei der Weltreise gesammelten Korallen zu bearbeiten? Darwin musste sich eingestehen, dass bei seiner Entscheidung gegen seinen ehemaligen Lehrer dessen offenes Bekenntnis zur Entwicklungslehre Lamarcks schon eine Rolle gespielt hatte. Er fand aber gleich die Entschuldigung: Es ginge nicht um Charles Darwin, sondern um dessen Theorie. Und diese müsste er schützen bis ausreichend Beweise für sie vorlägen, um die Wissenschaft zu revolutionieren. Dies aber konnte nur gelingen, wenn er weiter am wissenschaftlichen Leben teil hatte und nicht als radikaler Außenseiter in die Isolation getrieben würde.

Von seinen „ketzerischen" Gedanken wussten bisher nur sein Vater, sein Bruder und seine Cousine Emma Wedgwood. So müsste es auch jetzt nach der Erkenntnis über die natürliche Auslese wenigstens vorläufig bleiben. Er würde jetzt daran arbeiten müssen, seinen Ruf in der Wissenschaft zu festigen und alle nur erdenklichen Beweise für seine Entwicklungstheorie zusammen zu tragen. Davor gab es aber noch nähere persönliche Ziele. Noch in diesem Herbst wollte er sich mit Emma Wedgwood verloben. Auch eine geeignete Wohnung, die sie nach der baldigen Heirat beziehen könnten, musste er noch hier in London finden. Die bevorstehende Heirat würde in der nahen Zukunft die größte Veränderung in sein Leben bringen. Standen ihm wegen seiner Theorie andere größere Veränderungen bevor? Vorerst würde er weiter Lyell und Owen besuchen und schweigen, wenn sie darüber diskutierten, ob ein Naturgesetz, für die Kontinuität zwischen ausgestorbenen und lebenden Arten einer Weltgegend verantwortlich sei. Am kommenden Sonntag würde er, wie schon oft Robert

Brown besuchen. Sie würden zusammen frühstücken und das „facile princeps botanicorum", das unumstrittene Haupt der Botanik, würde ihn an seinem gewaltigen Wissen über die Botanik teilhaben lassen und vielleicht über die Entdeckung des Zellkerns berichten. Er, Charles Darwin, würde höflich sein, einige wissenschaftliche Probleme ansprechen, aber zu seinen drängenden Gedanken schweigen, vorläufig. Und er würde arbeiten, viel und hart!

Zellen

In diesem Herbst 1838 genau am Montag, dem 29. Oktober, wurde in Berlin die erste preußische Eisenbahnstrecke, die Eisenbahn nach Potsdam, eröffnet. Als sich im Bahnhof am Potsdamer Tor wenige Minuten nach 12:00 Uhr der Zug unter den Klängen eines Musikcorps in Bewegung setzte, hofften viele Berliner, dass der Start des Zuges auch einen Aufbruch in eine neue Zeit bedeuten möge. Anderen beschlich Angst vor einer ungewissen von geheimnisvollen Maschinen bestimmten Zukunft. Vielen aber wurde die preußische Rückständigkeit schmerzlich bewusst, wenn sie daran dachten, dass die beiden Lokomotiven, Pegasus und Iris, die zischend und schnaufend die elf Wagen nach Potsdam zogen, sowie alle Schienen der Strecke nicht in Preußen, sondern in England hergestellt worden waren. Wohl aber keiner der festlich gestimmten Bürger konnte sich vorstellen, dass in seiner Stadt, in Berlin, in diesem Jahr 1838 Wissenschaftsgeschichte geschrieben wurde.

Und doch war es so. Die erste dieser Schriften war neununddreißig Seiten lang und erschien in Johannes Müllers „Archiv für Anatomie, Physiologie und wissenschaftliche Medicin". Unter dem Titel „Beiträge zur Phytogenesis" entwickelte dort Matthias Schleiden eine Zelltheorie der Pflanzen.

Der zur Zeit ihres Erscheinens bereits schwer kranke Chamisso hat diese Arbeit wohl nicht mehr zur Kenntnis genommen. Und wenn doch, hätte er sich vielleicht gewundert, was an dieser Theorie neu sein sollte. Dass Pflanzen Zellen enthalten, hatte Robert Hooke schon vor fast zweihundert Jahren beschrieben. Chamissos Freund Karl Asmund Rudolphi hatte noch als junger Mann einen Preis der Universität Göttingen für den Nachweis erhalten, dass junge Pflanzen ausschließlich und in den folgenden Perioden ihres Lebens größtenteils aus Zellen bestehen. 1830 hatte Franz Julius Ferdinand Meyen, seit 1834 Professor hier in Berlin, in seiner „Phytotomie" die Zellen als elementare Organe der Pflanzen ausführlich behandelt und erst 1835 hatte Hugo von Mohl in Tübingen über die „Vermehrung der Pflanzenzelle durch Teilung" berichtet.

Aber gegenüber diesen seinen Vorgängern vertrat Matthias Schleiden einen völlig neuen Ansatz zum Aufbau der Pflanzen. Alle bisherigen Botaniker hatten die Zellen neben Spiralröhren und Gefäßen als elementare Organe der Pflanzen angesehen. Schleiden aber hatte aus seinen mikroskopischen Beobachtungen abgeleitet, dass die Zellen nicht Organe, sondern elementare Bausteine aller Pflanzen sind. Alle Pflanzen, außer einzelligen Algen und Pilzen, bestünden mit all ihren Organen aus vielen Zellen. Und jede dieser Zellen führe ein zweifaches Leben, ein eigenes, als in sich abgeschlossenes Einzelwesen, und ein mittelbares als Baustein einer Pflanze.

Aus dieser neuen Sicht ergab sich, dass alles im Leben der Pflanze im Leben der Zellen seine Ursache haben müsse. Damit hatten sich für Schleiden die Fragen gestellt: Woher kommt die Zelle? Wie entsteht sie?

Zur Beantwortung dieser Fragen entwickelte Schleiden in der Publikation eine Theorie von der Bildung der Pflanzenzellen. Nach dieser Theorie sollten sich neue Zellen innerhalb bereits vorhandener Zellen bilden, indem aus körnigem Material des Zellinhaltes, analog zur Kristallisation, ein „Kernchen" entsteht, das durch Anlagerung weiterer Partikel zum Zellkern heranwächst und schließlich um sich eine neue Zelle bildet. Innerhalb einer Mutterzelle sollten sich mehrere, meist zwei, Tochterzellen bilden und durch ihr Wachsen die ursprüngliche Zelle auflösen. Da dem Zellkern bei dieser Theorie eine Schlüsselrolle zukam, hatte Schleiden ihn Cytoblast, Zellbildner, genannt. Eine Ausnahme zu diesem Bildungsgesetz gäbe es bei Holzgewächsen in der Wachstumsschicht, dem Kambium. Hier fände die Zellbildung direkt in der „organisierbaren" Flüssigkeit zwischen den Zellen statt.

Die vorgestellte Zelltheorie war das Resultat einer ausdauernden, mühseligen Arbeit. Vor drei Jahren war Matthias Schleiden nach Berlin gekommen, um seine Kenntnisse insbesondere in der Physiologie der Pflanzen zu vertiefen. Hier an der Universität hatte sich für ihn die Möglichkeit ergeben, bei seinem Onkel Johann Horkel, Professor für Pflanzenphysiologie, mit einem modernen Mikroskop zu arbeiten. Die Mikroskope neuer Bauart ermöglichten durch Linsenkombinationen aus verschiedenen Glassorten scharfe Abbildungen ohne störende farbige Säume bei einer Auflösung von einem Tausendstel Millimeter. Es war an den Universitäten nicht selbstverständlich, dass Studenten mit diesen teuren Geräten arbeiten durften. An einigen Hochschulen mussten sich sogar mehrere Professoren ein solches Gerät teilen.

Schleiden, der einunddreißigjährig nach Berlin gekommen war, wollte hier die sich ihm bietende Chance nutzen, seinen Platz in der Wissenschaft zu begründen und endlich vom Elternhaus unabhängig werden.

Für ihn war der Start in eine naturwissenschaftliche Laufbahn gleichbedeutend mit dem Beginn eines neuen Lebens; denn er hatte sich 1832 eine Kugel in den Kopf geschossen, um sein Leben zu beenden. Die Kugel hatte ihn nicht getötet, ihn aber veranlasst, sein Leben zu ändern.

Von 1824 bis 1827 hatte er in Heidelberg auf Wunsch des Vaters Jura studiert, das Studium mit der Promotion zum Doktor beider Rechte abgeschlossen und sich dann in seiner Heimatstadt Hamburg als Notar niedergelassen. Die Arbeit in dem ungeliebten Beruf war wenig erfolgreich und hatte ihn in eine tiefe Depression gestürzt. Gleich nach der Genesung von seiner schweren Verletzung war er dem Juristenberuf entflohen und hatte in Göttingen ein Medizinstudium aufgenommen. Bald hatte er sich aber ausschließlich der Botanik gewidmet und war schließlich nach Berlin gewechselt.

Hier hatte er zunächst unter der Anleitung seines Onkels mikroskopische Untersuchungen zur Befruchtung und Embryonalbildung bei Blütenpflanzen durchgeführt. 1836 hatte er Gelegenheit, Robert Brown, der Berlin besuchte, nicht nur kennen zu lernen, sondern auch unter der Anleitung des „ facile princeps botanico-rum", wie Humboldt den Engländer nannte, mikroskopische Übungen auszuführen. Dabei hatte ihn Brown auf eine in den Pflanzenzellen sichtbare opale runde bis ovale Struktur hingewiesen. Brown hatte dieses Gebilde 1831 bei mikroskopischen Untersuchungen zur Befruchtung von Orchideen entdeckt und es „Areola" oder „nucleus of the cell", Zellkern, genannt. Welche Funktion dem Zellkern zukam, wusste Brown nicht, er hatte aber die Vermutung geäußert, dass er etwas mit der embryonalen Entwicklung der Pflanzen zu tun haben könnte.

Dieser Hinweis Browns hatte Schleiden veranlasst, bei seinen mikroskopischen Untersuchungen auf die Zellkerne zu achten. Dabei war ihm aufgefallen, dass in Pflanzenzellen meist, in jungen Zellen aber immer ein Kern und nicht selten auch ein weiterer vorkam. Sollten diese Gebilde etwas mit der Zellbildung zu tun haben? Wie könnte er das herausfinden?

Wenn Pflanzen aus Zellen aufgebaut waren, mussten sich also Wachstum und Entfaltung der Pflanzen auf Bildung und Größenwachstum ihrer Bausteine, der Zellen, zurückführen lassen. Die Größe ausgewachsener Zellen und das Wachstum von Pflanzen ließen sich messen und aus diesen Werten war es möglich abzuschätzen, dass die Neubildung von Zellen im jungen Gewebe sehr häufig erfolgen musste. Für einen schnell wachsenden Pilz, dem Riesenbovist, ergab diese Kalkulation zwanzigtausend neue Zellen in der Minute. Aber eine direkte Beobachtung eines Bildungsprozesses von Zellen war nicht möglich, denn um Zellen unter dem Mikroskop sehen zu können, mussten sie mit Skalpell oder scharfem Rasiermesser mit viel Geschick aus ihrem natürlichem Lebensumfeld herausgelöst und zu wenig haltbaren Präparaten fixierter Zellen bearbeitet werden. Er könnte also jeweils nur ein Momentanbild aus dem Leben einer Zelle erblicken. Aber, viele Momentanbilder am Mikroskop gezeichnet und nacheinander betrachtet mussten doch den gesamten Bildungsprozess wiedergeben. Allerdings nur ‚wenn es gelänge, die Bilder in der richtigen zeitlichen Reihenfolge anzuordnen. Die richtige Reihenfolge musste sich aber ergeben, hatte Schleiden überlegt, wenn er bei gleichartigen Zellen die kleineren als die jüngeren ansah. Die immer wieder beobachteten Zellen mit zwei Kernen konnten nur aus den einkernigen hervorgegangen sein. Und dann hatte er weniger häufig aber immer wieder zwei kleine Zellen mit großen Kernen erblickt, die zusammen fast genau den Raum einer benachbarten großen Zelle ausfüllten. Dies konnte doch nur bedeuten, dass in einer Zelle um zwei großen Kernen zwei neue Zellen herangewachsen waren. Wo aber kamen die Zellkerne her? Da er die Kerne immer im Innern einer Zelle gesehen hatte und die Zellen einen durch die Zellwand abgeschlossenen Raum bildeten, folgerte Schleiden, dass sie sich nur aus dem körnigen Material, dass er in der Innenflüssigkeit fast aller Zellen erblickt hatte, gebildet haben konnten. Als Bestätigung für diese Annahme hatte er die Tatsache gewertet, dass er in den Zellkernen immer wieder einen oder mehrere kleine runde Kernkörperchen erblickt und als Reste des Zellkeimes gedeutet hatte. Nachdem er an Zellen von einer Vielzahl an Pflanzen immer wieder die gleichen Beobachtungen gemacht hatte, war Schleiden ganz sicher, den Bildungsprozess der Pflanzenzelle aufgeklärt zu haben. Dass Hugo von Mohl und Meyen die Zellbildung als Vermehrung durch Selbstteilung beschrieben hatten, ließ bei Schleiden keinen Zweifel an der Richtigkeit seiner Theorie aufkommen. Nach seiner Meinung waren diese Forscher zu einer falschen Interpretation der mikroskopischen Befunde gekommen, weil sie die Bedeutung des Zellkerns als Zellbildner nicht erkannt hatten. Außerdem wäre die Annahme einer Selbstteilung der Zelle, ihre Entstehung aus einer bereits vorhandenen, präexistierenden Zelle, nicht eine Wiederkehr der verlachten alten Präformationstheorie durch die Hintertür? In dieser Meinung wurde er auch durch seinen Freund Theodor Schwann bestärkt. Schon im Oktober 1837 hatte Schleiden bei einem gemeinsamen Mittagsessen dem Freund von seinen Forschungen berichtet.

Als der sechs Jahre jüngere Schwann von seinem Freund erfahren hatte, dass nach dessen Forschungen der Aufbau aller Gewächse, der gewaltigen Eiche, der zarten Lilie und des unscheinbaren Grashalms auf ein mikroskopisch kleines durchsichtiges Bläschen, der Zelle, beruht, war er fasziniert und erinnerte sich, dass er bei der mikroskopischen Beobachtung von Geweben embryonaler Frösche ebenfalls deren Aufbau aus dicht aneinander liegenden Zellen bemerkt hatte. Sollte Schleidens Erkenntnis vom Aufbau der Pflanzen aus Zellen auch für die Tiere zutreffen?

Dass auch in tierischen Organismen Zellen vorkommen, war bekannt. Der Breslauer Physiologe Jan Evangelista Purkyne hatte in verschiedenen tierischen Geweben und sogar im Kleinhirn Gebilde entdeckt, bei denen es sich offensichtlich um Zellen handelte. Doch der Gedanke, dass alle tierischen Organe und Gewebe aus Zellen bestehen sollten, war eine völlig neue Hypothese, galten doch die meisten Gewebe als zellfreie Geflechte aus organischen Fasern. Der aus dem rheinisch preußischen Neuss stammende Schwann brannte darauf, sich an der Überprüfung dieser Hypothese zu versuchen.

Er hatte nach dem Abitur am Kölner Marzellen- Gymnasium 1829 zunächst an der Universität Bonn Philosophie und Medizin studiert. Hier war der Physiologieprofessor Johannes Müller auf den begabten Studenten aufmerksam geworden und hatte dessen Interesse auf die naturwissenschaftliche Seite der Medizin gelenkt. Als Müller auf den Berliner Lehrstuhl für Physiologie gewechselt war, hatte Schwann das Medizinstudium zunächst in Würzburg fortgesetzt und war dann Müller 1833 nach Berlin gefolgt. Schon im folgenden Jahr war er mit einer Arbeit über die Atmung des Vogelembryos promoviert worden und hatte nach dem medizinischen Staatsexamen eine Anstellung als Hochschullehrer angestrebt. Da sich eine solche aber nicht sogleich finden ließ, hatte er zur Überbrückung die schlecht bezahlte Stelle eines Gehilfen am Anatomischen Theater angenommen. Hier im Laboratorium von

Johannes Müller hatte er die Möglichkeit zu selbständiger wissenschaftlicher Forschung genutzt und war mit Arbeiten über die Muskelkontraktion, über die Unmöglichkeit einer Urzeugung und über die Isolierung der verdauenden Substanz, Pepsin, aus der Magenschleimhaut hervorgetreten. Und jetzt nutzte er die Ausstattung dieses Laboratoriums mit einem einzigen Mikroskop, das ihm mindestens vormittags zur Verfügung stand, zur Klärung der Frage, ob auch Tiere aus Zellen zusammengesetzt sind.

Die große Mannigfaltigkeit der Zelltypen aus tierischen Organen und Geweben gestaltete die Untersuchungen aber deutlich schwieriger, als die, welche Schleiden an Pflanzen durchgeführt hatte. Als größte Schwierigkeit erwies sich, dass die tierischen Zellen keine deutlich ausgebildete Zellwand, sondern dafür eine unter dem Mikroskop nur schlecht erkennbare Membran besaßen. Oft war es schwer oder gar nicht zu erkennen, ob ein Gewebe aus Zellen oder aus einer homogenen Masse bestand. Was er aber erkennen konnte, waren Zellkerne, die wie die Pflanzenzellen häufig Kernkörperchen zeigten. Wenn aber der Zellkern, Schleidens Cytoblast, Bestandteil jeder Zelle war, dann war es relativ leicht, tierisches Gewebe auf ihre Zusammensetzung aus Zellen hin zu untersuchen. Und über das Erkennen der Zellkerne gelang es Schwann, in den verschiedenartigsten Geweben Zellen zu erkennen. Und wo der Nachweis nicht gelang, verfolgte der gewissenhafte Forscher die Entwicklung dieser Gewebe aus den embryonalen Formen und konnte so nachweisen, dass sogar die Knochen zellulären Ursprungs sind. Wie Schleiden bei den Pflanzen konnte Schwann auch für tierische Gewebe nachweisen, dass jede Gewebeart von einem bestimmten Zelltyp gebildet wird. Durch diese Untersuchungen von der Richtigkeit von Schleidens Zelltheorie auch für den Aufbau der tierischen Organismen überzeugt, sah Schwann seine mikroskopischen Momentanbilder durch die Brille von Schleidens Theorie und fand diese bestätigt bis auf einen kleinen Unterschied. Während Schleiden für die Pflanzenzelle gefunden hatte, dass bis auf eine Ausnahme die Bildung von neuen Zellen innerhalb bereits vorhandener Zellen erfolgt, leitete Schwann aus seinen Beobachtungen ab, dass im tierischem Gewebe die Zellbildung fast ausschließlich in der Flüssigkeit zwischen den Zellen erfolgt. Die viskose Flüssigkeit, welche das Innere der Zellen und die Räume zwischen ihnen füllt, sah er als Ursache für die Zellbildung an. Aus dieser Flüssigkeit, von Schwann Cytoblastem genannt, sollte sich nach seiner Vorstellung, wie ein Kristall aus einer gesättigten Mutterlauge, die neue Zelle über die Stadien Kernkörperchen, Kern und Zelle bilden.

Einen ausführlichen Bericht über die Ergebnisse seiner Forschungsarbeit veröffentlichte Schwann in der Monographie „Mikroskopische Untersuchungen über die Übereinstimmung in der Struktur und dem Wachstum der Tiere und Pflanzen", die 1839 erschien.

Die mit den beiden Arbeiten vorgestellte Zelltheorie fand in der wissenschaftlichen Welt eine freundliche Aufnahme. Was die Pflanzenwelt anbetraf hatten schon viele Gelehrte mit dem Gedanken des Aufbaus von Pflanzen aus Zellen gespielt. Diese fühlten sich nun bestätigt und begrüßten, dass die Theorie von Schleiden und Schwann der direkten Beobachtung entsprang, und im Gegensatz zu den spekulativen Lehren der romantischen Naturphilosophen mit in wissenschaftlichen Laboratorien vorhandenen Mitteln zu überprüfen war. Aber auch die Vertreter der Naturphilosophie sahen ihre Naturauffassung durch die Zelltheorie bestätigt. Hatte doch der bedeutende Vertreter ihrer naturkundlichen Richtung Lorenz Oken schon vor vierunddreißig Jahren, in seiner Schrift „Die Zeugung" gleichartige lebende Einheiten als Bausteine aller Lebewesen postuliert. Sogar die Anhänger der Idealistischen Morphologie, die die unterschiedlichsten Baupläne der Pflanzen auf eine Urpflanze zurück zu führen versuchten, sahen sich in ihrer Auffassung bestätigt. Für sie wurde mit der Zelltheorie die Urpflanze von einem nur gedachten Ideal zu einem realen Objekt - der Zelle. Zur Etablierung und Verbreitung der Zelltheorie trug auch bei, dass

Schwanns Lehrer, der weltweit anerkannte Physiologe Johannes Müller, die Zelltheorie in den 1840 erschienenen zweiten Band seines „Handbuches der Physiologie des Menschen für Vorlesungen" aufnahm.

Doch entscheidender als alle günstigen Umstände für den Erfolg der neuen Lehre war die Zelltheorie selbst. Die politisch bewegte Zeit vor und im Revolutionsjahr 1848 warf neue naturwissenschaftliche und weltanschauliche Fragen auf. Wenn alles Lebende aus Zellen bestand, musste dann nicht die Zelle das Merkmal sein, das die belebte von der unbelebten Natur unterscheidet? War die Zelle damit nicht möglicherweise der materielle Träger des Lebens?

Schwann, der eine Professur an der Katholischen Universität Löwen anstrebte, hatte vor der Veröffentlichung seiner Arbeit das Manuskript an den Erzbischof von Mecheln zur Überprüfung gesandt. Und der Primas der katholischen Kirche von Belgien hatte anerkannt, dass die Zelltheorie mit den Lehren der katholischen Kirche vereinbar wäre. Diese erzbischöfliche Einschätzung konnte nicht verhindern, dass die Zelltheorie von Atheisten zur Befestigung ihrer materialistischen Lehren herangezogen wurde. Den politischen Gärungen der Zeit war es auch geschuldet, dass die Zelltheorie schnell in breiten Kreisen der Bevölkerung in Deutschland bekannt wurde. Der ungebrochene Widerstand der Herrschenden gegen alle Reformversuche traf auf wachsende politische Ansprüche des gehobenen Bürgertums und zunehmend auf soziale Forderungen von verarmten Kleinbürgern und Arbeitern und ließ eine Opposition entstehen, die nicht mehr nur einzelne Institutionen des Staates, sondern den ganzen Staat ändern wollte. Um ihre Staats– und Gesellschaftsmodelle unter das Volk zu bringen, gebrauchten die Vertreter der verschiedenen Parteiungen gern Metaphern aus der Natur. Und was war dazu geeigneter als die Zelltheorie. Je nach Betonung der Gleichheit oder Verschiedenheit der individuellen Zellen im Gesamtorganismus ließen sich mit dem

Zellenstaat, Organismus, sowohl demokratische, liberale, sozialistische als auch hierarchische Staatsmodelle vergleichen und suggerieren, dass die jeweils gepriesene Staatsform einer bewährten natürlichen, ja einer göttlichen Ordnung entsprach. Kaum jemandem wurde bewusst, dass ein solcher Vergleich die Reduzierung von denkenden, vernunftbegabten Menschen auf die einfachsten Lebensformen bedeutete.

Von der durch die neue Theorie zunehmenden Bekanntheit in der wissenschaftlichen Welt konnte zunächst nur Theodor Schwann profitieren. Noch im März 1839 konnte er einer Berufung an die Katholische Universität Löwen auf den Lehrstuhl für Allgemeine und Beschreibende Anatomie folgen.

Auch Matthias Schleiden wollte eine Hochschullaufbahn einschlagen. Für ihn bestand aber nach Abschluss seines Botanikstudiums das Problem, dass er kein abgeschlossenes Medizinstudium vorweisen konnte, aber an den meisten Hochschulen zu jener Zeit eine Promotion in Medizin erforderlich war, um eine Lehrtätigkeit für ein biologisches Fach, einer Hilfswissenschaft der Medizin, ausüben zu können. Daher scheiterten seine Bewerbungen in Halle/Saale, in St. Petersburg und sogar in Kalkutta. Die Absagen und eine unglückliche Liebesbeziehung stürzten ihn erneut in eine tiefe Depression und er floh Ende 1838 aus Berlin nach Wernigerode, wo er einen zweiten Suizidversuch unternahm.

Den Bemühungen seiner Familie, die auch von Alexander von Humboldt unterstützt wurden, gelang es schließlich, Schleiden den Weg zu einer Universitätslaufbahn zu ebenen. Im November 1839 wurde er an der philosophischen Fakultät der Universität Jena zum Dr. phil. promoviert und im Januar 1840 erfolgte durch die Fürstenhöfe in Weimar und Meiningen die Ernennung zum außerordentlichen Professor.

Hier in Jena entstand seine Programmschrift" Grundzüge der wissenschaftlichen Botanik", die 1842 erschien. In diesem Werk stellte Schleiden die zusammen mit Schwann entwickelte Zelltheorie noch einmal ausführlich dar und entwickelte daraus eine neue

Organismustheorie. Der herkömmlichen Behandlung der Botanik als rein beschreibende Pflanzenanalyse durch die Systematiker und in schwülstigen Spekulationen durch die romantische Naturphilosophie setzte er eine „induktive Botanik" entgegen, deren Ziel es seien müsse, die Gesetze des Pflanzenleben in all seinen Entwicklungsphasen zu erforschen. Er forderte, dass die Naturbeobachtung Grundlage aller Forschung werden müsse. Aber aus der Naturbeobachtung könne nur Erkenntnis werden, wenn sie auf einen Verstand träfe, der Begriffe hinzufüge und diese durch Urteile und Schlüsse mit der Wirklichkeit verbinde. Dies könne zwar zu Fehlern führen, die aber wegen der jederzeit möglichen Überprüfbarkeit der Naturbeobachtung immer wieder korrigiert werden könnten. Wie jemand der mit einem schlechten Mikroskop arbeite, nicht zu richtigen Ergebnissen kommen könne, wäre es nötig, für den Erkenntnisgewinn von einer guten Hypothese aus zu gehen. Und zu einer guten Hypothese in der Botanik könne man gelangen, wenn man von der Entwicklung der Pflanzen ausgehe. Schleiden hatte sein Werk unter das Motto „ Ich bild`mir nicht ein, was Rechts zu wissen."(Goethe, Faust I), gestellt, das hinderte ihn aber nicht auf Kritik an seinen Ansichten mit scharfer Polemik zu antworten.

Wie an nahezu jeder neuen Idee gab es auch Kritik an der Zelltheorie. Während einige Forscher die neue Lehre für ihr Abweichen von der Einheit der organischen Körper kritisierten, bemängelten andere, dass durch die Betonung der Zellen der Blick auf die wirklich gestaltenden Kräfte im Gesamtorganismus verstellt würde. Diese Kritik verstummte in dem Maße, indem immer mehr Forscher den Aufbau aller Lebewesen aus Zellen bestätigt fanden und die neue Lehre zur Grundlage erfolgreicher Forschungen machten.

Auch der Berliner Naturforscher Christian Ehrenberg, der zum Freundeskreis des verstorbenen Chamisso gehört hatte, war der Ansicht, dass die Zelltheorie falsch seinen müsse. Denn nach mehr als zehnjähriger Erforschung der Infusorien habe er diese Mikroorganismen als selbständige Wesen mit allen zum Leben notwendigen Organen erkannt. Aber in keinem dieser Wesen habe er Zellen beobachten können. 1845 wies Karl von Siebold nach, dass Ehrenberg auch keine Zellen hatte finden können, weil seine Untersuchungsobjekte nur aus einer einzigen Zelle bestünden. Dieser Nachweis, dass auch einzellige Tiere lebensfähig waren, trug wesentlich zur Festigung der Ansicht, dass alle Organismen aus Zellen bestehen, bei.

Die Kritik an der von Schleiden und Schwann vorgelegten Theorie der freien Zellbildung aus der viskosen Flüssigkeit in und außerhalb der Zellen wollte dagegen nicht verstummen. Von Anfang an hatten Meyen und Hugo von Mohl, der freien Zellbildung die These von der Vermehrung der Zellen durch deren Teilung entgegengesetzt. Wer hatte Recht? Konnte nach der Teilungshypothese Leben nur aus Leben entstehen oder war die Bildung von lebenden Zellen aus einer aus Zucker, Gummi und Schleim bestehenden Flüssigkeit außerhalb und innerhalb der Zellen möglich? Oder kamen in der Natur beide Arten der Zellbildung vor?

Diese für das Verständnis des Lebens entscheidende Fragen, trieb die Forscher zu intensiver Arbeit an.

Hatte Hugo von Mohl bisher nur Beobachtungen an Algen, also „niederen" Pflanzen, als Zellteilung interpretiert, so fand der österreichische Professor Franz Unger von der Universität Graz, dass auch die Zellvermehrung am Vegetationspunkt höherer Pflanzen durch Teilung bereits bestehender Zellen erfolgt.

Zellteilung konnte auch Karl von Nägeli bei der Pollenbildung von Blütenpflanzen in konsequenter Anwendung von Schleidens Methode nachweisen. Das Rüstzeug für seine Arbeit zur Entwicklungsgeschichte des Pollens hatte er sich in Jena im Labor Schleidens erworben. Einem weiteren Schüler Schleidens, Hermann Schacht, gelang es zu beweisen, dass auch im Kambium die Bildung neuer Zellen durch Teilung und nicht, wie Schleiden angenommen hatte, aus der Flüssigkeit zwischen den Zellen erfolgt.

Aber nicht nur für Pflanzenzellen konnte die Vermehrung durch Teilung nachgewiesen werden, auch für tierische Zellen konnte durch Beobachtung der Vermehrung embryonaler Blutzellen von Vögeln und Säugetieren und durch Verfolgung der Längsteilung von Muskelzellen der Beweis dafür erbracht werden. Diese mit der damaligen Technik außerordentlich schwierigen Untersuchungen an tierischen Geweben waren in Berlin von Robert Remak ausgeführt worden.

Dieser erfolgreiche Wissenschaftler hätte, wenn es nach der damaligen preußischen Bürokratie gegangen wäre, nicht an der Berliner Friedrich Wilhelms Universität forschen können. Denn er war 1815 in der Familie eines jüdischen Kaufmanns in Posen geboren worden und Bürgern „mosaischer Konfession" war auf Grund einer königlichen Verordnung von 1822 der Zugang zu universitären Lehrämtern untersagt. Immerhin erlaubte ein königliches Dekret von 1833 auch jüdischen Bürgern aus der Provinz Posen das Studium an preußischen Hochschulen. Und Robert Remak hatte diese Möglichkeit genutzt und 1833 in Berlin ein Medizinstudium begonnen. Die Studiengebühren waren dem aus ärmlichen Verhältnissen stammenden Studenten gestundet worden. Das Studium war wohl zunächst nur als „Brotstudium" gedacht. Doch schnell hatte die Wissenschaft den jungen Remak in ihren Bann gezogen. Und es war nicht ausgeblieben, dass die engagierten Forscher unter seinen Professoren Christian Ehrenberg und Johannes Müller auf den begabten Studenten aufmerksam geworden waren und ihn gefördert hatten. So hatte er noch als Student eigenständige Arbeiten über den Feinbau von Nervenfasern veröffentlicht. Diese Arbeiten hatten auch Alexander von Humboldt auf den jungen Forscher aufmerksam gemacht.

Nach seiner Promotion 1838 hätte Remak der weiteren Forschung an der Universität schweren Herzens entsagen müssen, um in der Provinz Posen eine ärztliche Praxis eröffnen zu können. Die für die Niederlassung notwendige Approbation wurde ihm im Mai

1839 erteilt und im Herbst des gleichen Jahres hatte er den Eid als Arzt in der Provinz Posen geleistet.

Es war seinen Lehrern und Alexander von Humboldt jedoch gelungen, Remak zu überreden, in Berlin zu bleiben. Sie hatten ihm jedoch zunächst nur eine schlecht bezahlte Assistentenstelle bei Johannes Müller und später bei dem Klinikdirektor Johann Lucas Schönlein bieten können. Denn zunächst waren alle Bemühungen seiner Lehrer und Förderer, Remak den Weg für eine universitäre Laufbahn zu ebnen, gescheitert. Erst als sich Alexander von Humboldt und Johann Lucas Schönlein, die als Kammerherr und Leibarzt die Gunst des Königs besaßen, direkt an diesen gewandt hatten, ermöglichte eine schriftliche Anweisung von Friedrich Wilhelm IV, dass sich Remak habilitieren und die Lehrberechtigung, venia docenti, erhalten konnte.

Noch als Student hatte Remak erlebt, wie die Zelltheorie von seiner Universität ausgehend die Wissenschaft von den Lebewesen verändert hatte. Die Schöpfer dieser neuen Lehre waren für ihn keine fernen hehren Gestalten, er hatte sie in Berlin getroffen und scheute sich nicht, an einigen ihrer Thesen zu zweifeln.

Der Student Remak hatte auch die Arbeiten der jungen Berliner Forscher Franz Schulze und Theodor Schwann verfolgt, die nachgewiesen hatten, dass sich in keimfreien Fruchtsäften auch in Kontakt mit Luft unveränderter Zusammensetzung keine Mikroorganismen bilden, wenn die Luft frei von Keimen ist. Das Entkeimen der Luft hatte der Chemiker Schulze durch Hindurchleiten eines Luftstroms durch Schwefelsäure erreicht. Schwann hatte anstelle der Säure heiße Metallschmelzen und Flammen benutzt. Und ausgerechnet dieser Theodor Schwann behauptete nun, dass sich Zellen, lebende Wesen, aus der Flüssigkeit zwischen den Zellen bilden sollten. Remak erschien dies genau so unwahrscheinlich wie die Urzeugung. Aus diesem Zweifel entsprangen seine Arbeiten, die zum Nachweis der Zellteilung bei Blutzellen und Muskelzellen geführt hatten.

Wenn sich also Zellen durch Teilung bereits vorhandener Zellen vermehrten, dann musste es doch möglich sein, die Entstehung aller Gewebe auf das befruchtete Ei zurückzuführen? Es gelang Remak, diese Frage durch Beobachtungen an Kaulquappen zu beantworten. Er konnte im Frühling 1851 nachweisen, dass sich die aus der Furchung des befruchteten Eies hervorgehenden Embryonalzellen durch Teilung vermehren und dabei die verschiedenen Gewebe bilden.

Doch damit nicht genug. Durch eingehende mikroskopische Untersuchung des Vorgangs der Furchung des Eis, kam er zu der Erkenntnis, dass das Ei eine Zelle sein müsse und die Furchung eine in Schritten fortschreitende Zellteilung darstelle. Hinsichtlich des Zellkerns ließen seine Beobachtungen nur den Schluss zu, dass der Teilung der Zelle eine Teilung des Kerns vorausgehen müsse. Eine ausführliche Zusammenfassung seiner Forschungsergebnisse veröffentlichte Remak 1852 im „ Archiv für Anatomie, Physiologie und wissenschaftliche Medizin". Vierzehn Jahre vorher war hier Matthias Schleidens Arbeit zu Begründung der Zelltheorie erschienen. In diesen vierzehn Jahren war die Wissenschaft gut vorangekommen. Die Zelltheorie war von einer Hypothese zu einer grundlegenden Lehre in der Biologie gewachsen und hatte all ihre Zweige beeinflusst. Die Forschungsergebnisse von Robert Remak stellten dabei eine wichtige Korrektur der ursprünglichen Vorstellung von der Zellbildung dar, die bald in Robert Virchows griffigen Formulierung „Omnis cellula e cellula" allgemeine Anerkennung finden sollte. Die damit festgestellte Tatsache, dass die Welt der Lebewesen eine ununterbrochene Kette von Zellteilungen darstellte, rief neue Fragen und damit neue Aufgaben für Forscher hervor.

Wenn das Ei eine Zelle und auch die Spermatozoen, wie Albert von Kölliker bereits 1841 nachgewiesen hatte, Zellen waren, was passierte dann bei der Befruchtung? Was diesen Lebensvorgang anging, tappten auch jetzt die neuen Entdecker von Generationswechseln Japetus Steentrup und Wilhelm Hofmann noch genauso im Dunkeln, wie Chamisso dreiunddreißig Jahre vorher, als er nach einer Erklärung für den Generationswechsel der Salpen suchte.

Hatte Ernst von Baer 1826 die Spermatozoen noch für Parasiten in der wirksamen Samenflüssigkeit gehalten, wusste man inzwischen, dass die Spermatozoen das bei der Befruchtung wirksame Agens darstellten. Diese Erkenntnis speiste sich aus Filtrationsexperimenten, wie sie der Italiener Lazzaro Spallanzani bereits 1780 durchgeführt hatte, und aus der Entdeckung von nur aus den „Samentierchen" bestehendem Samen bei Polypen und Nematoden. Doch was machten die Spermatozoen bei der Befruchtung? Und was war nach der Befruchtung? Wie konnte aus einer einzigen befruchteten Eizelle durch Teilung und Wachstum ein vollständiger vielzelliger Organismus mit all seinen unterschiedlichen Geweben und Organen hervorgehen?

Chemie und Leben

Justus von Liebig

Es war schon spät, sicher schon acht durch. Der Chemieprofessor Justus von Liebig hatte es sich am Schreibtisch in seinem Büro bequem gemacht und sah sinnend den Rauchschwaden aus seiner Zigarre nach. Es dunkelte aber er mochte die vor ihm stehende Öllampe noch nicht anzünden und auch noch nicht hinauf in die Wohnung gehen. Im benachbarten Laboratorium brannten die Lampen bereits und spendeten durch ein in der Wand zwischen beiden Räumen befindliches Fenster auch seinem Rückzugsraum ihr weiches Licht.

Wie so oft hatten die Studenten bei Aubel, dem wohlbeleibten Labordiener, durchsetzen können, länger arbeiten zu dürfen. Nichts spornte die jungen Burschen mehr zur Arbeit an und nichts brachte ihnen mehr Kenntnisse zu den Stoffen, als der Zwang zur selbstständigen Arbeit, wenn sie ihre Flasche mit einer Lösung unbekannten Inhalts erhalten hatten und die Zusammensetzung ermitteln mussten. Diese seine Idee zur Ausbildung von Chemikern hatte sich bewährt. Die Jahre als Professor hier in Gießen durften wohl als erfolgreich bezeichnet werden. Die Saat war aufgegangen, doch der Landmann war müde, die Jahre in Gießen hatten an seinen Kräften gezehrt. Im kommenden Jahr würde er seinen fünfzigsten Geburtstag feiern. Er musste kürzer treten, wenn er auch noch weiterhin an der Entwicklung der Chemie Anteil haben wollte. Und das ließ sich hier nicht machen. Die Berufung aus München bot den Ausweg. Wenn man dort seine Bedingungen akzeptieren sollte, waren die Würfel gefallen und dies sein letztes Semester an der Ludwigs Universität zu Gießen.

Ja, die Entscheidung war richtig und, dass man seine maßvollen Forderungen erfüllen würde, war nicht zu bezweifeln und doch erfüllte ihn der nahe Abgang mit Schmerz. Alles, was um ihn war, hatte er nach seinen Vorgaben entstehen sehen. Dreimal war nach seinen Vorstellungen um- und ausgebaut worden. Als er vor achtundzwanzig Jahren hierher kam, hatte man ihm ein ausgedientes Wachhaus des Militärs als Laboratorium zugewiesen. Einen Ort für chemische Experimentalvorträge hatte er dort nicht vorgefunden, nur leere Wände ohne Instrumente. Vieles hatte er auf eigene Kosten anschaffen müssen. Ihm war es zu danken, dass Studenten aus allen deutschen Landen und aus dem Ausland in dieses Provinznest Gießen kamen, um sich zu Chemikern ausbilden zu lassen. Nein, er brauchte, wegen des Verlassens seines Heimatlandes Hessen kein schlechtes Gewissen haben. Er hatte mehr gegeben als genommen.

Die tanzenden Schatten der im Laboratorium arbeitenden Praktikanten lenkten Liebigs Blick auf ein großes Glas, das einer von ihnen in der Nähe des Fensters abgestellt hatte.

Von der Oberfläche her beginnend bildete sich in der darin befindlichen Lösung ein kristalliner goldig glänzender Niederschlag. Von Farbe und blättriger Struktur her handelte es sich um eine Fällung von Jodblei. Vermutlich aus einer heißen Bleizuckerlösung nach Zugabe von Jodkalium. Der Kristallisationsvorgang schritt in der Lösung fort; immer neue sich bildende Kristalle blitzen im Licht auf. Durch Sinken und Schweben, Neubildung und Wachstum entfaltete sich im Licht der Lampen und Feuer ein Bild von großer Schönheit. Liebig gab sich dem Anblick hin, der ihn in das Meer der Erinnerung entführte. Und er sprach zu dem Jugendfreund:

Schönheit, schon damals 1822 hast du sie verehrt und besungen.

„Wer die Schönheit angeschaut mit Augen,
 Ist dem Tode schon anheimgegeben,
 Wird für keinen Dienst auf Erden taugen,
 Und doch wird er vor dem Tode beben,
 Wer die Schönheit angeschaut mit Augen!" (3)

An die Schönheit von Kristallen wirst du beim Dichten nicht gedacht haben, obgleich mir die Schönheit deiner Gedichte oft dem Glanz und Gefunkel von Kristallen näher scheint als der Schönheit einer lebenden Rose. Du nimmst mir das nicht übel? Wie hättest du auch glutvolle Verse schmieden können? Musstest du doch verbergen, dass deine Sehnsucht nicht Isolden, sondern Tristan galt. Aber trotz einer gewissen Kälte und trotz der strengen Form erreicht deine Dichtung, dass man auf das Leben, die Mühsal des Alltags einen neuen, höheren Blick gewinnt.

Die Freundschaft, oder was das war, zwischen uns, war nur kurz. Wir lernten uns 1822 nach den Erlanger Krawallen kennen. Es muss Anfang März gewesen sein. Und der März war noch nicht zu Ende, da musste ich schon aus Erlangen fliehen. Vor meinem Abgang nach Paris im Herbst haben wir uns wohl noch zwei Mal gesehen. Danach noch einige Briefe hin und her.

Damals, es sind nun schon dreißig Jahre vergangen, du liegst in Syrakus begraben. Damals trafen sich zwei junge Burschen, die nicht wussten, zu welchem Dienst in dieser Welt sie taugten.

Du, Graf August von Platen, damals noch Offizier, warst 1815 als Leutnant gegen Napoleon ins Feld gezogen, strittest mit dir selbst, ob du ganz deiner Kunst leben solltest. Und ich? Abgang vom Gymnasium ohne Abitur, abgebrochene Apothekerlehre und erst knapp drei Semester Chemiestudium … Doch wissen und verstehen wollten wir alles.

Damals hatten die Vorlesungen des Philosophen Friedrich Wilhelm Joseph Ritter von Schelling in Erlangen regen Zulauf. Auf der Suche nach Orientierung und Weltverständnis drängten auch wir uns unter seine Zuhörer. Es war ja auch faszinierend, wie Schelling in lebendiger freier Rede seine Naturphilosophie vor uns ausbreitete. Und seine Erleuchtungen hatte er, ohne mühsame Erforschung, ohne Beachtung von Ursache und Wirkung allein aus dem Gedanken heraus gewonnen. Die Ideen Schellings, seine Vorstellung von der die Deduktion der Natur aus dem Absoluten und ihre stufenweise Entwicklung bis zum Hervorbringen von Vernunft und Selbsterkenntnis beschäftigten uns damals, waren Inhalt unserer Gespräche.

Dass die uns offenbarten dunklen Tiefen leer waren, dass die so bildreich dargebotenen symbolischen Auslegungen und spekulativen Konstruktionen nichts mit der wahren lebenden Natur zu tun hatten, ging mir, wenn ich ehrlich bin, erst nach meinem Abschied aus Erlangen auf. Doch kam der Abschied schneller, als mir lieb war.

Ich musste fliehen. Die Polizei hatte meine Wohnung in der Hauptstraße durchsucht, fünfzig Meter Couleurband der Rhenania und meinen Briefwechsel beschlagnahmt und mir eine Vorladung geschickt.

Dabei hatte alles ganz harmlos angefangen. Am Silvesterabend waren wir, einige Burschen des Korps Rhenania ausgelassen, noch heiß vom Fechtgang ins Wirtshaus eingefallen. Und dort, ich sehe es wie heute, sahen wir uns alsbald von Handwerksburschen geschmäht und bedrängt. Es gab eine Rangelei, in der ich einem angesehenen Bürger, der sich auf die Seite unserer Widersacher stellte, den Hut vom Kopf schlug. Diese Tat, Ergebnis meines aufbrausenden Temperaments, musste ich mit drei Tagen Karzer büßen. Das wäre ohne Folgen geblieben, hätte sich der schwelende Zwist zwischen Studenten und „Knoten", wie wir die Handwerksburschen nannten, im Februar nicht in einem gewaltsamen Ausbruch entladen. Als die Knoten in einem Wirtshaus zwei Studenten verprügelt hatten, gellte der Alarmruf „Bursche heraus" durch die Gassen. Raufereien, Vergeltung und Widervergeltung, blutige Köpfe und demolierte Wirtshäuser.

Schließlich rückten einige Hundert Soldaten ein, die nun ihrerseits dreinschlugen. Unversehens fand ich mich mitten unter Studenten, die um Leib und Leben fürchtend aus der Stadt flohen. Von wildem Freiheitsgesang vorwärts getragen zogen wir nach achtstündigem Marsch mit „Gaudeamus igitur" in Altdorf ein. Dort drohten wir, in Altdorf eine neue hohe Schule gründen zu wollen.

Das erschreckte die Erlanger Bürger. Auf die Einkünfte von den Studenten mochten sie nicht verzichten. Es kam schnell zur Einigung über unsere Rückkehr nach Erlangen. Dort wurden wir bei unserem Einmarsch mit Blumen und Blasmusik begrüßt. Zur Begleichung der Kosten für den Militäreinsatz war eine Biersteuer beschlossen worden. Alles hätte sich zum Besten fügen können. Wir hätten unser Bier in froher Runde für einen guten Zweck trinken können.

Doch die Obrigkeit erinnerte sich an die Ermordung Kotzebues vor gerade einmal drei Jahren. Und der Täter Karl Ludwig Sand hatte auch in Erlangen studiert. Konnte, ja musste da nicht ein Zusammenhang zu den jüngsten Studentenunruhen bestehen? Unter den Studenten, die der Vorbereitung von Aufruhr und Revolution verdächtig waren, befand sich auch ein gewisser Justus Liebig. Sein unehrerbietiges, ja grobes Verhalten einer Respektsperson gegenüber, bot Anlass, umstürzlerische Vorhaben zu vermuten. Die diesbezügliche polizeiliche Untersuchung brachte zutage, dass besagter Liebig Mitglied, ja sogar Kassierer des Corps Rhenania einer rheinländischen d. h. für Bayern ausländischen Studentenvereinigung war und in Sachen dieser Vereinigung eine rege Korrespondenz mit ausländischen Personen unterhalten hatte.

Bei dieser Sachlage hielt ich es für geboten, Erlangen und Bayern unauffällig zu verlassen. Aber auch zu Hause in Darmstadt konnte ich nicht sicher sein, sahen doch die Karlsbader Beschlüsse die Verfolgung und Auslieferung von „Demagogen" in allen Staaten des Deutschen Bundes vor. Meine Angst war nicht unbegründet, es gab Verweise von der Universität und Karl Hase, der in Altdorf als Vertreter der Studenten unsere Rückkehr nach Erlangen ausgehandelt hatte, wurde zu zwei Jahren Festungshaft verurteilt. Erst nach fast einjähriger Haft auf der Feste Hohenasperg wurde er begnadigt. Heute ist er Theologieprofessor in Jena.

Ich verbrachte eine recht ungemütliche Zeit. Du hast mich damals einmal besucht. Hast erlebt, wie ich mich stets fluchtbereit kaum vors Haus traute. Und ich musste an eigenem Leib erfahren, wie die Angst ins Visier politischer Überwacher zu geraten, demagogischer Umtriebe verdächtigt zu werden, den Geist lähmt und das Miteinander vergiftet. Selbst auf meiner Reise nach Paris, als der Großherzog endlich ein Stipendium bewilligt hatte, hütete ich meine Zunge, enthielt mich im Gespräch mit den Mitreisenden jeglicher politischen Äußerung, spürte den Argwohn, den alle untereinander hegten. Musste man doch fürchten, dass unter sechs Personen einer ein Spitzel und Zuträger sei.

Für unsere damalige Befindlichkeit hat der Dichter E. T. A Hoffmann ein treffendes Bild gefunden: Junge Burschen, Studenten, die in Glasflaschen gefangen sind, es aber selbst nicht merken.

Vielleicht ist es uns Deutschen nie richtig gelungen, aus der Glasflasche zu kriechen. War es nicht diese Glaswand, die 1848 einiges Handeln, ein einiges Deutschland, eine Verfassung verhindert hatte, obwohl die mächtigsten Fürsten den Hut vor dem Volke hatten ziehen müssen?

Ich brauchte in Paris einige Zeit, mich von der politischen deutschen Prägung zu befreien. Damals debattierten die Bürger und Studenten von Paris in einer solchen, mir völlig ungewohnten Offenheit gegen die Invasion ihrer Soldaten zum Sturz der liberalen Regierung in Spanien, dass ich den allbaldigen Ausbruch der Revolution befürchtete und mich nicht traute, darüber nach Hause zu schreiben.

Aber schnell habe ich mich dem Paris der Wissenschaft, der damaligen Hauptstadt der Chemie geöffnet. Hier hatte Antoine Laurent de Lavoisier die moderne Chemie geschaffen.

Gleich bei meinen ersten Erkundungsgängen in der riesigen Stadt bin ich seinen Spuren gefolgt. Ich wohnte in der Rue de Harlay Nr. 29 im fünften Stock bei Madame Barrus; mancher Laborgeruch erinnere mich noch heute, wie es damals dort im Treppenaufgang gerochen hat. Und diese Studentenbude lag ganz in der Nähe des Justizpalastes.

In diesem Palast hatte im Mai 1794 das Revolutionstribunal das Todesurteil über den großen Forscher gefällt. Um sein Leben hatte der nicht gefleht, aber einen Aufschub bis zur Beendigung eines wichtigen Experiments erbeten. Der Aufschub wurde abgelehnt, mit der Begründung, die Revolution brauche keine Chemiker. Am 8. Mai 1794 starb er unter der Guillotine. Ein Jahr älter als ich heute.

Vom Justizpalast bis zum Arsenal, wo Lavoisier bis zur Revolution Laboratorium und Wohnung hatte, war es eine knappe halbe Stunde Fußmarsch. Hier also, in diesem Gebäude hatte Lavoisier vor staunenden Gästen seine berühmten Experimente ausgeführt. Hier hatte er das Geheimnis der Verbrennung als Vereinigung eines elementaren Stoffes mit Sauerstoff gelüftet. Hier wurde zuerst das Gesetz formuliert: Bei allen chemischen Vorgängen bleibt die Gesamtmasse der Reaktionsteilnehmer unverändert.

Hier war aber auch eine Feier zelebriert worden, in der Lavoisier sich als Begründer der Chemie als Wissenschaft feiern ließ. Unter den feierlichen Klängen eines Requiems hatte Madame Lavoisier im Gewande einer Priesterin die Phlogistontheorie auf einem Altar der Flamme übergeben.

Selbst als damals noch fast unwissender Student fand ich Lavoisiers Bruch mit der über Jahrhunderte gewachsenen Tradition der Chemie als anmaßend. Es herrschte unter den Gelehrten Frankreich offensichtlich schon lange vor Ausbruch der Revolution ein Geist des unbändigen Freiheitswillens, der alle Fesseln auch die der Tradition abwerfen wollte.

Wenige Minuten vom Arsenal entfernt, dort, wo die große Revolution begonnen hat, auf dem Place de la Bastille hat man inzwischen diesem Geist ein Denkmal gesetzt. Hoch oben auf einer hohen massiven Säule schwingt sich ein geflügelter Jüngling hinauf in die Lüfte. In der Rechten die Fackel der Vernunft und in der Linken Reste der zerrissenen Ketten.

Damals in meiner Studentenzeit gab es diese Säule noch nicht. Sie ist erst nach der Julirevolution von 1830 errichtet worden. Damals beherrschte diesen Platz ein riesiger Gipselefant, Modell für eine Brunnenfigur, die nach Napoleons Willen Stärke und Macht seiner Herrschaft verkörpern sollte.

Lavoisier und Napoleon, welchen Einfluss haben Macht und Einfluss, das Wirken eines Einzelnen auf den Verlauf der Geschichte?

Einsam und verloren in der großen Stadt, in den riesigen Hörsälen, die von mehr Studenten besucht wurden, als bei der gesamten Erlanger Universität eingetragen waren, hat mich damals dieses Problem beschäftigt. Für die Wissenschaft kam ich zu dem Schluss: Auch ein großer Geist, wie Lavoisier, ist nur ein Zwerg, wenn er ohne Wissen und Erfahrung seiner vielen meist unbekannten Vorgänger handeln muss. Aber ein Zwerg kann zu neuen Ufern blicken, wenn er auf den Schultern von Riesen steht. Auch Lavoisiers Erkenntnisse waren die Folge von Arbeiten, die den seinen vorausgegangen waren. Er hat kein neues Element, keine neue Verbindung und keine neue Reaktion entdeckt. Sein unsterblicher Verdienst ist es, dass er bekannte Tatsachen mithilfe der Waage messend untersucht hat und aus seinen Ergebnissen Schlüsse gezogen hat, welche Bekanntes in einem neuen Licht erscheinen lassen.

Doch hätte er das getan, hätte er die Waage als neues Werkzeug in die Chemie eingeführt, wenn nicht drei Generationen vor ihm Georg Ernst Stahl die Stoffe nach ihrer Brennbarkeit geordnet und ihnen entsprechend dieser Eigenschaft unterschiedliche Mengen an Phlogiston zugeschrieben hätte? Griff Lavoisier nicht zur Waage, um diesem geheimnisvollen Stoff, Phlogiston, der sich bei der Verbrennung als Licht und Wärme zeigen sollte, auf die Spur zu kommen?

Die Erkenntnisse Lavoisiers markieren weder Anfang noch Ende der Chemiegeschichte. Sie bereiteten den Boden für weitere Entdeckungen. Josephe – Louis Proust in Frankreich, John Dalton in England und Jeremias Benjamin Richter in Deutschland fanden bei Einsatz der Waage, dass sich chemische Elemente stets im Verhältnis bestimmter Verbindungsgewichte oder ganzzahliger Vielfacher dieser Gewichte zu chemischen Verbindungen vereinigen.

Eine Erklärung für diese einfachen Zahlenverhältnisse fand John Dalton. Nach seinen Überlegungen konnten die ganzzahligen Verhältnisse nur zustande kommen, wenn die Materie nicht bis ins Unendliche teilbar, sondern aus kleinsten unteilbaren Teichen zusammengesetzt wäre. Dieser Gedanke war nicht neu, schon vor mehr als zweitausend Jahren hatte ihn der griechische Philosoph Demokrit geäußert. Er hatte die kleinsten unteilbaren Teilchen „Atome" genannt. Mit dieser rein gedanklichen Spekulation des antiken Denkers war es Dalton gelungen, die durch Experimente gesicherten Verbindungsgesetze und das Gesetz von der Erhaltung der Masse einfach und anschaulich zu erklären. Dazu hatte er angenommen: Alle Stoffe bestehen aus kleinsten Teilchen, den Atomen. Die unteilbaren Atome eines Elements sind nach Art, Größe und Masse gleich, unterscheiden sich aber hinsichtlich dieser Eigenschaften von den Atomen anderer Elemente und, wenn Elemente chemische Reaktionen miteinander eingehen, so vereinigen sich dabei ihre Atome und bilden die kleinsten Teile einer Verbindung.

Damals in Paris war Daltons Theorie gerademal vierzehn Jahre alt. Und sie hat sich bis heute glänzend bewährt. Immer noch bewundere ich daran, wie es dem menschlichen Geist gelungen ist, durch Fantasie und experimentelle Fragestellung in Gefilde der Natur vorzustoßen, die den Sinnen des Menschen verborgen bleiben müssen.

Auf den Kräften und Verwandtschaften, welche die Atome der Elemente veranlasst, sich zu vereinigen, sich zu trennen und sich aus Verbindungen zu verdrängen, beruht letztlich die ganze Chemie.

Diese geheimnisvolle Kraft, die Affinität, benutzt Goethe in den „Wahlverwandtschaften" als Gleichnis für die geheimnisvollen

Ursachen für das Entstehen und Zerbrechen menschliche Liebesbeziehungen. Dazu taugt die Affinität aber eigentlich nicht, denn Atome können nicht wählen. Wir können aber inzwischen voraussagen, welches Element einen Partner aus einer bestehenden Verbindung ersetzen würde. Eine Theorie dazu hatte Jorns Jacob Berzelius 1812 entwickelt, wenige Jahre nach Erscheinen von Goethes Roman. Aus den Wirkungen des elektrischen Stroms auf Salzlösungen hat Berzelius angenommen, dass die Bindungen zwischen den Atomen auf unterschiedlichen elektrischen Ladungen zwischen den Atomen der Elemente beruhen.

Irgendwann damals in Paris, als ich fast täglich Neues lernen und bedenken musste, ist in mir der Wunsch erwacht, mich selbst in die Kette der Forscher und Entdecker einzureihen. Doch wie sollte das gehen? Dazu war eine Hochschullaufbahn erforderlich. Wie sollte ich, ein unbekannter Student, mit vielen Wissenslücken, ohne Empfehlungen unter den vielen Studenten in der Weltstadt Paris die Aufmerksamkeit meiner Lehrer auf mich ziehen?

Da blieb mir nur eines – ausdauernder Fleiß. Von morgens um sieben bis Mitternacht rackerte ich mich ab: Vorlesungen bei Gay – Lussac, Thenard Biot und Dulong. Physik, Chemie, Mineralogie, industrielle Chemie bei Charles Desomes; dazu ein Sonderkurs in Mathematik und Unterricht in Italienisch und Englisch.

Der erste Erfolg meiner Anstrengungen stellte sich ein, als mir Thenard einen Platz im privaten Laboratorium von Gaultier de Claubry beschaffte. Ich nutzte die Gelegenheit, mich in der Kunst der organischen Elementaranalyse auszubilden. Bald hatte ich die glänzende Idee, mein gewonnenes Wissen und Können zur Untersuchung von Knallsalzen anzuwenden. Diese Körper hatten mir schon einmal Glück gebracht.

Noch in Darmstadt hatte ich auf dem Jahrmarkt einen Schausteller beobachtet, der Knallfrösche herstellte und verkaufte. Da er seinen Chemikalienbedarf im Materialgeschäft meiner Eltern kaufte, wusste ich schnell, welche Zutaten er für die Herstellung verwendete. Mit denen probierte ich dann in Vaters Farbenküche, daraus den explosiven Stoff zu bereiten. Und ich hatte schnell Erfolg. Es gelang mir, eine sichere Methode zur Herstellung von Knallsilber und Knallquecksilber zu finden. In der Darmstädter Hofbibliothek trug ich dann alles zusammen, was ich über die Darstellung dieser Körper finden konnte, erprobte das Angelesene im „Laboratorium" und stellte eine kleine Abhandlung zusammen. Das Ergebnis war kaum mehr als eine Rezeptsammlung, aber Professor Karl Wilhelm Gottlob Kastner war beeindruckt. Er veranlasste nicht nur die Veröffentlichung in „Buchners Repertorium für Pharmazie", sondern er ebnete mir auch den Weg zum Studium in Bonn. Als er nach Erlangen ging, folgte ich ihm. Seinen Bemühungen habe ich auch zu verdanken, dass ich in Paris studieren konnte.

Dort im Laboratorium von Gaultier de Claubry habe ich meine analytischen Fähigkeiten mit Erfolg, an Knallsilber und Knallquecksilber erprobt. Es gelang auch der Nachweis, dass diese Verbindungen Salze einer bisher unbekannten Säure sind. Aus knallsaurem Silber- und Quecksilber gelang es, weitere Salze herzustellen Einige davon bilden wunderschöne Kristalle. Gefährliche Schönheiten, die schon bei geringem Stoß heftig detonieren.

Bald waren genug Ergebnisse beisammen, dass es angezeigt schien, sie der Pariser Akademie der Wissenschaften bekannt zu geben. Thenard war damals Präsident der Akademie und konnte den Vortrag deshalb nicht selbst übernehmen, Gay – Lussac sprang aber gern ein. Am 28. Juli 1823 war es dann soweit. Joseph Gay – Lussac trug meine Arbeit in der von ihm bekannten souveränen Weise vor, während ich die zugehörigen Demonstrationen darbot. Nicht ohne heftigen Knallgeräuschen an passenden Stellen. Schon während des Vortrages empfing ich aus den Reihen der Akademiemitglieder Zeichen des Beifalls. Und am Ende der Sitzung, ich war mit dem Zusammenpacken der Präparate beschäftigt, kam ein Akademiemitglied auf mich zu und knüpfte ein längeres Gespräch an. Höfflich und gewinnend zeigte er Interesse an meinen Studien und an meinen Plänen für die Zukunft. Er verabschiedete sich und lud mich zum Essen ein.

Doch folgen konnte ich der Einladung nicht. Vor Aufregung und aus Scheu hatte ich versäumt zu fragen, wer dieser nette Franzose wäre, der für die Arbeit eines unbekannten deutschen Studenten Interesse zeigte. Erst als ich am folgenden Tag von einem seiner Mitarbeiter auf der Straße wegen meines Fernbleibens angesprochen wurde, erfuhr ich, dass ich die Bekanntschaft des großen deutschen Naturforschers und Forschungsreisenden Alexander von Humboldt gemacht hatte.

Für mich ist die Bekanntschaft mit Humboldt der Grundstein für meine wissenschaftliche Laufbahn gewesen. Humboldt hatte an meiner Arbeit erkannt, dass in dem Studenten Liebig die Kraft schlummerte, in der Wissenschaft etwas zu leisten. Und er hatte Macht und Einfluss genug, diese Kraft zur Wirkung zu verhelfen. Die Vermittlung Humboldts bewirkte, dass ich in das private Laboratorium Gay – Lussac aufgenommen und schon im folgenden Jahr, vierzehn Tage nach meinem einundzwanzigsten Geburtstag, als außerordentlicher Professor nach Gießen berufen wurde.

Und auf dem ganzen Weg von Darmstadt über Bonn, Erlangen und Paris hierher nach Gießen hat mich das Knallsilber begleitet. Ob in schönen weißen seidenartigen Nadeln kristallisiert oder als weißes Pulver, mein Glücksbringer ist ein gefährlicher Stoff und zeigte es mir erst hier in Gießen in aller Deutlichkeit.

Ich hatte Knallsilber durch Schwefelammonium zersetzen wollen. In dem Augenblick, als der erste Tropfen auf die unschuldig weiße Substanz fiel, explodierte sie unter meiner Nase. Ich wurde in einem Blitz rücklings niedergeworfen, war vierzehn Tage taub und fürchtete um mein Augenlicht. Seitdem habe ich kein Knallsalz mehr angerührt.

Aber zuvor hatte die gefährliche Schöne noch Anlass zu einer wichtigen Entdeckung gegeben und eine feste Freundschaft gestiftet.

Nach meiner Pariser Arbeit über die Knallsäure wurde die Arbeit eines Friedrich Wöhler veröffentlicht. Er hatte in Stockholm im Laboratorium von Berzelius eine neue Säure, die Cyansäure, entdeckt, etliche ihrer Salze hergestellt und analysiert. Nach seiner Analyse hatte die Cyansäure die gleiche Zusammensetzung wie die Knallsäure. Das konnte nicht sein! Dieser Wöhler musste gefuscht haben. Eilig hatte ich die Cyansäure selbst analysiert und glaubte, Wöhler einen sechsprozentigen Fehler im Kohlenstoffgehalt nachgewiesen zu haben. Ich ging damit an die Öffentlichkeit und musste bei der Überprüfung meiner Arbeit feststellen, dass nicht Wöhlers, sondern meine Analyse falsch war. Es blieb mir nichts anderes übrig, als ihm mitzuteilen, dass meine Versuche zu oberflächlich und zu hastig ausgeführt worden waren. Jetzt aber musste ich Wöhlers Angriff abwehren, auch meine neue Analyse der Knallsäure sei falsch. Letztlich gelangten wir zu der Überzeugung, dass beide Säuren, die stabile Cyansäure und die leicht explosiv zerfallende Knallsäure, nicht nur aus den gleichen Atomen, sondern auch aus der gleichen Anzahl dieser Atome zusammengesetzt seien. Als dann ein solcher gleichartiger Aufbau von Wöhler bei Ammoniumcyanat und Harnstoff und von Berzelius bei Wein – und Traubensäure erkannt wurde, wurde uns bewusst, dass wir eine wichtige Entdeckung gemacht hatten. Berzelius prägte damals für das entdeckte Phänomen den Begriff Isomerie. Wenn aber bei den isomeren Verbindungen Anzahl und Art ihrer Bausteine gleich waren, so konnte der Unterschied nur in der unterschiedlichen Anordnung der Atome bestehen. Durch die Entdeckung der Isomerie ist zum ersten Mal klar zutage getreten, dass es für die zukünftige Forschung notwendig sei, neben der Elementarzusammensetzung auch die Konstitution zu ermitteln.

Für Wöhler und mich bedeuteten die Scharmützel und gemeinsamen Bemühungen, die zu dieser Entdeckung geführt hatten, den Anfang unserer Freundschaft; einer Freundschaft, die im steten Gedankenaustausch, bei gemeinsamen Arbeiten aber auch im

Streit um die wissenschaftliche Wahrheit nun schon über ein halbes Jahrhundert besteht. In dieser Zeit haben wir die Wissenschaft ein gutes Stück vorangebracht. Wir sind auch schon Begründer der organischen Chemie genannt worden. Das schmeichelt, ist aber Unsinn und genauso falsch, wie die Aussage, mit Lavoisier beginne die Chemie als Wissenschaft.

Denn schon seit Jahrtausenden nutzen die Menschen organische Naturstoffe, isolieren und verändern sie. Die Gewinnung von Weingeist, die Herstellung von Seife aus Fett und Pottasche und das Färben mit Indigo und Alizarin sind in vielen alten Kulturen nachzuweisen. Besonders seit Mitte des vergangenen Jahrhunderts sind viele neue Stoffe isoliert und beschrieben worden. Allein der schwedische Apotheker Carl Wilhelm Scheele hat um die sieben bisher unbekannte organische Säuren isoliert und beschrieben. Dass auch die organischen Stoffe aus Elementen bestehen, die auch in der anorganischen Welt vorkommen, hat zuerst Lavoisier erkannt. Er ermittelte in organischen Stoffen die Elemente: Kohlenstoff, Wasserstoff, Sauerstoff und Stickstoff. Genaue Elementaranalysen, die nicht nur die Art der Elemente, sondern auch ihren gewichtsmäßigen Anteil in organischen Substanzen ermitteln, haben meine Pariser Lehrer Joseph Louis Gay-Lussac und Louis Jacques Thenard und Wöhlers Lehrer Jörns Jakob Berzelius zuerst ausgeführt. Mein Verdienst ist es, dass ich die bestehenden Verfahren zur Elementaranalyse zu einem schnellen und zuverlässigen Verfahren entwickelt habe.

Nein, Begründer waren wir nicht. Aber vielleicht wird man später einmal sagen, dass mit uns eine neue Etappe in der Geschichte der Chemie begonnen habe. Noch 1827 war der berühmte Chemiker Berzelius der Meinung, organische Stoffe könnten nur in Lebewesen durch das Wirken einer unergründlichen Lebenskraft gebildet werden. Aber schon zu Beginn des folgenden Jahres war es sein Schüler, mein Freund Friedrich Wöhler, der ausrufen konnte, er könne Harnstoff machen, ohne seine Nieren dazu nötig zu ha-

ben. Als erstem Menschen war es ihm gelungen, aus Dicyan Oxal-
säure und aus Ammoniumcyanat Harnstoff und damit aus unorganischen Stoffen organische Substanzen herzustellen. Dann die gemeinsame Entdeckung der Isomerie. Und nur wenige Jahre danach
konnten wir uns einen weiteren Einblick in die Werkstatt der Natur
erarbeiten.

Dabei war 1832, kein gutes Jahr für Entdeckungen. Hier im
Haus hatte ich zwar die schwersten Jahre überstanden, hatte ohne
Vorbild eine Chemikerausbildung, die Theorie und praktische Arbeit im Laboratorium vereint, auf die Beine gestellt, hatte die Elementaranalyse organischer Stoffe zu einer schnellen Routineme-
thode gemacht, aber ich fühlte mich nach all den Anstrengungen
wie ausgelaugt. Doch was war das alles gegenüber dem entsetzlichen Unglück, das in diesem Jahr Wöhler widerfahren war. Vor
gerade einmal einem Jahr war er mit seiner jungen Frau und seinem kleinen Sohn von Berlin nach Kassel gezogen und jetzt Anfang Juni starb seine Frau bei der Geburt der Tochter.

Ach Berzelius hatte sich Sorgen um Wöhler gemacht und uns
beide für den Sommer nach Stockholm eingeladen. Ab Greifswald
sollten wir das Dampfschiff nehmen. Ich aber schrieb an Wöhler,
er möge hierher, nach Gießen kommen. Wenn wir ihm auch keinen
Trost geben könnten, wären wir vielleicht in der Lage, sein Leid
tragen zu helfen. Er dürfe jetzt nicht reisen, sondern müsse sich
beschäftigen, wissenschaftlich arbeiten, aber nicht in Kassel.

Und er kam. Wir stürzten uns in die Arbeit und erfüllten das
jetzt im Sommer fast leere Labor mit Marzipangeruch. Ich hatte
aus Paris eine größere Menge Bittermandelöl kommen lassen.
Durch Destillation des rohen Öls mit einer Mischung aus Eisenvit-
riol und Kalk und anschließendes Rektifizieren über gebrannten
Kalk erhielten wir ein blausäure- und wasserfreies Öl (Benzalde-
hyd) als Ausgangstoff für unsere Versuche.

Durch Umsetzung dieses Öls, das mit Sauerstoff Benzoesäure
bildet, mit Chlor, Brom, Jod und Ammoniak erhielten wir Verbin-

dungen, die wir rein darstellten und hinsichtlich ihrer Elementarzusammensetzung analysierten. Und bei der Bestimmung von Kohlenstoff, Wasserstoff und Sauerstoff bewährte sich meine verbesserte Methode mit dem Fünfkugelapparat bestens. Die Analysen zeigten, dass bei all diesen Umsetzungen eine Atomgruppierung wie ein Grundgerüst unverändert blieb. Und diese immerhin aus 14 Kohlenstoff-, 10 Wasserstoff- und 2 Sauerstoffatomen bestehende Struktur (aus heutiger Sicht: C_7H_5O) verhielt sich bei chemischen Reaktionen wie ein Element. Bei chemischen Reaktionen organischer Verbindungen wurde also die bestehende Struktur nicht zerstört und anschließend neu aufgebaut, wie bisher angenommen wurde. Die Natur zeigte sich offensichtlich viel ökonomischer und tauschte an einer bestehenden Struktur nur Anhängsel aus. Wir nannten die gefundene Atomgruppe Benzoyl - Radikal. Berzelius, damals eine der großen Autoritäten in der Chemie, lobte unsere Arbeit. Unsere Resultate aus der Untersuchung des Bittermandelöls seien die wichtigsten, die man bisher in der organischen Chemie gewonnen habe, sie versprächen, über diesen Teil der Wissenschaft ein neues unerwartetes Licht zu verbreiten.

Er beharrte aber bald darauf, das Bezoylradikal als nur aus Kohlenstoff- und Wasserstoff gebildete Atomverbindung, die an zwei Sauerstoffatome gebunden sei, zu formulieren. So wurde es möglich, seine in der anorganischen Chemie erfolgreiche elektrochemische Bindungstheorie auf die organische Chemie auszudehnen. Es eröffnete sich die Vorstellung, die ganze Vielfalt der organischen Substanzen sei auf unterschiedliche Radikale zurückzuführen, die sich wie die unterschiedlichen Elemente in der anorganischen Chemie mit anderen Elementen oder untereinander verbinden.

Trotz des Einwurfs von Berzelius war der Beginn der Arbeiten zur Radikaltheorie besonders die Zusammenarbeit mit Wöhler in großer Harmonie erfolgt. Wie kann man auch mit dem „Kaltblut" Wöhler streiten? Ehe er ein Urteil fällt, wägt er kühl alles ab und erträgt mit entwaffnendem Gleichmut auch Kränkungen durch den heftigsten Gegner. Ich kann das nicht. Nie konnte ich meine Meinung als etwas Fremdes ansehen, immer stand ich mit meiner ganzen Person mit allem Feuer hinter meiner Meinung.

Unsere Entdeckung legte nahe, dass organische Verbindungen grundsätzlich aus Radikalen aufgebaut wären. Und nicht nur wir und Berzelius in Stockholm auch die Pariser Kollegen machten sich an die Arbeit, um dies bei anderen Substanzen zu beweisen und eine Theorie der Radikale zu schaffen. Und da war es mit der Harmonie vorbei. Es konnte nicht ausbleiben, dass ich mit meinem Temperament auf die gegensätzliche Meinung eines streitbaren Südfranzosen stieß und es manche unangenehme Auseinandersetzung gab. Aber dieser Jean Baptiste Dumas ist auch ein kluger Mann und ein sehr guter Chemiker. 1837 hatten sich unsere Ansichten soweit angenähert, dass wir bereit waren, die Radikaltheorie gemeinsam zu einem sicheren Führer durch den Dschungel der organischen Chemie auszubauen. Dazu besuchte ich ihn im Herbst 1837 nach meiner ersten Englandreise. Zuvor hatte ich in Liverpool von der „British association for the advancement of science" den Auftrag angenommen, einen Bericht über unsere Kenntnisse in der organischen Chemie zu erstatten. Während des Besuchs in Paris gelang, es unseren Streit beizulegen. Dumas erklärte sogar, dass er die von mir verteidigten Ansichten nun für die richtigeren halte. Großmütig sahen wir über uns gegenseitig zugefügte Verletzungen hin weg und stellten fest, dass wir außer unserer Hingabe an die Chemie noch weitere Gemeinsamkeiten hatten.

Auch sein Weg zum Professor war nicht geradlinig verlaufen. Zunächst hatte der im Sommer 1800 in dem kleinen Ort Ales geborene Dumas eine Apothekerlehre abgeschlossen und dann in Genf in einer großen Apotheke gearbeitet und erste wissenschaftliche Arbeiten ausgeführt. Hier wurde Alexander von Humboldt auf den begabten jungen Mann aufmerksam und bewog ihn, die Nähe der berühmten Pariser Forscher zu suchen. 1823, ich war noch Student bei Gay-Lussac, kam er auf Empfehlung Humboldts als Repetiteur von Thenard an der Ecole polytechnique nach Paris.

Hier ging es dann rasch aufwärts. Bereits 1828 wurde er als Nachfolger auf dem Lehrstuhl von Gay-Lussac Professor an der Sorbonne. Wir haben damals 1837 nicht nur in Pariser Jugenderinnerungen geschwelgt, sondern auch verabredet, dass er an dem Bericht für die Briten mitarbeiten sollte. Was ich nicht wusste, Dumas arbeitete damals bereits an einem Problem, dass unsere ganze schöne Radikaltheorie infrage stellen sollte. Aber diese Konsequenz seiner Arbeit kannte damals auch Dumas noch nicht. Es fing, wie ich später erfuhr, auch alles ganz harmlos an.

Noch vor der 1830iger Revolution hatten bei einem großen Abendempfang Karls X. in den Tuilerien die Kerzen nicht nur gerußt, sondern ihr Rauch reizten Augen und Lungen von König und Gästen. Dumas wurde mit der Aufklärung des Zwischenfalls beauftragt. Und der fand schnell heraus: Bei den reizenden Dämpfen handelte es sich um Salzsäuredämpfe, die sich bei der Verbrennung des mit Chlor gebleichten Kerzenwachses gebildet hatten. Das Problem für den Hof war also schnell gelöst.

Für den Chemiker Dumas aber stellte sich die Frage, wie das Wachs das Chlor gebunden hatte. Daraus ergaben sich Arbeiten, die zur Substitutionstheorie führten. Danach konnten Wasserstoffatome in organischen Verbindungen Atom für Atom durch Chlor, Brom und Jod und eventuell auch durch weitere Elemente ausgetauscht werden. Berzelius bekämpfte diese neue Idee erbittert. Nach seiner Theorie war es unmöglich, dass der elektropositive Wasserstoff vom negativen Chlor ersetzt werden könnte.

Zu Beginn der Auseinandersetzung hatte ich noch den Standpunkt von Berzelius verteidigt. Aber spätestens, nachdem Dumas von der Herstellung der Trichloressigsäure durch Einwirkung von Chlor auf Essigsäure berichtet hatte, war klar, dass die Natur sich anders verhielt, als Berzelius̓ Theorie es forderte. Ich mochte aber auch den französischen Vorstellungen nicht vorbehaltlos folgen, führten sie doch von der Vorstellung weg, dass sich die Strukturen und Eigenschaften der organischen Verbindungen aus dem Zusammenwirken ihrer Atome ergeben, hin zur Typentheorie, welche Eigenschaften und Reaktionen organischer Verbindungen aus ihrer Zugehörigkeit zu einem Strukturtyp erklärt.

Wie konnte ich in dieser Situation den Bericht für England schreiben? Ich brauchte ein neues Arbeitsgebiet, das eventuell auch Stoff für den Bericht hergab, und fand es in der Chemie der Lebewesen.

Und jetzt mit neuem klarem Ziel konnte das Laboratorium zeigen, was es leisten kann. Pflanzen, Pflanzenprodukte, Samen und Stärke, Holz und Pflanzenasche, alles wurde analysiert. Später kamen noch Blut, Fleisch, Eiweiß und Fett dazu. Ein Höhepunkt war die genaue Untersuchung der täglichen Nahrungsaufnahme und der Exkremente aller 855 Soldaten der großherzoglichen Leibwache. Und stets waren genügend Praktikanten hier, deren Ausbildung soweit gediehen war, dass wir wie eine Fabrik Analysenergebnisse produzieren konnten.

Als ich mich noch 1837 den Problemen der Pflanzenchemie zuwandte, konnte ich erkennen, dass im zugehörigen Schrifttum Einigkeit darüber herrschte, dass die wesentlichen Elemente aus denen die Pflanzenkörper bestehen Kohlenstoff, Sauerstoff, Wasserstoff und Stickstoff und geringe Anteile an Phosphor und Schwefel sind. Diese Erkenntnis wurde auch von den in unserem Laboratorium durchgeführten Analysen bestätigt. Einigkeit unter den mit dem Pflanzenleben befassten Agrarwissenschaftlern und Physiologen herrschte auch darüber, wie diese Stoffe in die Pflanzen gelangen. Mit der Lehre von der so genannten „intensiven Landwirtschaft" wurde die Humustheorie Albrecht Thaers verbreitet. Nach dieser Theorie sollten sich die Pflanzen ausschließlich vom Humus des Bodens ernähren. Die Humustheorie war derart fest in den Köpfen der auf diesem Gebiet führenden Wissenschaftler verankert, dass man sich nicht einmal die Mühe machte, Schriften, die der Humuslehre entgegenstanden, zur Kenntnis zu nehmen. Wie störende Gegenstände im Haushalt in einer dunklen Abstellkammer verschwinden, waren hier die störenden Tatsachen einfach beiseitegeschoben worden. Für einen Chemiker völlig befremdlich war die mit der Humustheorie verbundene Annahme, die in den Pflanzen vorhandenen Mineralstoffe würden in der Pflanze vermittels der „Lebenskraft" aus dem Humus gebildet. Hatten die Physiologen noch nichts von Lavoisier gehört? In keiner der Schriften zur Humustheorie fand ich einen stichhaltigen Beweis für diese Lehre. Nur Spekulationen und Freude über die Übereinstimmung mit der Urteilchentheorie von Lorenz Oken. Und auch mir gelang es nicht, trotz unvoreingenommenen Bemühens, die Humustheorie zu beweisen. Dafür fand ich in der „Rumpelkammer" alles, was zur Etablierung einer alternativen Theorie nötig war.

Schon im vergangenen Jahrhundert hatten der Engländer Joseph Priestley, der Schweizer Jean Senebier und Ian Ingenhousz aus Holland erkannt, dass Pflanzen unter dem Einfluss des Lichts Kohlensäure (Kohlendioxid) aus der Luft aufnehmen und Sauerstoff abgeben. In meisterhaften Experimenten hatte Nicolas - Theodore de Saussure 1804 in Genf nachgewiesen, dass die Pflanzen neben Kohlenstoff aus Kohlensäure auch Sauerstoff und Wasserstoff aus dem Wasser in ihre Körpersubstanz einbauen. Erst 1826 hatte der Agrarwissenschaftler Carl Sprengel seine Mineralstofftheorie der Humustheorie seines Lehrers Albrecht Thaer entgegengestellt.

Nachdem ich so gewissermaßen ein neues Licht zur Betrachtung der Pflanzenchemie entzündet und durch eine Vielzahl von Analysen aus meinem Laboratorium ergänzt hatte, offenbarte sich ein erhabenes Bild: Aus der Luft und aus dem Erdboden nehmen Pflanzen Kohlensäure, Ammoniak, Wasser und im Wasser gelöste Mineralstoffe auf. Und alle diese Stoffe sind anorganischer Natur. Aus und mit diesen Stoffen bauen die Pflanzen unter Abgabe von Sauerstoff all die mannigfaltigen Atomkonstruktionen auf, aus denen sie bestehen und die sie für ihre Lebensprozesse brauchen. Wie die Pflanzen diese Syntheseleistungen vollbringen, ist noch gänzlich unbekannt. Zu vermuten ist, dass unter der Leitung einer übergeordneten Lebenskraft die chemische Affinität der Atome auf die jeweils richtige Abfolge von Reaktionen gelenkt wird. Durch diese Reaktionen der Atome bildet die Pflanze aus Kohlenstoff, Wasserstoff und Sauerstoff die stickstofffreien Stoffe Fett und Kohlenhydrate. Kohlenhydrate - diesen Begriff gab es bei der Veröffentlichung der „Agrikulturchemie" noch nicht. Unser russischer Schüler Carl Schmidt hat ihn erst einige Jahre danach für Stoffe geprägt, die wie Stärke und Zucker neben Kohlenstoff nur die Elemente Wasserstoff und Sauerstoff im Verhältnis des Wassers enthalten. Für den Aufbau von Käse-, Faser- und Eiweißstoffen benötigen die Pflanzen auch Stickstoff.

Dem Tier dienen die stickstoffhaltigen Verbindungen des Pflanzenleibes als plastische Nährstoffe zum Aufbau seines Körpers. Aus den stickstofffreien Verbindungen der Pflanze gewinnen die Tiere offenbar im Prozess einer langsamen Verbrennung, die zu ihrem Leben notwendige Wärme. Bei dieser Verbrennung werden die in den Respirationsstoffen enthaltenen Kohlenstoff – und Wasserstoffatome mit Sauerstoff verbunden und als Kohlensäure und Wasser ausgeatmet. Ein anderer Abbauprozess aller in den Organismen entstandenen Verbindungen tritt gleich nach dem Tode ein. Prozesse, die wir mit Gärung, Fäulnis und Verwesung umschreiben, überführen alle in den Lebewesen vorhandenen Atome in die ursprünglichen anorganischen Verbindungen, die einst die Pflanze aufgenommen hat. Damit wird der Tod einer Generation die Quelle für das Leben einer neuen.

Dass dieser Kreislauf von Werden und Vergehen vom Licht, von der Energie der Sonne angetrieben wird, begann ich erst zu erkennen, als mir das zuerst von dem Heilbronner Arzt Julius Robert Meyer ausgesprochene Gesetz von der Erhaltung der Kraft (Energie) bekannt wurde. Empfängt doch die Pflanze von der Sonne die Kraft, das Vermögen, anorganische Stoffe in Teile ihrer selbst umzuwandeln und so das Sonnenlicht zu speichern.

Wäre es nicht eine für Chemiker und Physiologen gleichermaßen interessante Aufgabe auszuforschen, ob das Gesetz nicht auch für Lebewesen uneingeschränkt gilt? Ich sollte mal mit Theodor Bischoff darüber sprechen. Schließlich hat er 1837 herausgefunden, dass durch die Blutzirkulation Sauerstoff in den Körper hinein und Kohlensäure hinaus transportiert wird.

Von den Materialisten werde ich jetzt öfter wegen meines Festhaltens an dem Konzept einer Lebenskraft bespöttelt. Dabei ist der Begriff der Lebenskraft für mich ein Kollektivname, der nicht eine Naturkraft wie den Magnetismus beschreibt, sondern für all die Ursachen steht, von denen das Leben abhängt.

Wenn Carl Vogt in seinen „Physiologischen Briefen" erklärt, dass der Gedanke in etwa demselben Verhältnis zum Gehirn steht, wie der Gallensaft zur Leber oder der Urin zu den Nieren, muss er sich fragen lassen, ob er denn weiß, wie die Leber Galle und die Nieren Harn produzieren? Der durchaus kluge Professor Vogt, einer meiner begabtesten Schüler, wird diese Frage nicht beantworten können, glaubt sich aber berechtigt, über die Herkunft unserer Gedanken urteilen zu können. Und wenn von den Materialisten behauptet wird, die organischen Substanzen und die Strukturen, die sie in den Lebewesen bilden, machten das Leben aus, so muss ich ihnen entgegnen, die aus Atomen aufgebauten organischen Substanzen leben für sich allein genau so wenig, wie der Briefbeschwerer hier auf meinem Schreibtisch. Es ist offensichtlich, dass Leben in einem von einer höheren Kraft kontrollierten Zusammenwirken von Substanzen, Strukturen physikalischen und chemischen Kräften besteht. Auf diesem Felde sollten wir unsere Unwissenheit eingestehen und uns mit der Umschreibung „Lebenskraft" begnügen, bis uns Erfahrungen und Experimente eine andere Sicht eröffnen.

Das trifft aber nicht auf die Vorgänge zu, die nach dem Tode eines Lebewesens für dessen völlige Auflösung sorgen. Hier vermute ich rein chemische Vorgänge, Umbau, Spaltung und langsame Oxidation und nicht wie die Vitalisten, welche alles mit der

Lebenskraft erklären wollen, die Wirkung der Lebensvorgänge von Mikroorganismen.

Doch was ist das heutige Geplänkel der Materialisten gegenüber dem Sturm, der losbrach, als 1840 "Die organische Chemie in ihrer Anwendung auf Agrikultur und Physiologie" und zwei Jahre später die „Thier - Chemie oder die organische Chemie in ihrer Anwendung auf Physiologie und Pathologie" erschienen.

Physiologen und so genannte Agrarwissenschaftler, unter ihnen so berühmte Männer, wie Matthias Schleiden und Hugo von Mohl, verteidigten gemeinsam die Humustheorie. Sie erklärten alle von mir dagegen ins Feld geführten Beweise als unzureichend, überhaupt wäre ich in ihrer Wissenschaftsdomäne ein völlig ungebildeter Laie. Auch Berzelius, dem ich die „Thier-Chemie" gewidmet hatte, reihte sich in die Schar der Kritiker ein. Meine Ausführungen nannte er geistreiche Erdichtungen und bunte, schillernde Seifenblasen. Als ob durch reine Empirie Erkenntnisse über die Natur zu erringen wären. Als ob nicht unsere Phantasie Bilder und Mechanismen erfinden müsste, um die Ergebnisse unserer Experimente und Analysen zu einer Theorie verbinden zu können. Er hatte nicht erkannt, dass beim gegenwärtigen Stand der Chemie die Bilanz aus aufgenommen und ausgeschiedenen Stoffen einer der wenigen Wege ist, um über die Stoffwandlungen in lebenden Organismen Hypothesen als Wegweiser für Fragen an die Natur bilden zu können. Dabei war Berzelius doch selbst nicht zurück haltend, wenn es galt spekulative Ideen in die Welt zu setzen. Ist nicht seine Vermutung, dass der Stoffwechsel der Lebewesen auf der Wirkung einer Vielzahl von Katalysatoren beruht ein Beispiel dafür?

Im Streit zuletzt um Mulders Hypothese vom Protein-Radikal, die meine Analytikern nicht bestätigten konnten, im Streit darum, wie wissenschaftliche Forschung zu sein habe, zerbrach meine Freundschaft zu Berzelius. Nach vierzehn Jahren –wir hatten uns 1830 in Hamburg kennengelernt.

Und um das Maß voll zu machen, behauptete man damals in Paris, meine Arbeiten enthielten nichts, was dort nicht schon vorher gedacht und gesagt worden wäre. Dabei hat Dumas bis heute nicht verstanden, dass auch der tierische Organismus zu Synthesen, wie der Umwandlung von Stärke in Fett, fähig ist.

Um meinen hellen Zorn zu besänftigen, schrieb mir Wöhler damals, ich solle mich in das Jahr 1900 versetzen, wo wir beide wieder zu Kohlensäure, Ammoniak und Wasser aufgelöst wären. Und Kalziumatome aus unseren Knochen steckten dann vielleicht in den Knochen des Hundes, der über unserem Grab das Bein hebt.

Heute, zehn Jahre später, haben sich die Wogen geglättet. Die „Agrikulturchemie war ein großer Erfolg. Sechs Auflagen in sechs Jahren! Und Schleiden bezeichnet meine Erkenntnisse über die Pflanzenchemie inzwischen als einen neuen Buchstaben im Alphabet der Wissenschaft.

Bitter aber traf mich das Versagen des „Patentdüngers". Muspratt in England hatte ihn nach meinen Vorgaben produziert und 1846 auf den Markt gebracht. Und der Dünger versagte. Es war eine Katastrophe. Nach der Missernte von 1844 hatten die englischen Farmer auf Hilfe durch den Dünger gehofft. Und das Ergebnis: in den besseren Fällen, Erträge, wie ohne Düngung. Aber auch Felder, die wie glatt rasiert aussahen, auf denen die Pflanzen kläglich eingegangen waren. Was waren die Ursachen?

War nicht erwiesen, dass Pflanzen neben den Stoffen, die sie der Luft entnehmen, für ihre Entwicklung auch verschiedene Mineralstoffe benötigen? Und dass sie diese sie mit ihren Wurzeln aus dem Boden aufnehmen. War es nicht logisch, dass durch das Abernten der Felder jeweils ein Teil dieser Stoffe verloren geht. Der Boden also nur fruchtbar bleibt, wenn ihm die entzogenen mineralischen Nährstoffe wieder ersetzt werden. Die Fruchtbarkeit des Bodens gesteigert werden kann, wenn man durch Düngung seinen Gehalt an mineralischen Nährstoffen erhöht.

Konnte es daher falsch sein, anzunehmen der Bedarf der Pflanzen an mineralischen Nährstoffen ist je nach Pflanzenart unterschiedlich. Und er kann durch chemische Analyse der Pflanzenkörper bestimmt werden.

Hatten nicht alle Beobachtungen gezeigt, dass sich die benötigten Mineralstoffe nicht gegenseitig ersetzen können. Dass derjenige Nährstoff, der in der relativ geringsten Menge vorhanden ist, Wachstum und Entwicklung begrenzt.

Wie oft habe ich mir diese, meine Erkenntnisse vorgebetet? Wo ist der Fehler? Ein Fehler ist vielleicht, dass die Löslichkeit der Düngersalze durch langes Glühen zu sehr verringert wurde. Es sollte verhindert werden, dass die Mineralsalze vom Regen ausgewaschen werden. John Lawes war in England den umgekehrten Weg gegangen. Er hatte zur Herstellung seines „Superphosphats" schwer lösliche Phosphate mit Schwefelsäure in leicht lösliche saure Phosphate überführt. Mit Erfolg. Und nach neueren englischen Untersuchungen scheint auch der Ackerboden, eine beachtliche Fähigkeit zur Speicherung von Salzen zu haben. War das der einzige Fehler?

Lawes und Gilbert in England behaupten, unser Dünger habe zu wenig Stickstoff und Phosphor enthalten. Was den Phosphor angeht, muss ich ihnen wohl Recht geben. Aber Stickstoff? Bisher bin ich davon ausgegangen, dass Stickstoff in der Form von Ammoniak im Kreislauf von Werden und Vergehen wie Kohlensäure durch die Atmosphäre verteilt wird und durch den Regen auf die Felder gelangt. Diese Annahme war durch Regenwasseranalysen untermauert worden. Sollte sie dennoch falsch sein? Wie wäre aber dann zu erklären, dass sich brachliegender Boden ohne Düngung erholt? Jean-Baptiste Boussingault in Frankreich hält es für möglich, dass einige Pflanzen den elementaren Stickstoff aus der Luft nutzen können. Bei Untersuchungen des Bodens auf seinem Gut im Elsass hat er gefunden, dass Klee und Erbsen trotz des Eigenverbrauchs den Stickstoffgehalt des Bodens erhöhen, Weizen und Hafer dies aber nicht tun. Dieses Ergebnis lässt sich aber auch mit einer unterschiedlichen Fähigkeit der jeweiligen Böden zur Bindung von Ammoniak erklären.

Viele ungeklärte Fragen, die vielleicht nur in Zusammenarbeit von Agronomen, Physiologen und Chemikern gelöst werden können. Was die Versuche auf großen Ackerflächen angeht, muss ich wohl Sir John Lawes in England das Feld überlassen. Er hat das Versuchsgut in Rothamstead und das nötige Kapital. Ich kann mich damit trösten, dass sein Chemiker Henry Gilbert hier bei mir sein Handwerk erlernt hat. Schade ist nur, dass dann der Nutzen aus der Entwicklung, die ich mit der „Agrarchemie" angestoßen habe, nach England geht.

Heute Abend kann ich daran nichts mehr ändern. Vielleicht ergeben sich in München neue Optionen? Auf jeden Fall werde ich ohne Laborausbildung und mit weniger Vorlesungen mehr Zeit für andere Probleme, vielleicht auch für die Agrarchemie haben, eventuell haben müssen. Wäre es doch naiv zu glauben, der bayrische König riefe mich nur deshalb in seiner Hauptstadt, weil er ein Freund der Wissenschaft ist. Der tiefere Grund, weshalb vor fast vierzig Jahren der aufmüpfige Student Justus Liebig aus Bayern fliehen musste und heute der bekannte Professor Justus von Liebig nach München berufen wird, ist der gleiche – die Angst der Könige vor der Revolution. Damals die Angst vor freiheitlichen Ideen und heute die Hoffnung, die Forschung des Professors könne Hungersnöte verhindern.

Sei`s drum, für mich und die Meinen ist München von Vorteil. Schade nur, dass die Zusammenarbeit mit Bischoff jetzt aufhören muss, bevor sie richtig begonnen hat. Dass aus dem Zusammenwirken unserer Wissenschaften der Physiologie und der Chemie noch manche überraschende Erkenntnis erwachsen wird, besteht für mich kein Zweifel. Schön wäre es, wenn wir beide daran beteiligt wären. Wenn ich erst einmal in München bin, kann ich Bischoff vielleicht auch dorthin holen. Ihm wird der Abschied von Gießen sicher leichter fallen als mir.

118

Als ich im Mai 1826 geheiratet hatte und Henriette die Tochter des großherzoglichen hessischen Kammerrats Moldenhauer, hierher zu mir in das ehemalige Wachhaus, in die damals sehr beengte Wohnung gezogen war, hätte ich mir nicht träumen lassen, dass ich einmal so sehr an diesem Bau hängen sollte. Alle unsere fünf Kinder kamen hier zur Welt, sind hier aufgewachsen; im vergangenen Jahr haben wir hier unsere silberne Hochzeit gefeiert...

So mein lieber Platen, ich will hinaufgehen, ehe drüben das letzte Licht gelöscht wird.

Drei Monate später, Anfang Juni 1852, trafen sich Justus von Liebig und der bayrische König Maximilian II auf Schloss Starnberg, um die Bedingungen für Liebigs Anstellung in München auszuhandeln. Das Ergebnis war für Liebig sehr erfreulich: Fünftausend Taler Besoldung bei weitgehender Befreiung vom Lehrbetrieb. Ein neues modernes Laboratorium; ein neues Auditorium mit dreihundert Plätzen, in stufenförmiger Anordnung. Dazu ausreichende Mittel für die Besoldung von Assistenten und für den Unterhalt des Instituts und den Umbau des alten Akademielaboratoriums in ein großzügiges Wohnhaus für die Familie Liebig.

Schon im Oktober erfolgte der Umzug nach München und am 18. November hielt Liebig seine Eröffnungsvorlesung.

Nach den arbeitsreichen Jahren in Gießen genoss Liebig in München das Leben. Das neue Haus Liebigs wurde schnell zu einer gesuchten Adresse für den liberal gesinnten Teil der Münchener Gesellschaft.

Berühmt wurden Liebigs allgemein verständlichen Abendvorlesungen. Diese Experimentalvorlesungen begannen stets damit, dass ein Assistent auf ein Zeichen die Tür hinter dem riesigen Demonstrationstisch öffnete und der schlanke Professor im Frack das Auditorium betrat und sich vom dienstbaren Assistenten die umgelegte Pelerine, Zylinder, Stock und Handschuhe abnehmen ließ. In den dann folgenden Experimentalvorlesungen verfolgte er zwei Ziele. Zum einen wollte er, den Nutzen der Chemie für Industrie,

Landwirtschaft, Ernährung und Gesundheit aufzeigen, zum anderen war er bestrebt, seinem Publikum ein christlich geprägtes naturwissenschaftliches Weltbild zu vermitteln. Die gleichen Ziele verfolgte er auch mit den „Chemischen Briefen", die er für die „Augsburger Allgemeine Zeitung" verfasste.

Bei diesen Aktivitäten verwundert es nicht, dass der gealterte Liebig in München nicht an seine große Zeit an der Spitze der chemischen Forschung anknüpfen konnte. Aber in der praktischen Chemie war er immer noch erfolgreich. So erfand er ein Verfahren Silberspiegel herzustellen, ein Backpulver und eine Säuglingsnahrung.

Mit Genugtuung konnte er in München erleben, dass junge Wissenschaftler durch seine Hypothesen zu erfolgreichen Forschungen angeregt wurden.

Zu einer glänzenden Bestätigung der Mineralstofftheorie Liebigs führten die Arbeiten von Julius Sachs, eines jungen Assistenten, an der Forstakademie in Tharand bei Dresden. Sachs hatte 1858 angefangen, das Wachstum von Pflanzen in Hydrokulturen zu erforschen. Diese Wasserkulturen erlaubten es, die physiologische Wirkung anorganischer Nährlösungen an wichtigen Kulturpflanzen einfach zu erforschen. Der lange Streit, ob die Pflanze ihren Kohlenstoffbedarf aus dem Kohlendioxid der Luft oder aus dem Humus deckt, konnte durch diese Untersuchungen eindeutig zugunsten Liebigs entschieden werden.

Auf Grund vergleichender Analysen der Nahrung und der Exkremente von Tieren hatte Liebig in seiner „Tierchemie" angenommen, dass der Organismus von Tieren in der Lage ist Kohlenhydrate in Fette umzuwandeln. Zur Überprüfung von Liebigs Annahme hatten Lawes und Gilbert in England einen groß angelegten mehrjährigen Versuch ausgeführt. Dabei wurden das gesamte Futter von fünfhundert Rindern und später deren Fleisch auf seinen Fettgehalt hin analysiert. Das Ergebnis war eindeutig: Die

Tiere hatten mit der pflanzlichen Nahrung weniger Fett aufgenommen, als ihr Fleisch enthielt. Das Fett musste aus den Kohlenhydraten, vornehmlich aus der Stärke, gebildet worden sein.

Dass der tierische Organismus auch zur Synthese von Kohlenhydraten fähig ist, gelang 1856 dem französischen Physiologen Claude Bernard nachzuweisen. Bei kohlenhydratfrei gefütterten Hunden konnte er die Bildung von Traubenzucker in der Leber beobachten und erkennen, dass dieser Zucker in Form einer stärkeartigen Substanz, die er Glykogen nannte, gespeichert wird.

Zu einer direkten Teilnahme Liebigs an physiologischen Forschungen kam es in München nicht. Zwar war es ihm gelungen, beim König für Theodor Bischoff eine Anstellung als Professor für Physiologie zu erwirken, eine enge Zusammenarbeit kam jedoch nicht zustande. Liebigs gesellschaftlichen Verpflichtungen, seine Stellung als wissenschaftlicher Berater des Königs und seine wieder aufgenommenen Arbeiten zur Agrikulturchemie ließen ihm dazu nicht genügend Zeit.

Aber auch ohne Liebigs Mitarbeit überprüften Bischoff und sein Mitarbeiter Carl von Voit hier in München Liebigs Vermutung, dass Muskelarbeit mit dem Abbau von Protein verbunden sei. Traf dies zu, so musste der Gehalt an als Harnstoff ausgeschiedenem Stickstoff ein Maß für die Stoffwechselaktivität darstellen.

Bei einem ersten Versuch verfütterte Voit an einen Hund in fünf Tagen fünf Kilogramm Fleisch bekannten Stickstoffgehalts. Nach Analyse des Stickstoffgehalts in Harn und Kot stellte er überrascht fest, dass nahezu die gesamte aufgenommene Stickstoffmenge auch wieder ausgeschieden worden war.

Bei weiteren Untersuchungen arbeite Voit mit Max von Pettenkofer zusammen. Pettenkofer, auch ein Schüler Liebigs, hatte eine Respirationskammer entwickelt. Mit dieser komplizierten Apparatur war es möglich, bei Fütterungsversuchen nicht nur die Stickstoffbilanz, sondern auch den Sauerstoffverbrauch und die Kohlendioxidausscheidung im Dauerversuch zu bestimmen. Diese Versuche ergaben, dass bei der Bewegung des Versuchstiers auf einem Laufband zwar der Sauerstoffverbrauch und der Kohlendioxidausstoß gegenüber den Ruhewerten anstiegen, die Stickstoffausscheidung aber unverändert blieb. Die Energie für die Muskelarbeit konnte also nicht, wie Liebig angenommen hatte, nur aus den stickstoffhaltigen Nahrungsmitteln gewonnen worden sein. Auch die „Verbrennung" von Fett und Kohlenhydraten diente offensichtlich nicht nur zur Aufrechterhaltung der Körpertemperatur, wie Liebig angenommen hatte, sondern auch als Energielieferant für die Arbeit der Muskeln. Die Versuche ergaben auch, dass nicht nur Kohlenhydrate, sondern auch Eiweiße der Nahrung im tierischen Stoffwechsel in Fette umgewandelt werden können.

All diese neuen Entdeckungen führten zu der Frage, wie können die Lebewesen all diese Stoffwandlungen vollbringen, welche chemischen Prozesse vollziehen sich dabei? Die Chemie konnte darauf noch keine Antwort geben. Es fehlte eine Theorie, welche Erklärung für die komplizierten Umwandlungen und Reaktionen organischer Substanzen geben konnte. Ein entscheidender Schritt hin zu einer solchen Theorie wurde von Liebigs Schüler Friedrich August Kekulè vollzogen.

Strukturformeln

Wie Justus von Liebig stammte Kekulè aus Darmstadt. In dieser kleinen Residenzstadt wurde Kekulè am 7. September 1829 als Sohn einer geachteten Beamtenfamilie geboren. In der Schule fiel er durch eine leichte Auffassungsgabe und ein sehr gutes Gedächtnis auf. Er war ein begabter Zeichner, sein Zeichenlehrer sprach von einer seltenen Fähigkeit. Bereits als Schüler zeichnete er unter der Anleitung von mit dem Vater befreundeten Architekten Pläne für Gebäude. Später als Professor sollte er behaupten, in Darmstadt stünden noch Häuser, deren Pläne er als Gymnasiast gezeichnet hätte. Er schien für den Beruf des Architekten geboren zu sein und begann auch 1847 in Gießen ein Architekturstudium. Im zweiten Semester begann er, Liebigs Chemievorlesungen zu besuchen.

Bald war er von dieser Wissenschaft so fasziniert, dass er „umsatteln" wollte. Seine nicht gerade reiche Familie war von diesem Sinneswandel nicht gerade begeistert und erlegte ihm ein Semester Bedenkzeit auf. So verbrachte er den Herbst des Revolutionsjahres 1848 in mütterlicher Obhut in Darmstadt, wo er naturwissenschaftliche und mathematische Vorlesungen des Polytechnikums besuchte. Mit dem Sommersemester 1849 begann er das Studium in Gießen an Liebigs Institut. Um seine Ausbildung abzurunden, ging er 1851 für zwei Semester nach Paris. Liebig hatte ihm dazu geraten. Wenn er dort auch nicht viel in der Chemie lernen könne, die Bekanntschaft mit Fachkollegen, die neue Sprache und das Leben in der Großstadt würden seinen Gesichtskreis erweitern.

Hinsichtlich der Chemie in Paris hatte sich Liebig gewaltig geirrt, denn seit der Entdeckung Dumas von 1839, dass die Wasserstoffatome der Essigsäure durch Chloratome ersetzt werden können, ohne dass sich die wesentlichen Eigenschaften der Säure ändern, hatte sich in Frankreich eine wichtige Entwicklung vollzogen. Dumas hatte seine Entdeckung, die der allgemein anerkannten elektrochemischen Bindungstheorie von Berzelius widersprach, dadurch zu erklären versucht, dass er annahm, nicht die Art der Atome, sondern ihre Stellung innerhalb des Strukturtyps bestimmten die Eigenschaften einer organischen Verbindung.

Zwei Freunde Auguste Laurent und Charles Federic Gerhardt hatten diese Idee aufgegriffen und nach Anregung durch Arbeiten über organische Basen von Liebig und anderen Chemikern zur Typentheorie weiter entwickelt. Danach sollten sich die Strukturen und damit die chemischen Eigenschaften aller organischen Verbindungen aus den vier einfachen anorganischen Verbindungen Ammoniak (N HHH), Chlorwasserstoff (H Cl), Wasser (O HH) und Wasserstoff (H H) herleiten lassen, wenn die Wasserstoffatome in diesen Typen durch andere Atome oder Radikale (Atomgruppen) ersetzt werden. Berzelius hatte diese Theorie bekämpft und auch Liebig und Dumas standen ihr skeptisch gegenüber.

Aber der zweiundzwanzigjährige Kekulè wollte die neue Sicht auf die organischen Verbindungen kennen lernen. Schon kurz vor seiner Abreise nach Paris hatte er dazu ein von Gerhardt verfasstes Buch erstanden. Und schon kurz nach seiner Ankunft in Paris bemerkte er einen großen Anschlag, auf dem jener Professor Charles Gerhardt Vorlesungen über Philosophie und Chemie ankündigte. Kekulè schrieb sich ein und erhielt schon am nächsten Tag die Visitenkarte Gerhardts mit der Einladung, ihn zu besuchen. Wie sich dann heraus stellte, hatte Gerhardt Kekulès Namen in Liebigs chemischen Briefen gelesen. Das erste Zusammentreffen der beiden Wissenschaftler dauerte von Mittag bis Mitternacht und es folgten weitere Unterredungen. In der Woche mindestens zwei bis Kekulè tief beeindruckt von der neuen Theorie im April 1852 Paris verließ.

Neben der Einsicht von der Bedeutung der Struktur und der Möglichkeit diese aus den Reaktionen organischer Verbindungen abzuleiten, war für Kekulès spätere Arbeiten wichtig, dass mit der Entwicklung der Typentheorie eine Loslösung von der elektrochemischen Bindungstheorie erfolgt war.

Nach der Bindungstheorie von Berzelius sollte die Bindung zwischen einem elektropositiven Element, etwa einem Metall, und einem elektronegativen Element, wie Chlor oder Sauerstoff, durch die elektrostatische Anziehung zwischen beiden zustande kommen. Verbindungen zwischen Atomen der gleichen Art konnte es daher nach dieser Theorie nicht geben. Und wegen dieser falschen Annahme hatte die Bestimmung der relativen Atommassen gerade bei den für organische Verbindung wichtigen Elementen zu falschen Werten geführt. Die Rechnung mit diesen falschen Werten hatte falsche Summenformeln ergeben, was verhindert hatte, dass die Bedeutung der Wertigkeiten erkannt werden konnte.

Nach dem Auslandaufenthalt promovierte Kekulè 1852 bei Liebig noch vor dessen Weggang nach München. Es folgten einige Arbeitsjahre als Assistent zuerst bei Adolf von Planta in der Schweiz und danach bei John Stenhouse in London. Sowohl Planta als auch Stenhouse hatten wie Kekulè bei Liebig in Gießen studiert. In London fasste Kekulè den Entschluss, sich der akademischen Laufbahn zu zuwenden. Im Winter 1856 habilitierte er sich in Heidelberg.

Nachdem ihm die Lehrerlaubnis erteilt worden war, musste Kekulè mit beschränkten Mitteln im Haus eines Mehlhändlers ein Privatlaboratorium und einen kleinen Vorlesungsraum einrichten, denn im überfüllten Laboratorium des Ordinarius Robert Bunsen hatte sich kein Platz für Studenten des jungen Privatdozenten finden lassen. Noch rechtzeitig bis Beginn des Sommersemesters war alles bereit und Kekulè konnte seine akademische Lehrtätigkeit beginnen. Bei seinen Vorlesungen saßen die Studenten auf Stühlen, die Kekulè geliehen hatte.

Trotz dieser Startschwierigkeiten konnte er schon im August des folgenden Jahres die erste seiner berühmten theoretischen Arbeiten „Ueber die sog. gepaarten Verbindungen und die Theorie der mehratomigen Radicale" zur Veröffentlichung in den „Annalen der Chemie und Physiologie" einreichen. Eine weitere mit dem langen Titel „Ueber die Constitution und die Metamorphosen der chemischen Verbindungen und ueber die chemische Natur des Kohlenstoffs" folgte im nächsten Jahr.

In diesen Arbeiten entwickelte Kekulè eine neue Strukturtheorie für organische Verbindungen. Danach können sich die Atome der Elemente nicht willkürlich miteinander verbinden, sondern besitzen eine ganz bestimmte Anzahl von Bindungsmöglichkeiten. Für Kohlenstoff hatte Kekulè empirisch vier solcher Bindungseinheiten ermittelt. Er nannte sie zunächst „Atomigkeiten" und später Wertigkeiten oder Valenzen. Die ungeheure Vielfalt der organischen Substanzen ergibt sich nach dieser neuen Theorie dadurch, dass die Kohlenstoffatome unter Absättigung ihrer Valenzen nicht nur Verbindungen mit Atomen anderer Elemente, sondern auch untereinander eingehen und so lange komplizierte Ketten bilden können.

Die kurze Zeit, in der die Theorie von Kekulè in Heidelberg entwickelt wurde, täuscht darüber hinweg, dass der Entstehung der Theorie viele Jahre der wissenschaftlichen Auseinandersetzung mit dem Bindungs- und Strukturproblem vorausgegangen waren. In der Rede bei der 25jährigen Feier der Benzoltheorie teilte Kekulè später mit, dass ihm die Idee für die Theorie bereits drei Jahre zuvor in London gekommen sei: „Während meines Aufenthaltes in London wohnte ich längere Zeit in Clapham road in der Nähe des Common. Die Abende verbrachte ich vielfach bei meinem Freund Hugo Müller in Islington, dem entgegengesetzten Ende der Riesenstadt. Wir sprachen da von mancherlei am meisten von unserer lieben Chemie. An einem schönen Sommertage fuhr ich wieder einmal mit dem letzten Omnibus durch die zu dieser Zeit öden Straßen der sonst so belebten Weltstadt; „outside", auf dem Dach des Omnibusses, wie immer. Ich versank in Träumereien. Da gaukelten vor meinen Augen die Atome. Ich hatte sie immer in Bewegung gesehen, jene kleinen Wesen, aber es war mir nie gelungen, die Art ihrer Bewegung zu erlauschen. Heute sah ich, wie vielleicht zwei kleinere sich zu Pärchen zusammenfügten; wie größere zwei kleine umfassten, noch größere drei und selbst vier der kleineren festhielten, und wie sich alles in wirbelndem Reigen drehte. Ich sah, wie größere eine Reihe bildeten und nur an den Enden der Kette noch kleinere mitschleppten. Ich sah, was Altmeister Kopp, mein hochverehrter Lehrer und Freund, in seiner „Molecularwelt" uns in so reizender Weise schildert; aber ich sah es lange vor ihm. Der Ruf des Conducteurs: „Clapham road" erweckte mich aus meinen Träumereien, aber ich verbrachte einen Teil der Nacht, um wenigstens Skizzen jener Traumgebilde zu Papier zu bringen. So entstand die Strukturtheorie." (4)

Zur schnellen Verbreitung der Strukturtheorie trug der erste internationale Chemiker – Kongress im September 1860 bei. An diesem Kongress, zu dem Kekulè, inzwischen Professor in Gent (Belgien), Professor Karl Weltzien (Karlsruhe) und Professor Adolphe

Wurtz (Paris) geladen hatten, nahmen 127 Chemiker aus Europa und Übersee teil.

Zur Darstellung der Strukturformeln organischer Verbindungen setzte sich auch bald durch, eine Bindung durch eine Linie zu beschreiben. Diese Darstellungsweise hatte Archibald Scott Couper zuerst angewandt. Der aus Schottland stammende Couper hatte in einer 1858 erschienenen Arbeit völlig unabhängig von Kekulè die gleichen Vorstellungen über die Struktur organischer Verbindungen entwickelt. Da aber Kekulès Arbeiten vor der Veröffentlichung Coupers erschienen waren, ging die Priorität an Kekulè.

Nach vielen Versuchen gelang es Kekulè 1865 auch, die Struktur des Benzols als Ring aus sechs Kohlenstoffatomen im Rahmen der neuen Theorie zu erklären. Er berichtete später, auch hier sei er in einem Wachtraum vor dem Funken sprühenden Kamin auf die lang gesuchte Lösung gekommen: „Wieder gaukelten die Atome vor meinen Augen. Kleinere Gruppen hielten sich diesmal bescheiden im Hintergrund. … Lange Reihen, vielfach dichter zusammengefügt; alles in Bewegung, schlangenartig sich windend und drehend. Und siehe, was war das? Eine der Schlangen erfasste den eigenen Schwanz und höhnisch wirbelte das Gebilde vor meinen Augen." (4)

Mit dieser Erklärung für die Benzolstruktur wurde es den Chemikern möglich, für alle organischen Verbindungen aus ihren chemischen Reaktionen und der durch Analysen ermittelten elementaren Zusammensetzung Strukturformeln abzuleiten. Diese Strukturformeln ermöglichten es, chemische Umwandlungen zu verstehen und Wege zur Synthese chemischer Verbindungen zu finden. Die Entwicklung der Strukturtheorie war eine wichtige Grundlage für die bald danach einsetzende stürmische Entwicklung der Chemie.

Die großen alten Männer der Chemie Friedrich Wöhler (1800 – 1882), Jean Baptiste Dumas (1800 – 1884) und Justus von Liebig

(1803 – 1873) nahmen nur noch als interessierte Zuschauer an dieser Entwicklung teil. Eine neue Generation von Chemikern bestimmte inzwischen das Tempo der Entwicklung ihrer Wissenschaft.

Studenten 1866

Bis in die zweite Hälfte des 19. Jahrhunderts war die Trießnitz ein beliebter Ausflugsort für Bürger, Professoren und Studenten Jenas. An Sonntagen wurde, sofern das Wetter es zuließ, hier am Nachmittag bis weit in den Abend hinein zum Tanz aufgespielt. Es nimmt daher nicht Wunder, dass an einem schönen Maiensonntag des Jahres 1866 eine Gruppe von Studenten schon frühzeitig hier hinauf gewandert war und nun auf die Schönen der Stadt wartete.

Die jungen Männer hatten sich das Bier an einem von einer hohen Hecke umfassten Sitzplatz servieren lassen. Hier vor kühlem Windzug und auch vor gar zu viel Sonne geschützt hatte sich schnell eine lebhafte Unterhaltung entwickelt. Wobei sich deren Inhalt von den schönen Bürger- und Professorentöchtern schnell zum drohenden Krieg und zum bekannt gewordenen Attentat auf den preußischen Ministerpräsidenten Otto von Bismarck verlagerte.

Am 7. Mai hatte in Berlin in der Prachtstraße „Unter den Linden" der Student Ferdinand Cohen-Blind fünf Schüsse aus einem Revolver auf Bismarck abgefeuert. Weil der Attentäter eine Waffe von geringer Durchschlagskraft verwendet hatte, konnte die dicke Kleidung Bismarcks verhindern, dass dieser ernstlich verletzt wurde. Die Zeitungen hatten berichtet, dass es Bismarck gelungen war, den Täter zu überwältigen und von gerade vorbei marschierenden Soldaten festnehmen zu lassen. Cohen–Blind hätte sich dann im Polizeipräsidium in einem unbeobachteten Moment selbst getötet.

Dieses Ereignis verwickelte die Freunde in einen heftigen Disput darüber, in wie weit eine solche Tat, ein politischer Mord, zu rechtfertigen sei. Die Studenten waren sich schnell einig, dass eine solche Tat durchaus erlaubt sei, wenn es gelte, die Freiheit gegen einen Tyrannen zu verteidigen. Zum Beleg für diese Ansicht wurden Wilhelm Tell, Schillers „Bürgschaft" und von den beiden

Theologiestudenten Ernst und Johannes aus dem Königreich Hannover auch Thomas von Aquin und Calvin angeführt.

Doch konnte man Bismarck einen Tyrannen nennen? Ludwig, ein aus München stammender Medizinstudent, war ganz dieser Meinung. Für ihn war Bismarck ein Autokrat, der das eigene Volk knechte, im Parlament die Peitsche schwinge und mit Eisen und Blut alle deutschen Staaten unter die preußische Pickelhaube zwingen wolle. So sähen es auch seine bayrischen Landsleute. Er habe erfahren, dass der Attentäter in München als Märtyrer gefeiert würde. In vielen Schaufenstern Münchens wäre die mit Blumen geschmückte Fotografie des unglücklichen Cohen- Blind ausgestellt.

„Es besteht jeder Grund, um den jungen Mann zu trauern, der sein Leben daran gab, Frieden und Freiheit zu retten", sagte Ernst, ein Theologiestudent aus Hannover. „Doch kann eine solche Tat in unserer heutigen Zeit überhaupt noch ihren Zweck erfüllen? Was hat denn Karl Ludwig Sand erreicht, als der den Stückeschreiber Kotzebue tötete? Statt Freiheit und Einheit Unterdrückung, Bespitzelung und Verfolgung und Fortbestand der Kleinstaaterei."

„Aber lässt sich die Kleinstaaterei nicht vielleicht gerade durch Bismarck überwinden", sagte Fritz. „Schon deshalb sehe ich keinen Grund, ihm nach dem Leben zu trachten. Zwar ist er auch in meiner Heimat Holstein wie wohl überall in Deutschland verhasst, nutzt er doch jede Gelegenheit zum Streit mit Österreich. Und solche Gelegenheiten gibt es viele, seitdem wir Holsteiner von Österreich und die Schleswiger von Preußen regiert werden und sogar meine Heimatstadt Kiel in eine österreichische und eine preußische Zone geteilt ist. Das Volk in unseren Ländern wünscht daher sowohl den Kaiser in Wien als auch den König in Berlin zum Teufel und möchte, dass ein Spross des vollkommen unbedeutenden Hauses Augustenburg als Herzog über Schleswig und Holstein regiere.

Bismarck ist dagegen. Und hat er damit nicht Recht? Bedeutet nicht ein Erbherzogtum Schleswig – Holstein einen neuen Zwergstaat und eine Stärkung der vielen kleinen und größeren Dynastien in unserem Vaterland? Kann es nicht sein, dass Bismarck auserkoren ist, mit Blut und Eisen den Weg zur Einheit Deutschlands zu ebnen?"

„Der Raufbold und Duellant Bismarck", rief Ernst aus, „Bismarck als Organ des webenden Weltgeistes, als Hegelscher Weltgeist zu Pferde? Kein Wunder, dass es mit dem Fortschritt in Deutschland so langsam voran geht, will doch Bismarck die preußischen Junker, die sich mit Händen und Füßen dagegen sträuben, mit in die neue Zeit schleppen. Und wie soll er die Einheit des Vaterlandes befördern können, wenn er doch genau das Gegenteil, den Ausschluss Österreichs anstrebt?"

„Glaubst du denn, ein deutscher Nationalstaat sei mit Österreich zu erreichen?", antwortete Fritz. "Der Kaiser in Wien regiert nicht über ein Volk, sondern beherrscht ein Völkergefängnis. Glaubst du, dass dieses Österreich in einen einigen deutschen Nationalstaat aufgehen kann? Das ist, weder zu erwarten noch zu wünschen."

„Aber ein Deutschland unter preußischer Herrschaft, wäre das nicht ein Rückfall in eine schlimmere Unfreiheit als die vor 1848? ", erwiderte Ludwig. „ Setzt sich Bismarck nicht schon jetzt in Preußen schamlos über Recht und Gesetz hinweg?"

Fritz antwortete: „Es ist zwar richtig, dass Bismarck die preußische Heeresreform unter Umgehung des Landtages durchgesetzt hat, aber er hat nicht gegen das Gesetz gehandelt, sondern lediglich eine Gesetzeslücke ausgenutzt. Außerdem war diese Militärreform nicht nur für Preußen, sondern auch für das ganze Deutschland dringend nötig. Oder glaubt ihr, der Donnerhall des patriotischen Gesanges kann den neuen Bonaparte vom Griff nach den linksrheinischen deutschen Gebieten abhalten? Dazu braucht es ´Schwertgeklirr und Wogenprall` militärischer Macht.

Franz Joseph herrscht absolutistisch, ja tyrannisch, ohne Verfassung und Parlament. Dagegen hat Preußen eine Verfassung, ein

Parlament mit liberaler Mehrheit, im Staate herrscht Ordnung, Recht und Gesetz werden geachtet und der Staat fördert die Entwicklung der modernen Industrie. Und hat nicht der Bessere und Stärkere das Recht, ja die Pflicht nach der Krone zu greifen?

Auch Jena und seine Universität können von einem einigen Vaterland unter preußischer Führung nur profitieren. Ich habe vorhin von hier oben auf Jena hinab geblickt. Es ist schon ein rechtes Philisternest, das noch kaum über die mittelalterlichen Stadtgrenzen hinausgewachsen ist. Hundert Jahre nach Beginn des Siegeszuges der Dampfmaschine hat Jena immer noch keinen Eisenbahnanschluss und erst seit ein paar Jahren faucht und stampft in der Kammgarnspinnerei die erste und einzige Dampfmaschine Jenas. Und wie an der Stadt geht auch die neue Zeit an der Salana, der altehrwürdigen Universität, vorbei. Die vier Zwergstaaten, die für ihren Erhalt sorgen, haben einfach nicht die Wirtschaftskraft, die Laboratorien auf die Höhe der Zeit zu bringen.

Ich habe mich wenigstens entschlossen, das Wintersemester an einer anderen Uni zu beginnen. Nicht weil ich Professor Geuther für einen schlechten Chemiker halte, aber, wenn ich einmal aus unserer Apotheke ein modernes Unternehmen machen will, muss ich vorher doch in ein modernes Laboratorium hinein gerochen haben. Im letzten Semester hat mich nur Haeckels Vorlesung hier in Jena gehalten."

Mit diesen Worten beendete Fritz seine mit Nachdruck vorgetragene Verteidigung Preußens und gönnte sich einen kräftigen Schluck.

Zwar hatte er die Anderen nicht von seiner politischen Sicht überzeugen können. Doch bei dem schönen Wetter, bei dem guten Bier und wohl auch aus fehlender politischer Sachkenntnis mochten sie nicht weiter mit ihm darüber streiten und wahren froh als der Jüngste aus der Gruppe Johannes aus Celle den Namen Haeckel als Stichwort aufgriff und bekannte:

„Auch ich als Theologiestudent habe im letzten Wintersemester Vorlesungen von Professor Haeckel besucht. Zum einen weil mich die Natur, die Wunder der Schöpfung schon immer interessiert haben und zum anderen aus reiner Neugier. Ich wollte das Ungeheuerliche, den Angriff auf die biblische Schöpfungsgeschichte miterleben. Voller Vorurteile gegenüber der Abstammungslehre und auch mit Angst, bei meiner geringen Vorbildung nicht folgen zu können, war ich in den überfüllten Hörsaal gekommen, hatte den langen Kerl von Professor lächerlich gefunden, als er sein Jesusgesicht zur Decke gewandt mit hoher eindringlicher Stimme die Vorlesung begann.

Dann aber, es war wie ein Wunder, ich , der in der Schule kaum etwas über die neue Entwicklung der Naturwissenschaften erfahren hatte, konnte den Ausführungen folgen, konnte alles verstehen. Seit dem bin ich, wenn auch mit schlechtem Gewissen, immer wieder unter den Hörern von Haeckel gewesen.

Aber ich glaube, wenn ich noch weiter in Jena studieren will, sollte ich zu Hause lieber nichts davon erzählen. Der Vater schickt mich doch glatt auf eine andere Uni, wenn er erfährt, dass hier in Jena ein Professor ungestraft verkünden kann, der Mensch stamme in direkter Linie vom Affen ab."

„Ich wundere mich immer wieder, dass gerade ihr Theologen, natürlich, ohne es offen zu zugeben, von der Verwandtschaft zwischen Mensch und Affe fest überzeugt seid ", ging Georg, aus der Schweiz, auf die Äußerung von Johannes ein.

„ Wie das?"

„Nun Darwins Buch erschien im November 1859 in London. Diese erste englische Ausgabe umfasst etwa 500 Seiten und auf keiner dieser Seiten gibt es einen Hinweis auf die Abstammung des Menschen. Nur ganz zum Schluss, auf einer der letzten Seiten findet sich ein kurzer Satz, in dem Darwin sagt, Licht werde auch auf den Ursprung des Menschen und seine Geschichte fallen.

Und ohne dass vorher eine weitere Äußerung Darwins zu diesem Problem erfolgt wäre, griff im Juni 1860 der Bischof von Oxford, Samuel Wilberforce, am Ende seines Vortrages gegen die Abstammungslehre, Darwins Freund und Mitstreiter Professor

Huxley mit der Frage an, dass er gern erfahren möchte, wie es mit Huxleys Affenverwandtschaft bestellt sei. Ob sie sich von der großväterlichen oder der großmütterlichen Seite herleite? Huxley antwortete schlagfertig, er habe behauptet und wiederhole es, niemand brauche sich zu schämen einen Affen zum Großvater zu haben. Schämen müsste man sich aber eines Großvaters – eines Mannes, der Macht, Fähigkeiten und Einfluss dazu nutze, eine ernsthafte wissenschaftliche Diskussion ins Lächerliche zu ziehen."

„Eine stille Anerkennung der Abstammung des Menschen vom Affen kann ich in diesem Angriff des Bischofs nicht erkennen", erwiderte Johannes, „Für mich ist es der Versuch, das aus Sicht des Gottesmannes Widersinnige der Abstammungslehre grell heraus zu stellen. Gilt doch der Affe als bösartiges und dabei lächerlich dummes den Menschen nachahmendes Geschöpf. Als Karikatur des Menschen hat sich schon Wilhelm Hauff des Affen bedient, als er in seiner Groteske `Der junge Engländer` den deutschen Philistern in Gestalt eines dressierten Affen, der mit ihnen trinkt, raucht und würfelt, den Spiegel vorgehalten hat. Und das lange bevor Darwins Lehre bekannt wurde."

„Aber zeigt sich nicht in Hauffs Satire, dass die Ähnlichkeit zwischen Mensch und Menschenaffe auch für wenig gebildete Zeitgenossen nicht zu übersehen ist", erwiderte Georg. „Und führende Anatomen bestätigen das. Mehr noch, sie haben herausgefunden, dass die anatomischen Verschiedenheiten, welche uns Menschen von Gorilla und Schimpanse unterscheiden, viel kleiner sind als die, welche diese Menschenaffen von den niedrigeren Affen trennen. Und Darwin gibt die Erklärung: Mensch, Gorilla und Schimpanse haben gemeinsame Vorfahren."

„Aber das ist doch die Folgerung aus einer nicht bewiesenen Hypothese", erwiderte Ernst. „Oder hat schon jemand die Verwandlung eines Affen in einen Menschen beobachtet? Nun gut, ihr werdet sagen, dass ist ein sehr langsamer, Jahrhunderte währender Vorgang. Wo aber sind die alten Knochen, die das belegen?"

„Sind solche Knochen nicht vor einigen Jahren bei Düsseldorf gefunden worden?", fragte Fritz.

Georg antwortete: „In der Tat hat man im Neandertal 13 Kilometer östlich von Düsseldorf sehr alte menschliche Knochen gefunden, Knochen, die Rätsel aufgeben. Der ungewöhnlich massive Knochenbau und mehr noch die niedrige fliehende Stirn und die knöchernen Wülste über den Augen haben zu Spekulationen Anlass gegeben, es könne sich um die Überreste eines Wesens zwischen Affe und Mensch handeln. Doch es handelt sich um Knochen eines einzelnen Individuums und die Breite der Variation innerhalb des Menschengeschlechts ist sehr groß. Und es kann sich um einen durch Krankheit verunstalteten Menschen handeln. Es wäre also unvorsichtig, ja schädlich für Darwins Lehre, wild über einen Affenmenschen zu spekulieren. Zu dieser Vorsicht rät auch Darwins Mitstreiter Huxley."

„ Immer Vorsicht, Zögern. Bei Darwin hat es wohl zwanzig Jahre gedauert bis er sich an die Öffentlichkeit gewagt hat", warf Fritz ein. „Hätte ich doch keinen Tag gewartet mit dieser Erkenntnis, die Professor Haeckel den Beginn einer neuen Entwicklungsperiode der Menschheit nennt, an die Öffentlichkeit zu treten. Georg als Zoologiestudent hast du doch direkten Kontakt zu Haeckel. Hast du in Erfahrung bringen können, weshalb dieser Darwin so lange geschwiegen hat?", wandte sich Fritz an Georg.

„Von Haeckel konnte ich darüber nur erfahren, dass Darwin eben sehr gewissenhaft und vorsichtig wäre. Auch habe ihm die Aufarbeitung der Beobachtungen und Sammlungen aus der Forschungsreise mit der „ Beagle" zunächst kaum Zeit für andere Arbeiten gelassen. Schließlich hätte damals auch Lyells Lehre noch keine breite Anerkennung erfahren. Es wäre deshalb auch darum gegangen, durch während der Forschungsreise erhaltene konkrete geologische Forschungsergebnisse zu beweisen, dass das Antlitz der Erde nicht nur durch Katastrophen, sondern durch noch heute wirkende Faktoren gestaltet wurde und wird.

Während der Reise hätte Darwin sich auch mit der Entstehung der Korallenriffe befasst und wäre durch die Anwendung von Lyells Theorie zu einer völlig neuen Ansicht über die Entstehung der Riffe gekommen.

Doch die schnellen Gedanken seinen eines, um eine neue Theorie auszubauen, wäre auch eine akribische Kleinarbeit bei der Darstellung aller Beobachtungen, Messungen und Experimente nötig. Auch solle ich nicht vergessen, dass Darwin, wie bekannt wurde, acht Jahre lang über die Rankenfußkrebse gearbeitet habe."

ein Mann, in dessen Kopf Ideen spuken, die das Weltbild verändern können, so lange mit der Erforschung von Seepocken und Entenmuscheln, Tieren, für die sich doch wohl nur Spezialisten interessieren?", warf Fritz ein.

Ludwig antwortete: „Darwin als studierter Theologe wird wirklich Angst gehabt haben. Angst, seine Lehre nicht ausreichend verteidigen zu können, wenn man ihn als naturwissenschaftlichen Laien verunglimpfen könnte. Er wollte erst mit seiner Theorie an die Öffentlichkeit treten, wenn er als Forscher allgemeine Anerkennung gefunden hätte. Dazu sollten die Krebstiere beitragen und haben es ja auch. Darwin wurde für die zweibändige Monographie über die Rankenfüßer mit der Rojal Medal ausgezeichnet."

Georg ergänzte: „Die Angst Darwins wegen seiner Abstammungslehre scharf angegriffen zu werden, rührte wohl auch daher, dass damals Anfang der vierziger Jahre in England das Buch ‚The Vestiges of the Natural History of Creation‘ („Die Spuren der Naturgeschichte der Schöpfung") eines bis heute unbekannten Verfassers große Aufregung verursacht hat.

Ich habe die deutsche Übersetzung mit einer Zueignung des Übersetzers in der Bibliothek meines Vaters gefunden. Der Übersetzer Professor Carl Vogt ist ein guter Bekannter meines Vaters. In diesem merkwürdigen aber sehr gut geschriebenen Buch wird eine Weltsicht entwickelt, nach der sich alles vom Weltall bis zu den Lebewesen in ständiger Umbildung und Fortentwicklung befindet. Und diese Entwicklung erfolge nach einmal vom göttlichen

Schöpfer erlassenen Gesetzen, ohne dass es weitere göttliche Einmischungen in den gesetzmäßigen Verlauf des Naturgeschehens gebe.

Mein Vater hat mir erzählt, dass dieses Buch damals von einer breiten Öffentlichkeit diskutiert und mehrheitlich abgelehnt wurde. Das hätte auch für die Wissenschaftler gegolten, die jetzt Darwin nahe stehen. Fromme Christen hätten, das Buch abgelehnt, weil das darin entwickelte Weltbild keinen Platz für einen persönlichen Gott ließe. Und die Materialisten und Atheisten lehnten es ab, weil für sie ein Schöpfer, der nach Erschaffung der Welt in Pension gehe, genau so lächerlich sei, wie der Gott Cuviers, der fünfundzwanzig mal eingreifen müsse, um endlich das rechte zu treffen.

Bei dieser Konstellation ist also denkbar, dass sich Darwin nach einer derartigen Aufnahme der `Vestiges` nicht traute, mit seiner Selektionstheorie, die ja sogar ohne Gott auskommt, hervor zu treten.“

„Er hat also weiter Beweis auf Beweis für seine Lehre aufgetürmt, ohne seine Ideen anderen zu offenbaren?“, fragte Johannes.

„Seine engsten Freunde hat er schon eingeweiht“, antwortete Georg. "Aber mit dem Sammeln von Belegen wäre er vielleicht bis heute fortgefahren, wenn er Mitte Juni 1858 nicht einen Brief erhalten hätte. Es war ein Brief, der eine weite und lange Reise hinter sich hatte.

Er war mit -Ternate, Februar 1858- unterzeichnet. Der Absender war Alfred Russel Wallance. Von der kleinen Tropeninsel Ternate im Malaiischen Archipel hatte dieser Forschungsreisende Darwin einen zwanzigseitigen Aufsatz zukommen lassen.

Und beim Lesen dieses Manuskripts muss für Darwin der Himmel eingestürzt sein. Er fand Seite für Seite seine eigene Theorie wieder. Für Darwin galt es nun, seine Priorität zu retten, ohne die Verdienste von Wallance zu verschweigen.

Nach Beratung mit seinen Freunden wählte Darwin den Weg, dass sein unveröffentlichter Entwurf der Abstammungslehre von

1842, sein Brief an den amerikanischen Naturforscher Asa Gray, in dem er die Lehre skizziert hatte, und das Manuskript von Wallance bei einer Sitzung der Linne – Gesellschaft verlesen werden sollte. Diese Lesung, die Geburtsstunde der Abstammungslehre, fand am 1. Juli 1858 statt. Darwin war nicht anwesend, einige Tage zuvor war sein jüngster Sohn an Scharlach verstorben."

„Wie hat Wallance reagiert?"

„Wallace soll sich im Oktober für die gemeinsame Publikation seines Essays mit den Arbeiten Darwins bedankt haben. Darwins Priorität hat er nicht im Geringsten angezweifelt."

„Erstaunlich! Was weißt du über diesen außergewöhnlichen Mann, diesen Wallance?", fragte Fritz.

„Recht wenig. Ich konnte in Erfahrung bringen, dass er wohl knapp über vierzig Jahre alt ist, wegen der Verarmung der Familie keine höhere Bildung erfahren konnte, Landvermesser gelernt und als solcher gearbeitet hat. In der Freizeit oder vielleicht auch während der Vermessungsarbeiten sammelte er Insekten. Irgendwann ist er mit einem Freund, der dasselbe Steckenpferd ritt, übereingekommen, die Sammelleidenschaft zum Beruf zu machen und in den Tropen Tiere und Pflanzen für einen späteren Verkauf in England zu sammeln. Sie haben sich nach Brasilien eingeschifft. Dort sammelten sie zunächst gemeinsam in der Nähe von Belem do Para. Später trennten sie sich. Wallace konzentrierte seine Erkundungs- und Sammeltätigkeit auf das mittlere Amazonas Gebiet und das Flusssystem des Rio Negro. Die Bekanntschaft mit der gewaltigen Vielfalt der tropischen Lebewesen wird ihn sicher angeregt haben, über die Entstehung der Arten nach zu denken.

Nach vier Jahren, die er hauptsächlich im immergrünen Regenwald umgeben von vielfältigen Gefahren verbracht hatte, trat er im Juli 1852 mit seiner Sammlung die Rückreise nach England an. Nach achtundzwanzig Tagen auf See entzündete sich die Ladung des Schiffes und die Besatzung war gezwungen, das Schiff zu verlassen. Die Schiffsbrüchigen mussten zehn Tage lang in einem offenen Boot ausharren, ehe sie von einem Schiff gesichtet und gerettet wurden. Wallace hatte durch das Unglück seine gesamte Sammlung verloren. Es war ihm lediglich gelungen, einen Teil seiner Aufzeichnungen zu retten. Wie und wovon er danach in England gelebt hat, weiß ich nicht, aber er schaffte es, dass er schon nach zwei Jahren wieder in die Tropen reisen konnte. Diesmal ging es nach Asien zum malaiischen Archipel. Sein Aufenthalt in dieser Inselwelt, der Heimat von Orang Utan und Paradiesvogel sollte acht Jahre dauern. Und in dieser von Leben strotzenden Tropenwelt, deren Ausdünstungen auch das Malariafieber hervorbringen, ist Wallance als er vom Fieber geschüttelt zu keiner Tätigkeit fähig war, der ganze Mechanismus der Abstammungslehre eingefallen."

„Das hört sich ja alles ganz interessant an", ergriff Ernst, der Theologie Student aus Hannover das Wort. „Aber was haben wir: Da sind zwei durchaus achtenswerte Forschungsreisende. Beide ohne fundierte naturwissenschaftliche Ausbildung und beiden kommen Gedanken über die Natur, auf die keiner der in ihren Fächern bestens bewanderten Gelehrten der zivilisierten Welt gekommen ist. Der eine traut seinen Ideen so wenig, dass er sie zwanzig Jahre lang verschweigt und dem anderen kommen sie im Fieberwahn. Und nun verlangt ihr und der wunderbar redegewandte Professor Haeckel, dass wir mit fliegenden Fahnen zu euch überlaufen, uns zu Darwin bekennen sollen, dass wir die seit Jahrhunderten bewährte Weltsicht eines Cuvier, Alexander von Humboldt und Goethe aufgeben und Gott aus unserem Leben verbannen."

„In der Wissenschaft zählen keine Autoritäten, sondern nur Beweise und Tatsachen", antwortete Fritz.

„Bleiben wir bei den Beweisen", erwiderte Ernst. „Die von Darwin vorgestellte Entwicklung bedarf einer ungeheuer langen Zeitspanne. Der angesehene Chemiker Justus von Liebig und der berühmte Physiker William Thomson kommen nach ihren Forschungen aber zu dem Schluss, dass die Erde mit einem Alter von fünfundzwanzig Millionen Jahren viel zu jung ist, als das die darwinsche Evolution stattgefunden haben könnte."

„Zunächst wundere ich mich, dass der Erde von der Theologie ein Alter von immerhin einigen Millionen Jahren zugestanden wird ist es doch noch nicht lange her, dass für die Verkünder der göttlichen Wahrheit die Erde an die 6000 Jahre alt war.", antwortete Fritz. „ Dieses Alter hat einer eurer Vorgänger mit großer Sorgfalt aus Bibeltexten errechnet. Ich habe gehört, er sei zu dem Ergebnis gekommen, die Erde sei am 23. Oktober 4040 v. Chr. um 9 Uhr morgens erschaffen worden. Es ist erfreulich, dass auch die Theologen hier der Bibel nicht mehr trauen und für diese Frage inzwischen offensichtlich nach einer naturwissenschaftlichen Antwort suchen. Aber leider kennt auch die Wissenschaft bis heute noch keine Methode, das Alter der Erde genau zu bestimmen. Den von mir hochgeschätzten Chemiker Liebig solltest du aus dem Spiel lassen. Er hat keine Untersuchung zu diesem Problem durchgeführt und als alter Mann nur die Meinung von Thomson nachgeplappert. Und William Thomson hat in einer komplizierten Rechnung gefunden, dass die Erde zwischen 20 und 400 Millionen Jahre alt wäre. Die Rechnung des berühmten Physikers ist sicher fehlerfrei, aber das Ergebnis erklärt nicht die gewaltige Mächtigkeit der Sedimentschichten, die von den Geologen gemessen wurden. Thomsons Ergebnis muss also falsch sein. Und wenn seine Rechnung fehlerfrei ist, kann nur seine Ausgangsannahme falsch sein. Er hat für seine Rechnung, ohne Beweis, angenommen, dass die Erde ursprünglich eine Gaswolke gewesen wäre, die sich zu einer Kugel aus geschmolzenem Gestein verdichtet habe und seitdem nur abkühle, ohne eigene Wärmeentwicklung in ihrem Innern."

Ernst antwortete: „ Ich will und kann nicht mit dir auf einem Feld streiten, wo wir beide nicht zu Hause sind, finde es aber bemerkenswert, dass bedeutende Naturwissenschaftler nicht der Abstammungslehre anhängen. Zu den Gegnern Darwins soll auch Ernst von Baer in St. Petersburg gehören."

„ Bei uns, in Haeckels Institut, arbeitet ein junger Doktor" ergriff Georg. das Wort. „Er forscht über die Embryologie der Arthropoden. Wir haben uns ein wenig angefreundet und dieser junge Mann, der von seiner Forschung her sehr gut über Ernst von Baer informiert ist, hat erzählt, dass Baer seine Meinung zu Darwin in einem russischen wissenschaftlichen Journal geäußert habe. Und danach sei es falsch, Baer als Gegner Darwins zu bezeichnen.

Baer stimme der von Darwin vertretenen Entwicklung und Veränderbarkeit der Arten durchaus zu. Für Baer sei Natur ein ständiger Wandel und schon bevor Darwin mit seiner Lehre an die Öffentlichkeit gegangen sei, habe Ernst von Baer in Veröffentlichungen die Meinung von der Veränderlichkeit der Arten vertreten.

Aber Baer könne sich nicht dem von Darwin vertretenem Mechanismus für die Veränderungen und Anpassungen anschließen. Wie sich ein Embryo auf das Ziel eines voll ausgebildeten neugeborenen Tieres hin entwickle, habe nach Baers Meinung alles in der Natur Ziel und Zweck und mit Darwins Selektionstheorie mit ihrer Abfolge von zufälliger Variation und Auslese wäre solche zielgerichtete Entwicklung nicht möglich.

Für Darwin und Haeckel aber ist die zuerst von Baer erkannte Ähnlichkeit der embryonalen Formen der Tiere ein wichtiger Beleg für die Abstammungslehre. Haeckel versucht nachzuweisen, dass die Embryonal– oder Keimesentwicklung, die Ontogenese, eine kurze Wiederholung der Stammesgeschichte, der Phylogenese, ist.

Baer ist dagegen der Meinung, dass die Ontogenese zu immer spezifischeren Merkmalsausprägungen hin fortschreite und dabei erscheine ein Wirbeltier von Anfang an als Wirbeltier und nicht als Wurm."

„Aber ist das von Belang?", warf Fritz ein, „ist es nicht gleichgültig, ob in dieser Frage nun Baer oder Haeckel Recht hat? Das kratzt doch nicht an der Abstammungslehre. Kann doch auch Baer in Russland nicht bestreiten, dass die Ähnlichkeit der Embryonen aller Wirbeltiere mit Einschluss des Menschen ein Beleg für ihre Verwandtschaft ist."

„Aber wie urteilt ihr darüber, dass Haeckel behauptet, das Leben wäre aus toten unorganischen Stoffen hervor gegangen?", fragte Ernst.

Der Medizinstudent Ludwig antwortete: „Ich bin schon der Meinung, dass Haeckel häufig reine Spekulationen als Wahrheiten verkauft. Ich kann mich nicht erinnern, dass er in seinen Darlegungen auch nur den Hauch eines Beweises dafür erbracht hätte. Was meint unser Haeckeljünger dazu."

„In dieser Frage muss ich euch recht geben", antwortete Georg. „Dass die Deszendenztheorie Darwins die richtige Antwort auf die Frage nach der Vielfalt lebender und ausgestorbener Organismen ist, daran besteht für mich kein Zweifel. Mit dieser Sicht bin ich schon von Genf hierhergekommen. Wie ihr wisst bin ich in einem eher materialistisch eingestellten Elternhaus aufgewachsen und hatte schon früh Umgang mit Naturwissenschaftlern von der Genfer Universität, Freunden und Bekannten meines Vaters. Von ihnen habe ich gelernt, dass Spekulationen ohne Beweise in der Wissenschaft nichts zu suchen haben.

Diese Haltung glaubte ich auch, bei Haeckel zu finden. In den Kursen hält er uns zu genauer unvoreingenommener Beobachtung an, fordert Zurückhaltung bei Verallgemeinerungen. Und dann erlebe ich in seinen Schriften und Vorlesungen das Gegenteil.

Oft scheint er von fast religiösem Eifer erfasst, die bestehenden Glaubenslehren durch eine neue, die Entwicklungslehre, ablösen zu wollen. Und im Weltbild einer Religion darf es keine leeren Stellen geben. Deshalb kleistert er sie mit den schillernden Farben der Spekulation zu.

Wenn wir mit Darwin den Ursprung aller Lebewesen in einer oder mehrerer Urformen sehen, ergibt sich zwanglos die Frage nach Herkunft der ersten Lebewesen. Aber anstatt die Forschung auf die bestehende Lücken zu lenken, postuliert Haeckel eine höchst fragwürdige Übereinstimmung zwischen lebender und toter

Materie und verkündet ohne Beweis, die mannigfaltigen physikalischen und chemischen Eigenschaften der Eiweißkörper wären die eigentliche Ursache der Lebenserscheinungen. Er will den Dualismus zwischen Körper und Geist, Seele und Materie überwinden, den Menschen als Einheit sehen. Das hört sich gut an, den Materialisten ist das bisher nicht überzeugend gelungen. Sie glauben zu wissen, dass die seelischen Vorgänge im Gehirn stattfinden, können aber nicht erklären, wie das Gehirn das macht.

Haeckel kann das auch nicht und versucht es erst gar nicht. Wie aber löst er das Problem? Er gibt der ganzen Welt, jedem Stein, jedem Atom eine Seele. Und verkündet als Prophet einer neuen Religion mit absoluter Notwendigkeit müsse aus den beseeltem Elementen Kohlenstoff, Stickstoff und Wasserstoff nach Zugabe einiger beseelter Mineralien Leben, beseeltes Leben entstehen."

"Dass diese Ansichten Haeckels nicht richtig sein können, belegen verschiedene neue Erkenntnisse der Wissenschaft.", pflichtete Ludwig bei.

„Virchow in Berlin hat mit seiner großartigen „Zellularpathologie" die Erkenntnis von Robert Remak, dass lebende Zellen nur aus lebenden Zellen entstehen zum Grundwissen aller Ärzte gemacht.

Und in Frankreich hat endlich der Chemiker Louis Pasteur allen Spekulationen über die Urzeugung ein Ende bereitet. Durch einen einfachen geistreichen Versuch hat er eindrucksvoll nachgewiesen, dass die Mikroorganismen, die sich in stehengelassenen Säften und Brühen entwickeln nicht durch Urzeugung entstehen."

„Wie hat er das gemacht?", fragte Fritz. „Das interessiert mich. Haben doch die Anhänger der Generatio spontanea bisher bei allen Widerlegungsversuchen ein Schlupfloch gefunden. Wurden Nährlösungen nach dem Abtöten aller Mikroorganismen hermetisch abgeschlossen und es entstanden keine neuen, sollte das an der fehlenden Luft liegen. Wurde aber mittels Schwefelsäure oder Hitze keimfrei gemachte Luft zur Lösung geleitet, argumentierten sie durch diese Manipulationen wären wichtige Bestandteile der Luft zerstört worden."

Ludwig antwortete: „ Pasteur hat eine genial einfache Lösung gefunden. Er hat eine Glasflasche mit Nährlösung gefüllt und dann die Öffnung der Flasche zu einem dünnen Schwanenhals ausgezogen. Nun konnte nach dem Abkochen zwar Frischluft ungehindert in die Flasche dringen Staubpartikel mit Keimen mussten aber im Schwanenhals hängen bleiben. Das Ergebnis war, in der Schwanenhalsflasche bildeten sich nach beliebig langer Zeit keine Mikroorganismen. Wurde aber der Hals abgebrochen, geschah das sofort."

„Daran gibt es wohl nichts zu deuteln. Jungs habt ihr alle Bier? Lasst uns trinken! Auf die Wissenschaft, auf den Fortschritt!", rief Fritz aus.

Alle bis auf Ernst hoben die Gläser und tranken.

„Du hast die Wissenschaft hochleben lassen", begann Ernst. „ Da kann ich nicht mit tun, wenn zur Wissenschaft, zur Naturwissenschaft auch die aberwitzigen Spekulationen Haeckels gehören. Da werden vor einem urteilsunfähigen Publikum vom hohen Katheder der Naturwissenschaft unbewiesene Thesen in die Welt gesetzt, Thesen und Hypothesen, welche die Grundlagen des christlichen Glaubens infrage stellen, Zweifel und Unglauben säen. Darf man da Beifall klatschen? Muss man dem nicht Einhalt gebieten?"

„Wie stellst du dir das vor. Willst du die Inquisition wieder einführen?", fragte Fritz. „Ist es nicht ein Gewinn des Fortschritts, dass man wenigstens zu wissenschaftlichen Fragen seine Meinung äußern darf?"

„Wenn diese Meinung innerhalb der Wissenschaft bliebe, wäre dagegen nichts einzuwenden", antwortete Ernst.

„Aber dann würde die Naturwissenschaft doch zu einer geheimen Gesellschaft", erwiderte Fritz.

„Das will ich natürlich nicht, aber könnte es nicht eine Institution geben, die darüber befindet, ob eine wissenschaftliche Lehre als Wahrheit öffentlich werden kann?"

„Glaubst du, dass Menschen, die mit Eisenbahnen durch Europa brausen, dass Menschen, die mit der Geschwindigkeit des elektrischen Stroms Informationen zwischen Kontinenten austauschen, dass diese Menschen nicht mündig sind, einen wissenschaftlichen Streit auszuhalten? Und wer sollte die Rolle des Zensors übernehmen? Ein ungebildeter Landesvater von Gottes Gnaden, der Kaiser in Wien oder gar der Papst? Hat der nicht gerade in einer Enzyklika die wissenschaftliche Vernunft zu einem Irrtum erklärt?", Fritz war erregt aufgestanden.

„Ich stelle mir vor, dass unangefochtene Autoritäten der jeweiligen Wissenschaft diese Rolle übernehmen könnten", antwortete Ernst.

„Überlegt mal mit.", ergriff Fritz wieder das Wort. „Nehmen wir mal an, man hätte schon vor Jahrzehnten eine solche Zensur eingeführt und als obersten Zensor den unvoreingenommenen allgemein anerkannten Forscher Alexander von Humboldt bestellt.

Für jenen großen Wissenschaftler aber war die Wärme ein eigentümlicher unwägbarer Stoff, der in alle anderen Stoffe eindringen kann. Heute, sieben Jahre nach seinem Tode, ist für die meisten Forscher Wärme nichts weiter als die Bewegung der kleinsten Teilchen der Stoffe. Und in Wien hat im vergangenen Jahr der Chemiker Josef Loschmidt auf Grund dieser Annahme den Durchmesser der Luftmoleküle zu einem Millionstel Millimeter berechnet. Wäre dieser Blick in die Welt des Allerkleinsten möglich gewesen, wenn Alexander von Humboldt wissenschaftliche Meinungen, die er für falsch hielt, unterdrückt hätte?"

„Fritz, das entspricht ganz meiner Meinung.", ergriff Georg das Wort, „ ich denke die Naturwissenschaft befreit sich im Fortschreiten immer wieder allein von Fehlern. Sie verträgt und braucht den besonnen abwägenden Forscher genauso, wie den kühn neue Ideen verfolgenden.

Ich kann mir für meine Zukunft nicht vorstellen, dass ich arbeite, wie ein trockener Beamter, der sich aus lauter wissenschaftlicher Gewissenhaftigkeit nichts zu sagen traut. Und schon gar nicht möchte ich mir den Mund von jenen verbieten lassen, die jäh verstummen müssten, legten, wir an ihren Dogmen die Maßstäbe unserer Wissenschaft an."

Ernst erwiderte: „Es läge mir fern, mich in die Angelegenheiten der Naturwissenschaft einzumischen, aber die Abstammungslehre berührt nun mal Fragen des Glaubens. Ich habe Darwins Buch gelesen und muss ihm zu gestehen, dass seine Ausführungen recht überzeugend wirken. Aber genauso, wie die Abstammungslehre Zweifel an Aussagen der Bibel aufkommen lässt, gibt es offene Fragen zur Deszendenztheorie, die an dieser Theorie zweifeln lassen. So bekennt Darwin selbst, dass das Fehlen von zahlreichen lebenden und ausgestorbenen Übergangsformen, die seine Theorie ja fordert, eine große Schwierigkeit in seiner Argumentation darstellt. Und seine Erklärungsversuche, um nicht zu sagen Ausflüchte, sind für mich nicht überzeugend."

„Du hast mir doch vorhin auf dem Weg erzählt, dass irgendwo in Bayern ein solches Fossil gefunden wurde", wandte sich Georg an Ludwig.

„Es handelt sich um eine vorläufige Annahme", antwortete Ludwig. „Ich will euch gern darüber berichten, muss aber dazu etwas weiter ausholen.

Im Tal des Flusses Altmühl kaum fünfzig Kilometer von Ingolstadt entfernt befindet sich der Ort Solnhofen. In den Steinbrüchen nahe diesem Dorf wird seit alters her ein besonders feinkörniger Plattenkalkstein abgebaut. Es wird erzählt, dass der Boden der Hagia sophia in Konstantinopel aus Solnhofener Kalkstein hergestellt wurde.

Heute dient der Stein aus Solnhofen vornehmlich der Herstellung von lithographischen Druckplatten. Dazu müssen die im Steinbruch gewonnenen Gesteinsblöcke in dünne Platten gespalten werden. Und dabei gelangen immer wieder Abdrücke von Tieren und Pflanzen ans Licht. Ammoniten, Krebse, Fische aber auch Insekten und seltsame urzeitliche Echsen, alles Lebewesen, die zu Urzeiten im Sediment eingeschlossen worden waren.

Das allgemein nach den Forschungen von Cuvier und Lyell gestiegene Interesse an Fossilien hat dazu geführt, dass sich solche Funde inzwischen gut verkaufen lassen. Vor fünf Jahren erwarb der in diesem Handel involvierte Landarzt Carl Häberlein aus der Solnhofener Gegend ein seltsames Fossil .Nach allem was bisher darüber bekannt wurde, handelt es sich um ein befiedertes Kriechtier mit krallenbesetzten Fingern und langem knöchernem Schwanz.

Die Kunde von diesem Fossil rief verschiedene Wissenschaftler auf den Plan. Dieses Interesse veranlasste den geschäftstüchtigen Häberlein, einen extrem hohen Preis für das Fossil zu fordern und zu verlangen, dass potentielle Käufer bei der Besichtigung des Fundes weder Zeichnungen noch Notizen anfertigen durften.

Er konnte jedoch nicht verhindern, dass der Paläontologe Albert Oppel, der das Fossil im Auftrag der bayrischen Staatssammlung besichtigt hatte, den fossilen Abdruck aus der Erinnerung zeichnete. Nach dieser Zeichnung erstellte der Zoologe Andreas Wagner eine erste wissenschaftliche Beschreibung. Wie ihr wisst, war dieser Professor Wagner ein erbitterter Gegner der Lehre Darwins und es ist anzunehmen, dass diese Haltung sein Urteil über das Fossil beeinflusst hat. Nach Andreas Wagner soll es sich bei dem Fund eindeutig um den Abdruck eines Kriechtieres ohne Vogelmerkmale handeln. Die von den Hand- und Unterarmknochen ausgehenden Strukturen, die von Oppel als Federn erkannt worden waren, wurden bei Wagner zu `Epidermalgebilden`, die möglicherweise eine Zierde der Echse dargestellt hätten. Als Namen für das Fossil schlug Wagner Rätselechse, Griphosaurus vor.

Nach dieser Einschätzung war man in München nicht gewillt, eine größere Summe für den Fund auszugeben. Braucht unser neuer König doch jeden Taler, die Schulden eines sächsischen Kapellmeisters zu bezahlen.

Und so kam es, dass das seltsame Federtier nach London entflatterte. Für 700 englische Pfund kaufte das Britische Museum unter dem Kurator Richard Owen das rätselhafte Fossil. Vor drei Jahren beschrieb der berühmte Paläontologe das Fossil. Und bei Owen wurde die Rätselechse mit schmückenden Hautgebilden zu Archaeopteryx macura, einem Vogel, der zu kräftigem Vogelflug fähig gewesen sein sollte.

Bedenkt, Echse für den einen und Vogel für den anderen, da wird doch klar, dass es sich um eine Übergangform zwischen Kriechtier und Vogel handeln muss.

Das aber will der Darwingegner Owen nicht eingestehen. Aber immerhin räumt er ein, dass Archaeopteryx aus urzeitlichen Flugsauriern transmutiert sein könne. Jetzt wartet die gelehrte Welt darauf, dass Owen das Fossil Huxley, dem kämpferischen Verteidiger Darwins, zur Beurteilung überlässt."

Die Festwiese hatte sich inzwischen mit Ausflüglern aus Jena belebt. Fritz und Georg hatten schon ungeduldig gewartet, dass Ludwig mit seinem Bericht enden möge. Und jetzt standen sie auf und zogen ihn mit sich fort, um nach den Angebeteten Ausschau zu halten.

Ernst wandte sich an den ebenfalls sitzen gebliebenen Johannes: „Darin kann ich keinen Beweis für die darwinsche Hypothese erkennen. Selbst, wenn alles so wäre, wie es Ludwig dargestellt hat, wäre es doch nur ein Einzelfall in der Natur, der nicht zur Verallgemeinerung taugt."

„Hör doch auf, ", entgegnete Johannes, „ überall das Haar in der Suppe zu suchen. Sei doch froh, dass die Naturforscher uns Theologen immerhin noch die Seelen gelassen haben." „Aber wie lange noch", antwortete Ernst. „Werden sie nicht versuchen, durch Zerteilen und Mikroskopieren, mit Chemie und Elektrizität die Seele aus dem Hirn zu treiben. Schon hat Helmholtz gemessen, wie schnell sich ein Nervenimpuls ausbreite und in Paris will Paul

Broca den Sitz des Sprachvermögens in einer ganz bestimmten Gehirnwindung gefunden haben. Werden sie nicht auch einmal ergründen, wie das Gehirn Gedanken bildet?"

„Bevor es so weit ist, " entgegnete Johannes, „ sollten wir versuchen, Frieden mit den Naturwissenschaften zu schließen. Oder möchtest du dich unbedingt in die Reihe jener Maulhelden einordnen, die hinausposaunen die Abstammungslehre untergrabe die Moral, führe zu Blutschande und Bigamie und leiste Anarchie, Revolution und Königsmord Vorschub?"

„Aber muss diese Lehre nicht falsch sein?" antwortete Ernst, „Widerspricht sie nicht allem, was wir bisher aus den heiligen Schriften als gesicherter Wahrheit empfangen haben?"

„Ich habe", entgegnete Johannes, " mir die Mühe gemacht, die `Entstehung der Arten` Seite für Seite zu lesen. Und ich muss dir sagen, Darwins klare Argumentation, die Fülle der Beweise und auch seine Ehrlichkeit gegenüber offenen Fragen haben mich dazu gebracht, dass ich die Wahrheit dieser Lehre in ihren wesentlichen Teilen anerkennen muss. "

„ Das ist ja das Problem", sagte Ernst. "Auch mich hat das Buch in seinen Bann gezogen und ich konnte mich der Logik der Beweisführung nicht entziehen. Gott kann doch all diese Tatsachen, die ja jeder kontrollieren kann, nicht in die Natur gelegt haben, um uns zu prüfen? Der Gott, der den Menschen aufforderte, sich die Natur untertan zu machen, kann doch nicht wollen, dass wir uns der Erforschung der Natur enthalten, um nicht am Glauben irre zu werden?"

Johannes antwortete: „Kannst du dir nicht vorstellen, dass die Wahrheit eines lebenden wirkenden Gottes mit der Wahrheit der Abstammungslehre vereinbar sei? Ist es nicht auch ein erhabener Gedanke, dass der Schöpfer die Flamme des Lebens vielleicht nur einmal in seine Schöpfung getragen hat und sich aus diesem Anfang die ganze Vielfalt des Lebens nach unabänderlichen Gesetzen entwickelt hat und weiter entwickelt?"

„Seit ich bewusst denken kann", erwiderte Ernst, „habe ich die Welt als eine Einheit in Gott verstanden. Alle Erkenntnisse der Naturwissenschaft waren für mich Offenbarungen der Macht und Güte des Schöpfers. Wie in der herrlichen Dichtung Klopstocks, gab es keinen Gegensatz zwischen Welterkenntnis und Glauben. Im Großen wie im Kleinen, im `Ozean der Welten` wie im `Tropfen am Eimer glaubte ich, die Hand des Allmächtigen zu erkennen. Du kennst die Stelle aus der Frühlingsfeier:

,Als der Hand des Allmächtigen
Die größeren Erden entquollen,
Die Ströme des Lichts rauschten, und Siebengestirne
wurden,
Da entrannst du, Tropfen, der Hand des Allmächtigen.'(5)

Und nun kommt dieser Darwin und beweist, dass ein einfacher Mechanismus –zufällige Variationen und natürliche Auslese - die ganze Fülle der organischen Welt hervorgebracht hat."
„Aber glaubst du nicht", antwortete Johannes, „dass der Schöpfer dabei seine lenkende Hand im Spiel hat. Lach mich jetzt nicht aus. Ich glaube, ich bin auf einen Beweis dafür gestoßen.
Da du auch im Königreich Hannover zu Hause bist, brauche ich dir ja nichts über die Vorzüge der heimatlichen Pferderasse, dem Hannoveraner, zu sagen. In meiner Heimatstadt Celle befindet sich schon seit 1735 das Landesgestüt, das die Aufgabe hat, diese Pferderasse rein und leistungsstark zu erhalten. Zu diesem Zweck werden in Celle nicht nur Hannoveraner Hengste gehalten, sondern auch englische und andalusische Vollblüter. Denn nach den Züchtern ist es nötig, die Rasse von Zeit zu Zeit durch einen Schuss Vollblut zu veredeln, weil die Anlagen beider Eltern in den Nachkommen verschmelzen und das edlere Blut sich nach einigen Generationen durch Verdünnung verliert.
Nun überleg mal, nehmen wir mal an, ein Individuum hat entsprechend der darwinschen Lehre durch die zufällige Variation

eine neue sehr nützliche Eigenschaft erhalten. Was geschieht nun mit dieser Eigenschaft bei seinen Nachkommen? Seine Kinder sind nur halbblütig, die Enkel nur viertelblütig und nach einigen Generationen hat sich die neue nützliche Eigenschaft aufgelöst. Darwins Mechanismus funktioniert also nur, wenn die neue Eigenschaft bei vielen Individuen gleichzeitig, also massenhaft auftritt. Und das ist nur möglich, wenn der Schöpfer lenkend in das Geschehen eingreift."

„Lieber Freund selbst, wenn du recht hättest. Die modernen Naturforscher haben Gott aus ihrem Denken verbannt", antwortete Ernst, „ Sie erklärten als bald, nicht Gott, sondern das Wetter, oder was weiß ich, wirke hier lenkend.

Wenn ich an meine Zukunft als Theologe denke, wenn ich einmal vielleicht vor Bauern bei euch in der Heide oder vor anderen schwer arbeitenden Menschen das Wort Gottes verkünden soll, dann hilft mir eine solche spitzfindige Konstruktion nicht. Diese Menschen brauchen einen Gott, den sie in der Not, bei Schicksalsschlägen anrufen können. Ein Gott, der sich in der Unendlichkeit des Universums verliert, der das Weltgeschehen nach unabänderlichen mitleidlosen Gesetzen ablaufen lässt, braucht keine Priester."

„Komm, vergiss deine trüben Gedanken, komm mit zu den anderen." Johannes zog seinen Freund mit hinein in den ausgelassenen Trubel der sonntäglich gekleideten Ausflügler. „Wenn du dich gleich mit einem schönen Mädchen im Walzer drehst, wird dir die ganze Schönheit der göttlichen Schöpfung aufgehen!"

Gregor Mendel

Wenn der Weltgeist 1866 zu Pferde unterwegs war, dann musste er zu Beginn des Monats Juni seinem Ross tüchtig die Sporen gegeben haben. Denn nun überschlugen sich die Ereignisse.

Am 1. Juni wandte sich Österreich an den Bundestag und stellte ihm eine Entscheidung über die zukünftige Regierung Holsteins anheim. Preußen betrachtete dies als einen Bruch seines Vertrages mit Österreich und am 9. Juni marschierten preußische Truppen in Holstein ein. Darauf beantragte Österreich die Mobilisierung der Bundestruppen gegen Preußen. Diesem Antrag stimmte der Bundestag am 14. Juni mehrheitlich zu.

Preußen erklärte darauf den Deutschen Bund für aufgelöst und forderte am folgenden Tag Kurhessen und die Königreiche Hannover und Sachsen ultimativ auf, eine unbewaffnete Neutralität zu wahren. Nach Ablehnung des Ultimatums erfolgte der Einmarsch preußischer Truppen in diese deutschen Staaten. Der Krieg hatte begonnen.

Und spätestens zu diesem Zeitpunkt werden die beiden Studenten Ernst und Johannes aus dem Königreich Hannover Johannes spitzfindige Argumente gegen Darwins Annahme von zufälliger erblicher Veränderung und Auslese vergessen haben. Wie hätten sie auch annehmen können, dass im folgenden Jahr gleichartige Überlegungen vom Ingenieur Fleeming Jenkin vorgebracht, den großen Darwin in Erklärungsnot bringen würden. Schon eher hätten sie einen Denkfehler in den Überlegungen von Johannes vermutet. Aber völlig außerhalb ihres Vorstellungsvermögens lag, dass auf der ganzen Erde nur ein einziger Mensch wusste, worin dieser Fehler bestand.

Und dieser Mensch war der Augustiner Mönch Gregor Mendel. Im Kloster in Brünn hatte er mit wachsender Sorge die sich überstürzenden Ereignisse verfolgt. Wie die meisten der etwa 50000 Einwohner Brünns hatte er zunächst gehofft, der Krieg werde im fernen Deutschland ein schnelles Ende finden. Standen doch nahezu alle deutschen Mittel- und Kleinstaaten auf der Seite Österreichs und die starke österreichische Nordarmee hatte sich nach der Sammlung hier im Raum Olmütz – Brünn nach Westen in Marsch gesetzt.

Doch bald wurde bekannt, dass schon am 23. Juni zwei preußische Armee nach kampflosem Marsch durch Sachsen in das österreichische Kronland Böhmen eingefallen waren. Und nur einige Tage später wurde der Einmarsch einer dritten preußischen Armee von Schlesien her bekannt.

Die Zeitungen berichteten von kraftvollen und siegreichen Schlägen der österreichischen Truppen gegen den Feind. Doch die Namen der Orte, bei denen sich die Heldentaten ereignet haben sollten, verrieten, dass die Preußen immer tiefer in Böhmen eindrangen, der Krieg immer näher kam. Nicht einmal 18 Postmeilen nordwestlich von Brünn kam es am 3. Juli bei Königgrätz zur Entscheidungsschlacht und am 12.Juli rückten preußische Truppen in Brünn ein.

Obwohl sich die fremden Soldaten diszipliniert verhielten, stöhnte die Bevölkerung Brünns, musste sie doch für die Verpflegung der Besatzungsmacht aufkommen. Und mit den Preußen war die Cholera in die Stadt gekommen. Über zweitausend Menschen erkrankten und fast jeder zweite Kranke starb. Doch bald konnte man aufatmen. Am 27. Juli endeten mit dem Vorfrieden von Nikolsberg die Kampfhandlungen und am 23.August wurde mit dem Frieden von Prag der Krieg beendet.

Nach dem Krieg konnte Gregor Mendel wieder hoffen, dass seine wissenschaftliche Entdeckung in der wissenschaftlichen Welt bekannt und beachtet würde. Vielleicht hat er ein schlechtes Gewissen dabei gehabt, nach Not und Tod des verlorenen Krieges Anerkennung oder gar Ruhm herbeizuwünschen. Aber er war auch sicher, etwas Wichtiges entdeckt zu haben.

Schon vor zehn Jahren hatte er mit den Versuchen zu den jetzt vorliegenden Erkenntnissen begonnen. Durch Kreuzungsversuche hatte er herausfinden wollen, nach welchen Gesetzen Merkmale der Eltern auf die Nachkommen vererbt werden. Im Unterschied zu Vorgängern, die es bei ihren Artkreuzungen mit vielen verschiedenen Merkmalen zu tun hatten, hatte sich Mendel auf wenige aber klar voneinander zu unterscheidende Merkmale beschränkt. Von Anfang an war ihm klar gewesen, dass neben der genauen Versuchsdurchführung die Wahl des Versuchsobjektes über den Erfolg entscheiden würde.

Nach langen Überlegungen und Versuchen hatte er sich für die Gartenerbse als geeignete Versuchspflanze entschieden. Denn Erbsensorten besitzen leicht zu unterscheidende Merkmale, die sie unverändert vererben. Die Nachkommen aus Kreuzungen der Sorten sind uneingeschränkt fruchtbar. Auch eine Verfälschung der Versuchsergebnisse durch eine Fremdbestäubung war bei dem Selbstbestäuber Erbse nahezu ausgeschlossen. Wegen des eigenartigen Baues der Blüte sind Staub – und Fruchtblätter fest im „Schiffchen" aus Kronblättern eingeschlossen. Die Staubbeutel platzen schon in der Knospe, so dass die Narbe schon vor dem Öffnen der Blüte mit eigenem Pollen bestäubt wird.

Nach der Entscheidung für die Erbse, hatte Mendel bei verschiedenen Firmen 34 Erbsensorten bestellt und diese zwei Jahre lang auf ihre Eignung für die späteren Kreuzungsversuche geprüft. Für diese Versuche kamen nur solche Sorten in Frage, die sich in einfach erkennbaren Merkmalen deutlich voneinander unterschieden und diese Merkmale stabil an ihre Nachkommen vererbten.

Schließlich hatte er 22 Erbsensorten mit sieben unterschiedlichen Merkmalspaaren für die experimentelle Arbeit ausgewählt. Neben den eigentlichen Versuchen hatte er auch die Ausgangssorten immer wieder hinsichtlich ihrer Reinerbigkeit kontrolliert.

Dann war mit den Kreuzungsversuchen mittels künstlicher Befruchtung begonnen worden. Dazu war es nötig gewesen, dass die Pflanzen kurz vor der Blüte ständig beobachtet wurden, um den Augenblick abzupassen, an dem die Knospe bereit zur Bestäubung war, die Selbstbestäubung aber noch nicht stattgefunden hatte.

War es soweit hatte Mendel jede Blüte vorsichtig geöffnet und mit einer Pinzette ein Staubblatt nach dem anderen heraus gezupft, wobei er jede Berührung mit der Nabe vermeiden musste. War das geschafft, hatte er mit einem feinen Pinsel die Narbe mit dem Pollen einer fremden Sorte belegt. Zum Schluss war jede Blüte mit einem Baumwollbeutelchen umhüllt worden, um eine Bestäubung durch Insekten auszuschließen. Diese Prozedur hatte Mendel nicht an wenigen, sondern an Tausenden von Blüten vorgenommen und dabei penibel darüber Buch geführt, welcher Pollen auf welche Nabe gelangt war.

Im Sommer hatte man dann endlich ernten, die Ernte untersuchen und auszählen können. Alle Versuche hatten das gleiche Bild ergeben. Die Nachkommen der ersten Tochter- oder Filialgeneration (F1 – Generation) aus der Kreuzung eines Merkmalspaares zeigten sich hinsichtlich dieses Merkmals gleichartig, wobei bei allen sieben Merkmalspaaren jeweils ein Merkmal über das andere dominiert hatte.

So waren aus der Kreuzung von Pflanzen mit glatten und solchen mit runden Samen Nachkommen mit glatten Samen hervorgegangen, die Kreuzung von Erbsen mit gelben Keimblättern und Erbsen mit grünen Keimblättern ergab Hybridpflanzen mit gelben Keimblättern. Diese Ergebnisse wurden unabhängig davon erzielt, ob das dominante Merkmal von der mütterlichen oder väterlichen Pflanze stammte.

Im folgenden Frühjahr hatte Mendel die Hybridsamen ausgesät. In dieser Vegetationsperiode sollten sich die Pflanzen selbst bestäuben. Das hatte für Mendel und die beiden Mönche, die ihm halfen, gegenüber dem Vorjahr ein geruhsames Jahr bedeutet. Denn es war nur notwendig gewesen, das Wachsen der Erbsenpflanzen zu beobachten, einige wenige Pflanzen mit missgestalteten Blüten auszusondern und alle Pflanzen vor Schädlingen zu schützen.

Und dann hatte Mendel gespannt gewartet, welches Ergebnis die Ernte zeigen würde? Wenn die Anlagen für die Merkmale in der befruchten Keimzelle verschmelzen, wie viele Züchter annahmen, müsste die Selbstbestäubung zu Nachkommen führen, die sich hinsichtlich der ausgewählten Merkmale nicht von ihren Eltern unterscheiden. Mendel waren aber auch Berichte von Züchtern bekannt, die eine Neigung, zu den Stammformen zurück zu kehren, beobachtet hatten.

Endlich war der August, die lang ersehnte Erntezeit, gekommen. Und die Auswertung hatte eine Überraschung ergeben.

Während in der ersten Hybridgeneration alle Pflanzen nur das jeweilige dominante Merkmal gezeigt hatten, waren jetzt (F2-Generation) die verschwundenen Merkmale, Mendel hatte sie rezessiv genannt, wieder da. So wurden in den Versuchen, bei denen sich die Ausgangspflanzen in der Form ihrer Samen rund oder runzlig unterschieden, von 253 Hybridpflanzen 7324 Samen erhalten. Von diesen Samen waren 5474 glatt und 1850 runzlig. Die Anzahl der glatten Samen war demnach 2,96, knapp dreimal größer. Und ein Wert nahe Drei wurde auch für alle weiteren Merkmalskombinationen erhalten. Wurden die Resultate aller Versuche zusammengefasst, so ergab sich zwischen der Anzahl der Formen mit dem dominanten Merkmal und denen mit dem rezessiven das Durchschnittsverhältnis von 2,98 : 1.

Spätestens jetzt wird Mendel nach einer Erklärung für diese Ergebnisse gesucht haben und vieles deutet darauf hin, dass er sie auch bereits zu diesem Zeitpunkt gefunden hat.

Mendel war, nach allem was über seine Forschungen bekannt wurde, offensichtlich von Anfang an davon überzeugt, dass sich zum Zweck der geschlechtlichen Fortpflanzung die Geschlechtszellen, die mütterliche Keim – und die väterliche Pollenzelle, zu einer einzigen Zelle vereinigen. Die Versuche hatten ihm gezeigt, dass nicht eine Gesamtheit von Eigenschaften, sondern einzelne Merkmale vererbt werden und die weiblichen und männlichen Geschlechtszellen gleichberechtigt an der Weitergabe dieser Merkmale beteiligt waren. Wenn er nun annahm, dass jedes Elternteil

für jedes Merkmal zwei voneinander unabhängige Erbfaktoren o-
der Elemente besitzt und dass jeweils nur eines dieser Elemente
auf den Keim übertragen wird, ergab sich eine ganz einfache Erklärung für den Ausgang der bisherigen Versuche.

Bei der Kreuzung der beiden Ausgangssorten mit glatten und
runzligen Samen konnte man nach dieser Hypothese annehmen,
dass für die neue Zelle von der Pflanze mit dem dominierenden
Merkmal „AA - glatt" ein Erbelement **A** und von der Pflanze mit
dem rezessiven Merkmal „aa - runzlig" ein Element a beigesteuert
wird. Die Zelle, aus der sich der Embryo entwickeln wird, enthält
also die beiden unterschiedlichen Merkmalsfaktoren A und a. Da
aber der Faktor A den Faktor a völlig unterdrückt, erscheint bei
den Nachkommen nur das dominierende Merkmal A „glatt". Wenn
es nun aber in der nachfolgenden Enkelgeneration zur Selbstbestäubung kommt, bildet die gleiche Pflanze mit der Kombination
Aa sowohl weibliche als auch männliche Geschlechtszellen, die
jeweils nur einen der beiden verschiedenen Erbfaktoren übertragen
können. Es ergeben sich die folgenden Kombinationsmöglichkeiten:

Keimzelle	Pollenzelle	Hybridzelle
A	A	AA
A	a	Aa
a	A	aA
a	a	aa

Da alle diese Kombinationsmöglichkeiten mit gleicher Wahrscheinlichkeit eintreten können, ist zu erwarten, dass bei einer hin-
länglich großen Anzahl von Versuchspflanzen auf einen runzligen
Samen drei glatte kommen. Der Ausgang der bisherigen Versuche
wäre also durch diese Hypothese erklärt worden.

Es spricht vieles dafür, dass Mendel nun die gefundene Arbeitshypothese prüfte, indem er die nun möglichen Vorhersagen mit den Versuchsergebnissen überprüfte.

So war für eine weitere Hybridgeneration mit Selbstbestäubung der Hypothese nach zu erwarten, dass die Samen mit dem Merkmal runzlig dieses Merkmal unverändert an die nächste Generation weiter geben. Bei den aus glatten Samen gezogenen Pflanzen war damit zu rechnen, dass ein Drittel von ihnen nur glatte Samen und die restlichen Pflanzen sowohl runde als auch runzlige Samen im Verhältnis 3:1 hervorbringen würden.

Und genau dieses Resultat hatten dann die Versuche ergeben: Die aus runzligen Samen gezogenen Pflanzen hatten sich hinsichtlich dieses Merkmals als reinrassig erwiesen. Hingegen hatten die aus glatten Samen gezogenen Pflanzen die erwartete Aufspaltung gezeigt. Von 565 dieser Pflanzen hatten 193 nur glatte Samen und waren somit für dieses Merkmal reinerbig. 373 Pflanzen hatten jedoch sowohl runde als auch runzlige Samen und zwar im vorhergesagten Verhältnis 3: 1 produziert. Entsprechende Resultate hatte Mendel für alle sieben Merkmalspaare erhalten und auch als er die Versuche über vier bis und für einige Merkmale bis zu sechs Generationen fortgesetzt hatte, war seine Hypothese immer wieder bestätigt worden.

Als nächstes hatte Mendel seine Hypothese an Kreuzungen überprüft, bei denen es um mehrere Merkmalspaare ging. So hatte er eine Erbsensorte mit glatten(AA) gelben(BB) Samen und eine mit runzligen(aa) grünen(bb) Samen miteinander gekreuzt und Hybridpflanzen erhalten, die, wie erwartet, alle die dominanten Merkmale glatt und gelb aufwiesen. Welche Kombinationen aber waren nun mit welcher Wahrscheinlichkeit nach Selbstbestäubung für die nächste Hybridgeneration zu erwarten?

Die uniforme Generation konnte für alle Pflanzen nur die Kombination AaBb besitzen. Bei der Selbstbestäubung würde der Embryo sowohl von der mütterlichen als auch von der väterlichen Seite eine der vier Kombinationen AB, Ab, aB, und ab mit gleicher

Wahrscheinlichkeit erhalten. Daraus können die folgenden neuen sechzehn Kombinationen gebildet werden:

	AABb	AaBB	AaBb
AABb	AAbb	AaBb	Aabb
AaBB	AaBb	aaBB	aaBb
AaBb	Aabb	aaBb	BB

glatt+gelb	glatt+grün	runz-lig+gelb	runz-lig+grün

Wird noch berücksichtigt, dass jeweils nur das dominante Erbelement in Erscheinung tritt, war zu erwarten, dass von je sechzehn Samen im Mittel neun glatt und gelb, drei glatt und grün, drei runzlig und gelb und einer runzlig und grün sein würden.

Bei dem realen Versuch hatte Mendel 350 glatte gelbe, 108 glatte grüne, 101 runzlige gelbe und 32 runzlige grüne Samen erhalten und war damit recht nahe an das erwartete Resultat heran gekommen.

Damit immer noch nicht zufrieden, hatte Mendel noch Pflanzen mit drei Merkmalspaaren gekreuzt. Auch hier bestätigte sich seine theoretische Annahme.

Nachdem er bei den Versuchen und ihren Wiederholungen etwa 28 000 Erbsenpflanzen herangezogen hatte, war es Mendel gelungen, die gefundenen Gesetzmäßigkeiten auch bei der Kreuzung von Garten – und Buschbohnen nachzuweisen. Erst jetzt hatte sich Mendel mit seinen Erkenntnissen an die Öffentlichkeit getraut.

Am 3. Februar und am 8. März 1865 hatte er vor dem naturforschenden Verein in Brünn je einen Vortrag über seine Forschungsarbeiten gehalten. Sein vierundvierzigseitiger Aufsatz „Versuche über Pflanzenhybriden" war in den Verhandlungen des naturforschenden Vereins veröffentlicht worden. Zusätzlich hatte er an etliche Wissenschaftler Sonderdrucke dieser Arbeit verschickt.

Bisher ohne Resonanz. Was war die Ursache? War er sich doch sicher, dass seine Versuchsergebnisse und ihre Deutung etwas völlig Neues waren. Nahm man ihn nicht ernst? Warum nicht? Fehlte der akademische Titel? Lag es daran, dass er nicht einmal die Lehramtsprüfung abgelegt hatte? Oder gab es in seiner Arbeit Denkfehler, falsche Schlüsse? Unsicherheit und Zweifel begannen, an dem Mönch zu nagen. Dabei hatte er keinen Grund, sein Licht unter den Scheffel zu stellen.

Am Gymnasium in Troppau und am Philosophischen Institut in Olmütz hatte der 1822 geborene Bauernsohn Johann Mendel vor seinem Eintritt ins Kloster eine ausgezeichnete Ausbildung erhalten.

Bei seinem Eintritt in den Orden der Augustiner hatte er zwar seinen Vornamen in Gregor ändern müssen, seinen naturwissenschaftlichen Interessen hatte er jedoch weiter nachgehen können. Die meisten der Ordensbrüder der Brünner Abtei St. Thomas hatten eine gute Ausbildung erhalten und widmeten sich neben ihren kirchlichen Pflichten weltlichen Aufgaben und wissenschaftlichen Studien. Der Abt Franz Cyrill Napp hatte sich große Verdienste um die Entwicklung der Landwirtschaft in Mähren und Schlesien erworben. Unter seiner Leitung war für das Kloster ein Versuchsgarten angelegt worden.

Nach Theologiestudium und Priesterweihe hatte Mendel die Leitung dieses Gartens übernommen und im Jahr darauf den Auftrag erhalten, am Gymnasium in Znaim Unterricht in Latein, Griechisch, Deutsch und Mathematik zu erteilen. Er hatte sich bemüht, die Zulassung für den Unterricht an Gymnasien in Naturkunde und Physik zu erhalten, aber die Lehramtsprüfung in Wien nicht bestanden.

Deshalb hatte ihm der Abt von 1851 bis 1853 ein naturwissenschaftliches Studium in Wien ermöglicht. Hier hatten ihn besonders die Vorlesungen des Biologen Franz Unger und der Physiker Andreas von Ettinghausen und Christian Doppler beeinflusst und wohl den Anstoß für seine späteren Forschungen gegeben.

Nach Brünn zurückgekehrt hatte er eine Lehrerstelle für Naturwissenschaften an der deutschen Oberrealschule in Brünn erhalten. Einer zu dieser Zeit anberaumten zweiten Lehramtsprüfung hatte sich Gregor Mendel wahrscheinlich nicht unterzogen. War ihm seine Forschungsarbeit, mit der er zu jener Zeit begonnen hatte, wichtiger gewesen?

Das Ergebnis dieser Arbeit lag nun vor, aber die wissenschaftliche Welt reagierte nicht darauf. Zwar erhielt er einige Dankschreiben für die versandten Sonderdrucke, doch aus ihrem Inhalt war nicht ersichtlich, ob die Absender seine Ausführungen überhaupt gelesen hatten. Als das Jahr 1866 ohne Reaktion der wissenschaftlichen Welt zu Ende ging, setzte sich Gregor Mendel am letzten Tag des Jahres an den Schreibtisch und schrieb einen Brief an den Münchner Professor Carl Wilhelm von Nägeli:

„Hochgeehrter Herr!

Die anerkannten Verdienste, welche Ew. Wohlgeboren um die Bestimmung und Einreihung wild wachsender Pflanzenbastarde erworben haben, machen es mir zur angenehmen Pflicht, die Beschreibung einiger Versuche über künstliche Befruchtung an Pflanzen zur gütigen Kenntnisnahme vorzulegen."(6)

Mendel schrieb über seine Versuchsergebnisse bei der Kreuzung der Erbsensorten, darüber, wie die Allgemeingültigkeit der gewonnenen Erkenntnisse an anderen Pflanzenarten überprüft werden könne, über dazu geplante und bereits begonnene Versuche und bat den berühmten Professor um wissenschaftlichen Rat. Zusammen mit einem Sonderdruck der Veröffentlichung Mendels ging der Brief auf die Reise.

Und er wurde erwidert. Im Februar 1867 erhielt Mendel den erhofften Brief Nägelis vom 24. Februar 1867. Nägeli sprach ihn mit

„ Verehrtester Herr College,, an. Doch der Brief enthielt nicht die erhoffte Anerkennung, dagegen ein nur schlecht verborgenes Misstrauen gegenüber seinen Versuchsergebnissen. Dieses Misstrauen zu zerstreuen und die Anerkennung der eigenen Erkenntnisse zu erlangen, gelang Mendel auch im weiteren Verlauf des immerhin sieben Jahre lang bestehenden Briefwechsels mit Nägeli nicht. Konnte nicht gelingen, denn Nägeli verfolgte während der ganzen Zeit den ehrgeizigen Plan der Ausarbeitung einer umfassenden eigenen Vererbungstheorie. Nach dieser Theorie sollte das lebende Innere der Zellen, das Protoplasma, aus einem nährenden Teil und dem „Idioplasma" bestehen. Und für dieses Idioplasma postulierte Nägeli ohne jeglichen experimentellen Beweis, dass es von langen Strängen aus molekularen Partikeln, Mizellen, gebildet werde, wobei die Mizellen die eigentlichen Träger erblicher Anlagen wären. Durch die ständige Bildung neuer Mizellen unter der modifizierenden Wirkung lang anhaltender Umweltreize und durch ihre Ein – und Umlagerungen in diesen Strängen versuchte Nägeli sowohl die Entwicklung von der Eizelle zum neuen Lebewesen, als auch die evolutionäre Stammesentwicklung zu erklären.

Wie war es aber möglich, dass der hoch gebildete, hoch angesehene Professor Nägeli so wenig selbstkritisch war, dass er seiner spekulativen Theorie mehr traute, als den Erkenntnissen Mendels, die auf sauber ausgeführten und überprüfbaren Experimenten beruhten? Die Hauptursache dafür war wohl der wissenschaftliche Zeitgeist.

Gregor Mendel war mit seinen Erkenntnissen zu der Zeit an die Öffentlichkeit gegangen, als Darwins Abstammungslehre zur bestimmenden Theorie in der Biologie aufstieg. Mit ihr gelang es, viele bisherige Rätsel des Lebens von einem einheitlichen Gesichtspunkt her zu erklären. Für viele Biologen wurde die Entwicklung der Lebewesen von einfachen Formen zu immer komplexeren zur Gewissheit.

Dazu hatte beigetragen, dass Huxley im Februar 1868 seine Untersuchungsergebnisse zum Archaeopteryx vorgestellt hatte und dabei anhand der großen Ähnlichkeit im Bau der Beckenknochen von Dinosauriern und Vögeln die stammesgeschichtliche Einordnung des Archaeopteryx zwischen Kriechtieren und Vögeln glaubhaft demonstriert hatte. Bereits fünf Jahre vorher hatte Franz Hilgendorf an fossilen Schnecken aus dem Steinheimer Becken den langsamen Übergang einer Art in eine neue nachweisen können.

Bei dieser Entwicklung ergab sich für die Naturwissenschaft die Notwendigkeit, ihr Weltbild mit der Evolutionstheorie in Einklang zu bringen. Dazu versuchte man, die Zelltheorie, die Entwicklung von Tieren und Pflanzen aus nur einer Eizelle und die stammesgeschichtlichen Veränderungen durch eine gemeinsame Theorie zu erklären. Eine tragende Säule von Darwins Theorie war die Annahme, dass jedes Individuum einzigartig von allen anderen verschieden sei und so eine nahezu unbegrenzte Anzahl an erblichen Variationen für die natürliche Auslese zur Verfügung stehe. Eine Mehrheit der Biologen war überzeugt, dass es einen direkten Einfluss der Umwelt und von Gebrauch und Nichtgebrauch von Organen auf die Bildung erblicher Variationen gab. Eine Theorie der Vererbung sollte daher nicht nur die Weitergabe, sondern vor allem die Fülle erblicher Variationen erklären können. Es ging den Forschern nicht um Konstanz, sondern um Veränderlichkeit und Neuentstehung von Arten. Die Erkenntnis Mendels, dass die Anlagen für erbliche Merkmale unverändert und unabhängig voneinander von einer zur nächsten Generation weitergegeben werden, passte nicht zu diesem neuen Denken.

Und deshalb konnten für Nägeli Mendels an Erbsen erhaltene Ergebnisse, wenn sie denn richtig waren, nur Ausnahmen darstellen. Er drängte Mendel daher, seine Kreuzungsversuche an Habichtkräutern zu überprüfen. Dies konnte, wie die Botaniker heute wissen, nicht zum Erfolg wohl aber zur Verunsicherung des bescheidenen Mönchs führen. Denn bei der Pflanzengattung der Habichtskräuter gibt es neben der geschlechtlichen Vermehrung auch eine ungeschlechtliche.

Die Versuche mit den Habichtskräutern und die mit seiner Wahl zum Abt (1868) zunehmende Arbeitsbelastung haben wohl dazu geführt, dass Gregor Mendel sich nicht weiter, um wissenschaftliche Anerkennung bemüht hat. So kam es, dass es Darwin Zeit seines Lebens verborgen blieb, dass sich bei der Vererbung die Merkmalsanlagen nicht mischen, sondern unabhängig voneinander an die nächste Generation weitergegeben werden. Und das hatte zur Folge, dass ihm die Abwehr schwer fiel, wenn gegen seine Theorie eingewendet wurde, die Auslese nützlicher Eigenschaften könne wegen der in jeder Generation erfolgenden Mischung und damit Verdünnung der vererbbaren Eigenschaften nicht funktionieren. Dieser Einwand gegen Darwins Theorie ergab sich zwangsläufig, wenn man, wie viele Biologen und Züchter jener Zeit ohne Beweis annahm, die Vererbung wäre eine Mischung des „Blutes" der Eltern. Dass der Mönch Gregor Mendel bereits 1865 nachgewiesen hatte, dass diese Vorstellung von der Vererbung und damit auch der Einwand gegen die Evolutionstheorie falsch waren, sollte der wissenschaftlichen Welt erst fünfunddreißig Jahre später bekannt werden.

Nuclein, der Stoff aus dem Zellkern

Den Kaufleuten und Handwerkern, die ihrem Broterwerb am Tübinger Holzmarkt nachgingen, mochte Anfang des Jahres 1869 ein junger Mann aufgefallen sein, der seit Herbst des vergangenen Jahres regelmäßig, mochte es schneien, regnen oder stürmen mit dem ersten Morgenlicht den Markt in Richtung Kirchgasse überquerte. Einigen der Tübinger Bürger war wohl auch bekannt, dass der Frühaufsteher ein junger Doktor aus der Schweiz war und sich bei Mechanikus Christian Erbe in der Neuen Straße einquartiert hatte.

Dass sich im Verhalten des jungen Schweizers außer der frühen Stunde keine Regelmäßigkeit für sein Erscheinen auf der Straße erkennen ließ, lag an seiner Arbeit, die sich nicht in den bürgerlichen Tagesablauf einfügen ließ. Und ungewöhnlich, wie seine Tätigkeit war auch sein Arbeitsort.

Allmorgendlich stieg er die steile Burgstiege hinauf, durchschritt das Vorwerk, überquerte die Brücke über den zweiten tiefen Burggraben, gelangte durch das reich verzierte triumphbogenartige Renaissancetor auf den großen Hof und verschwand endlich im Südflügel des Schlosses.

Hier hoch über dem Neckartal in der ehemaligen Schlossküche befand sich das Laboratorium, in dem der junge Doktor Friedrich Miescher aus der Schweiz seiner Forschungsarbeit nachging.

Begrüßt wurde er jeden Morgen von dem Summen eines großen Destillationsapparates, der das Laboratorium mit destilliertem Wasser versorgte und durch Wärmeabstrahlung und Siedegeräusch dem kalten Arbeitsraum unter dem alten Gewölbe etwas Anheimelndes gab.

Jetzt war noch etwas Zeit, sich auf das Tageswerk vorzubereiten und zu kontrollieren, ob noch genug Glaubersalzlösung vorhanden war.

Dann wurde auch schon das Ausgangsmaterial für seine Forschungen gebracht – eitergetränkte Verbände von frisch Operierten aus der chirurgischen Klinik.

Aus diesem Material galt es nun, die Eiterzellen zu isolieren. Dazu war es zunächst nötig, alle Verbände zu verwerfen, die durch Aussehen und Geruch auf eine schon begonnene Zersetzung der Zellen schließen ließen. Dann wusch er die verbliebenen Verbände mit einer Mischung aus neun Volumenteilen Wasser und einem Teil einer kaltgesättigten Glaubersalzlösung, filtrierte die Flüssigkeit zur Entfernung von Verbandsresten durch ein Leinentuch und ließ sie dann in einem Becherglas bis zu zwei Stunden stehen, damit sich die Zellen am Boden absetzen konnten. Dann konnte die überstehende Flüssigkeit abgegossen und die Zellsuspension mit frischer Glaubersalzlösung gewaschen werden.

Der vierundzwanzigjährige Forscher war stolz, diesen Weg zur Reinigung der Zellen gefunden zu haben. Als er im vergangenen Herbst mit seiner Arbeit begonnen hatte, war keine Methode bekannt, die er hätte übernehmen können, um intakte Zellen zu isolieren. Er hatte die Verbände zunächst mit verschiedenen Salzlösungen in unterschiedlichen Konzentrationen gewaschen und gefunden, dass die verdünnte Lösung von Glaubersalz (Natriumsulfat) für diesen Zweck am besten geeignet ist. Sie verhindert das Aufquellen der Zellen und ermöglichte dadurch deren Abtrennung von gröberen Bestandteilen durch Filtration. Außerdem setzten sich die Zellen des Filtrats nach relativ kurzer Zeit am Boden ab, was die Reinigung erleichtert.

Doch mit diesem Erfolg war erst die erste Etappe des Forschungsplanes des Friedrich Miescher erreicht. Mit einem solchen Plan war er im vergangenen Jahr zu Ostern nach Tübingen gekommen, nachdem er kurz zuvor in Basel zum Doktor der Medizin promoviert worden war. Er wollte sich hier das Rüstzeug für eigenständige biochemische Forschungen holen.

Lange war er mit sich selbst uneins gewesen, ob er sich für seine berufliche Zukunft für die Arbeit des helfenden und heilenden Arztes oder des Forschers entscheiden sollte. Eine schwere Typhuserkrankung im Sommer 1865 hatte schließlich zur Entscheidung geführt. Die glücklich überstandene Krankheit hatte sein Gehör dauerhaft geschädigt und als Schwerhöriger hatte er nicht als praktizierender Arzt arbeiten wollen.

Nach eingehender Beratung mit Vater und Onkel, beide Professoren an der Universität Basel, hatte er sich entschlossen, seinen Interessen an der physiologischen Forschung nach zu gehen und sich dazu bei bekannten Forschern weiter zu bilden. Um sich mit den Methoden organisch-chemischen Arbeitens vertraut zu machen, hatte er zunächst ein Semester lang im Laboratorium für allgemeine Chemie bei Professor Adolf Strecker hier in Tübingen gearbeitet,

Im Herbst war er dann in das Laboratorium für physiologische Chemie von Professor Felix Hoppe-Seyler gewechselt. Als Arbeitsgebiet hatte er die chemische Zusammensetzung der Zelle gewählt. Sowohl das Arbeitsgebiet als auch den Arbeitsort hatte der junge Miescher unter dem Einfluss seines Onkels Wilhelm His gewählt.

Wilhelm His, Professor für Anatomie und Physiologie, war durch histologische Arbeiten zur Embryonalentwicklung bekannt geworden. Er vertrat die Ansicht, dass sich alle Vorgänge in lebenden Organismen letztlich auf physikalische und chemische Vorgänge zurückführen ließen und ihre Erforschung an den einfachsten Bausteinen der Lebewesen, den Zellen, beginnen müsse. Seinem Neffen hatte er daher geraten, sich an der Erforschung der chemischen Zusammensetzung des Protoplasmas zu versuchen. Galt doch diese das Innere aller Zellen ausfüllende gelartige flüssige Masse als eigentlicher Sitz des Lebens.

Für die Anleitung und Betreuung seines Neffen bei dieser Arbeit hatte sich Professor His keinen besseren vorstellen können, als den jungen Professor Felix Hoppe- Seyler in Tübingen. Hoppe –

Seyler hatte in Halle/Saale, Leipzig und Berlin Medizin studiert. Nach Studienaufenthalten in Prag und Wien hatte er als Arzt praktiziert und nach der Habilitation in Greifswald als Prosektor gearbeitet. Nachdem ihn Virchow 1856 als Leiter seines pathologisch - chemischen Laboratoriums nach Berlin geholt hatte, war Hoppe - Seyler durch eine Vielzahl glänzender Veröffentlichungen als ungemein produktiver Forscher bekannt geworden. Man sprach von einem neuen Stern am Himmel der physiologischen Chemie.

Seine Analysen von Blut, Harn, Milch und Galle hatten neue Einsichten in das Vorkommen von Lezithin und Cholesterin und anderen chemischen Stoffen in Lebewesen erbracht. Er hatte entdeckt, dass die roten Blutzellen ihre Farbe einem isolierbaren Farbstoff verdankten und dass dieser Farbstoff, den er Hämoglobin genannt hatte, eine reversible Verbindung mit Sauerstoff und eine deutlich stabilere mit Kohlenmonoxid eingehen konnte. Diese Entdeckung erklärte nicht nur die Giftwirkung des Kohlenmonoxids, sondern machte auch wahrscheinlich, dass die innere Atmung, die „Verbrennung" von Nahrungsbestandteilen, nicht im Blut, sondern in den Zellen der Körpergewebe erfolgt.

en Forschungsarbeiten hatte Hoppe-Seyler in Tübingen weiter verfolgt, als er hier 1861 den ersten und zu diesem Zeitpunkt einzigen Lehrstuhl für physiologische Chemie an einer deutschen Universität übernommen hatte.

Als der junge Friedrich Miescher zur Weiterbildung in sein Laboratorium eingetreten war, arbeitete Hoppe-Seyler über die chemische Zusammensetzung von Körperflüssigkeiten. Dennoch hatte der junge Forscher die Möglichkeit erhalten, die bereits in Basel geplanten Untersuchungen durchzuführen.

Hoppe – Seyler hatte ihm auch geraten, für die Forschungen nicht, wie von Miescher geplant, mit schwer isolierbaren weißen Blutzellen, Leukozyten, sondern mit Eiterzellen zu arbeiten. Unter dem Mikroskop könne man die beiden Zellarten ohnehin nicht unterscheiden und seitdem vor kurzem Julius Cohnheim die aktive Wanderung von weißen Blutzellen durch die Wände von Venen hindurch nachgewiesen hätte, wäre es wahrscheinlich, dass Eiterzellen und Leukozyten identisch seien. Hoppe – Seyler hatte es auch in die Hand genommen, bei seinem Freund dem Chirurgen Professor Viktor von Bruns für die Versorgung Mieschers mit frischem Verbandmaterial zu sorgen.

Nachdem mit ziemlichen Mühen die Hürde der Reinigung und Isolierung der Eiterzellen genommen war, hatte sich Miescher vorgenommen, die Inhaltstoffe der Zelle zu erforschen. Bekannt war, dass das Protoplasma von Zellen aus Eiweißstoffen bestand. Doch zur Isolierung, Trennung, Reinigung und Charakterisierung dieser Stoffe, die immer häufiger auch als Proteine bezeichnet wurden, kannte man 1869 nur sehr unzureichende Methoden. In einigen Fällen hatten Aussalzen und die Extraktion mit Salzlösungen zum Erfolg geführt. Und auch Miescher hatte gehofft, mit unterschiedlichen Salzlösungen auch unterschiedliche Substanzen aus den Zellen heraus lösen und isolieren zu können.

Die viel Zeit „fressenden" Versuche hatten aber bisher zu keinem wirklich befriedigenden Ergebnis geführt. Entweder extrahierten die Salzlösungen nur äußerst geringe Substanzmengen oder führten zu einem so starken Aufquellen der Zellen, dass die Trennung von Zellen und Extraktionslösung nicht mehr möglich war.

Aber bei diesen Versuchen hatte er beobachtet, dass beim Schütteln von mit Salzsäure behandelten Zellen mit verdünnter Sodalösung eine gelbliche Substanz oder Substanzmischung in Lösung ging. Nach ansäuern der so gewonnenen schwach alkalischen Lösung fiel ein flockiger Niederschlag aus. Dieser Niederschlag löste sich weder in Wasser, verdünnten Kochsalzlösungen noch in verdünnten Säuren, wurde dagegen sofort wieder löslich, wenn eine basisch reagierende Lösung hinzugefügt wurde.

So verhielt sich keine der bekannten Eiweißverbindungen und bei der mikroskopischen Betrachtung der mit Sodalösung behandelten Zellen war Miescher aufgefallen, dass deren Kerne durchscheinend geworden waren.

Sollte die unbekannte Substanz aus dem Zellkern stammen? Um diese Frage beantworten zu können, war es nötig, Zellkerne von den übrigen Zellbestandteilen zu trennen. Eine solche Trennung hatte bisher noch kein Forscher ausgeführt. Aber Miescher hatte sich entschlossen, den Versuch zu wagen. Konnte er doch auf eine neue Entdeckung hoffen, da doch fast nichts über die chemische Beschaffenheit des Zellkerns bekannt war. Vielleicht war es sogar möglich, bei dieser Arbeit das Geheimnis über die Funktion des Zellkerns zu enthüllen. Dass der Kern eine wichtige Rolle bei der Zellteilung spielen musste, war offensichtlich, denn Zellen ohne Kern, wie die roten Blutkörperchen des Menschen, teilten sich im Gegensatz zu den kernhaltigen roten Blutkörperchen von Vögeln nicht. Ernst Haeckel spekulierte in seiner „Generellen Morphologie" sogar darüber, dass im Zellkern die stoffliche Grundlage für die Vererbung zu suchen sei.

Von seinen schon in Basel ausgeführten histologischen Studien wusste Miescher, dass langes Einwirken von verdünnter Salzsäure auf Zellen das Protoplasma langsam verschwinden lässt, der Zellkern aber augenscheinlich nicht verändert wird. Es sollte also möglich sein, durch Behandlung der Eiterzellen mit Salzsäure deren Kerne zu isolieren.

Ein Vorhaben mit dem er nun schon seit Wochen beschäftigt war. Die mikroskopischen Untersuchungen zeigten zwar, dass das Protoplasma der Zellen durch verdünnte Salzsäure angegriffen wurde, doch geschah das sehr langsam. Bei den Chemikern in Streckers Laboratorium hatte Miescher gelernt, dass der Ablauf einer chemischen Reaktion durch Erhöhung von Konzentration und Temperatur beschleunigt werden kann. Doch beide Maßnahmen führten hier nicht zum Ziel. Zu hohe Salzsäurekonzentrationen zerstörten, wie die mikroskopische Kontrolle zeigte, auch die Struktur des Zellkerns und bei höheren Temperaturen gingen die Zellsuspensionen in Fäulnis über. Um das zu verhindern, musste er die salzsauren Zellsuspensionen sogar in einem kalten Raum aufbewahren. Zum Glück war es Winter!

Die ständige mikroskopische Kontrolle der Arbeit zeigte zwar, dass die Einwirkung der Säure und der häufige Austausch der Salzsäurelösung Wirkung zeigten, aber neben anscheinend freien Kernen befanden sich in den Suspensionen noch viele Kerne mit noch anhaftenden Protoplasmaresten und auch noch nur wenig angegriffene Zellen. Wenn er aber nachweisen wollte, ob die unbekannte Substanz aus den Zellkernen stammte, brauchte er saubere Zellkerne. Gab es eine Möglichkeit, die freien Zellkerne aus dem Gemisch abzutrennen?

Eine solche Trennmethode fand er, als er das Gemisch in Wasser aufnahm und mit Schwefeläther (Diethylether) schüttelte. Bei dem Trennen der Phasen sammelten sich die noch teilweise intakten Zellen und die von anhaftendem Protoplasma verunreinigten Kerne an der Grenze von Wasser und Ether. Saubere Kerne setzten sich hingegen am Boden ab. Miescher untersuchte sie unter dem Mikroskop und stellte fest, dass es ihm gelungen war, vollkommen reine unbeschädigte Zellkerne zu isolieren. Und aus diesen Kernen erhielt er mit verdünnter Natronlauge die Lösung einer Substanz, die er mit Säuren als flockigen Niederschlag ausfällen konnte. Und diese ausgefällte Substanz verhielt sich gegenüber Wasser, Kochsalzlösungen, verdünnten Säuren und Basen genauso wie die unbekannte Substanz, die er aus den vollständigen Zellen gewonnen hatte. Er hatte damit eindeutig nachgewiesen, dass diese Substanz aus den Zellkernen stammte.

Ein Erfolg, aber der junge Forscher wollte mehr. Als nächstes ging es ihm darum, die exakte Summenformel, die elementare Zusammensetzung, der unbekannten Substanz zu ermitteln. War dies doch die Voraussetzung zu Erkenntnissen über die Molekülstruktur.

Doch für die Methoden der Elementaranalyse waren größere Mengen an Untersuchungsmaterial erforderlich, als er mit der langwierigen Salzsäurebehandlung gewinnen könnte. Er fragte sich daher, ob nach dem Nachweis, dass die unbekannte Substanz aus den Zellkernen stammte, deren Isolierung überhaupt noch nötig wäre. Könnte es nicht viel einfacher sein, aus größeren Zellmengen den Stoff mit basischen Lösungen zu extrahieren und dann zu reinigen?

Doch dieser Versuch misslang. In den Extrakten befanden sich zu viele Substanzen und für die Trennung eiweißartiger Naturstoffe kannte die Chemie 1869 noch keine Methode. Aufgeben? Sich mit dem Erreichten begnügen?

Die Anregung zu einem neuen Weg zur Isolierung der Zellkerne fand Friedrich Miescher in einem erst 1868 erschienenen Handbuch der physiologischen Chemie. Er fand den Hinweis, dass durch das im Magensaft enthaltene Pepsin die Membranen und das Protoplasma tierischer Zellen schnell aufgelöst werden, die Zellkerne aber zurück bleiben.

Miescher machte sich unverzüglich an die Arbeit, besorgte frische Schweinemägen und extrahierte mit verdünnter Salzsäure daraus das verdauende Pepsin. Nach etlichen Versuchen fand er eine effektive Methode, um größere Mengen reiner Zellkerne zu gewinnen.

Nach der Reinigung der Eiterzellen mittels Glaubersalzlösungen wusch Miescher die Zellen mehrmals mit warmem Alkohol, um Fette zu entfernen. Anschließend ließ er die aus Schweinemägen gewonnene pepsinhaltige Lösung bei einer Temperatur zwischen 30° und 40°C auf die Zellen einwirken. Bereits nach einigen Stunden trennte sich ein feinpulveriger Bodensatz von einer darüber befindlichen gelben Flüssigkeit ab. Nach zweimaligem Austausch der gebrauchten durch frische Pepsinlösung bildete sich ein Niederschlag aus Zellkernen, denen kein Zellplasma anhaftete. Nach weiteren Wäschen mit Schwefeläther und Wasser erhielt Miescher größere Mengen sehr reiner Zellkerne für die Gewinnung der unbekannten Kernsubstanz, der er den Namen „Nuclein" gab. Die ganze Prozedur dauerte gerade knapp 24 Stunden, einen Tag, und nicht Wochen, wie bei der Salzsäuremethode.

Nun konnte Miescher durch auslaugen der Zellkerne mit verdünnter Sodalösung und ausfällen mit verdünnter Essig – oder Salzsäure eine ausreichende Menge an Nuclein für erste chemische Untersuchungen herstellen. Und diese Untersuchungen ergaben ein überraschendes Ergebnis - das Nuclein enthielt einen überraschend hohen Anteil an Phosphor. Dieses für Eiweißstoffe völlig untypische Ergebnis, das sich bei Wiederholung der Analysen immer wieder bestätigte, bestärkte den jungen Forscher in der Annahme, mit dem Nuclein eine neue Stoffklasse gefunden zu haben. Doch er kam in Tübingen nicht mehr dazu, seine Vermutung durch eine vollständige Elementaranalyse zu erhärten.

Die Zeit, die er für die Weiterbildung bei Hoppe – Seyler vorgesehen hatte, war allzu schnell vergangen und für das kommende Wintersemester hatte er sich bereits bei Professor Carl Ludwig in Leipzig angemeldet. um auch Erfahrungen auf dessen Forschungsgebiet, der Kreislauf – und Nervenphysiologie, zu sammeln.

Aber er konnte sich wenig für seine neue Aufgabe, die Untersuchung der Nervenbahnen des Rückenmarks, begeistern, seine Gedanken waren noch bei seiner Tübinger Entdeckung. Voller Stolz darüber erarbeitete er in seiner Freizeit aus seinen Protokollen seine erste Publikation. Am Tag vor Heilig Abend war er damit fertig und schrieb an seine Eltern, dass auf seinem Tisch ein versiegeltes und adressiertes Paket liege, sein Manuskript bereit zum Versand nach Tübingen zu Hoppe-Seyler.

Doch die Arbeit wurde zunächst nicht veröffentlicht. Einige schüchterne Anfragen Mieschers bei Hoppe – Seyler blieben ergebnislos.

Dann im Juli 1970 die Kriegserklärung Frankreichs an Preußen und Miescher, der in die Schweizer Heimat zurückgekehrt war, erfuhr, dass auch Hoppe-Seyler als Arzt ins Feld gezogen war. Also warten! Es war aber nicht der Krieg, der die Veröffentlichung von Mieschers Arbeit verzögerte.

Der eigentliche Grund war, dass Hoppe – Seyler den Ergebnissen von Mieschers Forschung sehr skeptisch gegenüberstand und

den Ruf seines Laboratoriums nicht wegen eines jungen Heißsporns gefährden wollte. Hatten sich doch bisher alle Berichte über
Eiweißstoffe mit hohem Phosphorgehalt als falsch herausgestellt.
Hoppe- Seyler sah sich daher gezwungen, die Ergebnisse Mieschers vor ihrer Veröffentlichung durch eigene Untersuchungen
zu überprüfen.

Hoppe – Seyler selbst arbeitete dazu an der Gewinnung von Nuclein aus Hefezellen, seinen ungarischen Schüler Pal Plósz beauf-
tragte er, die Kerne roter Blutkörperchen von Schlangen und Vögeln auf die Anwesenheit von Nuclein hin zu untersuchen.

Erst als beide Untersuchungen Mieschers Ergebnisse bestätigten, gab Hopppe - Seyler die Arbeit Mieschers zum Druck frei. Sie
erschien im Frühjahr 1871 in der von Hoppe – Seyler herausgege-
benen Zeitschrift „ Medicinisch – Chemische Untersuchungen"
unter dem Titel „Über die chemische Zusammensetzung der Eiterzellen".

In diesem neunzehnseitigen Artikel hatte Miescher den Ausblick gewagt, dass es wahrscheinlich sei, dass eine ganze Familie
solcher phosphorhaltigen Verbindungen existiere und vielleicht als
Gruppe der Nucleinverbindungen den Eiweißkörpern gleichberechtigt gegenübergestellt werden könne. Und, er wolle, um diesen
Verdacht zu erhärten, in Kürze über weitere Versuche an anders-
artigen Geweben berichten. Doch hinsichtlich neuer Versuche
blieb es zunächst beim wollen, denn in die Heimat zurückgekehrt
musste er erst seine Zukunft als Forscher und Hochschullehrer sichern. Zunächst arbeitete er an einer Veröffentlichung über die
Physiologie der Atmung, mit der er sich habilitierte. Aber auch die
schon 1872 folgende Berufung zum Professor für Physiologie in
Basel ermöglichte zunächst keine ausgiebige Forschung, da ihm
kein eigenes Laboratorium zur Verfügung stand.

Trotz dieser Schwierigkeiten gelang es ihm, das entdeckte Nuclein im Sperma von Fisch, Frosch und Stier nachzuweisen. Es
zeigte sich, dass die Isolierung von Nuclein aus dem Sperma be-

sonders leicht gelingt, denn die Zellkörper der unzähligen Spermien besteht nur zu einem geringen Teil aus Protoplasma und der Spermienkopf wird fast ausschließlich vom Zellkern gebildet. Als besonders reiche Quelle zur Gewinnung von Nuclein erwies sich die „Milch", das Sperma, von bei Basel gefangenen Rheinlachsen.

Bei der chemischen Untersuchung dieses Nucleins gelang Miesscher die Auftrennung in eine Eiweißkomponente und in einen eiweißfreien Rest. Diesen Rest konnte er als mehrbasige Säure mit der Summenformel $C_{29}H_{49}N_9P_3O_{22}$ charakterisieren. Diese Ergebnisse veröffentlichte Miescher in den Abhandlungen der Baseler Naturforschenden Gesellschaft.

Obwohl im folgenden Jahr 1875 die große Bedeutung des Zellkerns für Fortpflanzung und Vererbung durch Oscar Hertwigs Entdeckung, dass der Befruchtungsprozess in einer Verschmelzung der Kerne von Ei – und Samenzelle besteht, deutlich wurde, setzte Miescher die chemische Erforschung des Nucleins nicht fort.

Er wandte sich stattdessen anderen Forschungsaufgaben zu. So der Erforschung von Lebensgeschichte und Stoffwechsel des Lachses. Dabei interessierte ihn besonders die Bildung des nukleinreichen Spermas des männlichen Fisches während seiner Wanderung flussaufwärts. Offensichtlich wollte er versuchen, auf diesem Weg etwas über die Funktion der von ihm entdeckten Kernsubstanz in Erfahrung zu bringen. Sah er doch keinen Weg, durch rein chemische Forschungen etwas über die Funktion des Nucleins in der lebenden Zelle zu erfahren.

Der Tanz der Chromosomen

Das wäre geschafft. Zum Schluss noch ein Aufruf an die akademische Jugend, der war wichtig, ein Aufruf zur Mitarbeit an der Suche nach den noch unentdeckten Geheimnissen von Zelle und Zellkern und noch „Kiel, um Mitte Oktober 1882, Walther Flemming" darunter gesetzt, dann war das Vorwort zu seinem Buch „Zellsubstanz, Kern – und Zellteilung" fertig.

Der Anatomieprofessor lehnte sich zurück. Die Korrektur war gelesen, sobald auch noch das Vorwort beim Verlag in Leipzig eintreffen würde, könnte mit dem Druck begonnen werden.

Zu diesem Buch hatte er sich entschlossen, weil in den letzten acht Jahren eine Fülle neuer Erkenntnisse über Bau und Teilung der Zellen publiziert worden war, ohne dass dieses neue Wissen Eingang in die Lehrbücher gefunden hatte. In diesem kurzen Zeitraum mussten um die zweihundert Arbeiten von fast hundert Autoren in den verschiedensten Zeitschriften erschienen sein. Eine Zusammenfassung von einem, der selbst entscheidende Beiträge geleistet hatte, war also geboten, schon um jungen Wissenschaftlern den Einstieg in dieses hoch aktuelle Forschungsfeld zu ermöglichen. Gerade aus diesem Grunde hatte er sich bemüht, die Ausführungen möglichst anschaulich auszudrücken und beim Verleger eine Vielzahl von Abbildungen durchzusetzen.

Er kramte im Schreibtisch, um einige der dazu angefertigten Zeichnungen zu finden.

Da viel eine alte Zeitung heraus. Sie war zwei Jahre alt. Er hatte sie aufgehoben, weil darin über die Eröffnung des neuen Anhalterbahnhofs in Berlin berichtet wurde. Am 15. Juni 1880 war der Bahnhof von Kaiser Wilhelm I und Bismarck feierlich eröffnet worden. Doch nicht wegen deren markiger Reden im zehnten Jahr nach Sedan hatte er die Zeitung aufgehoben. Aufbewahrt hatte er sie, weil er mit Heinrich Seidel, dem Konstrukteur der gewaltigen Bahnhofshalle, nicht nur einige Jahre lang im Schweriner Gymnasium die Schulbank gedrückt hatte, sondern auch mit Heinrich zusammen manches Jugendabenteuer zu Wasser und zu Lande bestanden hatte. Ihre Bootsexpeditionen zu den einsamen dichtbewaldeten Inseln im großen heimatlichen See hatten ihm zuerst Schauer und Freude des Entdeckers unberührter Natur erleben lassen. Sie waren damals gute Freunde geworden - Walther, der Sohn eines bekannten Psychiaters und bekennenden Atheisten, und der Pastorensohn Heinrich. Und ihre Freundschaft hielt bis heute.

In dem Zeitungsartikel war der Architekt, Regierungsbaumeister Franz Schwechten, an erster Stelle genannt, doch was war dessen Fassade im Neo- Renaissancestil gegen Heinrichs mächtige Halle. 34 m hoch, 62 m breit und 160m lang überspannte sie ohne jegliche Unterstützung einen lichtdurchfluteten Raum mit sieben Eisenbahngleisen. Wurde da nicht der „wahre Geist der allerneuesten Zeit", wie es in Heinrichs „Ingenieurlied" heißt, sichtbar?

Und waren die Ingenieure, denen „nichts zu schwer" ist mit ihrer Hingabe an den Fortschritt, mit ihrem Können nicht zu den wahren Künstlern der neuen Zeit geworden? Mit dem kühnen Schwung ihrer Konstruktionen schufen sie Bauwerke, die den Geist der industriellen Zeit atmeten, während die Architekten mit Gotik, Renaissance und Barock, Baustilen der Vergangenheit, das gerade mal zehn Jahre alte neue Kaiserreich in der Geschichte zu verankern suchten.

Ob sich Heinrich vorstellen kann, dachte der Professor, dass ich ihn oft beneidet habe? Immer, wenn es bei meinen Forschungen nicht voran ging, wenn ich das, was mir der Blick durch das Mikroskop offenbarte, nicht verstehen konnte, dann dachte ich, der Seidel hat es besser, für ihn sind die Gesetze der Natur klare Relationen in der Sprache der Mathematik. Er braucht nicht, ja er darf nicht rätseln und spekulieren, wenn er seine kühnen Konstruktionen schafft. Und zum Ausgleich ist dieser Seidel auch noch ein Dichter, der Schöpfer launiger Geschichten und wunderschöner Märchen.

Heinrich, kannst du dir vorstellen, dass es dem Professor Flemming bei der Untersuchung der zartesten und feinsten Strukturen des Lebendigen so ergeht, wie deinen naseweisen Sonntagskindern, die durch einen Spalt im Baum einen Blick in ein Zauberland erhaschen oder an einem einsamen Waldsee einen Elfenreigen belauschen. Wie die Geschöpfe deiner Märchen versteht der Drömling Flemming nicht, was vor seinen Augen geschieht, wenn er mit den modernsten Mikroskopen das Leben der Zelle zu belauschen versucht.

Da schwimmt im Gesichtsfeld des Mikroskops ein Bläschen, eine lebende Zelle. Im Mittelpunkt dieser Zelle erblickt man ein von einer dünnen Membran umhülltes rundliches Gebilde - den Zellkern. Und im Kern das glänzende runde Kernkörperchen. Schaut man genauer hin und benutzt zusätzlich ein Färbemittel, ist im Zellkern undeutlich noch eine feine Netzstruktur zu erkennen.

Für den Ungeduldigen ist es hier mit der Erkenntnis zu Ende. Dem Geduldigen offenbart sich aber etwas Wunderbares.

Irgendwann beginnt, die Zelle runder praller und glänzender zu werden. Der Kern vergrößert sich und in seinem Innern wird langsam ein Fadenknäuel erkennbar. Dicht gewunden, dass weder Anfang noch Ende erkennbar sind, bewegt sich dieses Fadengewirr langsam und tritt dabei immer deutlicher hervor. Und indem sich die Fadenschleifen verdicken und zugleich verkürzen, entsteht aus dem dicht gewundenen Knäuel ein immer loser gewundenes Körbchen, das sich in einzelne gebogene und geknickte Fäden in U – oder V - Form auflöst. Diese Kernschleifen ordnen sich nun zu einer Sternform, wobei sich die Schleifenwinkel nach dem Zentrum der Zelle ausrichten. Und dieser Stern wird langsam feinstrahliger und zierlicher, denn jeder der ihn bildenden Fäden trennt sich nun der Länge nach in zwei parallele Fäden.

Während der Beobachter gebannt die Bewegungen und Veränderungen der Kernschleifen verfolgt hat, hat er ganz übersehen, dass auch mit der Zelle Veränderungen erfolgt sind. Erstaunt stellt er fest, dass Kernhülle und Kernkörperchen verschwunden sind und sich zwischen den Polen der Zelle eine Spindel aus feinen Fäden gebildet hat.

Durch langsame rhythmische Bewegungen der Sternform kündigt sich nun eine Umordnung an. Es folgen Versuche einzelner Kernschleifen, in die Äquatorebene der Zelle zu gelangen. Zunächst wandern sie aber wieder in die Sternform zurück. Aber die Bewegung zum Äquator hin erfasst immer mehr Kernschleifen und nach einem wirren Figurenbild ordnen sich schließlich alle in der Ebene des Zelläquators. Jetzt ist deutlich zu erkennen, dass sich die Kernschleifen längst gespalten und ihre Zahl verdoppelt haben.

Nun tritt die Spindel in Aktion. Ihre Fäden verkürzen sich und ziehen die Kernschleifen zu den gegenüberliegenden Polen auseinander. Es bilden sich zwei Gruppen von Kernschleifen, die sich an einander gegenüber liegenden Seiten der Zelle zur Sternform ordnen. Nun geschieht auf beiden Seiten alles in umgekehrter Reihenfolge: die Sternform verdichtet sich zum Knäuel, es bilden sich wieder Kernhülle und Kernkörperchen und bald ist von den Kernschleifen nichts mehr zu sehen. Und dort, wo vorher der Äquator der Zelle war, hat sich eine neue Zellmembran gebildet. Die Mutterzelle hat sich geteilt und zwei Tochterzellen gebildet.

Mein lieber Heinrich, dachte Flemming, wenn du mich jetzt hören könntest und ich dir verriete, dass ich Beobachtungen an ganz besonderen Zellen – an Zellen von Feuersalamandern gemacht habe, müsstest du nicht glauben, der alte Flemming hat das Lager gewechselt, sucht eine mystische Verbindung zu Feuer und Unterwelt. Aber sei beruhigt, ich bin der Sohn meines Vaters, eines bekennenden Freigeistes, geblieben. Und der hat sich nie in eine transzendente Welt geflüchtet. Nie hat er die Patienten in seiner Klinik Irre genannt, sondern Kranke, deren Gehirn nicht aber deren Seele erkrankt ist. Und das schon vor fünfzig Jahren. Und die neuste Forschung gibt ihm Recht. Nein, Heinrich, ich habe keine Sorge, dass wir nicht früher oder später das Geheimnis der Kernteilung verstehen werden. Ich bin nur ungeduldig. Da bahnt sich in

Berlin ein Streit an. Virchow führt alle Krankheiten auf Erkrankungen von Körperzellen zurück und Koch sagt: Alles Quatsch, kleine Lebewesen, Bakterien, sind die Ursache. Ein Streit, der sich in der Erkenntnis auflösen könnte, dass Bakterien Zellen krank machen. Aber dazu müsste man wissen, was passiert, wenn Zellen krank werden, müsste man mehr über das Leben der Zellen wissen und ihre Teilung, den Tanz der Kernschleifen, verstehen.

Der Zoologe Anton Schneider in Gießen war der erste Mensch, dem ein Blick in dieses geheimnisvolle Geschehen gelungen war. Er hatte am befruchteten Ei eines Plattwurms beobachtet, dass sich der Kern in einen Haufen feinlockig gekrümmter Fäden auflöste und diese Fäden eine Reihe von Kernteilungsfiguren durchliefen. Das war 1873.

Flemming erinnerte sich, dass er in eben jenem Jahr, ohne von der Entdeckung des Gießener Professors zu wissen, erste eigene tastende Untersuchungen zur Zellteilung unternommen hatte. Damals noch Dozent in Prag hatte er in den Sommerferien die Ruhe eines Aufenthaltes bei den Eltern in Schwerin für diese Arbeiten genutzt, war auf den See hinaus gerudert und hatte in Ufernähe die Muscheln für seine Untersuchungen gesammelt. An der Verfolgung der Teilung von befruchteten Eiern dieser Tiere hatte er mit seiner damaligen technischen Ausrüstung die Kernteilungsfiguren noch nicht sehen können. Die Hauptschwierigkeit bestand darin, dass die Bestandteile der Zelle nur geringe Unterschiede in ihrer Lichtdurchlässigkeit aufweisen; also kaum erkennbar sind und der Ausweg, die Untersuchung fixierter und angefärbter Präparate, nur Momentaufnahmen eines dynamischen Vorganges liefert.

Eine intensive Weiterverfolgung dieser Forschung war aber in Prag zunächst nicht möglich gewesen. Dort hatten den Dreißigjährigen die Ernennung zum außerordentlichen Professor für Histologie und Entwicklungsgeschichte und eine damit verbundene Fülle an Arbeit erwartet. Aber immerhin hatte er gefunden, dass Remaks

Annahme, dass sich der Zellkern bei der Teilung in der Mitte einfach durchschnürt, mindestens für Schnecken nicht richtig war.

Mit der Forschung zur Zellteilung hatte er erst richtig loslegen können, nachdem er 1876 der Berufung zum Anatomieprofessor hierher nach Kiel gefolgt war. Besonders die Sommerferien 1877 hatte er zu anstrengender aber auch erfolgreicher Arbeit genutzt. Während etliche seiner Kollegen Segelausflüge auf Förde und Ostsee genossen, hatte er am Mikroskop gesessen, feine Gewebsschnitte angefertigt und Färbemethoden erprobt.

Dass er nicht ganz menschenscheu geworden war, hatte er seiner Vermieterin Charlotte Hegewisch zu verdanken. Im Salon dieser selbstbewussten in Politik, Wissenschaft und Kunst bewanderten Dame traf sich die Kieler „ bessere Gesellschaft". Für Walther Flemming eine willkommene Ablenkung, wenn für ihn auch die Stunden einsamer Forschung aufregender, als das Zusammentreffen mit vielen durchaus interessanten Menschen waren. Es waren neue wissenschaftliche Entdeckungen, die damals Flemmings Interesse befeuert hatten. Eduard Strasburger und Otto Büschtli hatten die schon von Schneider entdeckten eigenartigen Phänomene bei der Zellteilung ausführlich beschrieben. Auch sie ohne Kenntnis der Arbeit von Schneider, die in den wenig verbreiteten Jahrbüchern der Oberhessischen Gesellschaft für Natur- und Heilkunde erschienen war.

Flemming war es schnell gelungen, den Vorgang der Zellteilung in seinen aufeinander folgenden Stadien richtig zu erkennen. Zu diesem Erfolg hatte wesentlich beigetragen, dass er in den großen Zellen der Salamanderlarve mit großem Zellkern ein für seine Forschungen vorzüglich geeignetes Objekt gefunden hatte. Als er mit seinen Untersuchungen begann, hatte er versucht, die wegen ihrer Größe für Lebenduntersuchungen geeigneten Zellen des Salamanders durch Fremdkörper zur Zellteilung anzuregen. Doch ohne Erfolg. Als besser geeignet hatten sich dann die Zellen der jungen wachsenden Gewebe der Salamanderlarve erwiesen. Besonders die Hautgewebe, aber auch Knorpel und Bindegewebe, die dünnen Kiemenblätter und die Haut der Schwanzflosse erlaubten die stundenlange aufregende Beobachtung von Vorgängen, die noch kein Mensch vor ihm in der gleichen Klarheit erblickt hatte. Hatte die Verfolgung der Vorgänge in der lebenden Zelle das Erkennen der genauen Aufeinanderfolge ermöglicht, so hatten an fixierten und gefärbten Zellen die feinen Details der einzelnen Stadien genauer untersucht werden können.

Flemming erinnerte sich wie viel fehlgeschlagener Färbe– und Fixierversuche es bedurft hatte, wie viel „Sitzfleisch" nötig gewesen war, bis er es zu jener Fertigkeit gebracht hatte, die von Schülern und Kollegen als meisterlich bezeichnet wurde.

Diese geglückte Kombination von Verfolgung der Vorgänge in der lebenden Zelle und der Beobachtung der fixierten und gefärbten Zelle hatten es Flemming ermöglicht, die Vorgänge der Veränderung und Umwandlung des Kerns bei der Zellteilung auch hinsichtlich der feineren Details aufzuklären. Schon am 1. August 1878 hatte er vor dem Kieler Physiologischen Verein eine erste Darstellung seiner Erkenntnisse vorgestellt. Bereits damals konnte er über die von ihm entdeckte Längsteilung der Kernschleifen berichten.

Es waren drei umfangreiche Veröffentlichungen gefolgt und jetzt stand sein Buch über die neusten Erkenntnisse vor dem Erscheinen.

Und Walther Flemming blätterte jetzt in dem inzwischen gefundenen Stapel von Zeichnungen für sein Buch. Eine Abfolge von Momenten eines Geschehens, das seit Jahrmillionen in jedem Augenblick millionenfach in den Geweben von Tieren und Pflanzen im Verborgenen abläuft. Forscher, zu denen er gehörte, hatten dieses Geheimnis der Natur für die Menschheit ins Licht der Wissenschaft ziehen können. Er hatte diesem Vorgang, der inzwischen bei der Teilung der verschiedenartigsten Tier– und Pflanzenzellen, ja sogar an Menschenzellen beobachtet worden war, den Namen „Mitose" gegeben. Die Phasen und die Reihenfolge ihres Ablaufs hatten erkannt werden können. Doch Ursache, Zweck und Ziel der Kernteilung blieben ein Geheimnis.

Vor vierundvierzig Jahren war die Zelle durch Schleiden als elementarer Baustein der Organismen erkannt worden. Vor neunundvierzig Jahren hatte Brown den Zellkern entdeckt. Aber noch heute waren die Lebenstätigkeit der Zelle und die Rolle des Zellkerns dabei ein tiefes Rätsel.

Mit immer besseren Mikroskopen hatte erkannt werden können, dass der Zellkern aus einem Kerngerüst, Kernkörperchen, Kernsaft und einer Kernmembran besteht. Das Kerngerüst, ein unter dem Mikroskop schlecht erkennbares Netzwerk, war anscheinend aus einer leicht färbbaren, chromatischen Substanz und einer gegenüber den bekannten Farbstoffen resistenten, achromatischen Substanz zusammengesetzt. Beim Eintritt in die Mitose, bei der Knäuelbildung kam es wahrscheinlich zu einer Trennung der beiden Substanzen. Jedenfalls ließ sich mit dieser Annahme erklären, warum das sich bildende Fadenknäuel und später die Kernschleifen gegenüber dem Kerngerüst so gut färbbar waren.

Er hatte der chromatischen Substanz den Namen „Chromatin" gegeben und es war gut möglich, dass das Chromatin mit dem von Friedrich Miescher entdeckten Nuclein identisch war. Doch die Lösung dieses chemischen Problems war nicht seine Sache. Wenn er auch als Student Vorlesungen bei dem berühmten Chemiker Friedrich Wöhler gehört hatte, war er in der Chemie ein Laie, der nicht hoffen durfte, mit der Chemie einen Weg zur Klärung dieses Problems zu finden.

Doch auch für das Rätsel um die Kernteilungsfiguren hatte er, hatte die Wissenschaft noch keine Erklärung gefunden. Gab es eine wissenschaftliche Lehre, die eine tragfähige Brücke zu diesem Phänomen des Lebens bilden könnte? Die Theorie Darwins, der im März gestorben war, wurde inzwischen zur Erklärung vielfältiger Phänomene in der belebten Natur herangezogen. Haeckel in Jena hatte sich auf diese Lehre berufend die Vorstellung entwickelt, dass jeder Organismus das Produkt aus ererbten Eigenschaften und Anpassung an die Außenwelt sei. Und da die wesentlichen Bestandteile von Zellen -Zell- oder Protoplasma und Kern wären, müssten diese für die Vererbung und Anpassung zuständig sein, der Kern für die Vererbung und das Protoplasma für die Anpassung. Solch spekulative Annahmen ohne eindeutigen Beweis waren nicht Flemmings Sache.

Hätten doch er und andere Forscher, wären sie nicht von einer spekulativen Theorie beeinflusst gewesen, schon früher zu der Erkenntnis kommen können, dass sich der Kern bei der Zellteilung nicht im Protoplasma auflöst, sondern eine Metamorphose mit Bildung von Tochterkernen durchmacht.

Dass zunächst die beobachteten Phasen dieser Metamorphose als Phasen der Auflösung angesehen worden waren, lag weniger an der zu geringen Leistung der damals verwendeten Mikroskope als vielmehr daran, dass die Beobachtungen im Lichte von Haeckels Theorie gesehen worden waren.

Nach dem von Haeckel formulierten „Biogenetischen Grundgesetz" sollte die Entwicklung eines Lebewesens, die Ontogenese, eine kurze und schnelle Wiederholung der Stammesgeschichte, Phylogenese, sein. Und da das Leben nach Haeckel mit einem kernlosen Protoplasmaklumpen begonnen haben sollte, war zu einer Wiederholung der Stammesgeschichte die Rückverwandlung zumindest der Eizelle in einen solchen Eiweißklumpen erforderlich.

Hinsichtlich dieser These war Haeckels Theorie widerlegt worden, Recht behalten könnte er aber mit der zunächst rein spekulativen Behauptung, dass der Zellkern eine wichtige Rolle bei der Vererbung spiele.

Es war Oscar Hertwig, ein Schüler von Ernst Haeckel, dem 1875 der Nachweis gelang, dass der Vorgang der Befruchtung darin besteht, dass sich der Kern einer Eizelle mit einem aus dem Kopf eines Spermatozoon stammenden Spermakern zu einem neuen Zellkern vereinigt.

Diese Entdeckung war Oscar Hertwig während einer Mittelmeerreise, die er zusammen mit seinem Bruder Richard und Ernst Haeckel unternommen hatte, zunächst beim Studium des Befruchtungsvorganges beim Seeigel gelungen. Bald hatte er das gleiche Geschehen auch bei anderen Tieren nachweisen können. Dass die Befruchtung auch bei Pflanzen in gleicher Weise erfolgt, hatte dann Eduard Strasburger beobachten können. Von der Richtigkeit dieser Entdeckungen hatte sich im vergangenen Jahr auch Flemming während seines Aufenthaltes in der Zoologischen Station Neapel bei der Forschung an Seeigeleiern überzeugen können.

Mit dieser Erkenntnis über den Befruchtungsvorgang und mit dem neuen Wissen über die Mitose stand also fest, es gab zumindest bei Tieren und Pflanzen eine über die Generationen hinausreichende ununterbrochene Folge von Zellkernen, die auseinander hervorgehen. Flemming schmunzelte. Er hatte diese Tatsache auf die griffige Formel gebracht: „ omnis nucleus e nucleo". Und diese Formel hatte sich in der Fachwelt durchgesetzt.

Trotz vieler ungelöster Probleme, deutete doch einiges darauf hin, dass der Zellkern und seine Teilung bei der Vererbung eine Rolle spielten. Wenn aber bei Tieren und Pflanzen die Entwicklung eines jeden neuen Lebewesens mit der Vereinigung, der Verschmelzung von einem mütterlichen mit einem väterlichen Zellkern beginnt, warum erfolgt dann die Teilung des Kerns bei allen danach erfolgenden Kernteilungen auf so komplizierte Weise? Welche Experimente waren nötig, dieses Rätsel zu lösen? Könnten Chemie und Physik zur Lösung beitragen? Würde das Geheimnis erst im kommenden Jahrhundert gelüftet? Flemming hoffte, dass er des Rätsels Lösung noch erleben könnte, würde er doch im kommenden Jahr erst seinen vierzigsten Geburtstag feiern.

Flemming durfte hoffen. Schon im folgenden Jahr 1883 versuchte der dreiunddreißigjährige Forscher Wilhelm Roux in seiner Abhandlung „Über die Bedeutung der Kernteilungsfiguren", die Frage zu beantworten. Roux hatte sich drei Jahre zuvor in Breslau mit einer Arbeit habilitiert, in der er die Leistungsfähigkeit von

Prinzipien der Evolutionstheorie zur Erklärung von Zweckmäßigkeiten in tierischen Organismen untersucht hatte.

Nun versuchte er, diese Prinzipien zur Deutung der Kernteilungsfiguren anzuwenden. Und fragte zunächst, ob der verwickelte Vorgang der Kernteilung im Verlauf der Evolution hätte entstehen und bestehen können, wenn er nur der gleichmäßigen Verteilung des Chromatins der Kernsubstanz auf zwei Töchterkerne diene. Er kam zu dem Schluss, dass für diesen Zweck das Formenspiel der Mitose gegenüber der Zeit und Kraft sparenden direkten Teilung des Kerns keinen Selektionsvorteil besäße. Es müsse also für die Mitose neben der Teilung ein wichtigerer biologischer Grund bestehen.

Und dieser Grund könne darin bestehen, dass das Chromatin des Kerns nicht homogen wäre, sondern aus einer Vielzahl unterschiedlicher in sich homogener Chromatinkügelchen bestünde. Mit dieser Annahme bestünde nun die Aufgabe der Mitose darin, das Chromatin so zu teilen, dass jedes Kügelchen in beiden Tochterkernen vertreten sei. Und dies könne dadurch erreicht werden, dass alle Kügelchen wie Perlen auf einer Schnur aufgereiht wären und diese Schnur dann samt den darauf befindlichen Kugeln längst geteilt würden.

Nun wäre es notwendig, dass jede der nun neben einander liegenden Reihen von Chromatinkugeln zu einem anderen Pol der Zelle wandere, um eine gleiche Verteilung der Kernsubstanz auf beide Tochterkerne hinsichtlich Masse und Qualität zu erreichen.

Diese letzte Folgerung aus der kühnen Theorie von Roux war zu gleich ihre erste Bewährungsprobe. Walther Flemming hatte zwar die Längsteilung der Kernschleifen, die bald Chromosomen genannt werden sollten, entdeckt, aber ob jedes der aus dieser Teilung hervorgehenden Teile zu einem anderen Pol wandert, hatte er nicht beobachten können.

Im Jahr nach Roux´ Veröffentlichung waren es gleich drei Forscher, welche die vorhergesagte Aufteilung der Chromosomenhälften auf die Tochterzellkerne nachweisen konnten.

Da die Chromosomen in der Ruhephase zwischen den Kernteilungen nicht sichtbar waren, nahmen die meisten Zellforscher zunächst an, dass sie sich nach einer Kernteilung im neuen Kern auflösten und vor jeder neuen Teilung neu bildeten. Diese Neubildung sollte nach Flemming zunächst zu einem zusammenhängenden Faden führen, der im Verlauf der Mitose in gleiche Teile zerfällt. Diese beiden Annahmen wurden 1885 von dem jungen Österreicher Carl Rabl in Frage gestellt. Rabl hatte 1882 durch die Arbeiten von Strasburger und Flemming angeregt mit Untersuchungen zur Zellteilung begonnen. In seinem Bestreben etwas Neues zu entdecken, hatte er sich zu nächst um Verbesserungen in der Untersuchungsmethodik bemüht. So hatte er einen Objektträger konstruiert, der es gestattete, die in Teilung begriffene Zelle von beiden Seiten zu betrachten. Und zur Anfertigung der Zeichnungen nach dem mikroskopischen Bild benutzte er eine so genannte „Camera lucida", die es gestattete, das mikroskopische Objekt und das Zeichenblatt gleichzeitig zu sehen. Bei mit dieser technischen Unterstützung ausgeführten Untersuchungen war Rabel aufgefallen, dass bei verschiedenen Zellteilungen des gleichen Gewebes immer die gleiche Anzahl an Chromosomen zu beobachten war. Weiter hatte er bemerkt, dass schon zu Beginn des Knäuelstadiums kein zusammenhängender Faden, sondern ein typisches Muster einzelner Chromosomen zu erkennen war. Und dieses Anfangsmuster des Mutterkerns ähnelte so sehr dem Chromosomenmuster in den Tochterkernen, dass Rabl nicht an einen Zufall glauben mochte. Rabl schloss aus seinen Beobachtungen, dass für jedes Gewebe, vielleicht auch für jede Art eine konstante Anzahl von Chromosomen existiert und dass diese Chromosomen auch in der Ruhephase der Zelle vorhanden sein müssten.

Sowohl die Hypothese von Roux als auch für die Behauptungen von Rabl waren Folgerungen aus Beobachtungen, für die es an eindeutigen Beweisen fehlte. Daher wurden sie von der Fachwelt abwartend, bis ablehnend aufgenommen.

Einer der Wenigen, die sich gegenüber diesen neuen Ideen aufgeschlossen zeigten, war der Zoologieprofessor August Weismann in Freiburg.

Der 1834 in Frankfurt am Main geborene August Weismann hatte in Göttingen Medizin studiert. Die ersten Jahre nach Beendigung des Studiums waren durch den Widerspruch, zwischen seinem Interesse an naturwissenschaftlicher Forschung und der Notwendigkeit als Arzt seinen Lebensunterhalt zu verdienen, gekennzeichnet. Als Assistent in Rostock und München, als praktizierender Arzt in Frankfurt und als Militärarzt im Sardischen Krieg hatte er kaum Möglichkeiten zu eigenen Forschungsarbeiten gefunden.

Diese hatten sich erst geboten, nachdem er 1861 als Leibarzt in die Dienste von Erzherzog Stefan von Österreich getreten war. Der Erzherzog, der im Revolutionsjahr 1848 politisch zwischen alle Stühle geraten war, hatte seine ungarische Heimat verlassen und sich auf Schloss Schaumburg an der Lahn zurückgezogen. Hier auf diesem Schloss, einer seltsamen Mischung von Märchenschloss und englischem Herrensitz, hatte sich für Weismann, infolge geringer beruflicher Verpflichtungen, endlich die Muße zu eigener Forschungsarbeit geboten.

Und die Ergebnisse dieser Arbeiten zur Entwicklung der Insekten vom Ei zum fertigen Tier hatten die die Anerkennung der Fachwelt gefunden und Weismann den Weg zu einer akademischen Karriere gebahnt.

Doch schon im Jahr nach Habilitation und Beginn seiner Lehr– und Forschungstätigkeit an der Albert–Ludwigs–Universität zu Freiburg im Breisgau hatte ihn ein schwerer Schicksalsschlag getroffen; ein Augenleiden machte es ihm unmöglich, weiterhin mit Hilfe eines Mikroskops zu forschen.

Er war gezwungen worden, seine wissenschaftliche Arbeit auf die theoretische Durchdringung biologischer Fragen zu richten. Dazu hatte er begonnen, sich intensiv mit der Abstammungslehre

Darwins auseinanderzusetzen. Seit er noch auf Schloss Schaumburg Darwins „Die Entstehung der Arten" gelesen hatte, war er davon überzeugt, dass jeder weitere Fortschritt bei der Erforschung des Lebens im Lichte von Darwins Theorie erfolgen müsse. Aus der Auseinandersetzung mit dieser Theorie, zu deren Entwicklung er mit eigenen Arbeiten beigetragen hatte, war jetzt Anfang der 80iger Jahre die Erkenntnis gereift, dass der große Streit über die Gültigkeit von Darwins Lehre, nicht ohne ein Verständnis der Vererbung gelöst werden könne.

Entsprechend der Abstammungslehre hatte Weismann begonnen, dieses Problem historisch, von der Entwicklung her zu betrachten. Die einfachsten Lebewesen, aus denen sich alle komplexeren Formen entwickelt haben mussten, waren die Einzeller. Ihre Fortpflanzung und Vererbung musste auch die Urform von Fortpflanzung und Vererbung aller Lebewesen sein. Aus dem Verständnis dieser Urform sollte es möglich sein, die komplizierten Vorgänge bei Pflanzen, Tieren und Menschen zu verstehen. Und Fortpflanzung und damit Vererbung erfolgten bei den Einzellern durch Zellteilung.

Es war also nötig, sich mit diesem Vorgang zu beschäftigen, um Antworten auf die Fragen zur Weitergabe von Eigenschaften über Generationen hinweg zu finden. Hier trafen Weismanns Überlegungen auf die Entdeckungen der neueren Zellforschung, von denen Walther Flemming in seinem Buch berichtet hatte.

Da war zunächst die Frage: Was wird bei der Zellteilung geteilt und weitergegeben? War es ein Stoff oder ein Mechanismus komplizierter Molekülbewegungen?

Die Entdeckung von Oscar Hertwig, dass die Befruchtung in einer Vereinigung von väterlichen und mütterlichen Zellkernen bestand, sprach für etwas stoffliches, für eine Erbsubstanz. Und diese Erbsubstanz musste sich im Zellkern befinden. Wenn diese Annahme richtig war, und nichts sprach dagegen, musste durch den Mechanismus Kernteilung die Aufteilung der Erbsubstanz auf die Tochterzellen erfolgen. Die Kompliziertheit dieses Vorganges ließ sich entsprechend der Deutung durch Roux zwanglos dadurch erklären, dass es sich bei der Erbsubstanz ein komplexes Gemisch aus einzelnen Erbelementen handeln müsse. Einen weiteren wichtigen Hinweis auf die Anwesenheit der Erbsubstanz im Kern der Zelle fand Weismann in einer Veröffentlichung des belgischen Zytologen Edouard van Beneden.

Dieser Forscher hatte unter dem Mikroskop die Befruchtung der Eizellen des Pferdespulwurms, Ascaris bivalens, akribisch genau verfolgt. Erleichtert durch die Tatsache, dass die Geschlechtszellen dieses Parasiten nur je zwei Chromosomen besitzen, hatte van Beneden beobachten können, dass sich bei der Befruchtung die Inhalte von Ei - und Samenzelle nicht regellos ineinander vermischen, sondern dass sich die beiden Chromosomen der männlichen Keimzelle gegenüber den beiden weiblichen zu einem neuen Kern mit vier Chromosomen anordnen. Und bei der Teilung des so befruchteten Eis, der Zygote, hatte sich jedes dieser vier Chromosomen längs geteilt und jeder Tochterzelle den gleichen Anteil an mütterlichem und väterlichem Erbe zukommen lassen.

Eine im Kern vorhandene Erbsubstanz und ihre gleichmäßige Verteilung durch die Mitose auf die Kerne der neuen Tochterzellen, diese stoffliche Kontinuität konnte als plausible Erklärung für die Fortpflanzung und Vererbung von Einzellern dienen. Diese stoffliche Kontinuität sprach auch für Rabls These, dass die Chromosomen in der Ruhephase des Zellkerns erhalten blieben.

Viel wichtiger erschien Weismann aber die Beantwortung der Frage: Wie sich die an Einzellern und einfache Kern- und Zellteilungen gewonnenen Einsichten auf Fortpflanzung und Vererbung von Mehrzelligen übertragen ließen?

Mit der Fortpflanzung der Einzeller hatte sich Weismann schon vor einigen Jahren befasst. Damals hatte er sich mit den Ursachen der großen Unterschiede in der Lebensdauer verschiedener Tiere beschäftigt. Die Deutung des dazu zusammengetragenen Materials hatte ihn zur Ansicht geführt, dass die Dauer des Lebens eine im Verlaufe der Evolution entstandene Anpassungserscheinung wäre.

Eine Anpassung, die sich durch die natürliche Auslese erklären ließ und die den Tod, das unabänderliche Ende des Lebens, erst in die Welt gebracht hätte, denn die einzelligen Organismen besitzen ihn noch nicht. Sie können unter steter Teilung unbegrenzt lange leben. Könnte dieser ununterbrochene Fluss des Lebens nicht auch für die Keimzellen der Vielzeller bestehen? Wäre es nicht möglich, dass die Erbsubstanz, das Keimplasma, der folgenden Generation durch Teilung unmittelbar aus dem Keimplasma der elterlichen Keimzelle entstünde? Musste nicht die Bildung von Keimzellen unmittelbar aus Keimzellen viel einfacher sein, als die Bildung in einem voll ausgebildeter erwachsener Organismus, gewissermaßen als Extrakt aus seinen Haut-, Drüsen-, Nerven- und anderen Zelltypen?

Wenn man diese Idee weiter verfolgte, wenn man annahm, dass Zellen, die das gesamte von den Eltern ererbte unsterbliche Keimplasma enthalten, gleich zu Beginn der Keimesentwicklung für die spätere Fortpflanzung ausgesondert und für die spätere Fortpflanzung reserviert werden, dann wäre es ja nicht nötig, in der Embryonalentwicklung das gesamte Keimplasma an die später gebildeten Körperzellen weiter zu geben. Jede Zelle bräuchte nur den Anteil erhalten, der für ihr sterbliches Dasein als Blut-, Haut- oder Nervenzelle erforderlich war. Und dies sollte durch eine Kernteilung mit ungleicher Verteilung der Erbsubstanz zu erreichen sein.

Die Alternative war, dass bei jeder Zellteilung die Gesamtheit aller Erbelemente zu gleichen Teilen an die Tochterzellen weitergegeben wird. In diesem Falle müsste jede Zelle eines Lebewesens in den Chromosomen ihres Kerns alle von ihren Eltern ererbten Entwicklungstendenzen beherbergen und ein irgendwie gearteter Auslösemechanismus müsste dafür sorgen, dass jeweils am rechten Ort und zur rechten Zeit die Bestandteile, die für die Ausbildung des jeweiligen Zelltyps sorgten, aktiviert und andere ausgeschaltet würden. Weismann konnte sich nicht vorstellen, dass sich ein so komplizierter und, wie er glaubte, unwirtschaftlicher Mechanismus im Verlauf der Evolution durchgesetzt haben könnte.

Doch waren dies alles rein spekulative Denkergebnisse. Gab es auch tatsächliche Beobachtungen, welche die Hypothese von der Kontinuität des Keimplasmas stützen konnten?

Und die fand Weismann bei Durchsicht der wissenschaftlichen Literatur. Für einige Insekten war nachgewiesen worden, dass die ersten Zellen, die sich zu Beginn der Entwicklung des befruchteten Eies von der Masse der Zellen absonderten, die Geschlechtszellen waren; bei anderen erfolgte diese Trennung zumindest in einem sehr frühen Stadium der Keimesentwicklung. Und dann gab es noch Weismanns eigene Untersuchungsergebnisse über die Keimesentwicklung von Hydromedusen, die sich als Beleg für die neue Hypothese interpretieren ließen. Aber es gab ein sehr gewichtiges Argument gegen seine schöne neue Hypothese.

Wenn die Erbsubstanz, das Keimplasma, wohl verpackt im Kern direkt von einer Generation von Keimzellen an die folgende weitergegeben werden sollte, wo gab es dann eine Möglichkeit, dass die Umwelt durch Klima, Sonnenstrahlung, Gebrauch und Nichtgebrauch auf das Keimplasma einwirken könnte?

Und dass die Umwelt direkt oder Gebrauch und Nichtgebrauch oder beides zu erblichen Veränderungen führen konnte, galt den Biologen als eine unbestrittene Tatsache. Alle neueren Theorien, die von 1884 von Nägeli und auch die schon 1868 von Darwin vorgestellte Vererbungstheorie, beinhalteten die auf Lamarck zurückgehende Vererbung erworbener Eigenschaften.

Doch diese Theorien waren nicht mehr auf der Höhe der Zeit, hatten sie doch die neuesten Erkenntnisse der Zellforschung noch nicht berücksichtigt. Darwin hatte sie noch nicht gekannt und Nägeli hatte sie einfach ignoriert.

Darwin hatte angenommen, dass jede Zelle der Organismen unsichtbar kleine Partikel hervorbringt. Diese vermehrungsfähigen Partikel mit den Informationen zu Eigenschaften und Merkmalen der jeweiligen Zelle sollten im Körper kreisen und bei der Bildung der Keimzellen zusammenströmen, um die Erbsubstanz zu bilden.

Doch alle noch so schlau ausgedachten Experimente, hatten die Existent dieser Partikel bisher nicht nachweisen können.

Konnte das nicht bedeuten, dass es sie gar nicht gab, dass es diese Vererbung erworbener Eigenschaften nicht gab?

Weismann, der sich sehr intensiv mit Darwins Theorie beschäftigt hatte, wusste zur Erklärung all der wunderbaren Anpassungen der Organismen an ihre Umwelt brauchte es keinen direkten Einfluss der Umwelt, die natürliche Auslese genügte, wenn es ausreichend viele variierende Unterschiede zwischen den Individuen einer Art gab.

Konnte man nicht viele Anpassungen besser erklären, wenn man für die Veränderungen in der Erbsubstanz nicht direkte Wirkungen der Umwelt, sondern noch unbekannte, vielleicht innere Wirkungen annahm? Um darüber Klarheit zu gewinnen, sammelte Weismann zahlreiche Tatsachen, die sich nach der neuen These besser erklären ließen. So ließ sich der Panzer der Schildkröten weder durch direkten Einfluss der Umwelt, die ihn abnutzt, noch durch Gebrauch und Nichtgebrauch erklären. Die speziellen Anpassungen von Arbeiterinnen und Soldatinnen in den Ameisenstaaten ließen sich nicht durch direktes Einwirken der Umwelt erklären, da diese sich doch nicht selbst fortpflanzten. Aber durch ungerichtete Veränderungen im Keimplasma und Auslese ergab sich eine zwanglose Erklärung.

Wie stand es aber mit all den Berichten über Verletzungen und Verstümmelungen, die Elterntiere an ihre Nachkommen weitergegeben haben sollten? In wissenschaftlichen Zeitschriften und auf Tagungen wurde immer wieder berichtet, dass eine Kuh, die ihre Hörner eingebüßt hatte, hornlose Kälber geboren hätte, eine Katze, die den Schwanz verloren hatte, schwanzlose Nachkommen hätte. Selbst der Wissenschaftler Ernst Haeckel hatte berichtet, dass ein Stier, der in der Nähe von Jena durch ein zuschlagendes Scheunentor seinen Schwanz verloren hätte, nur noch schwanzlose Kälber zeugen könne.

Weismann konnte zwar nachweisen, dass für al diese Berichte keine wissenschaftlich exakte Prüfung vorlag. Aber das war kein Gegenbeweis. Deshalb entschloss er sich zum Experiment.

Im Oktober 1887 begann er eine Versuchsreihe, in der er Mäusen und deren Nachkommen den Schwanz abschneiden ließ und beobachtete, ob diese Verstümmelung vererbt würde. Seine Überlegung dazu war, wenn es die Vererbung erworbener Eigenschaften gäbe, wäre das nur möglich, wenn die Körperzellen ständig irgendetwas zu den Keimzellen übermittelten. Bei der Amputation eines Körperteils müssten dessen Informationen ausbleiben und, wenn dies in vielen aufeinander folgender Generationen erfolgte, müsste es mindestens zu einer allmählichen Verkümmerung dieses Organs kommen.

Aber das war nicht der Fall. Am Ende des folgenden Jahres waren 849 junge Mäuse, Nachfahren schwanzloser Eltern, geboren worden und alle hatten Schwänze normaler Länge und Form.

Für Weismann stand jetzt fest, es gab sie nicht die Vererbung erworbener Eigenschaften und deshalb konnte sie auch seiner Hypothese von einer ununterbrochenen Keimbahn nicht widersprechen.

Mit seiner Hypothese hatte er erstmals einen theoretischen Ansatz formuliert, der es ermöglichte die mannigfaltigen Arten der Fortpflanzung im Tier - und Pflanzenreich von einem gemeinsamen Grund, der Weitergabe des Keimplasmas, her zu verstehen. Dieser Erfolg ermutigte Weismann, eine eigene Theorie der Vererbung zu entwerfen.

Dabei tauchte die Frage auf: Warum vermehrten sich die höher entwickelten Lebewesen fast ausschließlich auf geschlechtlichem Wege? Wie hatte sich diese Art der Fortpflanzung mit ihrer zeit – und energieaufwändigen Suche und Umwerbung eines Partners neben der einfacheren ungeschlechtlichen Fortpflanzung entwickeln und durchsetzen können? Weismanns Antwort war, die durch die Weitergabe von weiblichem und männlichem Keimplasma immer wieder erfolgende neue Kombination der Erbsubstanzen ergebe die hohe Variabilität der Organismen und ermögliche der Natur die Auslese der günstigsten Kombinationen.

Wenn aber bei jeder Befruchtung das Keimplasma des befruchteten Eies, der Zygote, zu gleichen Teilen aus dem Keimplasma von Vater und Mutter gebildet wird, müsste es in jeder Generation zu einer Verdoppelung der Masse des Keimplasmas kommen. Da dies aber nicht zu beobachten war, folgerte Weismann, dass es bei der Bildung der Keimzellen zu einer Halbierung des Keimplasmas kommen müsse.

Und diese Vorhersage wurde, noch bevor Weismanns über 600 Seiten langes Werk „Das Keimplasma. Eine Theorie der Vererbung." 1892 erschien, bestätigt.

Zuerst konnten die Zoologen Theodor Boveri und Edouard van Beneden und der Botaniker Eduard Strasburger für die weibliche Keimzelle nachweisen, dass bei ihrer Reifung nach zwei aufeinander folgenden Zellteilungen drei kleine Polkörperchen und die reife Eizelle mit der halben Chromosomenanzahl gebildet werden. Wenige Jahre später gelang es Oscar Hertwig, diese Reduktionsteilung auch bei der Bildung männlicher Keimzellen zu beobachten.

Trotz dieser geglückten Vorhersage fand Weismanns Theorie nicht nur Zustimmung. Im Gegenteil es gab scharfe Angriffe, berechtigte und unberechtigte. Die besten Köpfe in der Biologie rieben sich an Weismanns Thesen. Die Versuche theoretische und experimentelle Beweise für oder gegen Weismanns Annahmen zu finden, bereiteten den Boden für neue Entdeckungen und Einsichten.

Gene

Das Jahr 1900, kalendarisch das letzte Jahr des 19. Jahrhunderts, war für die meisten Menschen in jenem Teil der Welt, der sich der zivilisierte nannte, kein Ende, sondern ein Anfang , der Beginn einer neuen Zeit. Und dass diese Zeit anders, als das verflossene Jahrhundert sein würde, das hatte die Vergangenheit die Menschen gelehrt. Die Älteren hatten erlebt, wie der schrille Pfiff der Lokomotiven den Klang des Posthorns, fauchende Maschinen das muntere Klappern der Wassermühlen abgelöst hatten, wie Fabriken mit rauchenden Schloten die Landschaft verändert hatten.

Dass vergehende Zeit Veränderung bedeutet, daran bestand kein Zweifel, doch welcher Art würden die Veränderungen sein? Konnte man sie voraussehen? Folgte die Geschichte einem unveränderbaren Plan, einem ehernen Gesetz oder konnte die Zukunft beeinflusst, gestaltet werden? Konnten Staatenlenker oder Völker den Lauf der Geschichte bestimmen? Musste nicht alles Alte untergehen vielleicht bei einer Weltrevolution zerschlagen werden, bevor auf den Trümmern der alten eine schöne neue Welt erblühen konnte?

Stoff für Spekulationen darüber, wie Zukunft entsteht, bot auch die Wiederentdeckung der bereits 35 Jahre zuvor von Gregor Mendel entdeckten Gesetzmäßigkeiten. Unabhängig voneinander wurden im Frühjahr 1900 fast gleichzeitig drei Forscher, der holländische Botaniker Hugo de Vries, der deutsche Botaniker Carl Correns und der österreichische Pflanzenzüchter Erich von Tschermak-Seysenegg im Verlaufe eigener Forschungen auf die Veröffentlichung des Augustinermönchs aufmerksam.

Und diesmal blieb die Entdeckung nicht unbeachtet. Jetzt im Jahre 1900 war den Biologen der Gedanke, dass die Eigenschaften von Individuen durch voneinander unabhängige Merkmalseinheiten bestimmt werden sollten, dank der Arbeiten von August Weismann und anderen nicht mehr fremd und die Kenntnis von Mendels Befunden verbreitete sich schnell. Es kam zu einem regelrechten Wettbewerb, für immer neue Organismen die Vererbung entsprechend der mendelschen Regeln nachzuweisen. Waren es zunächst Pflanzen folgten bald Tiere. Bei Mäusen, Ratten, Meerschweinchen, Hühnern, Fasanen und Schmetterlingen wurde das „Mendeln" von Erbeinheiten nachgewiesen. Und 1905 konnte der amerikanische Arzt William C. Farabee für den Erbgang einer menschlichen Anomalität die Gültigkeit der mendelschen Gesetzmäßigkeit nachweisen.

Es entwickelte sich eine neue Wissenschaft, ein neuer Zweig der Biologie, für den der Pionier des „Mendelismus" William Beateson 1906 in London den Begriff Genetik prägte.

Wie in jeder Wissenschaft entwickelte sich auch für die Genetik schnell ein Fachvokabular, das durch eindeutige Begriffe für bestimmte Vorgänge und Eigenschaften zeitraubende Umschreibungen und immer wiederkehrende Erklärungen unnötig macht und Missverständnisse vermeiden hilft. So prägte der dänische Genetiker Wilhelm Johannsen den Ausdruck „Gen" für die unabhängigen vererbbaren Merkmale. Auf Beateson gehen die Begriffe Allel, Heterozygote und Homozygote zurück.

Dabei bezeichnet „Allel" die unterschiedliche Ausprägung eines Gens. So können zum Beispiel für ein Gen, das für die Blütenfarbe verantwortlich ist, je ein Allel für die weiße und die rote Farbe vorhanden sein. Eine befruchtete Eizelle (Zygote) ist heterozygot, wenn die für die Ausbildung eines Merkmals von Vater und Mutter stammenden Allele unterschiedlich sind, und homozygot, wenn diese Allele gleich sind.

Mit den Erfolgen kamen aber auch die Fragen. Wenn die mendelschen Gesetzmäßigkeiten für Pflanzen und Tiere galten, musste man sich dann nicht die Körper der Organismen als ein Mosaik von Merkmalen vorstellen? Nach Mendel sollten diese Merkmale durch voneinander unabhängige Elemente vererbt und neu kombiniert werden können. Wenn es diese Merkmalselemente gab, mussten sie in den männlichen und weiblichen Geschlechtszellen vorhanden sein. Aus den Befunden der Zytologen hatten August

Weismann, Oscar Hertwig und andere Forscher gefolgert, dass die Chromosomen die Träger der Erbsubstanz seien. Dabei waren sie davon ausgegangen, dass jedes Chromosom alle für die Entwicklung eines Individuums benötigten Anlagen trägt. Wie sollte es auch anders sein? War doch die Anzahl der Chromosomen viel zu gering, um mit den mendelschen Erbelementen identisch zu sein. Wo aber befanden sich dann diese Vererbungselemente? Sowohl für die Chromosomentheorie der Vererbung als auch für Mendels Theorie sprach jeweils eine Reihe von experimentell gesicherten Tatsachen. Wie aber waren die beiden Theorien miteinander vereinbar?

Die Lösung dieses Konflikts gelang zwei Forschern, der eine, Theodor Boveri, ein hoch angesehener deutscher Professor in Würzburg, und der andere ein junger Farmersohn aus Kansas, der als Doktorand an der Columbia Universität, New York, forschte. Die beiden Wissenschaftler sollten sich nie persönlich kennen lernen. Doch es gab eine Verbindung zwischen beiden - Suttons Professor Edmund Beecher Wilson.

Wilson hatte als junger Wissenschaftler in Europa, in Cambridge und Leipzig, gearbeitet und danach wiederholt an der Meeresbiologischen Station Neapel geforscht. Hier hatte er Theodor Boveri kennen gelernt und war von dessen Forschungen fasziniert, denn Bovarie war nicht nur einer der Forscher, die Rabels Hypothese bestätigt hatten, dass jede Art in allen Zellen eine ganz bestimmte konstante Anzahl von Chromosomen besitzt, sondern ihm war auch ein aufsehenerregendes Experiment geglückt. Es war ihm gelungen, aus unbefruchteten Seeigeleiern durch kräftiges Schütteln die Zellkerne zu entfernen. Wurden diese Eier mit Spermien einer anderen Seeigelart befruchtet, bildeten sich Larven, die nur Merkmale des Vaters zeigten. Für Boverie der Beweis dafür, dass für die Vererbung der Zellkern und nicht das von der Mutter stammende Zellplasma verantwortlich ist.

In den Diskussionen über diese für den Amerikaner neuen zytologischen Forschungen hatte sich zwischen Wilson und Bovarie eine enge Freundschaft entwickelt. Daher hatte Wilson auch einer jungen amerikanischen Wissenschaftlerin geraten, in Würzburg bei Boveri Wissen und Können zu erweitern. Sie war Boveris Frau geworden.

Durch seine guten Kontakte mit den europäischen Wissenschaftlern war Wilson auch sehr gut mit den neusten Erkenntnissen der europäischen Zellforschung vertraut und hatte sie in einem Buch zusammen gefasst, um sie auch unter den amerikanischen Wissenschaftlern bekannt zu machen. Und dieses Buch war auch eine wichtige Quelle für Suttons Ausgangswissen für seine Forschung.

Der entscheidende Fortschritt wurde erreicht, als Boveri und Sutton erkannten, dass nicht alle Chromosomen der Geschlechtszellen den gleichen Gehalt an Erbanlagen besitzen.

Boveri hatte schon als junger Assistent im Labor von Richard Hertwig in München bei Experimenten mit den Gametenzellen des Pferdebandwurms beobachtet, dass sich bei den Furchungsteilungen der Eizelle in den Tochterzellen stets wieder die gleiche Chromosomenanordnung herausbildet. Er hatte diesen Befund durch die Annahme gedeutet, dass die Chromosomen eine Individualität besitzen und diese auch im ruhenden Kern bewahren. Doch dies war nur eine Vermutung, kein Beweis.

Dieser gelang Boveri 1902. Während eines Aufenthaltes an der Zoologischen Station Neapel gelang es ihm, einzelne Eier einer Seeigelart mit 36 Chromosomen mehrfach zu befruchten und daraus Embryonen mit unterschiedlicher Chromosomenzahl zu erhalten. Von diesen Embryonen entwickelten sich nur diejenigen normal weiter, die 36 Chromosomen besaßen. Dieses Ergebnis ließ sich nur dadurch erklären, dass die Chromosomen untereinander nicht gleich sind und nur eine richtige Kombination dieser Chromosomen eine normale Entwicklung gewährleistet.

Im gleichen Jahr 1902 untersuchte Walter Sutton in New York Zellteilungen und Reifung der Keimzellen bei Heuschrecken. Und hier waren keine experimentellen Tricks nötig, um die Verschiedenartigkeit der Chromosomen nachzuweisen, denn die 22 Chromosomen der Heuschrecke, Brachystola magna, ließen sich hinsichtlich ihrer unterschiedlichen Größe und anderer kleinerer Unterschiede in zwei Gruppen zu je 11Chromosomen einteilen. Bei männlichen Tieren konnte er noch ein zusätzliches Chromosom erkennen. Diese Unterschiede ermöglichten es Sutton zu erkennen, dass Chromosomengruppen mit denselben Merkmalen bei jeder Zellteilung immer wieder auftreten. Und dies war nur möglich, wenn die Chromosomen auch in der Ruhephase des Zellkerns ihre Individualität bewahrten.

Suttons interessierte sich nun besonders dafür, wie sich die unterschiedlichen Chromosomen bei der Bildung der Geschlechtszellen verhielten.

Er konnte beobachten, dass die Reifeteilung zunächst wie eine Mitose begann. Die Chromosomen wurden als fadenförmige Gebilde sichtbar, verdickten sich und ließen bald eine deutliche Längsteilung erkennen. Nur an einem Punkt waren die beiden Teile, die Chromatiden, noch miteinander verbunden. Doch nun erfolgte keine Trennung in Tochterchromosomen, sondern die aus jeweils zwei Chromatiden bestehenden Chromosomen näherten sich einander und legten sich parallel eng aneinander. Das war alles nicht neu, andere hatten diesen Vorgang schon genau beobachtet und beschrieben. Aber sie alle hatten bei ihren Beobachtungen die Chromosomen nicht unterscheiden können. Sutton war der erste Mensch, der erkennen konnte, dass sich die Chromosomen nicht wahllos aneinanderlagern, sondern dass sich gleich große Chromosomen paarten.

Die sechs kleinen Chromosomen bildeten drei Paare und die sechzehn größeren Chromosomen lagerten sich zu acht größeren Paaren zusammen. Jedes dieser Paare, das sich von den anderen etwas in der Größe unterschied, bestand aus zwei gleich großen

Chromosomen, die eine Längsspaltung zeigten. Nur das zusätzliche Chromosom bei männlichen Tieren paarte sich mit keinem anderen Chromosom.

Nach einiger Zeit trennten sich die Paare wieder und alles weitere geschah wie es Sutton aus der Literatur kannte. Die Kernhülle löste sich auf, die homologen Chromosomen ordneten sich zu beiden Seiten der Äquatorialebene an, der Spindelapparat bildete sich aus und zog jeweils eines der homologen Chromosomen zu einem der sich gegenüber liegenden Pole. Die Zelle schnürte sich in der Mitte ein und bildete zwei Tochterzellen, die jeweils nur noch den halben Chromosomensatz besaßen. Aber alle Chromosomen zeigten weiter eine deutliche Längsspaltung. Unmittelbar auf diese erste Reifeteilung folgte eine weitere bei der die Schwesterchromatiden getrennt werden und die Tochterchromosomen der jeweiligen Tochterzellen bilden. Aus dem gesamten Vorgang resultierten vier Keimzellen mit halbem, haploidem, Chromosomensatz.

Seine Entdeckung, dass nur gleich aussehende Chromosomen Paare bildeten, veranlasste Sutton, über den Zweck der eigenartigen Paarung nachzudenken.

Dass Chromosomen unterschiedlicher Größe und Gestalt sich auch in ihren biologischen Eigenschaften unterscheiden müssten, konnte er nach Boveris Entdeckung als sicher annehmen. Und wenn diese homologen Chromosomen paarig auftraten, konnte dies, nach allem was über die Befruchtung bekannt war, nur bedeuten, dass jeweils ein Chromosom ursprünglich von der Mutter und das andere vom Vater stammen mussten. Und wenn diese Chromosomen Träger der Vererbung seien sollten, dann konnten, ja mussten diese Chromosom für das gleiche Merkmal Erbelemente, Allele, tragen, die unterschiedlich oder gleich sein konnten.

Soweit entsprach das alles der Hypothese Mendels, dass die Ausprägung eines jeden mendelnden Merkmals von zwei, und nur zwei Faktoren, zwei Allelen, eines Gens abhängt.

Aber nach Mendel müssten sich diese Allele zufällig und unabhängig voneinander auf die Geschlechtszellen verteilen. Um das zu erreichen, musste es in irgendeiner Phase im Prozess der Keim-zellbildung zu einer zufälligen Verteilung von väterlichen und mütterlichen Chromosomen kommen. Und nach allem was er be-obachtet hatte, kam für Sutton dazu nur die Phase vor der Reduk-tionsteilung in Betracht, in der sich die homologen Chromosomen paaren.

Sutton fing sogleich an zu rechnen; bei Organismen mit zwei Chromosomen ergaben sich für die befruchtete Eizelle nur vier verschiedene Kombinationen, für die Chromosomen der Heu-schrecke waren es schon über vier Millionen und für einen diploi-den Chromosomensatz von 36 Chromosomen beim Seeigel kam er auf über 68 Milliarden möglicher Kombinationen.

Diese Anzahl sollte ausreichen, um die Vielfalt der erblichen Merkmale zu erklären. War das wirklich der Fall? Einige Organis-men besaßen doch nur sehr wenige Chromosomen. Musste man nicht annehmen, dass jedes Chromosom mehren Erbfaktoren Platz bot. Auszuschließen war das nicht; es müsste sich auch experimen-tal überprüfen lassen, denn diese Allele müssten ja zusammen ver-erbt werden.

Seine Beobachtungen und Deutungen publizierte Walter Sutton 1902 und 1903 in zwei Aufsätzen im „Biological Bulletin". Noch vor der Veröffentlichung von Suttons zweitem Aufsatz berichtete Boveri auf der 13. Versammlung der Deutschen Zoologischen Ge-sellschaft von seinen und Suttons Erkenntnissen.

Durch die Arbeiten beider Forscher war es gelungen, die Men-delschen Gesetze mit direkt beobachtbaren Zellstrukturen in Ver-bindung zu bringen. Mit der neuen Theorie konnten alle bekannten Tatsachen bei der Vererbung erklärt werden. Dennoch fand die Boveri- Sutton- Theorie zunächst keinesfalls allgemeine Zustim-mung.

Für viele Wissenschaftler war es unvorstellbar, dass ein solch komplizierter Vorgang wie die Vererbung eine stoffliche Grundlage haben sollte. Sie stellten sich Vorgänge im lebenden Organismus als durch unbekannte Kräfte, vielleicht Lebenskräften, bewegte komplizierte Mechanismen vor.

Daran änderte sich auch nichts, als von verschiedenen Forschern eine gekoppelte Vererbung, wie sie Sutton und Boveri vorhergesagt hatten, beobachtet wurde. Ließen sich doch diese Befunde nicht eindeutig mit einem Chromosom in Verbindung bringen. Es fehlte ein direkter Beweis, dass ein bestimmtes Erbmerkmal durch ein bestimmtes Chromosom an die Nachkommen weiter gegeben wird.

Es sollten noch einige Jahre vergehen, bis an der Columbia University New York die glänzende Bestätigung für die Boveri- Sutton- Theorie erfolgte.

Walter Sutton hatte damit aber nichts mehr zu tun. Bald nach dem Erscheinen seiner zweiten Veröffentlichung zu diesem Thema verließ er New York – ohne Doktortitel. Es waren offensichtlich finanzielle Probleme, die den Sechsundzwanzigjährigen bewogen, die Forschungsarbeit aufzugeben und zwei Jahre lang als Vorarbeiter auf einem Erdölfeld in Kansas zu arbeiten. Danach studierte er Medizin und praktizierte später als Chirurg.

Der Mann, der den Durchbruch der Chromosomentheorie der Vererbung erreichen sollte, kam 1904 als Professor für experimentelle Zoologie an die Columbia University nach New York. Durch zwei Bücher und einer Vielzahl wissenschaftlicher Aufsätze hatte er unter den Biologen bereits Anerkennung erworben. Seine Bescheidenheit, gepaart mit Selbstsicherheit und Gelassenheit, machten ihn in New York bald unter seinen Kollegen beliebt. Obwohl er keine glänzenden Vorlesungen hielt, mochten ihn auch die Studenten, weil er sich besonders im Laborpraktikum ihrer großen und kleinen Probleme mit Großzügigkeit und Toleranz annahm.

Irgendwo habe ich gelesen, diese Charaktereigenschaften Morgans könnten auf seine Herkunft aus einer Familie der „Southern Aristocracy" zurückzuführen sein. Das ist nur richtig, wenn damit gemeint ist, dass sich sein Charakter in einer frühen kritischen

Auseinandersetzung mit Familie und Vater und ihrer Rolle im amerikanischen Bürgerkrieg herausgebildet hatte.

In der Kindheit und frühen Jugend des 1866, im ersten Friedensjahr nach dem Bürgerkrieg in Lexington, Kentucky, geborenen Thomas Hunt Morgan spielten die Wirkungen und Nachwirkungen dieses Krieges eine wichtige Rolle. Schon die Wahl seines Vornamens erfolgte im Gedenken an seinen Onkel, der in diesem Krieg, erst neunzehn Jahre alt, gefallen war. Der Vater, der das Geschäftsleben verachtete, hatte vor dem Krieg eine seiner vornehmen Herkunft entsprechende staatliche Anstellung als US-Konsul in Messina, Sizilien, gefunden. Dieser Weg war ihm nach dem Krieg verschlossen, denn als ehemaliger Offizier der Südstaatenarmee durfte er kein öffentliches Amt bekleiden. Nachdem alle halbherzigen Versuche, im Geschäftsleben eine Existenz aufzubauen gescheitert waren, hatte er sich, auf die Unterstützung seiner reichen Mutter angewiesen, ganz der ehrenamtlichen Arbeit in der Veteranenorganisation der ehemaligen Südstaatenarmee gewidmet. Hier konnte er sich in seine glorreiche Zeit als fescher Reiteroffizier zurückträumen. Wie alle seine fünf Brüder hatte er in einer Abteilung gekämpft, die unter dem Kommando des ältesten Bruders als „Morgan´s Raiders" durch verwegene Aktionen im Hinterland des Gegners militärischen Ruhm geerntet hatte.

Und der junge Thomas war sicher stolz gewesen, stolz auf seinen Vater und stolz der Neffe des berühmten Generals John Hunt Morgan, dem „Thunderbold des Südens", zu sein.

Aber schon bald war er damit konfrontiert worden, dass nicht alle Bürger Lexingtons seinen Vater und seine Onkel als Helden im Kampf für die Freiheit des Südens verehrten.

Da gab es Familien, deren Männer auch auf Seiten der Union gekämpft hatten, in anderen hatten Brüder gegeneinander gekämpft. So war es auch bei den Todds, einer anderen vornehmen Familie Lexingtons, deren Tochter war die First Lady des Nordens, die Frau von Abraham Lincoln gewesen und sechs ihrer Brüder hatten für die Union aber die anderen acht auf der Seite des Südens gekämpft.

Diese Tatsachen hatten den Jungen veranlasst nachzudenken. Der Krieg hatte über 620 000 Tote gefordert, blühende Städte waren dem Erdboden gleich gemacht, ganze Landstriche verwüstet worden; das war schrecklich, aber es waren auch 3,5 Millionen Menschen aus der Sklaverei befreit worden. Und der Süden war nicht vernichtet worden, sondern hatte die Chance erhalten, weiter an der Entwicklung der Nation teilzuhaben.

Es gab also keinen Grund, wie sein Vater der verlorenen Sache des Südens, dem Untergang des alten aristokratischen Gesellschaftssystems nachzutrauern. Hatte doch dessen Reichtum, wie auch zum Teil der Besitz der eigenen Familie, auf der Versklavung von Menschen und auf dem Handel mit Menschen beruht.

Aus dieser Auseinandersetzung hatte der Heranwachsende ohne Zerwürfnis eine gewisse Distanz zum Vater und eine Scheu entwickelt, eine Denkweise oder Meinung anderer ungeprüft zu übernehmen.

Für sich hatte er bald in der Verfolgung seiner Interessen an den Naturwissenschaften seinen Weg erkannt, sein Leben unabhängig von der Familie gestalten zu können.

Und er hatte diesen Weg mit Ausdauer und großem Fleiß verfolgt. Dem Besuch der staatlichen Hochschule von Kentucky war ein Biologiestudium an der John Hopkins University in Baltimore gefolgt und schon 1891 hatte er, gerade fünfundzwanzig Jahre alt, als Professor für Biologie am Bryn-Mawr–College, einer damals fortschrittlichen Ausbildungsstätte für Frauen, zu lehren und zu forschen begonnen. Seine neben der Lehrtätigkeit erzielten Forschungserfolge hatten 1904 zu seiner Berufung nach New York geführt.

Im Gegensatz zu seinem Freund und Kollegen Edmund Beecher Wilson war Morgan, als er nach New York kam, keinesfalls ein Anhänger der Chromosomentheorie der Vererbung. Wie auch die in Mode befindliche Mendelgenetik erschien ihm die von Boverie und Sutton geschaffene Theorie zu spekulativ, durch zu wenige Tatsachen belegt. Mehr als die Vererbung interessierte er sich für die Veränderungen von vererbbaren Eigenschaften, denn schließlich waren diese doch das Material der Evolution.

Auf einer seiner Europareisen hatte Morgan auch den Holländer Hugo de Vries, einen der Widerentdecker der Mendelschen Gesetze, in Amsterdam besucht. Aber mehr als für die Geschichte der Wiederentdeckung hatte sich Morgan für eine Pflanzengruppe im Garten von de Vries, für die Nachtkerzen, Oenothera lamarckiana, interessiert.

De Vries hatte 1886 eine größere Gruppe dieser Pflanzen mit ihren großen gelben Blüten auf einem verlassen Kartoffelacker entdeckt. Und in dieser Gruppe waren ihm zwei Nachtkerzen aufgefallen, die sich von den anderen so sehr unterschieden, dass man sie für neue Arten halten konnte. In dieser Annahme war de Vries bestärkt worden, als er sie in seinem Garten kreuzte. Sie zeigten sich absolut reinerbig. Und damit nicht genug, aus einzelnen normalen Pflanzen, die er von dem Feld in seinen Garten verpflanzt hatte, waren veränderte Pflanzen hervorgegangen, die von ihren Eltern so stark abwichen, dass man auch sie für neue Arten halten konnte. Auch diese neuen Formen hatten sich bei Selbstbefruchtung als konstant erwiesen. Bei der Kreuzung dieser neuen Formen hatte de Vries die Mendelschen Gesetze wieder entdeckt. Aber wichtiger als die Wiederentdeckung waren de Vries die Veränderungen der Nachtkerzen erschienen, hatte er doch geglaubt, Zeuge der Geburt neuer Arten zu sein. Der Vorgang, der offensichtlich sprunghaft zu neuen Arten geführt hatte, war von de Vries „Mutation" genannt worden. Und diese Mutationstheorie hatte schnell Anhänger gefunden, denn sie erklärte besser als Darwins Annahme von Variation und Auslese die scharfen Grenzen zwischen den Arten. Dass gerade die an den Nachtkerzen beobachteten Veränderungen keine Mutationen, sondern eine zytogenetische Besonderheit mancher Nachtkerzenarten waren, konnten um 1900 weder de Vries noch Morgan erkennen.

Aber der nüchtern denkende Morgan bemerkte schnell den Schönheitsfehler in de Vries´ Mutationstheorie. Bisher war es weder de Vries und noch einem anderen Forscher gelungen, die bei den Nachtkerzen beobachteten Veränderungen, bei einer anderen Pflanzen- oder Tierart nachzuweisen.

Wohl um einen solchen Nachweis zu führen, begann Morgan 1908 in New York mit Taufliegen zu experimentieren. Morgan hatte die Tau- oder Fruchtfliege, Drosophila malangoster, zum Objekt seiner Forschungen gewählt, weil diese Art leicht in Milchflaschen zu halten war, keine hohen Ansprüche an Pflege und Ernährung stellte und, was besonders wichtig war, sich schnell vermehrt. Schon nach etwa 12 Tagen ist die nächste Generation geschlechtsreif und pro Fliegenpaar sind das fast 400 neue Insekten. Morgan hoffte, dass er Mutationen beobachten könnte, wenn der die Fliegen über viele Generationen bestimmten Umwelteinflüssen aussetzte. Er ließ Wärme und Kälte auf die Fliegen einwirken, traktierte sie mit Salzen, Säuren und Basen, Röntgen- und radioaktiven Strahlen, aber eine Mutation konnte er nicht beobachten. Das mag daran gelegen haben, dass Morgan noch keine Übung hatte unter Hunderten von Fliegen einige wenige oder gar eine einzige mit Veränderungen im Aussehen herauszufinden; denn bei allen Vorteilen als Versuchsobjekte hatten die Taufliegen, den Nachteil, dass Veränderungen am Körper der nur zwei bis drei Millimeter langen Tiere nur unter der Lupe zu erkennen sind.

Dann endlich nach zwei Jahren, als Morgan schon glaubte, dass seine Fliegenzucht eine sinnlose Zeitverschwendung sei, entdeckte er im Mai 1910 unter lauter rotäugigen Fliegen eine einzige mit weißen Augen. Ihr abgerundeter einheitlich dunkel gefärbter Hinterleib und die dunkle Borstenreihe an den Vorderbeinen verrieten, dass es sich um ein Männchen handelte. Morgan kreuzte dieses kostbare weißäugige Männchen mit möglichst vielen seiner rotäugigen Schwestern und wartete dann gespannt auf die neue Generation von Fliegen, die nach drei Larvenstadien und einem mehrtägigem Puppenstadium eine Flasche zu bevölkern begann.

Alle diese Fliegen der F1- Generation glichen sich untereinander und hatten wie ihre Mütter rote Augen. Nach Mendel musste man annehmen, dass das Merkmal „rote Augen" über das „Merkmal weiße Augen" dominierte. Als nun aber die F1 – Individuen untereinander gekreuzt wurden, traten in der in der F2 – Generation wieder Fliegen mit weißen Augen auf, was bewies, dass das Merkmal „ weiße Augen" rezessiv war und durch eine Veränderung des Gens für Rotäugigkeit entstanden sein musste. Die Spaltung der F2 – Generation in etwa 3 rotäugige Fliegen auf eine weißäugige entsprach zahlenmäßig genau dem Mendelschen Gesetz. Aber seltsamerweise gab es unter den Weibchen kein einziges weißäugiges, während die Männchen je zur Hälfte rote oder weiße Augen hatten.

Als Morgan bald darauf in einer seiner Kulturen auch weißäugige Weibchen entdeckte und dieses mit rotäugigen Männchen kreuzte, war das Ergebnis noch merkwürdiger. Schon in der F1-Generation erfolgte statt der nach Mendel zu erwartenden „Uniformität" eine Spaltung im Verhältnis von 1: 1 in rot- und weißäugige Tiere, wobei alle Weibchen rote und alle Männchen weiße Augen hatten.

Wie waren diese Ergebnisse zu erklären? Irgendwie musste der Faktor oder das Gen, was immer das auch sein mochte, mit einem geschlechtsbestimmenden Faktor gekoppelt sein. Für den Zusammenhang von Geschlecht und Chromosomen bei Insekten und auch bei Drosophila gab es zytologische Forschungsergebnisse, über die Morgan aus erster Hand erfahren konnte. Sein Freund E. B. Wilson und Nettie Stevens, die Morgans Studentin am Bryn-Mowr–College gewesen war, hatten schon fünf Jahre zuvor entsprechende Untersuchungen durchgeführt. Morgan konnte also nicht nur deren Arbeiten nachlesen, sondern auch Einzelheiten,

Tricks und Färbetechniken direkt von Wilson erfahren und die mikroskopischen Untersuchungen selbst nachvollziehen.

Unter dem Mikroskop sah er, dass jede Körperzelle seiner Taufliegen, ob mit roten oder weißen Augen, vier Chromosomenpaare besaß, drei große und ein deutlich kleineres und dass bei jedem Männchen das eine Paar aus zwei ungleichen Chromosomen bestand. Das eine war wie die entsprechenden Chromosomen der Weibchen stäbchenförmig während das andere auffällig hackenförmig gebogen war. Dieses Chromosom hatten die Zytologen als Y – Chromosom, die entsprechenden stäbchenförmigen als X – Chromosomen bezeichnet. Weibchen besaßen also zwei X- und Männchen je ein X- und ein Y- Geschlechtschromosom. Infolge der Reduktionsteilung bei der Bildung der Geschlechtszellen konnten also nur Eier mit X- Chromosom gebildet werden, während von den männlichen Samenzellen eine Hälfte ein X – und die andere Hälfte ein Y – Chromosom besitzen musste. Damit war erklärbar, weshalb jede neue Fliegengeneration ungefähr zu gleichen Teilen aus männlichen und weiblichen Tieren bestand. Doch ließen sich damit auch die seltsamen Ergebnisse seiner Kreuzungsversuche erklären?

Morgan überlegte. Wenn die Gene an die Chromosomen gebunden sein sollten, wie es die Sutton- Boverie-Theorie verlangte, mussten die Allele für rote und weiße Augen an die X- Chromosomen gebunden sein. Eine Bindung an das Y – Chromosom kam nicht in Frage, da in seinen Experimenten sowohl rot- und weißäugige Männchen aufgetreten waren.

Ein weißäugiges Männchen musste also ein X- Chromosom mit dem Allel für die weiße Augenfarbe $-X_{weiß}$ und ein Y – Chromosom besitzen. Für ein normales rotäugiges Weibchen war dagegen die Kombination $X_{rot,}$ X_{rot} anzunehmen und die Eizellen eines solchen Weibchens mussten das Chromosom X_{rot} besitzen. Würde nun solche Eizellen mit den Samenzellen eines weißäugigen Männchens $X_{weiß}$ oder Y befruchtet müssten die Nachkommen in der F1- Generation zu gleichen Teilen die Kombinationen

$$X_{weiß} \, X_{rot} \text{ und } X_{rot} \, Y$$

auf-
weisen und wegen der Dominanz des Allels für Rotäugigkeit alle
rote Augen haben.

Bei einer Kreuzung der Fliegen der F1- Generation unter einander waren dann folgende Kombinationen möglich:

$X_{weiß}X_{rot}$ $X_{rot}X_{rot}$ -Weibchen mit roten Augen

$X_{rot}Y$ - Männchen mit roten Augen

$X_{weiß}Y$ - Männchen mit weißen Augen

Genau dieses Ergebnis, das Verhältnis von drei rotäugigen Fliegen zu einem weißäugigem Männchen, hatte er bei seinem Kreuzungsexperiment beobachtet. Als es ihm dann auch noch gelang das Ergebnis des Kreuzungsexperiments von weißäugigen weiblichen Fliegen mit rotäugigen Männchen mit Hilfe der Chromosomentheorie der Vererbung in völlig analoger Weise zu erklären, musste Morgan einsehen, dass er mit seiner Ablehnung der Sutton-Boverie-Theorie wohl Unrecht hatte und offensichtlich einen Beweis für diese Theorie gefunden hatte.

Bald fand Morgan weitere Mutationen, von denen einige, wie gelbe Körperfarbe und Stummelflügel ebenfalls geschlechtsgebunden vererbt wurden. Andere mit einander verbundene Merkmalsgruppen wurden aber unabhängig vom Geschlecht vererbt. Anscheinend lagen die für diese Merkmale zuständigen Gene auf einem anderen Chromosom. Wenn das richtig war, musste jedes Chromosomenpaar eine unabhängige Gruppe von miteinander gekoppelt vererbter Merkmale darstellen. Und das müsste sich beweisen lassen. Dazu war es notwendig, weiter möglichst viele Fliegen zu züchten, auf Mutationen zu untersuchen und bei Tieren mit veränderten Merkmalen durch Kreuzungsexperimente herauszufinden versuchen, welche Merkmale zusammen vererbt werden.

Das war eine riesige Aufgabe, denn jede neue Generation von Fliegen musste auf Veränderungen durch Mutationen untersucht werden. Bei den Kreuzungen war es notwendig, Hunderte von Tieren nach Merkmalskombinationen zu sortieren und zu zählen. Für all diese Prozeduren war es nötig, die Fliegen vorsichtig zu betäuben, um unter der Lupe die Merkmale erkennen zu können. Das konnte Morgan nicht alleine schaffen. Schon gegen Ende des Jahres 1910 holte sich Morgan zwei Studenten in sein Labor. Es waren der erst neunzehnjährige Alfred H. Sturtevant und der zwei Jahre ältere Calvin B. Briedes. Im folgenden Winter kam noch der zweiundzwanzigjährige Hermann J. Muller dazu. Alle drei waren Studenten von E.B. Wilson und daher gut mit der modernen Genetik und Zytologie vertraut.

Und diese kleine Gruppe um Morgan schaffte, innerhalb weniger Jahre alle wesentlichen Aspekte der Vererbung zu klären und ihren nur etwa 45 Quadratmeter großen „ Fly Room" weltbekannt zu machen. Das Geheimnis ihres Erfolgs war die Begeisterung für die Arbeit. Morgan bemühte sich zwar, die Aufgaben zu koordinieren und seine Mitstreiter zu sorgfältiger Arbeit mit überprüfbaren Ergebnissen anzuhalten, aber er gängelte sie nicht. Zwar hatte jeder seine spezielle Aufgabe aber jeder wusste auch was die anderen taten und welche Ergebnisse und Erkenntnisse sie erhalten hatten. Und jedes Ergebnis wurde in der Gruppe diskutiert. In diesen Diskussionen war Morgan nicht der „Boss", sondern Forscher unter Forschern. So war es möglich, dass jeder seine besonderen Fähigkeiten in die gemeinsame Arbeit einbringen konnte; Brigdes sein experimentelles Geschick, Sturtevant seine Fähigkeit Ergebnisse zu analysieren, Muller seine Begabung, brillante Experimente zu planen und Morgan sein umfassendes Fachwissen.

Hatten Morgan und seine Mitstreiten zunächst geglaubt, dass es ihnen sehr schnell gelänge, die Vermutung zu bestätigen, dass sich die vererbbaren Merkmale der Taufliege entsprechend ihrer vier Chromosomenpaare auf vier Kopplungsgruppen verteilen, sahen sie sich bald mit einer ernsten Schwierigkeit konfrontiert. Sie beobachteten immer wieder Fälle, bei denen es offensichtlich zu einem Bruch der Kopplung gekommen war.

Eine solche Entkopplung trat auf, wenn Fliegenweibchen mit normalen Flügeln und normaler Körperfarbe mit Männchen gekreuzt wurden, die sich durch zwei abweichende Allele schwarze Körperfarbe und Stummelflügel unterschieden. Beide Allele der Männchen hatten sich in vorausgehenden Untersuchungen als rezessiv und zur gleichen Kopplungsgruppe gehörend erwiesen. Danach war zu erwarten, dass bei einer so genannten Rückkreuzung der F1- Generation mit den Vätern 50% der Nachkommen eine schwarze Körperfarbe und verstümmelte Flügel besitzen und die andere Hälfte normal aussehen müsste.

Gefunden wurde aber, dass das nur für je etwa 41% der Nachkommen zutraf, aber etwa 9% eine normale Farbe und Stummelflügel und etwa genauso viele eine schwarze Körperfarbe und normale Flügel besaßen. Und so oft man auch das Experiment wiederholte, an dem Ergebnis, dass bei etwa 18% der Nachkommen die Kopplung aufgehoben war, änderte sich nichts. Noch überraschender war, dass der Anteil der Nachkommen mit „entkoppelten Merkmalen" bei verschiedenen Merkmalskombinationen auch in der gleichen Kopplungsgruppe unterschiedlich ausfiel.

Wie waren diese Befunde mit der Chromosomentheorie zu vereinbaren? War die Vorstellung von den Chromosomen als Träger vieler unterschiedlicher Gene vielleicht doch falsch? Die Forscher waren ratlos.

Dann fand Morgan beim Studium der Fachliteratur den Aufsatz des belgischen Biologen Frans Alfons Janssens aus dem Jahre 1909. In dieser Arbeit berichtete Janssens, er habe bei der Reifung von Geschlechtszellen beobachtet, dass es bei der Paarbildung homologer Chromosomen zur Bildung sich überkreuzender Schlingen komme. Aus dieser Beobachtung habe er gefolgert, es müsse dabei manchmal zu einem Bruch je einer mütterlichen und väterlichen Chromatide an einem Überkreuzungspunkt und zu einer überkreuzenden Zusammensetzung der Bruchstücke zu neuen Chromatiden kommen. Ein solcher Austausch von Genen zwischen den von den Eltern stammenden Chromosomen, von Morgan Crossing over genannt, war eine einleuchtende Erklärung für die Entkopplung. Wie aber konnten zufällige Chromosomenbrüche erklären, dass es bei den Genen für Körper- und Augenfarbe auf dem X-Chromosom nur bei 1,3% der Fälle zu einem Kopplungsbruch kam, während es bei der Genkombination Augenfarbe und Flügelgröße auf dem gleichen Chromosom 32,6% waren.

Schon gegen Ende 1911 fand Alfred H. Sturtevant die Erklärung. Nach einer Diskussion mit Morgan überlegte er auf dem Heimweg: Wenn man annahm, dass die Gene auf den Chromosomen in einer festen Reihenfolge, wie Perlen auf einer Kette, angeordnet waren, dann musste bei Brüchen der Kette an zufälligen Stellen die Wahrscheinlichkeit, mit der zwei Gene durch einen solchen Bruch getrennt werden, mit ihrem Abstand auf der Kette zunehmen. Wie konnte diese Hypothese überprüft werden?

Wenn zum Beispiel die Gene A und B in zwei Prozent der Fälle Crossing over lieferten, die Gene B und C fünf Prozent, dann müssten zwischen A und C in acht Prozent der Fälle Crossing over zu beobachten sein, wenn die drei Gene zum gleichen Chromosomen gehörten.

Entsprachen die bisherigen Beobachtungen einer solchen Regel? Zu Hause angekommen überprüfte Sturtevant seine Aufzeichnungen daraufhin und fand seine Hypothese bestätigt. Wenn das so war, und das war phantastisch, konnte man die relative Lage und Reihenfolge der Gene auf den Chromosomen berechnen. Sturtevant machte sich unverzüglich an die Arbeit und verbrachte die Nacht bei der Erstellung der ersten „ Genkarte" für das X – Chromosom von Drosophila. Bald gelang es der Morgangruppe auch einige seltene Widersprüche in ihren Kreuzungsexperimenten dadurch zu erklären, dass bei langen Chromosomen auch doppeltes Crossing over auftreten kann.

1915 waren die Arbeiten soweit gediehen, dass die Forscher um Morgan ihre Erkenntnisse in einem Buch, „The Mechanism of Mendelian Heredity", zusammenfassen konnten. Sie hatten bis dahin mehr als hundert Gene, die durch Mutation entstanden waren, erforscht. Diese Gene bildeten vier Kopplungsgruppen, welche den vier Chromosomenpaaren von Drosophila entsprachen. Damit war bewiesen, dass die Gene Bestandteile der Chromosomen sind. Die Deutung der Kopplungsbrüche hatte zur Erkenntnis geführt, dass die Gene auf den Chromosomen linear, wie Perlen auf einer Kette angeordnet sind. Und diese Gene, das hatten die Forschungen im „ Fly Room" gezeigt, waren veränderbar. Sie konnten zu anderen Allelen mutieren. Aber was dabei eigentlich geschah, ja was Gene waren, blieb ein Geheimnis.

Die Ergebnisse der New Yorker Forscher boten viele Ansatzpunkte und Herausforderungen für die internationale Gemeinschaft der Wissenschaftler. Doch in diesem Jahr 1915 erreichten die Erkenntnisse der Forscher um Morgan nur wenige Wissenschaftler. Seit Sommer des Vorjahres war in Europa Krieg. Ein Krieg, der sich zum Weltkrieg ausweitete. Eine schlechte Zeit, um die grundlegenden Gesetze des Lebendigen zu erforschen.

Zucker und Proteine, Moleküle des Lebens

In diesem Kriegsjahr 1918 gab es nur wenige Menschen, welche die Schweiz wegen der Schönheit ihrer Landschaft besuchten. Und so waren es auch nur wenige Passagiere, die mit der Funicolare, der Standseilbahn, zur Wallfahrtskirche „ Madonna del Sasso" hoch über Locarno hinaufgekommen waren. Unter ihnen ein älteres Paar. Auf dem kurzen aber mit vielen Treppenstufen gespickten Weg zur Aussichtsterrasse war er seiner Begleiterin vorausgeeilt, nahm nun den Hut ab und wischte sich den Schweiß von der Stirn. Sie trat besorg an ihn heran. „Professor, muten Sie sich nicht zu viel zu? Sehen Sie dort ist eine Bank." „Danke, Margarethe, es geht schon. Schauen Sie nur, dieser Ausblick! Entschädigt er nicht für die kleine Anstrengung?"

Sie waren dicht an die kleine Mauer herangetreten, welche die Terrasse von dem jähen Abgrund trennte und vor ihnen breitete sich die im warmen Blau des Südens funkelnde Fläche des Lago Maggiore. Die auf der gegenüberliegenden Seite des Sees hoch aufragenden Berge erschienen von hier oben seltsam nah und doch in einem lockenden Blau der Ferne.

Wie sehr hatte er sich in Berlin nach dieser Sonne, dieser Wärme gesehnt. Noch vor wenigen Monaten hatte er nicht einmal zu träumen gewagt, dass er noch einmal den Süden mit seiner weichen Luft und den wunderbaren Gerüchen erleben könnte. Galle, Bronchien und Lunge, seit dem Herbst war eine schwere Erkrankung der anderen gefolgt. Und jetzt diese Schönheit, dieses warme Blau. Könnte es nicht die deutschen Sorgen fort wischen oder doch so klein werden lassen wie jetzt Häuser, Straßen, Gassen und Menschen Locarnos unter ihm waren?

„ Ist es nicht seltsam ", unterbrach sie das Schweigen, „ ist es nicht seltsam, dass Heinrich von Kleist in dieser herrlichen Gegend eine seiner düsteren Erzählungen, `Das Bettelweib von Locarno` angesiedelt hat? War er nie hier?"

„Ist das die Gespenstergeschichte, in der ein Ritter eine Bettlerin so rüde behandelt, dass sie an den Folgen stirbt?"

„ Ja, und viele Jahre nach dieser Tat führt diese Schuld unausweichlich zur Vernichtung von Besitz und Leben des Täters. Wenn ich an die gegenwärtigen Ereignisse, an den schrecklichen Krieg, all die Ängste um die im Feld stehenden jungen Männer denke, glaube ich fast, dass uns der an seiner Zeit verzweifelte Dichter mit dieser Erzählung vor all diesem Unglück warnen wollte."

„ Ein Gleichnis für die heutige Zeit? Das ganze Morden und Sterben an den Fronten die Folge einer zurückliegenden entsetzlichen Schuld?

Margarethe, im Herbst vierzehn habe ich diesen unseligen `Aufruf an die Kulturwelt` unterzeichnet. Ich wünschte, ich könnt das ungeschehen machen."

" Professor, da war der Krieg schon ausgebrochen. Ihre Unterschrift konnte da nicht mehr viel verderben."

„Ich denke doch. Mit mir haben dreiundneunzig führende deutsche Persönlichkeiten, Wissenschaftler und Künstler, ihren guten Namen unter dieses Dokument gesetzt; mit dabei Max Planck, Ernst Haeckel, Paul Ehrlich, Gerhart Hauptmann, Max Liebermann.

Konnte es für diejenigen, die ihre geheimen, schändlichen Ziele mit diesem Krieg verfolgten, einen besseren Freibrief für ihr Tun geben? Bestritt doch dieser Text mit sechsfachem ` Es ist nicht wahr… ` alle Schuld Deutschlands an und in diesem Krieg und behauptete, dass ohne den deutschen Militarismus die deutsche Kultur längst vom Erdboden getilgt wäre."

„ Professor Fischer, nach fast vier Jahren Krieg, den vielen Toten und dem Wissen von heute mag die Unterschrift peinlich, vielleicht verwerflich erscheinen, aber ich weiß, dass Sie reinen Herzens unterschrieben haben. Und Sie haben sich nie hinreißen lassen, den Krieg begeistert zu begrüßen. Während Ihr Kollege Walter Nernst, wie man in Berlin erzählt, vor seinem Haus voller Begeisterung unter der Aufsicht seiner Frau eifrig marschieren und militärisch grüßen übte, haben Sie den Krieg schon genannt, was er ist - ein großes Unglück."

„Margarethe, nach fast vier Jahren Krieg, nach dem Tod zweier meiner Jungen, ist mir der frühere Professor Fischer, der stolz war vor dem Kaiser eine Vorlesung zu halten, fremd geworden. Aber dieser Fremde war ich und diese Unterschrift war eine unverzeihliche Dummheit. Aber die wirkliche Schuld, wenn es eine gibt, liegt viel weiter zurück. Vor der Nachwelt schämen müssen wir uns dafür, dass wir das Schicksal Deutschlands Männern anvertraut haben, die weder imstande waren, die Katastrophe des Krieges zu verhindern, noch die durchaus vorhandenen Möglichkeiten zu seiner Beendigung genutzt hatten. Und noch immer hoffen diese Leute auf einen Siegfrieden, auf die Vorherrschaft in Europa, während die Jugend auf den Schlachtfeldern sinn- und nutzlos verblutet."

Aus seiner Arbeit in verschiedenen Regierungskommissionen zur Versorgung von Bevölkerung und Front wusste er, dass Deutschlands Reserven am Ende waren, der Krieg nach Eintritt der USA nicht mehr zu gewinnen war. An dieser Tatsache konnten auch die militärischen Erfolge dieses Frühjahres nichts ändern. Wenn dies nicht bald von den Regierenden begriffen wurde, durfte man nur auf den Zusammenbruch der Front oder den Aufruhr des Volkes hoffen, beides schreckliche Vorstellungen mit bitteren Folgen für Deutschland.

Doch darüber wollte und konnte er hier nicht sprechen, war er doch auch ein deutscher Geheimnisträger und der allzu korrekt gekleidete junge Mann, der sich ihnen jetzt näherte, mochte sein Aufpasser sein, oder gar der Feind. Er lenkte daher das Gespräch auf die Autobiografie, die er hier während des Genesungsurlaubs zu schreiben begonnen hatte.

„Margarethe, ich werde nicht darum herum kommen, auf diese Fragen, den Krieg und die Zukunft der internationalen Wissenschaft in meiner Lebensgeschichte einzugehen. Manchmal frage ich mich, bei so viel Leid und Tod in der Welt , ob meiner Person so viel Wichtigkeit beizumessen ist, um die Geschichte meines Lebens vor der Öffentlichkeit auszubreiten?"

„Aber Professor, Emil Hermann Fischer, wer, wenn nicht Sie sollte dazu ein Recht haben? Sind Sie nicht gerade dazu prädestiniert als Nobelpreisträger für Chemie, als Ordinarius für Chemie an der Friedrich –Wilhelms –Universität zu Berlin, als ‚Wirklicher Geheimrat' mit dem Titel Exzellenz und Mitglied sämtlicher in- und ausländischer akademischer Gesellschaften. Muss ich noch all die hohen Orden aufzählen? Und sollte nach diesem Krieg das alles nicht mehr viel wert sein, mit Ihrer Forschungsarbeit haben Sie die Menschheit bereichert. Und haben die Menschen, deren Leben durch neue Stoffe, neue Erfindungen verändert wurde, nicht ein Anrecht darauf von der Arbeit, den Eigenarten und Schicksalen der Urheber dieses Fortschritts zu erfahren? Also keinen Zweifel! Überlegen Sie sich lieber einen Titel für das Ganze."

„Wie soll ich es nennen? Goethe hat sein autobiographisches Werk ‚Aus meinem Leben - Dichtung und Wahrheit' genannt. Mir, dem Chemiker, erlaubt seine Wissenschaft die Dichtung nicht und verlangte die Wahrheit. Es bleibt also nur der der schlichte Titel ‚Aus meinem Leben'. Einen Hinweis auf die Zeit seiner Entstehung sollte man hinzufügen: ‚geschrieben im Unglücksjahr 1918'.

Alles schön hintereinander, ohne kompositorischen Schnickschnack. So wie begonnen, werde ich auch fortfahren. Kindheit,

Eltern, Geschwister und der Ort, an dem ich zuerst die Welt erblickte."

Er hatte sich inzwischen auf einer Bank nieder gelassen. Die herrliche südliche Landschaft vor Augen träumte er sich in die Landschaft, in die Stadt seiner Kindheit zurück.

Mühelos durcheilten seine Gedanken Raum und Zeit und brachten ihn zurück in die am Nordrand der Eifel inmitten einer fruchtbaren Ebene gelegene Stadt Euskirchen. Wie vor sechzig Jahren konnte er die Straßen und Gassen durcheilen zu dem von Gärten umgebenen Anwesen an der Landstraße nach Köln. Da war er wieder der große Hof, umschlossen von Betriebs- und Lagergebäuden, dem Geschäftshaus, dem Wohnhaus des Onkels und dem Haus seiner Familie. Hier war er, Emil Hermann Fischer, am 9. Oktober 1852 geboren worden.

„Bei uns auf dem Hof war immer was los. Ballspiele, Indianerzelte und Ritterkämpfe, immer Trubel, eine mutwillige Kinderschar. Meine fünf Schwestern und ich und im Nebenhaus in der Familie von Onkel August gab es fünf Söhne und eine Tochter. Und dazu noch die vielen Freunde und Freundinnen aus der Stadt."

„Als einziger Junge und noch dazu als jüngstes Kind ist der kleine Emil sicher tüchtig verwöhnt worden?"

„Von den Eltern schon. Aber gegenüber meinen Schwestern musste ich mich oft wehren, wenn sie ihren kleinen Bruder bemuttern wollten."

Er erinnerte sich, wie seine Schwestern in vielfältiger Weise ihre Erziehungskünste an dem einzigen Bruder, den sie nur den Jungen nannten, zu erproben versucht hatten. Mit dem Erfolg, dass es ihm schwer fiel Gefühle zu zeigen und er noch heute als alter Mann Damen gegenüber etwas gehemmt und linkisch auftrat.

„In den Stuben waren wir nur bei Regen zu finden. Die Umgebung lockte mit Wald und verschiedenen Gewässern zu Fisch – und Vogelfang und im Winter mit Eisabenteuern. Mehrmals bin ich eingebrochen. Einmal beim Überqueren einer zugefrorenen Jauchegrube. Ich stank derart, dass ich mich trotz strengem Frost vor dem Haus unter dem Gekicher der Mädchen vollständig entkleiden musste.

An diesem unbeschwerten Leben änderte sich auch kaum etwas, nachdem mich meine Schwestern eines Tages mit in die Schule genommen haben. Das war zunächst die sehr gute evangelische Privatschule von Lehrer Vierkötter, dann nach vier Jahren die `Hohe Bürgerschule` in Euskirchen.

Eine Änderung brachte erst das Gymnasium. Bevor ich darüber schreibe, sollte ich den Eltern ein Kapitel widmen. Und vielleicht der näheren Verwandtschaft?"

„Ich erinnere mich noch sehr gut an ihren Herrn Vater. Ein stattlicher alter Herr. Immer voller Lebensfreude. Ich habe ihn bewundert, wie er sich, es muss in seinem letzten Lebensjahr gewesen sein, in Frack und weißer Binde so völlig ungezwungen unter den hochgelehrten und berühmten Gästen seines Sohnes bewegt hat. Sogar mit Professor Planck ist er ins Gespräch gekommen." „Selbstzweifel haben ihn nie gequält, immer war er heiter, voller Lebenslust, ein guter Tänzer, ein guter Turner und bis ins hohe Alter ein vortrefflicher Jäger. Erinnern Sie sich, dass er uns noch mit dreiundneunzig Jahren einen selbst geschossenen Hasen geschickt hat?

Aber bei aller Fröhlichkeit war er ein verdammt guter Geschäftsmann. Einer der gute Geschäfte wittert und ein feines Gespür für eine gute Geldanlage hat. Er war ‚Außenminister' der Firma Gebrüder Fischer, einem Geschäft für Kolonialwaren, Wein und Spirituosen. Und dem geschäftlichen Erfolg dieser Firma habe ich meinen beruflichen Werdegang zu verdanken. Schließlich habe ich erst mit fast 27 Jahren das erste Geld verdient."

„Ihr Vater hat mir anvertraut, dass sie die Neigung zur Wissenschaft Ihrer Mutter verdanken."

„Sie war zwar eine sehr kluge und wissensdurstige Frau und hat mein Interesse an den Naturwissenschaften gefördert, aber von meiner Entscheidung zur Chemie war sie enttäuscht. Das schmeckte ihr zu sehr nach Apotheke, nach stinkendem düsterem Labor. Wenn man von einer ersten Hinlenkung zur Chemie überhaupt sprechen kann, kam sie vom Vater.

Ich erinnere mich, dass er im Zusammenhang mit Problemen bei der Färbung von Wolle aus unserer Spinnerei geäußert hat, es wäre von Nutzen, wenn einer in der Familie etwas von Chemie verstünde. Mit früh erkannten Eignungen und deren besonderer Förderung durch die Eltern oder gar mit einer frühen Berufung kann ich meine Biografie nicht schmücken. Und wer kann sagen, was an uns ererbt oder erworben ist? Ist es sicher, dass ich die Kurzsichtigkeit von der Mutter geerbt habe oder das schwarze Haar? Bei ihr war es jedenfalls bis ins Alter üppig voll. Bei mir dagegen lichtet es sich beträchtlich und selbst mein stolzer Vollbart beginnt auszubleichen.

Zu meinem, wie überhaupt zum Erfolg unserer Familie hat wohl beigetragen, dass die Familie Fischer der protestantischen Minderheit im katholischen Rheinland angehörte, und dass diese Minderheit mehrheitlich gebildeter und wirtschaftlich erfolgreicher als das katholische Umfeld war. Und das nicht, weil sie klüger oder fähiger war, sondern, weil die Minderheit mehr arbeiten musste, um anerkannt zu werden. Das habe ich später auch bei jüdischen Studenten und Kollegen beobachtet."

Er blickte hinaus auf den See. Ein helles Dampfschiff mit Südwestkurs schleppte eine dunkle Rauchwolke hinter sich her. Wie schön wäre es, könnte er jetzt eine Zigarre genießen! Er streckte schon die Hand nach der Tasche mit dem Zigarrenetui aus. Ein kurzes „Emil" ließ ihn einhalten. Sie hatte ja recht, hatte er doch einen wochenlangen Bronchialkatarr, der in eine Lungenentzündung übergegangen war, nur mit Glück und ihrer Pflege überstanden.

„Der Verzicht fällt immer noch schwer. Ich habe auch recht früh damit begonnen. Das war als ich dreizehnjährig mit Vetter Ernst Fischer aus dem Nachbarhaus ins Gymnasium nach Wetzlar gezogen war. Ohne elterliche Aufsicht und ohne ernstliche Kontrolle durch die Schule führten wir ein recht freies Leben. Die meisten unserer Klassenkameraden waren beträchtlich älter. Der Älteste in unserer Klasse zählte schon einundzwanzig Jahre. Und diese Schulkameraden bemühten sich mir möglichst bald das Rauchen, Biertrinken und Skatspielen beizubringen. Mit Erfolg! Ein Erfolg, der wohl auch Grund meines späteren Magenleidens war.

Dass wir die ganze freie Zeit nicht nur in der Kneipe verbrachten, ist der Liebe und die Begabung von Vetter Ernst zur Musik zu verdanken. Er spielte Geige, Violoncell und Flöte und war gegenüber meinen Künsten auf dem Klavier ein Virtuose. Immerhin hatte ich es durch fleißiges Üben soweit gebracht, dass ich von Ernst zum Zusammenspiel zugelassen worden war. Und da sich noch andere musikalische Mitschüler fanden, erklang bald aus unserer ‵Bude‵ die herrliche Musik von Haydn, Mozart und auch Beethoven.“

„Professor, hatten Sie bei diesem Lotterleben überhaupt noch Zeit, den Anforderungen der Schule zu genügen?“

„Ein Tag hat für einen jungen Menschen vierundzwanzig Stunden und bei unserem guten Gedächtnis benötigten Ernst und ich für Unterricht, Hausaufgaben und andere Verrichtungen acht höchstens zehn Stunden, rechnet man noch acht Stunden Schlaf dazu verbleiben sechs bis acht Stunden, die ausgefüllt werden mussten nach dem oft geisttötendem Büffeln und Pauken grammatikalischer Regeln und ihrer Ausnahmen in der altgriechischen oder lateinischen Sprache. Und dazu gab es in Wetzlar damals kaum andere Möglichkeiten als Hausmusik und Kneipe. Als ich dann nach zwei Jahren an das Gymnasium nach Bonn gewechselt bin, hat mich Vetter Ernst, der dort das Medizinstudium begonnen hatte, in das fröhliche Studentenleben eingeführt. Zum Rauchen und Biertrinken ist dabei noch das Säbelfechten hinzugekommen.

Trotz dieser Ausschweifungen habe ich noch vor meinem siebzehnten Geburtstag das Abitur als ,primus omnium', als Jahrgangsbester, bestanden."

„Und zu diesem Zeitpunkt waren Sie sich schon über Ihren weiteren beruflichen Werdegang im Klaren?"

„Nein, durchaus nicht. Was hatte ich auf dem Gymnasium auch über Chemie gelernt? Während der Schulzeit hatte ich mich für das wenige, das wir in Physik gelernt hatten, und für die Mathematik interessiert. Beides waren aber für meinen Vater zu abstrakte, brotlose Wissenschaften. Er hatte immer noch die Hoffnung, sein einziger Sohn würde einmal an seiner Stelle ins Geschäft einsteigen. Es kam zum Kompromiss: Ich erklärte mich bereit in mindestens einem Jahr zu erkunden, ob ich am Kaufmannsberuf Gefallen finden könne.

Als Lehrherr wurde mein Schwager Max Friedrichs, der Ehemann meiner Schwester Fanny ausersehen. Im Herbst trat ich als unterster Lehrling in sein Holzgeschäft zu Rheydt ein. Meine dortigen Aufgaben, Abholen der Post, Zukleben der Briefe und Führung eines `Spieljournals`, unterforderten und langweilten mich derart, dass ich bald darauf sann, den Tag sinnvoller zu verbringen.

Da ich wusste, dass der Vater der Chemie gegenüber weniger ablehnend war, begann ich mich mit dieser Wissenschaft zu beschäftigen. Dazu nahm ich Privatstunden bei einem Lehrer und richtete mir ein winziges Laboratorium ein. Meine stümperhaften Versuche dort endeten meist mit Gestank, Geknall und verbrannten Fingern. Die Abende verbrachte ich häufig im Gasthaus mit Biertrinken, Rauchen und Billardspielen."

„Und Ihr Lehrmeister, Ihr Schwager?"

„Der war natürlich mit meinen Leistungen höchst unzufrieden. Er erklärte, ich wäre der schlechteste Lehrling, den er je gehabt hätte. In einer Unterredung mit meinem Lehrmeister soll mein Vater schließlich geäußert haben: ,Der Junge ist zum Kaufmann zu dumm, er soll studieren.' "

„Was Sie dann auch umgehend getan haben?"

„So schnell ging es nicht. Im Frühjahr 1870 hatte ich mir einen Magenkatarrh zugezogen. Das erleichterte mir zwar den Abschied aus Rheydt, für das Studium aber musste ich erst gesund werden. Und das dauerte. Um eine schnelle Heilung zu erreichen, reiste ich im Juli, es war der Tag der preußischen Mobilmachung, mit meiner Mutter nach Bad Ems.

Und hier konnten wir noch einen leichten Hauch vom wehenden Mantel der Geschichte, den Bismarck ergriffen hatte, spüren. Hatte doch der preußische König erst zwei Tage vor unserer Ankunft Ems verlassen. Hier auf der Kurpromenade war es zu dem Treffen des Königs mit dem französischen Gesandten Benedetti gekommen. Und von Bad Ems aus war die Depesche nach Berlin gesandt worden, die nach listreicher Kürzung durch Bismarck schließlich den Krieg ausgelöst hatte.

Und dann erlebten wir den preußischen Aufmarsch. Hatten wir bei unserer Anreise nach Bad Ems an militärischen Aktivitäten nur einen Soldaten, der einen Kinderwagen schob, beobachten können, war plötzlich alles voller Uniformierter. Große Truppentransporte passierten Bad Ems. Bald gab es die ersten Siegesmeldungen – Weißberg, Wörth, Spichern.

Die Nachricht vom Sieg bei Sedan erreichte mich schon wieder zu Hause in Euskirchen. Ich kam gerade von der Hühnerjagd zurück. Die Erwartung, dass mit dieser Schlacht der Krieg sein Ende finden würde, erfüllte sich leider nicht. Die Kämpfe zogen sich noch ins nächste Jahr hin.

Ich brauchte aber nicht fürchten, daran noch teilnehmen zu müssen. Zunächst war ich noch zu jung und dann nicht gesund genug. Mein Magenleiden hatte sich auch durch die Kur nicht bessern wollen. Erst nachdem sich mein Onkel Otto Fischer, der als Arzt in Köln praktizierte, meiner angenommen hatte, war ich im Frühjahr 1871 soweit hergestellt, dass ich mit dem Studium in Bonn beginnen konnte.

Inzwischen war mit der Kaiserproklamation in Versailles die Einheit Deutschlands erreicht worden.

Ich kann also sagen, dass meine ganze bisherige berufliche Entwicklung vom Studium bis zum einflussreichen Professor sich im geeinten Deutschland, in diesem damals gegründeten Zweiten Kaiserreich vollzogen hat.

Dreier Kriege hatte es bedurft diesen Staat zu errichten, und jetzt droht er, in einem weltumspannenden Krieg unter zu gehen. War nicht mit seiner Gründung durch `Blut und Eisen` der Keim für den Untergang des Kaiserreiches gelegt worden?"

„Solche Gedanken sind Ihnen damals sicher nicht gekommen. Wahrscheinlich hat sich der stud. chem. Emil Fischer erfüllt von der Euphorie über die gewonnene Einheit des Vaterlandes mit Elan ins Studium geworfen."

„Der Elan ist mir bald vergangen; um es berlinerisch zu sagen: Ich hatte bald die Schnauze voll!

Begonnen hatte alles recht verheißungsvoll. Das chemische Institut außerhalb Bonns in Poppelsdorf galt damals als das größte Forschungsgebäude der Welt. Und der Herrscher in diesem Palast der Wissenschaft war der berühmte August Kekule von Stradonitz. In seinen Vorlesungen erlebte ich ihn als guten Redner, geschickten Experimentator und einfühlsamen Lehrer. Aber alle Anfangsbegeisterung war schnell verflogen, als dann aber im Wintersemester die praktischen Arbeiten im Laboratorium begonnen hatten."

„Fischer, das ist nicht Ihr Ernst. Alle Welt lobt ihre Experimentierkunst. Ich hörte, dass einer Ihrer Professorenkollegen geäußert habe: Der Fischer bring selbst einen Limburger zum Kristallisieren. Und selbst das Nobelkomitee lobte Ihre `unübertroffene experimentelle Leistung`."

„Aller Anfang ist schwer, das gilt auch für einen späteren Nobelpreisträger. Ich kann mich noch gut an den Anfängersaal in Bonn erinnern. Man erreichte ihn, wenn man die pompöse Eingangshalle durchschritten und gleich am Anfang des Hauptkorridors nach rechts in einen kurzen Gang eingebogen war.

Und nun stellen Sie sich, mein Fräulein, diesen Saal vor: Schlecht beleuchtet, schlecht belüftet. Über allem liegt ein undefinierbarer stechender Geruch. Auf den Tischen rauschen Brenner. Aber ihre Flammen reichen nicht aus, das Halbdunkel zu durchdringen. Und überall huschen bärtige junge Männer herum. Alle emsig beschäftigt. Hier versucht sich einer beim Abfiltrieren, dort erhitzt ein anderer eine Porzellanschale, aus der rotbraune Dampfschwaden entweichen und der dort am Fenster verschwindet fast hinter einem weißen Nebel. Und inmitten dieses ihm kaum verständlichen Treibens der Student Fischer. Er hat gerade eine ihm unbekannte Substanz erhalten. Deren Zusammensetzung soll er ohne jegliche Vorbereitung, ohne Anleitung mit noch unzureichendem chemischem Wissen nach Wills ´Tafeln zur qualitativen chemischen Analyse´ ermitteln. Nun, er lernte bald aus Phosphorsalz- und Boraxperlen, aus mit dem Lötrohr gewonnenen Schmelzen auf das Vorhandensein von verschiedenen Metallen zu schließen, die Elemente durch Fällungen in Gruppen zu trennen und schließlich nachzuweisen. Vieles konnte er sich bei den Kommilitonen, die fast alle eine Apothekerlehre hinter sich hatten, abgucken. Doch in seiner Unerfahrenheit machte er viele Fehler, die der pedantischen für die Anfänger zuständige Professor Engelbach unbarmherzig mit Wiederholungsanalysen ahndete.

Und als dann im folgenden Sommer mit der quantitativen Analyse begonnen wurde, kam es für ihn noch dicker. Ungenaue Analysenwaagen und eine Geräteausstattung, wie zu Liebigs Zeiten, ließen die Arbeiten zu einer Geduldprobe und die Ergebnisse zur Glücksache werden. In seiner Verzweiflung wollte er das Studium schmeißen.

Es waren seine Vettern, die ihn der Chemie erhalten haben. Vetter Ernst Fischer riet nicht das Fach, sondern die Hochschule zu wechseln und Vetter Otto forderte ihn auf mit ihm an einer anderen hohen Schule das Studium fortzusetzen. Schließlich müssten sie doch die Welt kennen lernen."

„Dieser Vorsatz hat Sie beide dann direkt nach Straßburg geführt?"

„Es war eine Werbung in einer Zeitung, die uns auf diese Universität aufmerksam gemacht hat. Nach der Eingliederung des Elsass in das deutsche Kaiserreich war diese alte Universität als deutsche Hochschule neu gegründet worden. Und, obwohl die Trümmer aus der vierwöchigen deutschen Belagerung noch nicht beseitigt waren und die Bevölkerung Deutschen gegenüber nicht gerade freundlich gesonnen war, haben wir uns nach einem herzlichen Empfang in chemischen Institut zum Wechsel nach Straßburg entschlossen. Nicht ohne Einfluss auf unseren Entschluss war auch die Meinung unserer Väter, dass dort im Elsass ein guter Tropfen gekeltert werde."

„Eine Entscheidung aus dem Bauch heraus, die Sie aber nie bereut haben, wie ihr freundschaftliches Verhältnis zu Professor Baeyer zeigte. Ich wüsste nicht, wer außer ihnen mit ihm auf Du und Du stand."

„Straßburg, ich wüsste nicht, was mir Besseres hätte passieren können. Hier lernte ich die Analytik und die chemische Experimentierkunst. Dabei half der glückliche Umstand, dass wir zunächst unmittelbar nach dem Krieg mit nur wenigen Praktikanten das analytische Laboratorium teilen mussten. So konnte Professor Rose, der das anorganische Praktikum besorgte, uns Anfängern viel Zeit widmen. Als angenehm, ja befreiend empfand ich es, dass Rose, der lange bei Bunsen in Heidelberg gearbeitet hatte, ausschließlich die rationellen und erprobten Methoden von Großmeister Bunsen lehrte. Hatte ich in Bonn noch aufgeben wollen, betrieb ich jetzt die quantitative Analyse mit Begeisterung.

Im Sommersemester 1873 folgte dann das organische Praktikum, das Adolf Baeyer selbst leitete. Anders als heute wurden damals keine Präparate nach dem Anleitungsbüchlein gekocht. Man fing sofort mit einer wissenschaftlichen Aufgabe an, mit der man sich je nach Erfolg promovieren konnte. Die dazu notwendigen chemischen Operationen musste man von anderen Praktikanten oder vom Assistenten abgucken.

Über diese Zeit habe ich zu Baeyers siebzigsten Geburtstag 1905 eine kleine Abhandlung verfasst. Baeyer hat sie in seine Autobiografie eingefügt.

Darin habe ich auch geschildert, wie der dicke Fischer eine riesige Flasche gefüllt mit hydrierter Mellitsäure (Benzolhexacarbonsäure) und über fünfundzwanzig Kilo Quecksilber durch den Saal balanciert hat und in den Fußboden eingebrochen ist. Die kostbare Substanz, an der er zwei Monate gearbeitet hatte, war verloren und ein großer Teil des giftigen Metalls war auf `nimmer wieder sehen` im Fußboden, in Spalten und Ritzen verschwunden.

Professor Baeyer kam nicht umhin, mir für die Doktorarbeit ein neues Thema zu geben. Seine Wahl fiel auf die Strukturaufklärung der von ihm entdeckten Farbstoffe Florescein und dem Phthalein des Orcins. Ich habe dann eine ganz ordentliche Arbeit abgeliefert. Für beide Substanzen konnte ich eine recht genaue Strukturformel angeben."

„Haben Sie in Straßburg nicht auch die Verbindung entdeckt, die sie später so krank gemacht hat?"

„Das war erst nach der Promotion. Nach Weggang des Assistenten für organische Chemie hatte ich dessen Stelle bei der Betreuung der Studenten erhalten. Einer meiner Praktikanten hatte die Aufgabe erhalten, aus Benzidin (4,4′-Diaminobiphenyl) das entsprechende Diphenol herzustellen. Eine Aufgabe, die durch Diazotieren der beiden Aminogruppen des Benzidins mit salpetriger Säure und anschließendem ´Verkochen` der Diazoverbindung zum Phenol zu lösen sein sollte. Der Student erhielt aber bei der Diazotierung nur unreine, schmutzige Produkte. Da ich seiner Experimentierkunst nicht traute, wiederholte ich die Prozedur selbst, ohne ein besseres Ergebnis.

Was konnte schuld sein? War es die salpetrige Säure? Kann diese doch je nach Reaktionspartner sowohl reduzierend als auch oxidierend wirken. Wenn hier die oxidierende Wirkung störte, musste dem mit einem milden Reduktionsmittel beizukommen sein. Ich setzte deshalb bei dem folgenden Versuch schweflig saures Natron (Natriumsulfit) zu, was zu einem gelben Niederschlag führte.

Damit war ich auch nicht viel schlauer. Das Problem reizte mich aber und ich beschloss der leichteren Durchschaubarkeit wegen statt von Benzidin von Anilin auszugehen.

Und hier erhielt ich nach Zugabe des schweflig sauren Salzes schöne gelbe kristalline Flocken.

In der Literatur fand ich dann, dass ich nicht der erste war, der dieses Salz erhalten hatte. Aber mir fiel etwas auf. Während die einen Autoren von einem gelben Salz berichteten, hatten die anderen ein farbloses gefunden. Auch hatten die Elementaranalysen beider Gruppen zu unterschiedlichen Ergebnissen geführt. Handelte es sich hier um Fehler oder gar um verschiedene Verbindungen? Nun ich erkannte bald, dass es auf die Versuchsbedingungen ankam, welches der Salze sich bildet. Beim Eintragen des Diazobenzolsalzes (Benzoldiazoniumsalz) in eine neutrale und kalte

Lösung von schwefligsaurem Kalium erhielt man das gelbe Salz. Wurde der gleiche Versuch mit einer sauren und heißen Lösung des schwefligsauren Salzes wiederholt, bildete sich das farblose Salz. Und die folgenden Arbeiten, Analysen, die typischen Reaktionen mit verschiedenen Reagenzien zeigten, dass im gelben Salz die unveränderte Diazoverbindung vorlag, während es sich bei der farblosen Verbindung offensichtlich um deren Reduktionsprodukt handelte. Als Reduktionsmittel konnte hier nur die schweflige Säure gewirkt haben. War das richtig musste sich die gelbe Verbindung auch durch andere Reduktionsmittel in die weiße Verbindung überführen lassen. Der Versuch gelang mit Zinkstaub in essigsaurer Lösung. Durch Oxidation mit Chromat gelang sogar die umgekehrte Verwandlung der weißen in die gelbe Verbindung.

Mir war schnell klar, dass es sich bei dem weißen Salz um etwas Neues, vielleicht sehr wichtiges handelte. Allein es wollte mir zunächst nicht gelingen, die dem Salz zugrunde liegende organische Base zu isolieren.

Aber nach einigen Kopfständen bin ich dann doch zum reinen Phenylhydrazin gekommen. Dass es auch einfacher und schneller geht, ergaben erst weitere Arbeiten.

Verzeihen Sie Margarethe, da sind mir wieder einmal die chemischen Pferde durchgegangen."

„Professor, in den vielen Jahren, die ich auch Schreibarbeiten für Sie leiste, kam ich nicht umhin, mir ein Minimum an chemischer Bildung zu erwerben. Hatten Sie nicht erst kürzlich geäußert ihre hübschen Studentinnen hätten Sie überzeugt, dass wir Weibsleute nicht bildungsresistent sind."

„Dass Frauen, auch die hübschen, weniger bildungsfähig als Männer sind habe ich nie geglaubt. Brauche ich dazu doch nur an Sie und an meine schöne Mutter denken. Heutzutage wäre sie sicher eine gelehrte Frau geworden.

Meine Erfahrungen mit den Studentinnen, die in unser Institut gekommen sind, sagen, dass unter ihnen die gleichen Leistungsunterschiede, wie unter ihren männlichen Kommilitonen, bestehen. Wie bei den jungen Männern gibt es auch unter den jungen Frauen einige, die sich nur der Schau wegen in die Hörsäle und Laboratorien drängen. Die Mehrzahl aber kann durchaus neben den Männern bestehen. Trotzdem lasse ich keine in mein Labor, wenn sie ihre Haarpracht nicht gegen ein zufälliges Entflammen an einem Bunsenbrenner schützt.

Ich habe aber auch ernste Bedenken gegenüber dem Frauenstudium in der Chemie. Lehrt doch die Erfahrung, dass die meisten der studierten Frauen später nach der teuren Ausbildung heiraten und Kinder bekommen. Und, dass sie als Mütter den gefährlichen und gesundheitsschädlichen Beruf des Chemikers ausüben können, halte ich für nahezu unmöglich."

„Gibt es denn gar keine Möglichkeiten die gesundheitlichen Gefahren der Laboratoriumsarbeit, wenn nicht zu beseitigen, doch zu verringern?"

„Überall, wo ich etwas zu sagen hatte, in Erlangen, Würzburg und Berlin habe ich mich um eine gute Belüftung der Laboratorien gekümmert. Weiter können wir nur wenig tun. Bei aller Vorsicht ist es kaum möglich, das Einatmen von Dämpfen und die Berührung der verschiedensten Verbindungen mit der Haut zu verhindern. Und wir sehen es den neu entdeckten Verbindungen nicht an, ob sie eine Gefahr darstellen. Und es kann lange dauern, bis wir diese erkennen.

Wie lange hat es denn gedauert, bis ich beim Phenylhydrazin etwas gemerkt habe? Kurz nach seiner Entdeckung folgte Baeyer der Berufung auf den nach dem Tode Liebigs verwaisten Lehrstuhl nach München. Und ich bin Baeyer gefolgt.

In München habe ich zunächst alles daran gesetzt, durch Synthese von substituierten Hydrazinen und durch Einwirkung der

Hydrazine auf die verschiedensten Stoffe den Umfang des neu erschlossenen Forschungsgebietes wenigstens in den allgemeinen Umrissen zu erkunden.

Als freier Wissenschaftler hatte ich dazu keinen Assistenten oder eine andere Hilfskraft zur Verfügung. Acht oft zehn Stunden habe ich täglich im Labor gestanden. Und fast immer war sie dabei, diese Base $C_6H_5.NH.NH_2$. Frisch hergestellt ist sie im reinen Zustand bei Sommertemperaturen ein fast farbloses Öl von eigentümlichen aromatischem Geruch. Schon in kalten Räumen erstarrt es unter Bildung langfaseriger glänzender Kristalle. An der Luft färbt es sich rasch dunkelrot. Ich habe damals viel von den Eigenschaften, von den Reaktionen dieses Körpers erkunden können. Aber von seiner Giftigkeit habe ich nicht das Geringste bemerkt. Vielleicht hat mich das gute bayrische Bier geschützt. Das haben wir, die jungen Mitarbeiter Baeyers, damals nach der anstrengenden Tagesarbeit fast an jedem Abend ausgiebig genossen.

Ich habe mich mit den Hydrazinen habilitiert, wurde Professor in München, folgte dann dem Ruf nach Erlangen und wurde 1885 Professor in Würzburg. Ich hatte nun Assistenten, Mitarbeiter, die nach meinen Vorgaben einen Großteil der Laborarbeit erledigten.

Und bei einigen von ihnen zeigten sich zuerst stake Schwellungen von Händen und Armen. Und diese wurden erst nach und nach mit den Hydrazinen in Verbindung gebracht. Ich selbst hatte bis 1891, also bis sechzehn Jahre nach der ersten Berührung mit dem Phenylhydrazin, keine nennenswerte Reaktionen auf den Stoff gezeigt. Dann aber im Herbst 1891 kam es ganz dicke, nächtliche Koliken und Durchfälle. Nun ich hab`s überlebt; aber nur weil ich das Phenylhydrazin nicht mehr an mich herangelassen habe."

„ Gibt es den keine Möglichkeit, bei einem neuen Stoff aus seiner Zusammensetzung, aus seiner Molekulararchitektur auf seine Gefährlichkeit zu schließen? Ich muss dabei an Hermann denken.

Er hat noch ein ganzes Chemikerleben vor sich. Im Dezember hat er seinen dreißigsten Geburtstag."

„Wenn er nur in diesem Krieg nicht im Maschinengewehrfeuer zerschossen, nicht von einer Granate zerfetzt und nicht in einer Giftgaswolke erstickt wird, wenn er heil heimkommt, mag sich mein Sohn gern den Gefahren der Forschung aussetzen. Und dabei wird er ein gewisses Risiko eingehen müssen, mindestens solange wir die Chemie der Lebensvorgänge nicht richtig verstehen."

„In einer Zeitung habe ich gelesen, der Chemiker Emil Fischer habe das Tor zum Verständnis der Lebensvorgänge aufgestoßen. Er könne sogar mehr als die Natur. Er könne Stoffe herstellen, die es in der Natur nicht gibt."

„Nach meinem Vortrag 1906 über Aminosäuren, Polypeptide und Proteine berichteten verschiedene Zeitungen, die Synthese der Eiweiße und zwar aus Kohle und damit die Lösung der Nahrungsfrage sei mir vollständig gelungen. Ein goldenes Zeitalter stünde bevor.

Auf ihrer Jagd nach Lesern übertreibt die Presse häufig in oft phantastischer Weise. So auch in dem Artikel, den Sie gelesen haben.

Aber es ist richtig, dass meine Mitarbeiter und ich einiges zum Verständnis der Chemie von Kohlenhydraten, Nukleinen und Eiweißen beigetragen haben. Aber alle Erkenntnisse, die wir dabei gewinnen konnten, beziehen sich auf die Chemie, auf die Zusammensetzung, auf die Molekülstruktur und Laborsynthese dieser Stoffklassen. Dabei kann es schon passieren, dass wir Stoffe, die es in der Natur nicht gibt, herstellen, denn anders als die Chemiker folgen die Lebewesen bei ihrer Produktion nicht der Neugier, sondern Notwendigkeiten und Bedürfnissen.

Aber den Vorgängen in der lebenden Zelle, den dort in geordnetem Neben – und Nacheinander ablaufenden Prozessen stehen wir mit unseren groben Methoden nach wie vor mit Bewunderung und Hilflosigkeit gegenüber."

„Professor, Sie sollten nicht immer tief stapeln. Wofür haben Sie denn den Nobelpreis erhalten? Ich erinnere mich, dass der Präsident der schwedisch königlichen Akademie in seiner Laudatio gerade den durch Ihre Forschungen gewonnenen tieferen Einblick in die Natur und die Bedingungen der Lebensfunktionen hervorgehoben hat. Die Wirkung der Enzyme wäre nach ihren Forschungen in einer ganz neuen Perspektive erschienen."

„Diese Bemerkung von Theel bezieht sich auf unsere zuerst an den Zuckern gemachten Beobachtungen, dass sich Enzyme sehr unterschiedlich gegenüber feinsten Unterschieden im räumlichen Molekülbau verhalten. So spaltet ein Enzym von zwei Stoffen, deren Moleküle sich nur wie Bild und Spiegelbild voneinander unterscheiden, nur den einen. Daraus ist zu schließen, dass die molekulare Architektur von Enzym und seinem Angriffsobjekt wie Schloss und Schlüssel zueinander passen müssen.

Um zu dieser immer noch recht hypothetischen Aussage zu kommen, mussten die räumliche Struktur der natürliche Zucker erkannt und ihre Spiegelbilder synthetisiert sein. Das war schon eine tolle Arbeit. Sie hat ungefähr, ein wirkliches Ende kann ich gar nicht nennen, sieben Jahre gedauert. Oft war sie mühselig und gesundheitsschädlich. Viele junge Männer waren daran beteiligt.

Ich erinnere mich noch wie ich mit Julius Tafel ganz am Anfang unserer synthetischen Bemühungen von Würzburg nach Höchst gereist bin, um in den Farbwerken Lucius & Brüning für unsere Arbeiten eine größere Menge Acrolein und sein Bromid zu gewinnen. Das große Gefäß, aus dem das Acrolein destilliert wurde, befand sich im Freien. Wegen seines furchtbaren Gestanks konnten wir diesen Acrolein Reaktor nur an windigen Tagen betreiben. Tafel ist einmal in die Acroleinwolke hineingeraten und hatte danach mit einem heftigen Nasenbluten zu kämpfen. Er hat dann später mit mir aus Acrolein den ersten synthetischen Zucker mit sechs Kohlenstoffatomen hergestellt.

So ganz die Ersten waren wir aber auch nicht. Schon 1861 hat der russische Chemiker Butlerow durch Einwirkung von Kalkwasser auf Formaldehyd einen süßen Sirup erhalten. Und dieser hat nach unserer Wiederholung seines Versuchs aus mindestens zwei Zuckerarten bestanden. Später hat sich noch Loewi in Wien mit dieser Reaktion beschäftigt. Aber keiner von beiden konnte nachweisen, dass er tatsächlich Zucker erhalten hatte.

Um weiter als unsere Vorgänger zu kommen, musste für uns schon einiges zusammen kommen.

Da gab es zunächst einen zweiundzwanzigjährigen jungen Holländer und einen fünf Jahre älteren Franzosen. Und diese beiden jungen Männer hatten 1874 unabhängig voneinander eine neue Theorie über die räumliche Struktur organischer Verbindungen aufgestellt. Der Franzose hieß Joseph-Achille Le Bel Und den anderen kennen Sie. Er war in Berlin oft bei uns zu Gast. Es war der Holländer Jacobus Henricus van`t Hoff.

Im darauf folgenden Jahr hat ein deutscher Jüngling namens Fischer in Straßburg das Phenylhydrazin entdeckt. Fischer lernte in Straßburg und dann in München das Handwerk des organischen Chemikers. Er wurde Professor und lernte Forschung zu planen, die Talente seiner Assistenten und Studenten auf ein Ziel zu lenken. Dann nach Erlangen berufen entdeckte Fischer, dass das Phenylhydrazin mit Carbonylverbindungen, also Aldehyden und Ketonen, gut kristallisierende Kondensationsprodukte, Hydrazone, liefert. Dass erwartete er auch von den einfachen Zuckern, die entweder Keto – oder Aldehydgruppen tragen. Und sie taten es auch. Aber wenn er ein Gemisch von Trauben – oder Fruchtzucker mit überschüssigem Phenylhydrazin in essigsaurer Lösung erhitzte, erhielt er alsbald eine Abscheidung feiner gelber Nadeln. Und diese erwiesen sich als eine Klasse neuer Verbindungen. Fischer nannte sie Osazone.

Die neue Theorie von Le Bel und van`t Hoff hatte in seiner Arbeit bisher keine Rolle gespielt. Ja, er war noch als Assistent von Baeyer in München erst darauf aufmerksam geworden, nachdem man ihn auf den wütenden Angriff des Leipziger Ordinarius Hermann Kolbe gegen die deutsche Übersetzung der Schrift van`t Hoffs hingewiesen hatte. Kolbe hatte diese Arbeit als einen Rückfall in die Naturphilosophie, als ein von Phantasiespielereien ohne jeglicher Grundlage strotzenden Machwerk gegeißelt. Und gegen den Verfasser des zustimmenden Vorworts Johannes Wislicenus hatte der Leipziger den Bannstrahl geschleudert: Wislicenus in Würzburg sei mit seiner Empfehlung aus der Reihe der exakten Naturwissenschaftler ausgeschieden.

Nun, es sollten gerade acht Jahre vergehen und der so gescholtene Wislicenus folgte dem verstorbenen Kolbe auf dessen Lehrstuhl in Leipzig. Und ein Emil Fischer wurde auf den so freigewordenen Lehrstuhl in Würzburg berufen.

Und in Würzburg wurde für ihn die neue Theorie ganz wichtig. Denn er hatte bemerkt, dass die Osazone ein äußerst taugliches Mittel zur Trennung und Charakterisierung der Einzelzucker sind. Und nach vielen Bemühungen gelang es tatsächlich aus dem aus Acrolein hergestellten Sirup über die Osazonbildung und Spaltung des Osazons einen Zucker rein zu gewinnen. Dieser Zucker entsprach nach allem was zu ermitteln war, in der Verkettung der Atome, in allen chemischen und physikalischen Eigenschaften dem Fruchtzucker. Aber er zeigte keine optische Aktivität, während der natürliche Fruchtzucker die Ebene des polarisierten Lichts nach links dreht. Der synthetisierte Zucker ließ sich auch mit Hefe vergären. Aber nicht vollständig. Es blieb etwa die Hälfte übrig.

Und die zeigte optische Aktivität. Aber im Gegensatz zum natürlichen Fruchtzucker, der Fruktose, drehte dieser Zucker die Ebene des polarisierten Lichtes nicht nach links, sondern nach rechts.

Offensichtlich hatten wir zunächst die rechts und links drehende Fruktose zu gleichen Teilen hergestellt, so dass sich die optischen Aktivitäten beider aufgehoben hatten. Beim Vergären mit Hefe aber war die in der Natur vorkommende linksdrehende Fruktose verbraucht worden und übrig geblieben war die bisher unbekannte rechtsdrehende Form des Fruchtzuckers.

Und für diese Sonderbarkeiten lieferte die Theorie von Le Bel und van`t Hoff die Erklärung durch die Annahme, dass in organischen Verbindungen die vier Bindungen jedes Kohlenstoffatom in die vier Ecken eines Tetraeders weisen. Aus einer solche Anordnung ergibt es sich, dass Verbindungen mit asymmetrischen Kohlenstoffatomen, also mit Kohlenstoffatomen, die von vier unterschiedlichen Atomgruppen umgeben sind, in zwei nur spiegelbildlich unterschiedlichen Formen auftreten können.

Und jede dieser Formen sollte die Ebene des polarisierten Lichtes in eine andere Richtung drehen.

Unsere Arbeiten zeigten schnell, dass diese theoretischen Annahmen richtig waren. Sie ermöglichten es Molekülmodelle zu konstruieren und der Übersichtlichkeit wegen in die Papierebene zu projizieren. Mit diesen Modellen konnten dann die Synthesewege geplant werden. Und es gelang nicht nur den natürlichen Fruchtzucker, sondern auch die meisten isomeren Verbindungen des Traubenzuckers, der Glucose, herzustellen. Nach der Theorie sind das bei vier asymmetrischen Kohlenstoffen immerhin sechzehn und bei vierzehn ist bisher die Herstellung im Labor gelungen. Es ist schon erstaunlich wie sich hier Experiment und Theorie gedeckt haben. Unsere mühseligen Laborarbeiten bildeten gewissermaßen das entscheidende Experiment, das Experimentum crucis, für die Lehre vom asymmetrischen Kohlenstoffatom. Und die

Lehre ermöglichte uns, die Versuchsergebnisse zu verstehen, neue zu planen und die molekulare Architektur vieler Zuckerarten zu ermitteln. "

„Professor, bei der Großartigkeit Ihrer Leistungen getraue ich mich kaum meine Frage dazu zu stellen."

„Und die wäre?"

„Nun ich habe verstanden, dass es chemische Verbindungen gibt, deren Moleküle nahezu gleich sind und sich nur wie etwa rechte und linke Hand unterscheiden. Und dieser Unterschied soll irgendeine unterschiedliche Lichtdrehung hervorrufen. Ich weiß nicht, wie man Licht drehen kann?"

„Es handelt sich dabei um die Drehung der Ebene des polarisierten Lichts. Die Physiker erklären das Phänomen so: Das Licht ist eine Welle, deren Schwingungen senkrecht zur Ausbreitungsrichtung erfolgt; etwa wie bei den Wasserwellen unten auf dem See. Bei normalem Licht unabhängig ob von der Sonne oder aus einer modernen Glühlampe erfolgen die Schwingungen in alle möglichen Raumrichtungen. Es gibt nun aber sinnvolle optische Prismen, die wie Filter nur das Licht einer Schwingungsebene hindurch lassen. Dieses Licht wird polarisiert genannt. Durch Drehen des Filters kann die Schwingungsebene, die hindurch gelassen wird, verändert werden. Wenn man also zwei solcher Filter, den ersten fest und den anderen drehbar hintereinander anordnet, kann man also feststellen, ob die Ebene des polarisierten Lichts auf dem Wege zwischen den beiden Filtern gedreht wurde. Und das geschieht immer dann, wenn dieser Lichtstrahl die Lösung eines Stoffs mit optischer Aktivität passiert hat. Durch Drehen des zweiten Filters kann man nun Veränderung der Schwingungsrichtung ermitteln. Der Apparat für diese Messungen heißt Polarimeter."

„Professor, das reicht, wenn ich jetzt einen Ihrer Texte ins Reine schreibe, weiß ich wenigstens, worum es sich bei der optischen

Aktivität handelt. Sind die optisch aktiven Stoffe eigentlich eine neuere Entdeckung?"

„Als neu würde ich sie nicht gerade nennen, liegt sie doch schon gut hundert Jahre zurück. Dieses zunächst völlig unverstandene Phänomen hat der französische Physiker Jean Baptist Biot entdeckt. Der erste, der eine Beziehung zur Struktur der Stoffe vermutete war der große Forscher Louis Pasteur. So um das Revolutionsjahr 1848 hat sich der damals gerade fünfundzwanzigjährige noch unbekannte Pasteur mit Salzen der Weinsäure und ihren optischen Eigenschaften beschäftigt.

Man kannte damals die in den Früchten vorkommende Weinsäure. und die synthetisch hergestellte Traubensäure. Nun obwohl beide die gleiche chemische Zusammensetzung dreht die Weinsäure die Ebene des polarisierten Lichts nach recht, während die Traubensäure optisch inaktiv ist. Nach einigem Hin und Her hat Pasteur versucht, einen Zusammenhang zwischen Kristallstruktur und optischer Aktivität zu finden. Und dabei hat er beobachtet, dass das Natriumammoniumsalz der Traubensäure beim Auskristallisieren eine Mischung aus zwei Kristallformen bildet. Und diese Kristalle unterschieden sich wie Bild und Spiegelbild. Pasteur konnte nun, wie Aschenputtel Erbsen, die beiden Formen mühselig durch Auslesen trennen. Als er dann aus den Kristallen beider Formen die Säuren hergestellt hatte, konnte er feststellen, dass die eine völlig identisch zur natürlichen Weinsäure war und auch die Ebene des polarisierten Lichts in gleicher Weise drehte. Aus den Kristallen der anderen Form erhielt er eine Säure, die sich von der ersteren dadurch unterschied, dass ihre Kristalle zu denen der natürlichen Weinsäure gespiegelt waren und sie das polarisierte Licht in die entgegengesetzte Richtung drehte. Eine Mischung aus beiden Säuren zu gleichen Teilen entsprach in allen Eigenschaften der Traubensäure und war wie diese optisch inaktiv.

Pasteur hatte einen Widerspruch gelöst und eine neue Art der Iso-
merie entdeckt und ihm war die Trennung einer optisch inaktiven
Mischung, eines Racemats, in eine rechts und eine links drehende
Verbindung gelungen.

Als er sich nach einem letzten Blick durch das Polarimeter seiner Entdeckungen sicher war, soll er hinaus in den Korridor gestürzt sein, habe dort den zufällig vorbeikommenden Institutsdie-
ner umarmt und wäre mit ihm ins Freie getanzt."

„ Zum Glück haben Ihre jungen Herren und jetzt auch Damen
kühleres Blut. Sonst könnte Ihr Institut schnell zum Ballsaal werden."

„Ich spielte gern dazu auf, wären Entdeckungen von unerwartet
Neuem häufiger. Aber dazu reicht Fleiß nicht allein. Es gehören
neben einem beweglichen Geist auch Glück und Zufall dazu."

„ Glück und Zufall?"

„ Auch Louis Pasteur hatte bei seiner Entdeckung sehr viel
Glück, denn es gibt nur zwei Doppelsalze der Traubensäure, die
beim Auskristallisieren keine Mischkristalle, sondern eine Mischung der reinen Salze der rechts und links drehenden Weinsäure
bilden. Und der Zufall wollte, dass er die Kristalle durch langsames Verdunsten des Wassers im kühlen April gewonnen hatte,
denn über 28°C bildet das Natriumammoniumsalz symmetrische
Mischkristalle. Seine Entdeckung hätte also nicht stattgefunden,
hätte er seine Versuche im warmen Pariser Sommer durchgeführt
oder versucht die Kristalle aus einer gesättigten warmen Lösung
zu gewinnen." „Louis Pasteur gilt als genialer Wissenschaftler.
Wie aber kommt es, dass nicht er, sondern erst ein Vierteljahrhundert später zwei junge Anfänger die Verbindung zwischen optischer Aktivität und asymmetrischen Kohlenstoffatomen bemerkten?"

„ Pasteur war natürlich klar, dass die mit der gegensätzlichen
optischen Aktivität einher gehende Asymmetrie der Kristalle ihre

Ursache auch in der molekularen Struktur haben müsse. Aber 1848 steckte die Lehre vom Aufbau organischer Verbindungen noch in den allerersten Kinderschuhen. Und als sie diesen dann langsam entwachsen war, hatte Pasteur in der Biologie der Mikroorganismen ein neues Forschungsgebiet gefunden. Dass er dieses Gebiet, das ihm die höchsten Triumphe bescheren sollte, betrat, hängt aber sicher mit seiner vorherigen Beschäftigung mit optisch aktiven Verbindungen zusammen. Hatte er doch gefunden, dass optisch aktive Verbindungen nur von Lebewesen erzeugt werden, während alle Laborsynthesen stets zu einem Gemisch aus gleichen Teilen beider optischer Antipoden führen." „ Gibt es eine Ursache dafür?" „Wir kennen sie nicht. Aus unseren Versuchen mit der Wirkung von Enzymen auf synthetisch gewonnene Zucker und eiweißartige Verbindungen, vermute ich, dass die Enzyme eine solche Struktur aufweisen, dass sie nur mit jeweils der einen Form in Wechselwirkung treten können. Mein rechter Fuß kann ja auch mit dem linken Schuh nicht recht marschieren."

„Dann brauchen wir also nicht hoffen oder fürchten, dass unsere Nahrung künftig nicht mehr vom Bauernhof, sondern aus der Chemiefabrik kommt?"

„Wir Chemiker sind heute in der Lage aus Kohlenstoff, also Kohle, und Wasser Traubenzucker und Fruchtzucker die Bausteine des Rohrzuckers herzustellen. Und diese Zucker könnte man auch ohne Bedenken essen. Aber der Aufwand, der Energiebedarf, die vielen Reinigungsoperationen und die geringe Ausbeute machten diesen Zucker unbezahlbar. Und das Kunststück, die einfachen Zucker zu Stärke und Cellulose zu verbinden, ist uns auch noch nicht gelungen.

Dagegen die Natur; sehen Sie sich um; rechts und links, über und unter uns überall Bäume, Pflanzen, grüne Blätter und deren Zellen vollbringen in aller Stille was uns nur unter großen Mühen unter Einsatz unserer Gesundheit gelingt. Und zu dieser Überlegenheit der Pflanzen gegenüber uns Chemikern trägt dieses Grün bei, ein eigenartiger Farbstoff - das Chlorophyll. Mit diesem Farbstoff gelingt es den Pflanzen, das Sonnenlicht als Energiequelle zur Herstellung von Kohlenhydraten zu nutzen.

Professor Richard Willstätter, der sich jetzt im Krieg mit Gasmasken beschäftigen muss, hat viele Jahre lang daran gearbeitet, das Geheimnis dieses Stoffes zu lüften. Mit rechtem Erfolg. Wir wissen heute, dass das Chlorophyll in den Pflanzenzellen aus einer blaugrünen und einer gelblichgrünen Komponente besteht, dass beide Ester einer zweibasigen Säure mit Methylalkohol und einem Phytol genannten Alkohol sind. Wir wissen, dass Chlorophyll ein Magnesiumatom enthält und dass sich dieses Magnesiumatom im Zentrum eines Ringes aus vier Pyrrolmolekülen befindet. Aber wie das Chlorophyll in der Pflanzenzelle wirkt, wie es die Pflanzen zum Aufbau von Kohlenhydraten befähigt, darüber wissen wir immer noch nichts. Oder fast nichts, denn in England hat man herausgefunden, dass man dabei eine temperaturunabhängige Lichtreaktion und eine von der Temperatur abhängige Dunkelreaktion unterscheiden kann.

„ Kann es nicht sein, dass das Leben, diese beseelte Form des Materiellen, seine letzten Geheimnisse nie preisgeben wird?"

„Es ist noch nicht hundert Jahre her, da war es die feste Meinung der Wissenschaft, dass nur Lebewesen organische Stoffe hervorbringen können. Aber nachdem ein junger Mann in Berlin das Gegenteil bewiesen hatte, ist die Anzahl der synthetisch hergestellten Verbindungen unaufhaltsam gestiegen. Sie geht inzwischen in die Hunderttausende. Und mit dieser Entwicklung festigte sich die Auffassung, dass der Stoffwechsel in den lebenden Organismen eine Aufeinanderfolge chemischer Ab – und Aufbaureaktionen ist. Ohne diese Überzeugung hätte ich mich nie an Arbeiten über die Kohlenhydrate und Eiweißstoffe gewagt.

Noch in Würzburg bin ich einmal mit Ernst Haeckel zusammen getroffen. Aus der kurzen, aber lebhaften Unterredung ist mir ein Ausspruch Haeckels im Gedächtnis geblieben: ,Wenn Ihr Chemiker synthetisch das richtige Eiweiß macht, dann krabbelt`s`. "

„Professor, glauben Sie das?"

„Nein, dass einzelne noch so komplexe Moleküle lebendig werden könnten, halte ich nicht für möglich. Das was in einem Organismus, in einer Zelle, das Leben ausmacht, stelle ich mir als einen wohl geordneten Ablauf von chemischen und physikalischen Vorgängen vor. Und dieses Zusammenspiel von Stoff – und Energieumwandlungen, von Auf – und Abbau ist mit unseren bisherigen Hilfsmitteln sicher nicht zu entwirren. Aber die stürmische Entwicklung der Naturwissenschaften in den letzten hundert Jahren sagt mir, dass das nicht so bleiben muss.

„Aber beinhaltet nicht auch das Leben der kleinsten Amöbe, der Bakterien ein gewisses Maß an geistiger, seelischer Substanz? Und muss sich diese nicht materielle Komponente nicht für alle Zeiten der naturwissenschaftlichen Erkenntnis entziehen?"

„Margarethe, es gibt kaum einen anderen Gegenstand, über den mehr nachgedacht, mehr geschrieben und gestritten wurde, als der Verbindung von Körper und Geist. Meinen Neigungen entsprechend habe ich mich nicht daran beteiligt; habe das Thema Theologen und Philosophen überlassen und meine Zeit lieber daran gesetzt, meinen Fuß in jeden Türspalt zu setzen, den die Natur öffnete. In der Berliner Akademie hatte ich wiederholt Gelegenheit mit den an philosophischen Fragen interessierten Physikern Helmholtz und Du Bois – Reymond zu sprechen. Die von ihnen geprägte mechanische Naturauffassung besagt, dass wir selbst bei genauster naturwissenschaftlicher Erforschung des Gehirns bestenfalls etwas über die Bewegung seiner Atome, aber nichts über Gedanken und Gefühle, über das Bewusstsein erfahren könnten.

Ich denke, hier kann die Chemie die Wissenschaft vielleicht ein Stück voranbringen. Betrachten wir die Entwicklung eines Lebewesens. Aus einer befruchteten Eizelle wächst ein Zellstaat heran, hält sich auf dem Höhepunkt der Entwicklung für einige Zeit im Gleichgewicht, um dann zu altern und zu sterben. Und während der ganzen Lebensspanne nimmt dieser vielteilige Organismus lebensnotwendige Stoffe auf, baut sie um, gewinnt daraus Lebensenergie und stößt verbrauchte Materie aus. Das kann doch nicht ohne einen festen Plan, ohne gewisses Gedächtnis erfolgen. Und sollte dieses nicht in chemischen Verbindungen etwa in den Enzymen gespeichert sein."

„ Ich glaubte immer, Sie seinen allen Spekulationen abholt. Gibt es Hinweise auf eine solche kühne Annahme?"

„ Dazu muss ich etwas weiter ausholen. Die ersten Ergebnisse, die wir bei der Untersuchung von Eiweißstoffen erhielten, waren, dass alle diese Proteine aus Aminosäuren aufgebaut waren. Und zwar aus ganz besonderen. In Proteinen pflanzlicher und tierischer Herkunft haben wir bisher nicht mehr als neunzehn verschiedene Aminosäuren in wechselnden Mischungsverhältnissen gefunden. Und alle diese Aminosäuren sind solche, bei denen die Säuregruppe und die basische Aminogruppe am gleichen Kohlenstoffatom verankert sind. Bis auf Glycin, der einfachsten dieser Säuren, sind alle optisch aktiv und besitzen die gleiche räumliche Ausrichtung.

All unsere Experimente, all mein chemischer Sachverstand führten zu dem Schluss, dass die Aminosäuren in den Proteinen derart gebunden sind, dass sie eine lineare Kette, eine Peptidkette, bilden, in der die Aminogruppe der folgenden Säure mit der Säuregruppe der vorausgehenden eine Amidbindung bildet.

Zu diesem Schluss ist unabhängig und nahezu gleichzeitig der Physiologe Franz Hofmeister in Straßburg gekommen. Im September 1902 auf dem Jahrestreffen der Gesellschaft deutscher Naturforscher und Ärzte berichteten wir beide darüber. Er im ersten Plenarvortrag und ich am gleichen Tag am Nachmittag in der Chemiesektion. Mein Vorteil war, ich konnte darauf verweisen, dass es uns in Berlin schon im Jahr zuvor gelungen war, die Vorstellungen vom Aufbau der Proteine durch erste Synthesen zu untermauern.

Unsere Analysen verschiedener Proteine und auch unsere Synthesen zeigten, dass die jeweilige Art der Proteine von der Art der Aminosäuren in der Kette, von der Länge der Kette und wahrscheinlich auch von der Reihenfolge der Aminosäuren in ihr bestimmt wird. Und wenn das wirklich so sein sollte, muss es irgendwo in der Zelle so etwas, wie eine Anleitung für den Aufbau der Proteine geben.

Wir haben natürlich versucht diese Annahme durch gezielte Synthesen zu beweisen. Ein kontrollierter Aufbau der Kette, ihrer Länge und der Reihenfolge der Aminosäuren erwies sich als mühselige und langwierige Prozedur. Sie kann nur Schritt für Schritt, Aminosäure auf Aminosäure erfolgen, wobei durch geeignete Umwandlungen jeweils die Aminogruppe am Anfang der Kette geschützt und die Säuregruppe am Ende der Kette aktiviert werden muss. Das Reaktionsprodukt muss nach jedem Syntheseschritt isoliert und gereinigt werden. Wir sind daher nach jahrelanger Arbeit auch noch nicht weiter als bis zu einer Kette aus achtzehn Aminosäuren gekommen.

Dagegen die Natur. In unsrem Körper, in Magen und Dünndarm werden die Proteine der Nahrung durch die Verdauungssäfte bis zu den Aminosäuren abgebaut. Das Blut transportiert diese zu allen Geweben. Und in deren Zellen werden aus den Aminosäurebausteinen anscheinend mühelos die verschiedensten körpereigenen Proteine aufgebaut.

Nach diesen neueren Erkenntnissen auch meiner Schüler ist als sicher anzunehmen, dass es nicht am übermäßigen Fleischgenuss liegt, wenn sich jetzt im Krieg manche Politiker und Militärs in Ochsen und Esel verwandelt haben.

Die Pflanzen sind in der Lage, die Aminosäuren als Bausteine ihrer Proteine aus anorganischen Stoffen zu gewinnen. Das können wir inzwischen auch; nur nicht so elegant. Denn anstelle unserer Kolben, Brenner, Filter und Destillen arbeitet die Natur mit Enzymen. Aber die Chemie dieser Stoffe ist noch vollkommen im Dunkeln. Wenn wir etwas mehr von den Lebensvorgängen verstehen wollen, müssen wir den Chemismus der Enzyme verstehen." „Professor, es fällt mir schwer zu glauben, dass etwas von der toten Materie so verschiedenes, wie ein lebender Organismus durch chemische Körper erklärt und verstanden werden kann. Soweit ich weiß, erklären auch geachtete Wissenschaftler das Leben durch Wirkung einer übergeordneten Lebenskraft, durch die Führung eines geistigen Prinzips."

„Margarethe, diese Vorstellung von der Lebenskraft hat um 1860 durch die Arbeiten von Pasteur einen großen Aufschwung genommen. Nach Experimenten von großer Überzeugungskraft hatte er verkündet, dass die Umwandlung von toter organischer Materie durch Fäulnis und Gärung eine Begleiterscheinung der Lebensprozesse von Mikroorganismen sei. Fast alle Naturforscher haben sich damals dieser Lehre angeschlossen. Gab es doch keine überzeugenden Belege dafür, dass innerhalb der Zelle biologische Katalysatoren, Enzyme, Stoffumwandlungen vollzogen. Alle bekannten Enzyme dienten in den Verdauungssäften oder in den Pflanzensamen ausschließlich der Stoffspaltung außerhalb der Zellen.

Einer der Wenigen, die sich der Pasteurschen Lehre nicht angeschlossen hatten, war der alte Liebig. Unbeirrt beharrte er auf seiner Ansicht, Fäulnis und Gärung wären die Folgen von molekularen Schwingungen, die von in Zersetzung befindlichen Stoffen ausgesandt werden. Pasteur und Liebig, sie sollten beide Unrecht haben. Aber das erlebten beide nicht mehr.

Liebigs Theorie von den molekularen Schwingungen wurde durch die moderne physikalisch- chemische Forschung widerlegt.

Und knapp ein Jahr nach Pasteurs Tod besuchte der Chemiker Eduard Buchner, der gerade Professor in Tübingen geworden war, in den Sommerferien seinen Bruder Hans Buchner in München.

Hans Buchner forschte als Professor für Hygiene und Bakteriologie über Zellinhaltstoffe von Mikroorganismen, wohl um die immunisierende Wirkung von Impfungen verstehen zu können. Als Ausgangsmaterial für seine Forschungen diente ihm ein zellfreier Saft aus Hefezellen. Er gewann diesen durch Zerreiben von Hefe mit Sand, dem er noch Kieselgur zugesetzt hatte, um den austretenden Saft sofort aufzusaugen. Nach dem Zerreiben wurde der Saft dann mit einer hydraulischen Presse herausgepresst. Der gewonnene Zellsaft erwies sich aber als wenig haltbar, und so hatte man verschiedene Möglichkeiten zur Konservierung erprobt. Da aber der Einsatz verschiedener Antiseptika Trübungen und Ausflockungen des Presssaftes verursacht hatte, hatte man sich entschlossen, die Haltbarmachung durch den Zusatz von Zucker zu erproben.

Einen solchen Versuch führte der Mediziner Buchner eigenhändig, die Mitarbeiter waren im Sommerurlaub, dem Chemiker Buchner vor. Und dieser bemerkte, was bei vorausgegangenen Versuchen übersehen worden war, in dem fast klaren Saft kam es nach kurzer Zeit zu einer lebhaften Gasentwicklung. Der Chemiker Eduard Buchner dachte sofort an alkoholische Gärung und erfasste auch die Tragweite der Erscheinung, denn die Flüssigkeit enthielt keine Hefezellen, war ohne Leben. Die zunächst hastig und später mit größter Sorgfalt ausgeführten Versuche bestätigten die erste Vermutung: Der Vorgang der Gärung ist nicht an lebende Zellen gebunden. Es ist eine Enzymreaktion, die im Reagenzglas erfolgen kann.

Danach sollte es auch möglich sein, den ganzen Chemismus der Umwandlung von Zucker in Alkohol aufzuklären und mehr über Enzyme erfahren zu können.

Doch damit ist noch fast nicht begonnen worden. Und der Entdecker der zellfreien Gärung kann nicht mehr daran teilnehmen. Der Nobelpreisträger Buchner wurde im letzten August siebenundfünfzigjährig ein Opfer dieses Krieges. Sein Grab ist irgendwo in Rumänien.

Die Forschung der letzten Jahrzehnte hat den Zugang zu so vielen ungelösten Problemen eröffnet. Problemen, die das Zusammenwirken von Biologen und Chemikern erfordern. Aber die großen Nationen überbieten sich darin, ihre klügsten Köpfe umzubringen.

Da ist der eigenartige Stoff den der Schweizer Miescher vor fast fünfzig Jahren in den Zellkernen entdeckt und Nuklein genannt hat. Inzwischen spricht man auch von Nukleinsäure. Im Gegensatz zu den Enzymen weiß man bei diesem Stoff schon einiges über seine chemische Beschaffenheit, aber die Funktion in der lebenden Zelle ist noch vollkommen unbekannt.

Durch die Forschungen von Albrecht Kossel und seiner Schule wissen wir, dass diese offensichtlich großen Moleküle aus Phosphorsäure, einem Zucker und einigen heterocyclischen Basen aufgebaut sind. Bei dem Zucker handelt es sich nicht um Traubenzucker, sondern um einen Zucker mit nur fünf Kohlenstoffatomen. Dieser Zucker, wie auch die Purinbasen Adenin und Guanin, sind dank der ausführlichen Arbeiten in meinem Labor über Zucker und Purine der Synthese zugänglich. Und über die Synthese der Pyrimidinbasen ist in Kossels Labor gearbeitet worden.

Doch all diese Erkenntnisse sagen uns nichts darüber, wozu die Nukleinsäuren in den Zellkernen da sind. Sie sind nach Kossels Befunden weder Reservesubstanzen noch Energiespeicher für die Muskelbewegung. Ihre Anwesenheit im Zellkern lässt an Aufgaben bei der Zellteilung denken.

Vielleicht kann man etwas über die Funktion der Nukleinsäuren erfahren, wenn man sie aus den bekannten Bausteinen aufbaut und in lebende Organismen einbringt. Erste Versuche zur Synthese hatten wir bereits begonnen. Diese Arbeiten sind leider durch den Krieg unterbrochen worden."

„ Dass Ihr vor dem Krieg noch nicht weiter vorangekommen seid, kann auch ein Segen sei. Wer weiß welche heimtückischen Waffen sonst daraus entstanden wären. Ich habe immer Angst um Hermann, besonders seit er bei dieser Giftgasabteilung von Haber ist. Ist es nicht schrecklich, dass sich die Menschen jetzt nicht nur gegenseitig totschießen, sondern sich auch gegenseitig wie Ratten zu vergiften trachten?"

„Der Gaskrieg, ich habe ihn, weiß Gott, nicht gewollt. Haber habe ich, schon als er mit den Arbeiten dazu begann, mitgeteilt, dass ich ihm vom Grunde meines patriotischen Herzens aus Misserfolg wünsche. Es hat nichts genutzt. Mein Argument der Gaskrieg könne eher dem Gegner nutzen, schließlich herrsche an der Westfront im größten Teil des Jahres Süd – und Westwind, wurde mit dem Hinweis auf unseren industriellen Vorsprung abgetan.

Und jetzt muss ich Haber sogar dankbar sein, dass er meinen Sohn angefordert hat. Ist er als Gasschutzoffizier bei einem Stab doch vor einem direkten Fronteinsatz sicher. Margarethe, ich könnte nicht weiter leben, raubte mir dieser Krieg auch noch den Letzen meiner Söhne.

Dem Haber wird der Gaskrieg auch noch lange anhängen. Wollte zeigen, dass auch Juden für den Sieg für Deutschlands alles aufbieten. Aber Haber ist auch ein großer Chemiker. Die Ammoniaksynthese, ihm ist es gelungen, den Stickstoff aus der Luft nutzbar zu machen. Der alte Liebig hat das leider nicht mehr erbebt. Ihn hat die Rolle des Stickstoffs bei der Pflanzenernährung sein ganzes Leben lang beschäftigt und genarrt. Haben doch erst dreizehn Jahre nach Liebigs Tod Bernburger Agrarforscher entdeckt, dass einige Pflanzen, Leguminosen wie Luzerne, Klee und Erbse, im Zusammenwirken mit Bakterien den Luftstickstoff nutzen können. Und Dank Haber können wir das jetzt auch – für Dünger und Sprengstoff. Himmel und Hölle liegen in dieser Zeit dicht beieinander. Wir sollten uns jetzt die Kirche von Innen besehen. Es wird mir jetzt etwas zu warm hier in der Sonne."

Nach sechs Wochen Kuraufenthalt in Locarno und einer weiteren Kur im Sommer in Karlsbad war Emil Fischer wieder in Berlin, als am 11. November 1918 mit einem Waffenstillstand der Krieg beendet wurde.

Fünfundzwanzig Staaten mit etwa drei Viertel der damaligen Weltbevölkerung waren in einen Totentanz mit siebzehn Millionen Opfern hineingezogen worden. Ungezählt die Witwen und Waisen. Nach revolutionären Erhebungen in ganz Deutschland hatte Philipp Scheidemann am 9. November die Republik ausgerufen. Den vor dem Reichstag versammelten Demonstranten hatte er zugerufen, das Alte und Morsche, die Monarchie sei zusammengebrochen. Es lebe das Neue, es lebe die deutsche Republik. Doch das Alte war noch in vielen Köpfen und um die Gestaltung des Neuen, als parlamentarische Demokratie oder Diktatur des Proletariats, wurde erbittert gerungen. Bald kam es in Berlin zu Straßenkämpfen. Auch Fischers chemisches Institut in der Hessischen Straße geriet unter MG-Feuer.

Als dann die junge Republik die erste Zerreißprobe überstanden hatte, war Fischer unermüdlich tätig. Galt es doch den Lehrbetrieb und Forschungsarbeiten wieder aufzunehmen, die Neuorganisation des Wissenschaftsbetriebes in Angriff zu nehmen, die Finanzierung des allernotwendigen zu sichern und, was nach diesem Krieg sehr schwer war, die Verbindungen zu ausländischen Kollegen wieder anzubahnen. Aufgaben, die ihn im Sommer 1919 oft von morgens um acht bis fast Mitternacht von seiner Villa am Wannsee fernhielten.

Dann Mitte Juli 1919 heftige Schmerzen und die Diagnose Darmkrebs, unheilbar. Am 15. Juli 1919 setzte Emil Fischer seinem Leben ein Ende. Es war 1:00 Uhr morgens als er das Gift zu sich nahm. Sein Sohn Hermann war bei ihm und Margarethe Barth, die seit dem frühen Tod seiner Frau seinen Haushalt leitete, seinen Söhnen die Mutter ersetzt hatte und ihm zur Vertrauten und Reisebegleiterin geworden war.

Atmung und Energie

Am Freitag, dem 18. Juli 1919 wurde Emil Fischer auf dem Friedhof in Berlin – Wannsee zu Grabe getragen. In seiner Grabrede in der überfüllten Neuen Kirche zu Wannsee rief der Präsident der Kaiser Wilhelm Gesellschaft Adolf von Harnack der akademischen Jugend zu:

„Möge dieses Licht und dieses Feuer, das Emil Fischer beseelte, fortwirkend seinen Schülern und uns erhalten bleiben." (7)

Nichts sehnlicher als diesem Anspruch in seiner Forschungsarbeit genügen zu können, wünschte sich unter den Trauernden der fünfunddreißigjährige Fischerschüler Otto Warburg. Er war zwar schon vor Kriegsende von der Westfront, wo er als Stabsoffizier gedient hatte, nach Berlin zurückgekehrt, doch trotz dieser Abkommandierung zur Forschungsarbeit, trotz Professorentitel hatte er seine Arbeit am Kaiser-Wilhelm-Institut für Biologie nicht aufnehmen können.

Als er nach seiner Rückkehr das Institut in der Boltzmannstraße in Berlin Dahlem aufgesucht hatte, hatte er die Arbeitsräume für seine Abteilung Physiologie besetzt gefunden. Man hatte dort eine der von Professor Haber geleiteten geheimen Forschungseinrichtungen, die sich mit dem Einsatz von Giftgas an der Front befasste, untergebracht.

Diese „Kriegsabteilung" war erst im vergangenen Dezember ausgezogen und hatte die Räume in einem Zustand hinterlassen, der keine wissenschaftliche Arbeit zuließ. In einigen Räumen waren die Kacheln der Labortische in anderen die Fußbodenbelege herausgerissen worden und überall hatten die Mauern den stechenden Geruch der Kampfgase angenommen. Und als dann endlich die Renovierung genehmigt und die Mittel dazu bewilligt waren, gab es Straßenkämpfe in Berlin und die Soldaten der vorläufigen

Reichswehr drohten, das Institutsgelände in eine Festung mit Stacheldraht und Schützengräben zu verwandeln.

Spartakusaufstand, Märzkämpfe, politische Morde, Unruhen überall in Deutschland – keine gute Zeit zu konzentrierter wissenschaftlicher Arbeit.

Doch dazu wollte Warburg allen Widrigkeiten zum Trotz zurückkehren. Hatte ihm der Krieg doch schon vier Jahre lang an der Weiterführung seiner Arbeit zum Verständnis der Energiegewinnung der Zellen durch Atmung gehindert.

Mit den Forschungen, die er unter Emil Fischer betrieben hatte, hatten diese seine ersten völlig eigenständigen Forschungen zwar wenig zu tun, aber sie wären wohl ohne die Ausbildung bei Fischer sicher nicht so erfolgreich verlaufen.

Dabei war es ziemlich unbequem gewesen, ein Fischerschüler zu sein. Warburg erinnerte sich oft an die eigentümliche Spannung, die sich alle wegducken ließ, wenn Fischer den Laborsaal betreten hatte. Die Hände über dem Bauch gefaltet, den Zwicker schief auf der Nase hatte Fischer die höchsten Arbeitseifer bekundenden Studenten leise vor sich hin pfeifend eine Zeit lang beobachtet, um sich dann einem zuzuwenden. Und keiner hatte dieser eine sein wollen. War es doch kaum vorgekommen, dass Fischer bei seiner strengen Befragung über den Stand der jeweiligen experimentellen Arbeit nicht Wissenslücken, zu oberflächliche Planung oder eine schlampige Ausführung zu bemängeln hatte.

Später als er sich zum engeren Kreis der Fischer-Schüler hinaufgearbeitet hatte, hatte Warburg erstaunt bemerkt, dass Fischers Strenge gegen sich selbst noch größer als die gegenüber seinen Studenten und Mitarbeitern war. Warburg hatte damals unter Fischers Anleitung optisch aktive Peptide synthetisiert. Dabei hatte er fast täglich mit Fischer gesprochen und hatte dabei Fischers Ausdauer und Genauigkeit, seine selbstlose Hingabe an die Aufgabe bewundern gelernt. Das Wichtigste aber war wohl, dass Fischer die Gabe besessen hatte, die eigene Begeisterung für die Forschung an seine Schüler weiter zu geben.

Und als er für Probleme aus dem Grenzbereich von Chemie und Biologie Interesse gezeigt hatte und noch Medizin studieren wollte, hatte ihn Fischer darin bestärkt. Man wisse inzwischen einiges über die Stoffe, aus denen die Lebewesen bestehen, aber welche chemischen Prozesse in den Pflanzenzellen aus anorganischen Substanzen mit Hilfe der Lichtenergie die Stoffe der Pflanzenkörper bilden und wie diese in tierischen Zellen als Brenn – und Baustoffe dienten war noch fast unbekannt. Aber, dass sich diese Lebenserscheinungen dem menschlichen Geist erschließen würden und weitgehend auf chemische und physikalische Vorgänge zurückzuführen wären, daran hatte für Fischer kein Zweifel bestanden.

Ganz anders hatte Warburgs Heidelberger Lehrer Ludolf von Krehl dem Phänomen Leben gegenüber gestanden. Als Mediziner reichte ihm die rein materialistische Betrachtung des Lebens nicht aus. Er hatte die alleinige Deutung von Krankheiten als Störungen in chemisch –physikalischen Mechanismen für falsch gehalten und eine ganzheitliche Betrachtung unter Einbeziehung der seelischen Bedingungen gefordert. Diese Einstellung hatte bei ihm aber nicht zu einer Vernachlässigung der streng naturwissenschaftlichen Forschung geführt. Im Gegenteil, von Krehl hatte in Heidelberg eines der besten biochemischen Laboratorien seiner Zeit aufgebaut.

Und dort hatte Otto Warburg nach seiner Promotion als Chemiker noch als vierundzwanzigjähriger Medizinstudent unter Anleitung und Hilfe erfahrener Forscher das biochemische Arbeiten erlernt. Bald hatte man ihm auch die Möglichkeit gegeben, sich auf einem Wirkungsfeld eigener Wahl zu erproben. Und er hatte sich die Erforschung der Zellatmung zur Aufgabe gemacht.

Vor mehr als einem Jahrhundert hatten Lavoisier und Laplace in ihren schrecklichen Versuchen mit Vögeln im Eiskalorimeter den Zusammenhang von Sauerstoffverbrauch und Wärmebildung untersuch und gefolgert, dass die tierische Wärme durch die biologische Verbrennung von Nahrungsstoffen gebildet wird.

Doch was das ist, die biologische Verbrennung, war nach wie vor ein Geheimnis. Man hatte inzwischen durch die Arbeiten von Karl Voit, Max von Pettenkofer und Max Rubner erfahren, dass sowohl Fette, Kohlenhydrate als auch Proteine dem tierischen und menschlichen Organismus zur Energiegewinnung dienten. Die Gesetze der Thermodynamik waren entdeckt. Und Max Rubner war es 1894 gelungen, mit einem scharfsinnig geplanten Experiment zu beweisen, dass die im Körper durch die biologische Verbrennung von Nahrungsstoffen freigesetzte Energie gleich der war, die durch die gewöhnliche Verbrennung dieser Stoffe frei geworden wäre. Durch die Forschungen von Felix Hoppe-Seyler und Eduard Pflüger war es Allgemeingut geworden, dass der von den Lungen aufgenommene Sauerstoff an den Blutfarbstoff gebunden vom Blut zu den Zellen der verschiedenen Gewebe transportiert und dort zur Verbrennung genutzt wird. Aber was dabei in der Zelle geschah, war nach wie vor ein Geheimnis. Wie aber war etwas über den Vorgang der kalten Verbrennung in der Zelle in Erfahrung zu bringen? Diese Frage hatte den jungen Warburg damals 1908 in Heidelberg bewegt. Und er war zu dem Schluss gekommen, dass nach Bedingungen und Stoffen gesucht werden müsste, die die Zellatmung messbar beeinflussten und so Rückschlüsse auf die Vorgänge in der Zelle erlaubten. Als lebende Forschungsobjekte waren jedoch keine Säugetiere oder Amphibien in Frage gekommen. Liefen in solch komplexen Zellstaaten doch eine solche Vielfalt unterschiedlicher Prozesse ab, dass es unmöglich wäre, Beeinflussungen der Zellatmung zu erkennen und zu verfolgen.

Er hatte deshalb begonnen Experimente mit Bakterien, Blutzellen und Nervenzellen auszuführen. Die Messungen des Gaswechsels, Verbrauch von Sauerstoff und Bildung von Kohlendioxid, bei der Zellatmung hatte er zuerst mittels chemischer Methoden ausgeführt. Später war er zu leichter und genauer ausführbaren manometrischen Messungen übergegangen. Dazu hatte er ein von seinem Vater, dem Physikprofessor Emil Warburg, entwickeltes Differenzmanometer für seine Bedürfnisse umgebaut. Die neue Apparatur erlaubte direkte Messungen von Menge und Geschwindigkeit des Gasaustausches.

Eine Arbeit des deutsch-amerikanischen Physiologen Jaques Loeb hatte ihn auf die Idee gebracht, für seine Forschungen Seeigeleier zu nutzen. Gegen einige Widerstände gegen dieses damals für die physiologische Forschung ungewöhnliche Objekt hatte er sich durchsetzen und einen Antrag zur Arbeit an der Zoologischen Station Neapel stellen können.

Die Arbeit am blauen Meer hatte dann im April 1908 begonnen und bis Mitte Juli gedauert. Später waren vier weitere Aufenthalte gefolgt. Bei den ersten Besuchen hatte er noch den bereits kranken Gründer der Station Anton Dohrn getroffen.

Dieser Mann hatte das Kunststück vollbracht, eine Forschungsstätte zu schaffen, in der Wissenschaftler aller Nationen an lebenden Meerestieren forschen konnten, ohne dass sie umständlich, teuer und zeitraubend eine Forschungsausrüstung ans Mittelmeer mitbringen mussten. Das Institut hatte sich aus den Eintrittsgeldern zum Aquarium und der Vermietung von „Arbeitstischen" finanziert. Den Mietern eines solchen Tisches hatte die Station nicht nur einen Arbeitsplatz, sondern auch alle technischen Hilfsmittel, moderne Instrumente, eine umfangreiche Bibliothek und täglich fangfrisches Meeresgetier zur Verfügung gestellt.

Damals war es selbstverständlich, dass die Forscher aus vielen Nationen abends beim Wein zusammen fanden, oder in der Bibliothek wissenschaftliche Probleme erörterten. Jetzt 1919 knapp ein Jahr nach dem schrecklichen Krieg durfte Warburg kaum hoffen, dass eine solche Zusammenarbeit der Wissenschaftler über die Ländergrenzen hinweg so bald wieder möglich sein würde. Reinhard Dohrn, der nach dem Tode seines Vaters die Leitung der Station übernommen hatte, hatte ihm aus Zürich geschrieben, dass er bei Kriegseintritt Italiens 1915 in die Schweiz geflohen wäre und der italienische Staat die Station und die Villa der Familie beschlagnahmt hätte.

Damals 1908 hatten die Arbeiten mit Seeigeleiern Warburg schon nach kurzer Zeit zu einer bemerkenswerten Entdeckung geführt: Hatten in den befruchteten Eier Kern- und Zellteilungen begonnen, war der Sauerstoffverbrauch schlagartig auf das sechs - bis siebenfache gestiegen. Dagegen kamen die Teilungsvorgänge in den Eiern zum Erliegen, wie bereits Loeb beobachtet hatte, wenn den Eiern der Sauerstoff entzogen wurde. Die Atmung war also Voraussetzung für die Entwicklung des Embryos. Und Loeb hatte gefolgert, dass auch die Umkehrung dieser Aussage gelten müsste. Doch Warburg hatte bald nachweisen können, dass dies nicht der Fall war. Denn durch verschiedene Substanzen, wie Phenylurethan, war es möglich die Kern – und Zellteilungen zu hemmen, ohne dass die Atmung entscheidend beeinflusst wurde.

Bald hatte er auch beobachtet, dass bei verschiedenen Substanzen, die er auf die Zellen einwirken ließ, die Stärke der Atemhemmung von der Oberflächenaktivität dieser Stoffe abhing. Ihre Wirkung ließ sich also durch die Anlagerung dieser Stoffe an die Oberfläche der Atmungsstrukturen erklären.

Aber es gab eine Ausnahme, obwohl nicht oberflächenaktiv wirkten die Blausäure und ihre Salze, die Cyanide, besonders stark hemmend auf die Zellatmung. Da bekannt war, dass Cyanide leicht mit Schwermetallatomen reagierten, war Warburg der Vermutung nachgegangen, dass es sich bei der Zellatmung um eine durch Schwermetall katalysierte Verbrennung ohne Flammenerscheinung handeln könne. Und es war ihm gelungen in den Seeigeleiern sehr geringe Mengen an Eisen sicher nachzuweisen. Es lag also nahe, dass es sich bei der Zellatmung um eine katalytische Reaktion handelte, bei der zweiwertiges Eisen durch Luftsauerstoff zu dreiwertigem oxidiert und Sauerstoff „aktiviert" wird. Nach den neuen Theorien der Physiker über Atombau und chemische Bindung sollte es sich dabei um einen Elektronentransfer vom Eisen zum Sauerstoff handeln.

Bei seinen Versuchen zur Anreicherung der „Atemsubstanz" hatte er auch die Zellwände der Seeigeleier zerstört und die Zellbestandteile durch Zentrifugieren getrennt. Eine Atmung, einen Sauerstoffverbrauch, hatte er nur in dem Anteil des Zentrifugats, der die festen Zellbestandteile enthielt, nachweisen können. Später kurz vor dem Krieg war es ihm gelungen, aus Leberzellen von Säugetieren kleine Körnchen zu isolieren, die Luftsauerstoff verbrauchten und Kohlendioxid bildeten, also atmeten. Später sollte man diese Zellbestandteile Myochondrien nennen.

Damit war sicher, dass die Atmungssubstanz wie die Enzyme der Gährung auch unabhänig von der intakten lebenden Zelle wirksam war. Doch war sie auch ein Enzym? Ein Enzym, das als wirksame Gruppe komplexgebundenes Eisen enthielt?

Als er im April 1914 Mitglied der Kaiser-Wilhelm-Gesellschaft und Leiter der Abteilung Physiologie am Kaiser- Wilhelm- Institut für Biologie geworden war, hatte er gehofft, nun intensiv an der Beantwortung dieser Fragen arbeiten zu können. Doch schon im August war der Krieg ausgebrochen und Warburg hatte sich der Familientradition entsprechend freiwillig zum Kriegsdienst gemeldet und als guter und begeisterter Reiter zu den Potsdamer

Garde- Ulanen. Doch in diesem Krieg hatten tollkühne Reiter, die sich „den Rappen gezäumt, die Brust im Gefechte gelüftet" dem Feind entgegen warfen, nichts ausrichten können. Dieser Krieg war zum Krieg der modernen Industrien geworden und hatte das Töten und Verstümmeln zur Aufgabe gefühlloser Maschinen gemacht. Und Warburg hatte zunächst als Arzt und später als Ordonnanzoffizier bei einem Divisionsstab gedient.

Der Krieg war beendet, aber die Bedingungen für die Forschungsarbeit waren denkbar ungünstig. Die internationale Isolierung der deutschen Gelehrten, die harten Bedingungen des Friedensvertrages von Versailles, die politische Unsicherheit und die allgegenwärtige Not ließen Neubeginn und Weiterführung von naturwissenschaftlicher Grundlagenforschung fast unmöglich erscheinen. Doch Warburg resignierte nicht. Und trotz politischer Unruhen, Kapp – und Hitlerputsch, trotz Ruhrbesetzung und Hyperinflation gelang es ihm, in wenigen Jahren seine Abteilung des KWI als eine führede Forschungseinrichtung mit drei Hauptforschungsrichtungen zu etablieren. Er forschte nun neben der Zellatmung auch über die photochemischen Prozesse in grünen Pflanzen und den Stoffwechsel von Krebszellen. Das hatte er auch deshalb erreichen können, weil es ihm gelungen war, Mittel zur Finanzierung seiner Forschungen nicht nur von der Notgemeinschaft der Deutschen Wissenschaft, sondern auch von der amerikanischen Rockefeller Fondation einzuwerben.

Die neuen Forschungsrichtugen und die Bemühungen zu ihrer Finanzierung hatten zunächst zu einer Vernachlässigung der Arbeiten zur Zellatmung geführt.

Erst ab 1921 konnte sich Warburg wieder verstärkt der Zellatmung widmen. Antrieb für diese Forschung waren nicht nur der Drang, in eine neue unerkannte Dimension der Natur vorzudringen und eine wichtige Lebensfunktion verstehen zu lernen, sondern auch die Tatsache, dass in der wissenschaftlichen

Welt seiner Hypothese von der Zellatmung wenig Beachtung geschenkt wurde. Die führenden Biochemiker hingen einer von dem Münchener Chemiker Heinrich Wieland vorgestellten Theorie der organischen Verbrennung in der Zelle an. Nach Wieland sollte der entscheidende Schritt bei der Verbrennung in der Zelle die Aktivierung und der Entzug von Wasserstoff im zu oxidierendem Substrat sein. Die Ignoranz gegenüber Warburgs Hypothese der Eisenkatalyse ging soweit, dass er 1922 nicht zu einem Beitrag eingeladen wurde, als in Leipzig anläßlich der Hundertjahrfeier der Gesellschaft deutscher Naturforscher und Ärzte über die katalytische Wirkung von Enzymen beraten wurde.

Und es gab auch noch einen ganz persönlichen Grund, der Warburg veranlasste, Anfang der Zwanziger Jahre wieder intensiv über die Zellatmung zu forschen: Die Erfolge seines Freundes Otto Meyerhof.

Warburg und Meyerhof hatten sich als junge Assistenten am Krehlschen Labor in Heidelberg kennen gelernt. Unter dem Einfluss Warburgs hatte sich Meyerhof, der sich bis dahin mehr für Psychologie und Philosophie interessiert hatte, ganz der Biochemie gewidmet. Schon damals in Heidelberg hatte sich Meyerhof für den Zusammenhang zwischen mechanischer Arbeit, Wärmeentwicklung und den dabei zugrunde liegenden chemischen Vorgängen im arbeitenden Muskel interessiert.

Aber erst seit 1919 hatte er sich damit beschäftigt, die Vorgänge bei einem von Fletcher und Hopkins schon 1906 beschriebnen Phänomen zu erklären. Die englischen Forscher hatten gefunden, dass bei der Kontraktion von Muskeln bei Abwesenheit von Sauerstoff Milchsäure gebildet wird, und dass diese bei Sauerstoffzufuhr wieder verschwindet. Durch exakte chemische und physikalische Messungen war es Meyerhof gelungen, nachzuweisen, dass die Milchsäure aus Glykogen, der Speicherform der Glukose, gebildet wird, wobei die dabei freiwerdende Energie zur Muskelkontraktion genutzt wird. Die Forschungen hatten weiter gezeigt, dass bei Sauerstoffzufuhr nur ein kleiner Teil der bei der anaeroben Muskelkontraktion gebildeten Milchsäure zu Kohlendioxid und Wasser „verbrannt" und die dabei erzeugte Energie zur Rückumwandlung des größeren Anteils der Milchsäure in Glykogen genutzt wird. Diese Entdeckung erkärte auch den Verlauf der Wärmeentwicklung am Froschmuskel, den der Engländer Archibald Vivian Hill sehr genau gemessen hatte. Für diese Arbeiten war Hill und Meyerhof 1922 der Nobelpreis zuerkannt worden. Warburg freute sich zwar über den Erfolg seines Freundes aber es schmerzte ihn doch, dass Meyerhof, den er als seinen Schüler ansah, vor ihm diese hohe Anerkennung errungen hatte.

Doch in seinem Drang seinem Freunde nachzueifern ließ sich Warburg nicht zu hektischer Betriebsamkeit verleiten. Geduldig und wohlüberlegt hatte er 1921 begonnen, nach einem chemischen Modell für die Zellatmung zu suchen, um damit Anregungen für weitere Forschung zu erhalten. Der erste Schritt bei der katalytischen Oxidation mittels des gesuchten Atmungsenzyms müßte in der Oxidation von zweiwertigem Eisen zu dreiwertigem durch den molekularen Luftsauerstoff bestehen. Diesen Vorgang im Reagenzglas nachzuvollziehen bereitete keine Probleme. War es dazu doch lediglich nötig, die wäßrige Lösung eines fast farblosen Eisen-(II)- salzes durch Schütteln mit Luftsauerstoff in Kontakt zu bringen und schon nahm die Lösung die braune Färbung der Eisen-(III) – Ionen an. Aber der folgende Schritt die Reduktion des dreiwertigen Eisens und die dadurch bedingte Oxidation von Nährstoffen schien nur mittels des hypotetischen Atemferments möglich. Warburg benutzte für Enzym die ältere synonyme Bezeichnung Ferment. Der Zufall half weiter. Warburg fand, dass die Aminosäure Cystein durch Sauerstoff in Gegenwart von Eisenionen zu Cystin oxidiert wird.

Da bei dieser chemischen Umsetzung die Eisenionen nicht verbraucht werden, kann man sie auch als eine durch den Eisenkatalysator vermittelte Oxidation des Cysteins durch den Luftsauerstoff auffassen. Und das war ja die Wirkung, die nach Warburgs Vermutung das Atmungsenzym zur biologischen Verbrennung ausüben musste. Die Übereinstimmung ging noch weiter. Wurden Cyanide hinzugefügt, kam der Oxidationsvorgang wegen der Bildung einer Komplexverbindung der Cyanidionen mit den Eisen(III)ionen zum Erliegen. Und als Warburg anstelle gelöster Eisensalze zur Katalyse dieser Reaktion Blutkohle, die ja Eisen enthät, benutzte, konnte er auch die vom Grad der Bedeckung abhängige Hemmung der Oxidationsgeschwindigkeit durch oberflächenaktive Narkotika und Zellgifte imitieren, die er bei den Versuchen mit Seeigeleiern gefunden hatte. Das alles sprach deutlich für seine Theorie war aber noch kein Beweis, der die vielen Kritiker überzeugt hätte.

Doch wie weiter verfahren? Die Eisenanalysen hatten ergeben, dass sich der Anteil des Enzymeisens zur gesamten Zellmasse wie 1 : 10 000 000 verhielt. Danach war die Konzentration des gesuchten Enzyms viel zu klein, um auch nur davon träumen zu können, das Enzym mit chemischen Mitteln zu isolieren. Da bekannt war, dass verschiedene Eisenverbindungen, wie auch der Blutfarbstoff, Hämoglubin, sehr leicht mit Kohlenmonoxid, CO, reagieren, untersuchte Warburg die Wirkung dieses Gases auf die Atmung von Hefezellen. Er fand, dass Kohlenmonoxid die Zellatmung hemmt und dass die Stärke der Hemmung vom Partialdruck des giftigen Gases abhängt.

Diese Entdeckung wurde wichtig, nachdem er von dem britischen Nobelpreisträger Archibald Hill, auf eine schon vor fast dreißig Jahren erschienene Arbeit des schottischen Physiologen John Scott Haldane aufmerksam gemacht worden war. Haldane hatte gefunden, dass die Bindung des Kohlenmonoxids am Eisen im Hämoglobin durch Belichtung aufgebrochen wird. Warburg überprüfte sofort, ob das auch für die CO – Bindung an das Atmungsenzym gilt. Zusammen mit seinem Mitarbeiter Fritz Kubowitz fand er, die Hemmung der Zellatmung durch Kohlenmonoxid kann durch die Einwirkung von sichtbarem und ultraviolettem Licht aufgehoben werden.

Warburg überlegte, ob diese Eigenschaft des Atmungsenzyms nicht genutzt werden könnte, das Absorptionsspektrum des Enzyms zu erschließen. Der deutsche Chemiker Hans Fischer hatte inzwischen durch spektoskopische Untersuchungen gefunden, dass Häm - Verbindungen, in denen das Eisen, wie im Hämoglobin komplex an eine Porphingruppe gebunden ist, in vielen Zellen, wahrscheinlich in allen, vorhanden sind. Und auch der Engländer David Kellin hatte von der Entdeckung gefärbter Partikel durch Alexander Mac Munn in tierischen und pflanzlichen Zellen und der Messung ihrer Absoptionsspektren berichtet.

Wenn es ihm gelingen sollte, überlegte Warburg, gwissermaßen aus der Arbeit des Enzyms in der lebenden Zelle dessen Absorptionsspektrum zu gewinnen und dieses entspräche dann auch noch einer Eisen- Porphin- Bindung, dann wäre seine „ Eisentheorie" der Zellatmung bewiesen.

Konnte das wirklich gelingen? Warburg und seine Mitarbeiter machten sich an die Arbeit.

Einstein hatte 1912 aus der noch neuen Quantentheorie das photochemische Äquivalenzgesetz abgeleitet. Dieses Gesetz besagt, dass ein absorbiertes Lichtquant immer die photochemische Umsetzung eines Moleküls verursacht. Danach mußte bei Zellen, deren Atmung in der Dunkelheit durch Kohlenmonoxid vollständig gehemmt worden war, die meßbare Zunahme der Atmung durch die Lichteinrirkung proportional der absorbierten Lichtquanten sein. Dies galt jedoch nur, wenn nicht unbekannte Folgereaktionen diese Bilanz verfälschen sollten. Die eingehenden Versuche zur Abspaltung von CO durch Licht variabler Wellenlänge aus verschiedenen bekannten Verbindungen zwischen Eisen und Kohlenmonoxid, ergab, dass das Einsteinsche Gesetz unabhänig von der Wellenlänge sehr genau erfüllt war. Neben der Zuname der Atmung als relatives Maß für das bei jeder Meßwellenlänge absorbierte Licht brauchte man nur die jeweilige Lichtintensität als Maß für die gesamte Stralenwirkung zu messen, um relative Absorptionskoeffizienten bestimmen zu können. Diese Messungen führte Warburg zusammen mit Erwin Negelein aus. Warburg hatte Negelein als Mechaniker eingestellt und schnell erkannt, dass er einen sehr intelligenten, geschickten und einfallsreichen Experimentator gewonnen hatte. Später sollte Negelein nach Abitur und Chemiestudium eine eigene wissenschaftliche Laufbahn einschlagen.

Bei den Messungen zu den relativen Absorptionskoeffizienten zwischen der ultravioletten Linie bei 254 nm und roten Linie bei 660 nm hatten Warburg und Negelein beobachtet, dass die Hemmung der Atmung durch das Licht nicht plötzlich aufgehoben wird, sondern ein kurzer Zeitintervall vergeht, bis die Bindung des Kohlenmonoxids mit dem Enzym aufgebrochen wird. Und dieser meßbare Zeitintervall, der mit abnehmender Absorption zunimmt, erlaubte Relationen zu finden, mit denen die absoluten Absorptionskoeffizienten berechnet werden konnten.

Als es dann auch noch gelang für Hämin, einem aus dem Blutfarbstoff herstellbaren Farbsalz auf dem gleichen Wege ein Absorptionspektrum zu erschließen, dass vollkommen dem durch die direkte optische Messung erhaltenem glich, war klar, das schier unmögliche war gelungen, das Absoptionsspektrum des Atemenzyms war direkt aus der Zelle bestimmt worden. Und dieses Absorptionsspektrum erwies sich als das einer Häm – Verbindung! Warburg hatte den Mechanismus einer der wichtigsten Prozesse in der lebenden Zelle aufgeklärt. Bei einer Tagung in Heidelberg stellte er seine Forschungsergebnisse der wissenschaftlichen Öffentlichkeit vor. Man schrieb das Jahr 1926.

Tod am Schneeberg

„Hallo Fritz!", die bekannte Wiener Journalistin Berta Zucker-
kandl hatte sich mit ihrem Sohn verbinden lassen.

„ Mutter? „

„ Hast Du schon Zeitung gelesen, Fritz?"

„Natürlich, und es ist inzwischen in aller Munde, der Paul Kammerer hat sich am Schneeberg erschossen. Ich weiß nicht recht
was ich dazu sagen soll, ich kannte ihn ja nicht so gut. Er war wohl
gut fünfzehn Jahre älter als ich. Du weißt inzwischen sicher viel
mehr als ich darüber."

„ Aus den Zeitungen und von meinen Kollegen in den Wiener
Redaktionen habe ich inzwischen erfahren: Der Dr. Kammerer ist
gestern am 23. September 1926 nachmittags von einem Arbeiter in
der Nähe des Theresenfelsens zwischen Puchberg und Hinsberg tot
aufgefunden worden. Er soll zwei Abschiedsbriefe bei sich gehabt
haben. Der eine wäre an die sowjetische Botschaft gerichtet gewesen. Kammerer hätte am 1. Oktober seine Lehrtätigkeit als Professor in Moskau beginnen sollen. Über die Inhalte scheinen, die Zei-
tungsleute noch nicht viel erfahren zu haben, denn keiner konnte
wirklich Auskunft über die Ursache der Tat geben. Stattdessen
überboten sie sich mit der Schilderung grausiger Einzelheiten.
Kammerer wäre sitzend an die Felswand gelehnt aufgefunden worden, seine rechte Hand hätte noch den Revolver umklammert, er
hätte das Kunststück vollbracht, sich damit in die linke Schläfe zu
schießen usw.

Fritz, ich flegle mich hier in der Bibliothek in meiner Diwan-
ecke. Hier war der Kammerer oft zu Gast, ist in eifrigen Diskussionen mit Künstlern und Gelehrten auf diesem großen Diwan gesessen. Er war einer der älteren Freunde meines Salons. Paul
Kammerer gerade sechsundvierzig Jahre alt, gut gewachsen, elegant gekleidet, ein hervorragender Klavierspieler, ein Mann, der
Frauen beeindruckte – was hat diesen Mann in den Tod getrieben?

Dem Anliegen meines Salons, Menschen aus unterschiedlichen Wirkungsbereichen aus verschiedenen politischen Lagern auf neutralem Boden ins Gespräch zu bringen, hat er als studierter Musiker, promovierter, ja sogar habilitierter Biologe und politisch Linker sehr gedient. Doch dass ihn die daraus resultierenden Bekanntschaften und Vernetzungen in Situationen und zu Problemen gebracht hätten, die ihn am Leben verzweifeln ließen, kann ich mir nicht vorstellen. Es gab zwar einige Affären; doch die Frauen, kluge selbstbewusste Künstlerinnen waren nicht von der Art, einen Mann liebeswund in den Tod zu treiben.

Er besaß allerdings einen Hang zur theatralischen Selbstdarstellung, was er auf Grund seiner intellektuellen Gaben und seines Wissens nicht nötig gehabt hätte. Aber entspringen nicht, wie uns Freud lehrt, all unsere Taten und Leistungen dem Bedürfnis bewundert, geliebt zu werden? Hier könnte aber die Ursache für Kammerers Tod liegen, eine Tat, ein Ereignis, dass ihn mit Liebesentzug, mit Verachtung der Gesellschaft zu bestrafen droht."

„Mutter, ich denke damit liegst Du richtig. In den Wiener Akademikerkreisen spricht man von einem wissenschaftlichen Betrug."

„ Da hatte Alma wohl doch Recht. Ich habe das nicht glauben können."

„ Wieso Alma? Was hat deine Freundin mit Kammerer zu tun?"

„Später Fritz, berichte Du erst mal, was die Akademiker Wiens zu enthüllen haben."

„Ich muss aber darauf hinweisen, dass ich nur ein schlichter Chemiker bin und von dem Kammerer seine Forschung eigentlich nichts verstehe. Wie du weißt hat der Kammerer lange im „Vivarium" im Prater gearbeitet. Dort hat er an verschiedenem Getier Salamandern, Grottenolmen, Schmetterlingen und auch Kröten zu beweisen versucht, dass durch Einflüsse aus der Umwelt vererbbare Veränderungen auftreten können.

Eines seiner Versuchsobjekte war die gemeine Geburtshelferkröte. Das Besondere an dieser Spezies ist, dass die Paarung an Land und nicht im Wasser stattfindet. Dabei übernehmen die Männchen die abgelegten Eier, befestigen sie irgendwie an den Hinterbeinen und tragen sie solange mit sich herum, bis die sich darin entwickelnden Kaulquappen reif zum Schlüpfen im Wasser sind.

Kammerer hat nun, wie er beschrieben hat, diese Tiere über mehrere Generationen hinweg einer so großen Wärme ausgesetzt, dass sie ins Wasser geflüchtet wären und dort auch kopuliert hätten. Dabei sollen die männlichen Nachkommen dieser Tiere schon in der zweiten Generation an den Fingern Schwielen entwickelt haben, um sich im Wasser besser an den Weibchen festhalten zu können. Und die Bildung solcher Haftschwielen, die bei den Geburtshelferkröten normalerweise nicht vorkommen, soll sich auf die Nachkommen vererbt haben.

Für Kammerer und die Anhänger der Theorie, dass die Veränderung der Arten, die Anpassung an die Umwelt durch Vererbung erworbener Eigenschaften erfolgt, war das ein Beweis für die Richtigkeit ihrer Ansicht. Sie sollen Kammerer als neuen Darwin gefeiert haben.

Anders die Gegner dieser Lehre. Sie vermuteten mindestens eine falsche Interpretation der Versuchsergebnisse. Ist doch die Ausprägung der im Erbmaterial vorhandenen Anlagen auch von Einflüssen aus der Umwelt abhängig. Auch nachdem Kammerer vor drei Jahren in Cambridge und London ein konserviertes Krötenmännchen mit Schwielen präsentiert hatte, verstummten die Zweifler nicht.

Und dann kam der amerikanische Zoologe Gladwyn Kingsley Noble im Zuge einer Europareise nach Wien und bat darum, das letzte noch im „Vivarium" vorhandene Präparat von Kammerers Geburtshelferkrötenmännchen mit Schwielen untersuchen zu dürfen. Eine Bitte, die ihm gern gewährt wurde. Und jetzt Anfang August erschien in der renommierten Zeitschrift „Nature" das Ergebnis von Nobles Untersuchung: Die dunklen Schwielen hatten sich als Flecken erwiesen, die durch unter die Haut gespritzte schwarze Tinte erzeugt worden wären."

„ Und Kammerer lässt uns nun mit der Frage zurück: Ist sein Freitod das Eingeständnis von Schuld? War er sich seiner Ansichten so sicher, dass ihm selbst die Täuschung als Mittel recht war, die Welt von seiner Wahrheit zu überzeugen?"

„Nicht alle Naturwissenschaftler an der Uni sind der Meinung, dass der Kammerer ein Betrüger war. Sie fragen sich, wie eine so plumpe Fälschung den Prüfungen skeptischer Wissenschaftlern in England entgangen sein könnte. Und sie halten einen Komplott missgünstiger Kollegen, die es dem Halbjuden und Kommunisten zeigen wollten, für möglich. Auch Kammerers früherer Chef der Leiter des „Vivariums" hält Kammerer für unschuldig."

„Alma, ist sich da nicht so sicher. Sie hat mir vorhin erzählt, dass Kammerer, damals als sie bei ihm gearbeitet hat, die gewünschten Ergebnisse seiner Experimente so glühend ungeduldig erwartet hat, dass er unbewusst von der Wahrheit abweichen konnte."

„Alma, Alma Mahler, die Witwe des Musikgenies Gustav Mahler - Mitarbeiterin von Dr. Paul Kammerer?"

„Das ist schon eine Weile her. Nach Mahlers Tod gab es da eine Liebesbeziehung und Alma war wohl fast ein Jahr lang Kammerers Assistentin und hat versucht das Gedächtnis von Insekten, ich glaube Gottesanbeterinnen, zu trainieren. Du hattest damals noch nicht mal deine Matura und hast dich wohl noch nicht um die Aufregungen in der besseren Wiener Gesellschaft gekümmert."

„Wie Alma Mahler haben auch einige meiner Kollegen die Meinung geäußert, Kammerer sei des Öfteren über das Ziel hinaus geschossen. Er habe seine Ansichten zu wissenschaftlichen Fragen und oft ohne fundierte Argumente verbissen vertreten. So habe er den deutschen Professor Oscar Hertwig in unangemessener Weise wegen dessen angeblicher Abkehr vom Darwinismus attackiert.

Kammerer habe Hertwig vorgeworfen, den dunklen Kräften von Reaktion und Klerus zu dienen. Und das, obwohl Hertwig genauso, wie Kammerer, Darwins Zufallstheorie der Variation und die folgende Selektion als Hauptmechanismen der Evolution ablehnt."

„Wie sich die Zeiten geändert haben. Als dein Vater hier in Wien seine Antrittsvorlesung gehalten hatte und darin auf die darwinsche Lehre eingegangen war, hatte ihm das eine Rüge des Unterrichtsministers eingebracht. Aber über den richtigen Darwinismus hat niemand gestritten."

„ Das war nicht lange nach Darwins Tod. Da wirkte noch die Autorität des großen Engländers. Und der Zwang seine Entwicklungslehre gegen Minister, Prediger und andere Gegner durchsetzen zu müssen, hatte die Front der Darwinisten zusammen gehalten. Doch dann kamen die Wiederentdeckung der Erkenntnisse Mendels, die Genetik, die Chromosomen – und Mutationstheorie und die Front brach auseinander. Ich glaube heute ist die Situation so verworren, dass es kaum zwei Biologen gibt, die zur allgemein anerkannten Evolution die gleiche Meinung haben. Ganz grob kann ich zwei Gruppen von Evolutionisten erkennen: die Naturforscher und die Mendelisten. Während die Naturforscher sich auf hergebrachte Weise mit evolutionären Erscheinungen in der freien Natur befassen, suchen die anderen im Labor mit genetischen Tricks das Geheimnis von Veränderung und Anpassung zu lüften. Für die Mendelisten ist jeder evolutionärer Wandel mit einer neuen genetischen Veränderung, einer Mutation, verbunden. Dabei setzen einige von ihnen auf große sprunghafte Veränderungen, die mit der Bildung neuer Arten verbunden sind. Andere halten einen Druck durch häufige Mutationen für die treibende Kraft in der Evolution, wobei diese sich wiederum nicht einig sind, ob diese Mutationen rein zufällig auftreten oder ihre Ursache in Umwelteinflüssen oder in den Lebewesen innewohnenden Tendenzen zu suchen sind. Die Naturforscher dagegen lehnen mehrheitlich den

Wandel in der belebten Natur durch Sprünge ab. Ihre Beobachtungen lassen sich offensichtlich besser durch langsame allmähliche Veränderungen erklären, wie es ja auch Darwin tat. Mit Darwin stimmen aber viele der Naturalisten nicht in der Frage der natürlichen Auslese überein. Die Evolution durch Selektion setzt ja viele zufällige erbliche Variationen, aus denen ausgelesen werden kann, voraus. Und der Zufall ist diesen Naturforschern ein Graus. Wie kann die Entwicklung von der Mikrobe bis zum Menschen vom Zufall bestimmt worden sein? Sie setzen auf die Vererbung von unter dem Einfluss der Umwelt oder durch Organgebrauch erworbener Eigenschaften. Die Vertreter diese Ansicht berufen sich dabei auf den alten Lamarck, aber auch auf Darwin oder auf beide.

Und die Vertreter dieser Gruppen sprechen offensichtlich nicht miteinander. Sie können es wohl auch nicht, da sich ihre Fachsprachen auseinander entwickelt haben. Die Situation ist geradezu ein Beispiel par excellence für die Forderung nach einer gemeinsamen Sprache in der Wissenschaft, wie sie von der Gruppe junger Wissenschaftler und Philosophen um den Physikprofessor Moritz Schlick gefordert wird. Dieser Wiener Kreis, dem ich und Trude nahe getreten sind, bemüht sich um eine wissenschaftliche Weltauffassung. Das Bestreben geht dahin, die Erkenntnisse und das Wissen von Forschern auf verschiedenen Wissenschaftsgebieten in Verbindung und Einklang miteinander zu bringen. Das erfordert eine klare von allem Mystischen befreite Sprache, die es erlaubt sinnvolle Fragen an die Natur zu stellen, um aus Erfahrung und Logik zu Erkenntnissen zu gelangen."

„ Abgesehen davon, dass ich mir eine solche Einheitssprache, sollte sie gelingen, als recht steril vorstelle, vermag ich nicht recht erkennen, wie die gegenwärtig in der Biologie herrschende babylonische Sprachverwirrung einen Mann, wie Kammerer, zu Betrug und Tod treiben könnte?"

„Ich vermute die Härte und Leidenschaft, mit denen um die „ richtige" Evolution gestritten werden, entspringt der Anwendung dieser biologischen Lehre auf die menschliche Gesellschaft. Obwohl unter den Wissenschaftlern überhaupt keine Klarheit darüber besteht, ob die evolutionären Veränderungen durch zufällige Variationen und anschließender Auslese, durch sprunghafte Mutationen, durch einen den Lebewesen innewohnenden Entwicklungsplan oder durch gezielte Einwirkung der Umwelt auf die Erbmasse zustande kommen, gibt es eine Vielzahl von Publizisten, Gesellschaften Vereinen und Geheimbünden, die eine eifrige Propaganda für eine, wie sie es nennen „Rassenhygiene" betreiben. Dabei unterstellen sie, dass Darwins Theorie von der Auslese, vom Kampf ums Dasein auch für die Entwicklung der menschlichen Gesellschaft maßgebliche sei, dass es gute und schlechte Erbanlagen gebe und es gelte die guten zu fördern, die schlechten aber auszumerzen. Und ob es sich dabei um die einflussreiche Deutsche Gesellschaft für Rassenhygiene, den Thule-Orden oder um den Mittgartbund handelt, überall findet man die Befürchtung, dass die Menschheit, das Volk, die Rasse unter Abnahme der züchterischen Wirkung in der zivilisierten Gesellschaft einer Entartung verfallen müsse. Die wohltuenden Erfolge der Medizin, die Pflege von Kranken, Blinden und Taubstummen und überhaupt aller Schwachen gilt den Vertretern dieser Richtung als Gefühlsduselei, die die natürliche Zuchtwahl verhindere. Es werden Heiratsverbote und Zwangssterilisationen für körperlich und geistig Behinderte, für Alkoholiker und sogar für Arme gefordert. Andere entwickeln schon Pläne für die Zucht des `Übermenschen`. Aber so unterschiedlich die Ziele dieser Gruppen sind, in einem sind sie sich einig: Träger aller guten Gene sind die deutschen Arier und Träger aller nur denkbar schlechten Gene sind wir Juden!"

„Ist es nicht möglich, Fritz, dass sich Kammerer diesen Bestrebungen mit der Lehre von der Vererbung erworbener Eigenschaften entgegenstellen wollte?"

„Da bin ich sicher. Aber warum denn mit einem Betrug? Ich erinnere mich, dass er sich einmal, wohl bei dir im Salon, etwa so geäußert hat: Alle fortschrittlichen Maßnahmen in privater und öffentlicher Wohlfahrt, in Schule, Verwaltung und Regierung bekämen einen tiefen Sinn erst durch die Vererbung erworbener Eigenschaften, denn nur so dienten sie nicht nur dem flüchtigen Dasein von Personen, sondern dem fortdauernden Leben von Generationen. Entsprechen solche Äußerungen nicht einer Überzeugung, dass alle Veränderungen in Natur und Gesellschaft gesetzmäßig verlaufen. Und ist das nicht auch die Meinung der Marxisten, denen Kammerer mindestens nahe stand. Nach der kommunistischen Philosophie wird, wenn ich das richtig verstanden habe, eine Entwicklung, ein Wandel durch dialektische Widersprüche vorangetrieben. Wenn es also zwischen Lebewesen und veränderter Umwelt zu Widersprüchen kommt, muss es nach dieser Lehre gesetzmäßig zur Auflösung dieser Widersprüche durch die körperliche Anpassung der Lebewesen an die neue Umwelt kommen. Von Zufällen und Auslese ist dabei nicht die Rede. Kammerer kann also von einer höheren philosophischen Sicht her so von der Richtigkeit seiner biologischen Annahme überzeugt gewesen sein, dass die Vererbung erworbener Eigenschaften für ihn eine Tatsache war. Und da für ihn die Ergebnisse seiner Experimente nur dieser „Tatsache" entsprechen konnten, ist es durchaus möglich, dass Kammerer Opfer einer Täuschung geworden ist, Opfer einer Selbsttäuschung oder der gemeinen Büberei eines Mitarbeiters. Und von der Absicht beseelt, die Menschheit vor den Folgen der falschen Annahme vom Kampf ums Dasein zu bewahren, hat er nicht lange geprüft, bevor er an die Öffentlichkeit gegangen ist."

„Wie verblendet, von den eigenen Erfolgen berauscht, seid ihr Naturwissenschaftler denn. Wollt mit einem Mechanismus aus der Natur die Entwicklung der menschlichen Gesellschaft erklären! Menschen sind weder willenlose Zellen in einem Zellstaat noch nur durch ihre Instinkte gesteuerte Bienen oder Ameisen in einem Insektenstaat – Menschen können denken. Und das Denken hat die Menschen immer unabhängiger von den Gesetzen des Dschungels gemacht. Denken ermöglicht die Weitergabe und Bewahrung von

Gedanken, Ideen und Erfahrungen von Gehirn zu Gehirn, von Mensch zu Mensch. Die Menschen können stets Neues lernen und müssen nicht warten, bis in ihren Erbanlagen eine zufällige oder induzierte Veränderung erfolgt. Und denkenden Menschen sollte es nicht gelingen, die gegen ihre freie Entfaltung gerichteten Bestrebungen zu verhindern?"

„Mutter, ich wollte, ich könnte deinen Optimismus teilen. Aber auch das Denken kann durch angeblich heilsbringende Ideologien in Bahnen gelenkt werden, welche die grauenvollsten Verbrechen als Notwendigkeiten im Dienste einer höheren, besseren Sache erlauben und verlangen. Denk doch an die Ketzer- und Hexenverbrennungen des Mittelalters, den Blutrausch der französischen Revolution und an den millionenfachen Tod im letzten Krieg. Deshalb machen mir die kruden Aufrufe der Wächter für die Reinheit der nordischen Rasse Angst. Und das sind nicht nur zu kurz gekommene Depperte, nein darunter gibt es Akademiker, Ärzte, Lehrer. In Deutschland haben die jetzt eine eigene Partei, eine nationale völkische Bewegung. Mutter, ich fürchte wir befinden uns immer noch in dem Höllensturz, der mit dem Krieg begann. Du kennst das Bild, zu dem Trakel schrieb:

‚Golden lodern die Feuer
der Völker rings.
Über schwärzliche Klippen
stürzt todestrunken die erglühende Windsbraut…'‘" (8)

„ Natürlich, Kokoschka hat ein Liebespaar, sich selbst und Alma dargestellt. Die Liebenden in einem Nachen, der von infernalen Winden getrieben in wild bewegtem Wasser dahin schießt."

„Sie lehnt an die Schulter des Mannes. Doch dessen Gesicht zeigt, dass er keinen Schutz bieten kann vor den kommenden Schrecken, denen sie entgegen treiben. Ich denke manchmal, Kokoschka hat in diesem Bild das Kommende, die Schrecken des Krieges mit den feinen Sinnen des Künstlers vorausgeahnt. Und wenn das so ist, kann er das nur aus dem Verhalten, aus den Stimmungen der Menschen erfühlt haben, denn Kriege, Umsturz und Revolution sind keine Naturereignisse. Dazu braucht es Menschen. Aber haben sich die so geändert, dass wir keinen neuen Schrecken, keinen neuen millionenfachen Tod befürchten müssen?"

„Fritz pass auf, dass diese dunklen Gedanken keine Macht über dich gewinnen. Denke immer daran, unsere Vorfahren sind mit ganz anderen Herausforderungen fertig geworden.

Ich wünsche dir und Trude noch einen schönen Tag und viele liebe Grüße an meinen kleinen Liebling, Emile. Lasst von euch hören."

Gene und Strahlen

Am 11. September 1927 war in Berlin im Virchow – Langenbeck – Haus der V. Internationale Kongress für Vererbungswissenschaften feierlich eröffnet worden. Und als er am 17. September zu Ende ging und 14 allgemeine Plenarvorträge und 134 Vorträge in den Sektionssitzungen gehalten worden waren, stimmte die Mehrzahl der 903 Teilnehmer aus 35 Ländern darin überein: Der bedeutendste Beitrag auf diesem Kongress war der Plenarvortrag des Amerikaners Hermann Joseph Muller.

Dabei war es kein besonders glänzender Vortrag, den der sechsunddreißigjährige Professor von der University of Texas at Austin am Donnerstag, dem 15. September geliefert hatte. Schlecht vorbereitet und erst kurz vor seinem Auftritt fertig gestellt war Mullers Vortrag recht holprig ausgefallen. Doch die Zuhörer hatten schnell bemerkt, dass sie an einem besonderen Ereignis teilnahmen. Diesem Mann vor ihnen war es erstmals in der Geschichte gelungen, Erbmaterial, Gene zu verändern. Muller war es geglückt, nachzuweisen, dass mit Röntgenstrahlen Mutationen ausgelöst werden können. Dieser Nachweis war möglich geworden, nachdem es ihm gelungen war, Methoden zu entwickeln, mit denen an speziell gezüchteten Drosophila-Stämmen Mutationen nicht nur erkannt, sondern ihre Rate auch genau gemessen werden konnte.

Die Entdeckung machte Muller schlagartig berühmt. Zeitungen berichteten weltweit über die Entdeckung und über Muller. Man erfuhr, dass der 1890 in New York geborene Wissenschaftler in seiner Heimatstadt Biologie studiert, bei Thomas Hunt Morgan promoviert und zweimal zur engsten Arbeitsgruppe dieses berühmten Genetikers gehört hatte. Besonders deutsche Zeitungen vergaßen nicht zu erwähnen, dass Mullers Großvater aus Deutschland stammte und nach der 1848iger- Revolution in die USA ausgewandert wäre.

Der errungene Ruhm half Muller aber wenig, als er nach Texas zurückkehrte. Hier wurde er nicht, wie erhofft, in die National Academy of Science gewählt, Probleme in seiner Ehe und die Kürzung der Forschungsmittel nach dem Börsenkrach von 1929 vergifteten zunehmend sein Leben. Als dann auch noch die amerikanische Bundespolizei, FBI, gegen ihn ermittelte, weil er eine linke Studentenorganisation bei der Herausgabe ihrer Zeitschrift unterstützt hatte, stürzte ihn das alles in eine tiefe Depression. Anfang 1932 erschien er nicht zu seiner Vorlesung. Seine Studenten suchten und fanden ihn teilnahmslos unter einem Baum sitzend. Hatte er versucht, mit Schlaftabletten seinem Leben ein Ende zu setzen?

Nach alldem war Muller froh, dass sich ihm im September 1932 die Möglichkeit bot, mit einem Guggenheim Stipendium als Gastforscher nach Berlin zu gehen. Für seinen Forschungsaufenthalt hatte er das Kaiser- Wilhelm Institut für Hirnforschung in Berlin Buch gewählt.

Denn dort arbeiteten seit 1925 die russischen Genetiker Elena und Nikolai Timofeef- Ressovsky. Muller hatte das junge Ehepaar, das damals darauf gebrannt hatte, Mullers Methoden für die eigene Forschung zu nutzen, 1927 am Rande des Genetik- Kongresses kennen gelernt. Nikolai Timofeeff- Ressovsky hatte ihm damals erzählt, dass er bereits in Moskau in seiner genetischen Forschung mit den Drosophila- Stämmen gearbeitet hatte, die Muller 1922 als Gastgeschenk bei seiner Reise mit in die Sowjetunion gebracht hatte.

Inzwischen war Nikolai hier in Berlin Leiter der genetischen Abteilung des Instituts geworden und auch Elena arbeitete weiter als Assistentin dort. Erst im vergangenen Jahr war das neue Institutsgebäude in Berlin Buch bezogen worden. Hier hatte die genetische Abteilung großzügige Laboratorien, eigene Gewächshäuser zur Aufzucht von Insekten erhalten und der umliegende Park bot die Möglichkeit zu populationsgenetischen Freilanduntersuchungen. All das versprach gute Forschungsbedingungen.

Doch das Jahr 1932 war keine gute Zeit, um nach Deutschland zu kommen. Vor fünf Jahren, als Muller seinen wissenschaftlichen Triumpf hier in Berlin erlebt hatte, hatte Deutschland nach Krieg und Inflation einen wirtschaftlichen Aufschwung erlebt und die Berliner hatten Zuversicht und eine unbändige Lebenslust ausgestrahlt. Jetzt aber inmitten der Weltwirtschaftskrise waren die Gesichter ernst und bitter geworden. Zwar herrschte am Institut für Hirnforschung noch eine kosmopolitische tolerante Atmosphäre.

Das änderte sich aber, als im nächsten Jahr Hitler Reichskanzler wurde. Einige Mitarbeiter versuchten sich bei den neuen Machthabern zu empfehlen, indem sie den Leiter des Instituts Professor Oskar Vogt angriffen und denunzierten. Die Hauptangriffspunkte waren Vogts wissenschaftliche Verbindungen in die Sowjetunion. Zwei Jahre lang hatte sich Vogt dort an der Erforschung des Gehirns von Lenin beteiligt.

Diese Auseinandersetzungen führten sogar dazu, dass die SA das Institut stürmte, besetzte und einige Institutsangehörige verhaftete. Unter ihnen auch Hermann Josef Muller. Er kam zwar nach Vermittlung von Gustav Krupp von Bohlen und Halbach schnell wieder frei, doch war er nicht gewillt, länger in Berlin zu bleiben. Im September 1933 verließ er Berlin und ging in die Sowjetunion nach Leningrad. Dort hoffte er, am Aufbau einer neuen gerechten Gesellschaft mitwirken zu können.

Die Timofeeff – Ressowskys hätten das inzwischen ungastliche Berlin sicher gern mit ihm verlassen; standen sie doch der kommunistischen Regierung in Moskau durchaus nicht ablehnend gegenüber. Doch jetzt gab es aus der Heimat verstörende, beängstigende Nachrichten. In der Ukraine sollte nach der Kollektivierung eine entsetzliche Hungersnot herrschen. Tausende Bauern sollten verhungern, ohne dass die sowjetische Regierung half. Man hörte von willkürlichen Verhaftungen überall im Lande. Das waren meist nur Gerüchte. Aus offiziellen sowjetischen Quellen war nichts darüber zu erfahren. Aber vielfach hatten sich die Gerüchte bestätigt. So die Nachricht über Verhaftung und Verbannung von Professor Sergej Tschetwerikow (Cetverikov).

Unter Tschetwerikows Leitung hatten Elena und Nikolaj Timofeeff- Ressovsky 1923 in Moskau ihre wissenschaftliche Laufbahn als Mitarbeiter der genetischen Abteilung des Instituts für experimentelle Biologie begonnen. Tschetwerikow hatte gleich nach Krieg und Bürgerkrieg, als die Erfolge der genetischen Forschung der Morgangruppe auch in der gerade gegründeten Sowjetunion bekannt wurden, mit eigenen genetischen Forschungen begonnen. Als Naturalist und Schmetterlingsexperte, hatte er sich im Gegensatz zu den Amerikanern nicht nur für den Mechanismus der Vererbung, sondern besonders für die Rolle der Genetik im Evolutionsprozess interessiert. In seiner Arbeit hatte Tschetwerikow drei Fragen verfolgt: Die Entstehung von Mutationen, das Schicksal von Mutationen in einer Population bei freier Kreuzung und die Wirkung der natürlichen Auslese. Die Timofeeff-Ressovskys hatten sich die Forschung zu diesen Fragen zu Eigen gemacht. Und jetzt war ihr Lehrer, wie man aus der fernen Heimat hörte, gerade wegen dieser Forschung aus Moskau verbannt worden, hatte seine geliebte und erfolgreiche Forschung aufgeben müssen und brachte sich jetzt als Mathematiklehrer in Wladimir durch. Und warum das? Man hörte, in Moskau sollten einige Ideologen argwöhnen, dass die moderne Genetik nicht mit dem dialektischen Materialismus von Marx und Engels vereinbar wäre.

Konnten die Timofeeff-Ressovskys unter diesen Umständen in die Sowjetunion zurückkehren? Hier in Berlin sahen sie sich auch nach der Machtergreifung Hitlers keinerlei Anfeindungen und Behinderungen ihrer Arbeit ausgesetzt. Die neuen Machthaber zeigten der genetischen Forschung gegenüber sogar ein gewisses Wohlwollen, das wahrscheinlich darauf beruhte, dass sie sich von der Genetik die Bestätigung ihrer kruden Rassentheorie erhofften.

Die Timofeeff-Ressovskys blieben in Berlin und nutzten die günstigen Arbeitsbedingungen, um die Forschung im Sinne ihres Lehrers fortzusetzen.

Dieser hatte 1926 eine bedeutende Arbeit über „Evolutionsprozesse vom Standpunkt der modernen Genetik" veröffentlicht. Darin hatte er ausgeführt, dass die Annahme vieler damaliger Biologen, Mutationen wären immer schädlich, falsch sei. Vielmehr existiere ein fast unmerklicher Übergang von Mutationen mit völlig normaler Lebensfähigkeit bis hin zu Mutationen, die Lebensunfähigkeit bedeuteten. Und ganz selten gäbe es auch Mutationen, die einen Vorteil für das betreffende Lebewesen darstellten. Damit hatte für Tschetwerikow festgestanden, dass Mutationen das Rohmaterial waren aus dem durch die natürliche Auslese die ganze Vielfalt der Lebewesen hervorgegangen war. Und wenn dem so war, dann dürften die Mutationen nicht als Abweichungen von einem Standard, einer Essens, angesehen werden. Vielmehr wäre es nötig die Arten als Fortpflanzugsgemeinschaften zu behandeln, in denen kein Individuum eine richtigere, echtere Beschaffenheit habe als irgendein anderes. In den natürlichen Populationen wäre jedes Individuum einzigartig und weiche in graduellen Unterschieden von seinen Artgenossen ab.

Und für diese Annahme Tschetwerikows standen auch die Ergebnisse von sehr exakt ausgehführten Versuchen, die der dänische Forscher Willem Johannsen ausgeführt hatte. Johannsen hatte 1903 zweierlei Ausleseexperimente mit der Gartenbohne „Prinzessin", einem Selbstbestäuber, vorgenommen. Bei der ersten Versuchsreihe hatte er aus der Gesamternte aus einer größeren Anzahl von Pflanzen die größten und kleinsten Samen ausgelesen, sie wieder ausgesät und diese Auslese bei den Nachkommen über mehrere Generationen hinweg wiederholt. Das Ergebnis die durchschnittliche Samengröße hatte in dem einen Fall zu- und im anderen abgenommen.

In der zweiten Versuchsreihe hatte Johannsen die entsprechende Auslese in den Nachkommenschaften ein und derselben Pflanze vorgenommen. Johannsen hatte dies Auslese in reinen Linien genannt. Das Ergebnis dieser Versuchsreihe hatte damals die Wissenschaftler in Erstaunen versetzt. Denn obwohl die Größe der

Samen auch in der reinen Linie recht stark variierte, zeigte die Auslese, auch über viele Generationen fortgesetzt, nicht die geringste Wirkung. Es änderten sich weder Grad in der Variabilität der Größe noch die durchschnittliche Größe der Samen. Damit war eindeutig bewiesen, dass die Auslese nur in Gemeinschaften, Populationen, aus genetisch heterogenen Individuen wirksam ist. Johannsen, der zur Zeit der Versuchsdurchführung noch kaum etwas über Mutationen wusste, hatte das Versuchsergebnis als ein Argument gegen die natürliche Auslese gewertet. Dass Mutationen für ein Individuum selten aber innerhalb einer großen Population doch ein häufigeres Ereignisse sind, hatte er bevor Morgans Forschungen bekannt geworden waren, noch nicht wissen können.

Sechsundzwanzig Jahre später hatte Tschetwerikow dieses Versuchsergebnis nicht nur neu interpretieren, sondern auch voraussagen können, dass in den natürlichen Populationen verborgene Mutationen vorhanden sein mussten. Er hatte gefolgert, dass, wenn in einer Population bei irgendeinem Individuum durch Mutation in einer Samen- oder Eizelle eine neue Genvariante, ein neues Allel, aufträte, könne dieses Allel bei geschlechtlicher Fortpflanzung in einem neuen Lebewesen zunächst nur als Heterozygote auftreten. Das aber müsste zur Folge haben, dass in einer Population Mutationen, wenn sie rezessiv waren, lange unerkannt verborgen bleiben könnten. Zur Überprüfung dieser theoretischen Annahme hatten Tschetwerikow und seine Mitarbeiter in der Umgebung Moskaus 239 wilde Drosophila Weibchen eingefangen und durch Kreuzungsversuche auf verborgene Erbanlagen untersucht. Die Untersuchungen hatten die Annahme bestätigt und gezeigt, dass die Individuen natürlicher Populationen trotz äußerlicher Gleichförmigkeit Träger einer Vielzahl verschiedener Erbanlagen sind.

Es war Tschetwerikow auch gelungen in seiner Publikation die Frage zu beantworten, wie sich in einer Population die sehr wenigen für die Art günstigen Mutationen erhalten und durchsetzen können. Dazu hatte er sich zweier aus den Mendelschen Gesetzen hergeleiteter mathematischer Zusammenhänge, dem Hardy-Weinberg Gesetz und der Norton-Tafel, bedient. Aus dem Hardy-Weinberg-Gesetz ergab sich, dass in einer großen Population mit freier Zufallspaarung auch sehr wenige neuer Mutationen über Generationen in der Population erhalten bleiben und nicht, wie angenommen wurde, durch „Verdünnung" verloren gehen. Die Norton-Berechnung hatte es ermöglicht, die Auswirkungen von Auslese in einer Population über mehrere Generationen zu berechnen. Das Ergebnis hatte selbst Tschetwerikow überrascht, schon geringfügig überlegene Gene konnten sich in der gesamten sich freikreuzenden Population ausbreiten. Und dabei kam es nicht darauf an, ob es sich um dominante oder rezessive Gene, um große oder kleine Selektionsvorteile handelte.

Die von den Genetikern bisher bestrittene und von den Naturalisten verfochtene allmähliche Evolution widersprach nach diesen Ergebnissen Tschewerikows also nicht den Erkenntnissen der modernen genetischen Forschung. Während des Genetiker Kongresses in Berlin hatte der Vortrag Tschetwerikows besonders bei den englischen Tagungsteilnehmern R. A. Fisher und J.B.S. Haldane reges Interesse gefunden. Beide arbeiteten, wie ihr amerikanischer Kollege S. Wright an einer mathematischen Theorie der Populationsgenetik. Ihre und die Arbeiten von Tschetwerikow und seiner Schüler könnten zu einer Brücke zwischen den zerstrittenen Lagern der Mendelisten und der Naturforscher werden.

Für die Timofeeff-Ressovskys bedeute das, auf hohem Niveau auf dem Weg ihres Lehrers weiter zu arbeiten, besonders nachdem diesem die Möglichkeit dazu fehlte. Für diese Forschung hatten die Genetiker jetzt ein neues Instrument – ionisierende Strahlung zur Auslösung von Mutationen. Sollte es damit nicht möglich sein, alle Fragen zu den Genen auf einen Schlag zu klären, indem man nachwies, was das war - ein Gen?

In dieser Haltung bestärkt wurde Nikolai Timofeeff-Ressovsky durch zwei junge Physiker. Der eine Karl Günther Zimmer war im Frühjahr 1933 als Zweiundzwanzigjähriger zum Team Timofeeffs zur Ausführung der strahlendosimetrischen Messungen gekommen, nachdem der bisher dafür zuständige Mechaniker vor der Verfolgung durch die Nationalsozialisten aus Deutschland hatte fliehen müssen. Der andere Max Delbrück, fünf Jahre älter als Zimmer, arbeitete als Assistent der Physikprofessorin Lise Meitner am Kaiser-Wilhelm – Institut für Chemie in Berlin Dahlem.

Max Delbrück, der jüngste Sohn des bekannten Historikers und Politikers Hans Delbrück, hatte nach dem Abitur die Astronomie als Studienfach gewählt. Diese Wahl war nicht frei von dem Bestreben gewesen, sich von den Mitgliedern seiner an bedeutenden Persönlichkeiten reichen Familie abzuheben. Die Mutter war zwar eine Enkelin des berühmten Justus von Liebig, aber sonst waren Naturwissenschaftler rar unter den Delbrücks und gar einen Astronomen hatte es noch nicht gegeben.

Doch unter dem Eindruck der sich seit der Jahrhundertwende stürmisch entwickelnden Physik, insbesondere der Quantenphysik, war er von der Astronomie zur Physik gewechselt und hatte nach seiner Promotion ein Lehrjahr bei den Physikern Wolfgang Pauli in der Schweiz und Niels Bohr in Dänemark absolviert, um seinen Platz in der Wissenschaft zu finden.

Und dass dieser sich im Grenzbereich zwischen Physik und Biologie befinden könnte, war ihm am 15. August 1932 schlagartig bewusst geworden. An diesem Tag, einem Montag, hatte er einem Vortrag seines Lehrers über „Licht und Leben" verfolgt. Niels Bohr hatte ausgeführt, dass die Untersuchungen der Wechselwirkungen zwischen Lebewesen und Strahlung zu Erkenntnisfortschritten in der Biologie, ja vielleicht zu einer neuen Biologie führen könne. Hätten doch auch die Streuversuche Rutherfords zu Ergebnissen geführt, die der klassischen Physik widersprachen. Es wäre möglich, dass das Prinzip der Komplementarität, das die Physiker im Dualismus von Teilchen und Welle gefunden hatten, auch in den elementaren Bausteinen des Lebendigen wirksam sei.

Delbrück war noch im gleichen Jahr in seine Heimatstadt Berlin zurückgekehrt, bereit, sich neben seiner Arbeit als theoretischer

Physiker biologischen Fragen zu widmen. Um die in Berlin durch die räumliche Nähe vieler Forschungseinrichtungen gegebenen Möglichkeiten einer gemeinsamen Annäherung von Wissenschaftlern unterschiedlicher Disziplinen an Probleme der Biologie zu befördern, hatte er begonnen, private Treffen von Wissenschaftlern der verschiedensten Fachbereiche in seinem Elternhaus in Grunewald zu organisieren.

Hier hatte Delbrück auch von der damals gerade stürmischen Entwicklung der Biochemie erfahren.

Doch diese Entwicklungen waren es nicht, welche Delbrücks besonderes Interesse fanden. Die Erforschung der Stoffwechselwege, das war zwar ein kniffliges Gebiet, aber Chemie, klassische organische Chemie. Und die hatte nichts mit der neuen Quantenwelt zu tun. Das gleiche galt für Delbrück auch für die Frage der Enzyme.

Anders die Gene, jene hypothetischen Erbeinheiten, die perlschnurartig auf den Chromosomen aufgereiht mit großer Stabilität die Weitergabe und Ausprägung von Erbmerkmalen über Generationen hinweg ermöglichen sollten. Und es gab Forscher ganz in der Nähe, in Berlin Buch, die Röntgenstrahlen zur Erforschung dieser Gene nutzten.

Und bald nahmen diese, Timofeeff –Ressovsky und Zimmer, an den Seminaren in der Kuntz-Bundschuh-Straße in Grunewald teil. Und zwischen ihnen und Delbrück entwickelte sich schnell eine Zusammenarbeit, die der Natur der Gene galt.

Delbrück unternahm den Versuch, die in Berlin Buch ermittelte lineare Beziehung zwischen der Strahlendosis und der Mutationsrate und der Zufälligkeit der dabei ausgelösten Mutationen mittels einer bereits 1922 von Friedrich Dessauer begründeten „Treffertheorie" zu deuten. Nach dieser Theorie beruhten die biologischen Effekte von Strahlung auf „Ein-Treffer- Ereignissen", die sich an sensitiven Stellen in lebenden Zellen ereignen. Eine solche Stelle musste danach also mindestens einmal, etwa durch ein Strahlungsquant, getroffen werden, um eine Wirkung zu erzielen. Es musste also die Anzahl, die Rate, der Mutationen mit der Strahlendosis steigen, ohne dass eine untere Dosisgrenze für die Auslösung von Mutationen existieren sollte. Der Ort des Treffers, ein bestimmtes Gen auf einem bestimmten Chromosom, sollte nach der Theorie ein zufälliger sein. Und genau diese Voraussagen hatte man bei den Experimenten gefunden. Diese Ergebnisse zeigten aber auch, dass die Gene, die durch Treffer von Strahlenquanten oder durch diese gebildete Ionen, also auf physikalisch chemischem Wege, verändert werden konnten, selbst eine physikalisch-chemische Stofflichkeit besitzen mussten.

Und diese stoffliche Beschaffenheit war Inhalt vieler Diskussionen zwischen Physikern und Genetikern bei ihren Treffen. Dabei kreisten die Meinungen immer wieder um die Möglichkeit, dass es sich bei den Genen um Proteine handeln könne. Was wusste man inzwischen über diese Stoffe? Alle Analysen der Biochemiker hatten ergeben, dass nur eine geringe Anzahl von zwanzig verschiedenen Aminosäuren in wechselnder Zusammensetzung die Bausteine der Proteine aller Organismen bildeten. Und in den letzten zehn Jahren hatte der schwedische Chemiker The Svedberg Proteine mit einer Ultrazentrifuge untersucht. Die Sedimentationsbestimmungen in Schwerefeldern, die durch bis zu 60. 000U/m erzeugt worden waren, hatten recht genaue Bestimmungen von Molgewichten verschiedener Proteine ermöglicht. Diese ohne willkürliche Annahmen erhaltenen Messergebnisse bestätigten die bisher sehr umstrittene Annahme, dass es sich bei Proteinen um Riesenmoleküle handelt, die durch Ketten aus Hunderten von Aminosäurebausteinen gebildet werden.

Zu diesen Aminosäureketten hatte sich bei den Biochemikern inzwischen die Vermutung verdichtet, dass die Vielfalt der Proteine nicht nur dadurch bestimmt wird, welche von etwa zwanzig Aminosäuren mit welchem Anteil die Peptidkette bildeten, sondern auch die Reihenfolge der Aminosäuren entscheidend ist. Wie ja auch der Sinn eines Wortes nicht nur von den darin vorhandenen Buchstaben, sondern auch von deren Reihenfolge abhängt.

Wenn das so war, konnte man leicht berechnen, dass es bei zwanzig Aminosäuren und einer Peptidkette von nur hundert Gliedern bereits eine so ungeheure Anzahl von Kombinationsmöglichkeiten gab, dass es unmöglich erscheinen musste, dass sich in der lebenden Zelle aus einem Aminosäuregemisch die für den Organismus benötigten Proteine bilden konnten. Und doch passierte es in den Lebewesen immer wieder und diese Fähigkeit wurde sogar von Generation zu Generation vererbt.

Nikolai Timofeeff-Ressovsky konnte seinen Gesprächsteilnehmern berichten, dass Nikolai K. Kolzow, einer seiner Moskauer Lehrer, 1927 zur Lösung dieses Problems vorgeschlagen hatte, anzunehmen, dass Proteine nach dem Muster schon vorhandener Moleküle aufgebaut werden. Ähnlich wie sich die in einer Kochsalzlösung verstreuten Natrium- und Chlorionen um einen winzigen Impfkristall in großer Ordnung zum Wachstum des Kristalls zusammen finden, so sollten sich nach Kolzow auch die Aminosäuren an die richtigen Stellen eines bereits vorhandenen Proteins anlegen. Eine kühne Idee. Aber leider nur eine unbewiesene Spekulation.

Dagegen waren die durch Bestrahlungsversuche gewonnen Aussagen über die Natur Gene von jedem nachzuvollziehen. Sie stellten eine ganz neue Erkenntnis über die Natur der Gene dar und bildeten die wichtigste Aussage einer Arbeit, die Nikolai Timofeeff-Ressovsky, Karl Günther Zimmer und Max Delbrück gemeinsam unter dem Titel " Über die Natur der Genmutation und der Genstruktur" 1935 veröffentlichten. Darin heißt es: „Wir stellen uns das Gen als einen Atomverband vor, innerhalb dessen die Mutation, als Atomumlagerung oder Bindungsdissoziation (ausgelöst durch Schwankung der Temperaturenergie oder durch Energiezufuhr von außen) ablaufen kann, und der in seinen Wirkungen und seinen Beziehungen zu anderen Genen weitgehend autonom ist."(9)

Die erfolgreiche Zusammenarbeit der Verfasser dieser „Drei-Männer-Arbeit" endete, als Max Delbrück 1937 mit einem Rockefeller-Stipendium zu einem Studienaufenthalt in die USA ging.

Im gleichen Jahr wurden die Timofeeff-Ressovskys von der sowjetischen Botschaft aufgefordert, Nazideutschland zu verlassen und in ihre Heimat zurückzukehren. Doch dort hatte gerade die „große Säuberung" einen Höhepunkt erreicht. Die Kollegen aus Moskau schrieben, wer jetzt als Genetiker dorthin kommen wolle, könne sich gleich eine Fahrkarte nach Sibirien kaufen. Und die Verwandten berichten, zwei der Brüder Nikolais wären verhaftet und der eine hingerichtet worden.

Nach Russland konnten sie also nicht zurückkehren. Und auch eine sich damals bietende Möglichkeit, in den USA zu arbeiten, nahmen sie nicht wahr. Denn in Berlin hatten sich die Arbeitsmöglichkeiten für sie sogar verbessert. Die genetische Abteilung war in zwischen ein vom KWI für Hirnforschung unabhängiges Institut geworden, dessen Direktor Nikolai Timofeeff-Ressovsky war. Eine solche Forschungsmöglichkeit konnten sie schwerlich in den freien Ländern Europas oder in den USA finden, zumal sich dort die vielen von der Hitlerregierung vertriebenen Wissenschaftler um die wenigen freien Stellen bemühten. Auch hätte das Verlassen Deutschlands durch die Timofeeff-Ressovskys die Arbeitslosigkeit für die meisten der über hundert Mitarbeiter des Instituts bedeutet. Sie blieben also, ohne die sowjetische Staatsbürgerschaft aufzugeben, in Berlin. Eine Entscheidung von der sie 1937 nicht wissen konnten, dass sie für ihren ältesten Sohn den Tod in einem deutschen Konzentrationslager und für Nikolai nach 1945 eine lange Haft in der Sowjetunion mit sich bringen sollte. Aber zunächst boten sich in Berlin auch weiterhin glänzende Voraussetzungen für ihre Forschung. Es konnte ein Laboratorium eingerichtet werden, in dem versucht werden konnte, dem Geheimnis der Gene durch Beschuss mit Neutronen auf die Spur zu kommen. Auch ihre Bemühungen die Genetik mit der Evolutionsforschung in Einklang zu bringen, erhielt Auftrieb durch ein Buch, das 1937 zuerst in den USA erschien: „Genetiks and the Origin of Species".

Der Verfasser, Theodosius Dobzhansky, für sie Feodossi Dobrschanski, war nicht nur ein Landsmann, sondern auch ein guter Bekannter der Timofeeff-Ressovskys aus ihrer Moskauer Zeit. Der wie Nikolai im Jahre 1900 geborene Dobrschanski hatte zwar damals in der Sowjetunion nicht zur Moskauer Gruppe um Tschetwerikow gehört, sondern in der Genetikergruppe um Professor Juri Philipchenko in Leningrad gearbeitet. Aber zwischen beiden Gruppen hatte es einen regen Informationsaustausch mit gegenseitigen Besuchen gegeben. Hatten die sowjetischen Genetiker doch, nachdem sie durch Weltkrieg, Revolution und Bürgerkrieg lange vom internationalen wissenschaftlichen Austausch abgeschnitten waren, viel nachzuholen gehabt. 1927 war Dobrschanski mit einem Rockefellerstipendium in die USA gegangen, um bei Thomas Hunt Morgan die Techniken der genetischen Forschung zu erlernen.

Das jetzt erschienene Buch zeigte, dass Dobrschanski, der inzwischen Professor in New York war, über der Herstellung von Genkarten und ausgeklügelten genetischen Experimenten nicht das in den Jahren nach der Oktoberrevolution geweckte Interesse an den übergreifenden Fragen der Evolutionstheorie verloren hatte. In seinem Buch entwickelte Dobrschanski eine Erweiterung der darwinschen Evolutionstheorie durch Erkenntnisse aus Zellforschung, Genetik und Populationsgenetik. Er betrachtete Forschungsergebnisse der unterschiedlichsten Gebiete der Biologie unter dem übergeordneten Aspekt der Evolution. Da wurden Ergebnisse der in Laboratorien und Gewächshäusern betriebenen Genetik und an Schreibtischen von Theoretikern erarbeitete mathematische Modellvorstellungen über Populationen mit den Befunden in natürlichen Populationen und mit den Ergebnissen von Systematikern, Ökologen, Paläontologen, Biogeographen und Ethologen zusammengeführt. Dieser Integration wegen sollte man die von Dobrschanki angestoßene neue Richtung der Evolutionsforschung wenige Jahre später „Synthetische Theorie der Evolution" nennen. Diese neue Sicht auf die Evolution erlaubte Erklärungen für evolutionäre Vorgänge, die sowohl den Erfahrungen und Beobachtungen der Naturalisten als auch der Genetiker entsprachen. So müßten sich die Naturforscher nicht länger die beeindruckenden Anpassungen der Arten an ihre Umwelt, durch Gebrauch und Nichtgebrauch und Vererbung erworbener Eigenschaften zu erklären, sondern fanden in den allmählichen Veränderungen, die in Populationen durch Mutation und Rekombination im Wechselspiel mit der natürlichen Auslese entstehen, eine erschöpfende Erklärung. Und die Genetiker glaubten nicht länger, dass durch Mutationsdruck oder drastische große Mutationen sprunghaft neue Arten entstehen, denn mit der neuen Theorie konnte erstmals die Bildung neuer Arten verstanden werden.

Nach dem von Dobrschanski entwickelten Modell der Artbildung beginnt dieser Prozess mit der Aufspaltung einer Population in zwei voneinander so getrennte Populationen, dass zwischen ihnen kein Genaustausch möglich ist. Eine solche Trennung kann etwa durch Gebirgs- oder Inselbildung erfolgen. Infolge dieser Trennung entwickeln sich beide Populationen durch zufällige Mutationen und Auslese durch unterschiedliche Umweltbedingungen auseinander, wobei die genetischen Unterschiede immer größer werden. Nach genügend vielen Generationen sind die Unterschiede so groß geworden, dass es zwischen den Individuen beider Teilpopulationen auch nach Aufhebung der trennenden Barriere etwa wegen unterschiedlichem Balzverhalten, unterschiedlicher Form der Geschlechtsorgane oder unterschiedlichen Chromosomen nicht mehr zu einer fruchtbaren Fortpflanzung kommen kann. Es sind zwei voneinander reproduktiv isolierte neue Arten entstanden.

Die von Dobrschanski entwickelten Vorstellungen luden die Naturforscher geradezu dazu ein, diese theoretischen Überlegungen durch Untersuchungen in der freien Natur zu überprüfen. Dies war einer der Gründe dafür, dass die Synthetische Theorie schnell weltweit von den meisten Biologen angenommen wurde.

Aber nicht im Heimatland Dobrschankis – in der Sowjetunion. Dort hatte die Presse in dem Agronomen Trofim Lyssenko den genialen Vorkämpfer für eine neue sozialistische Biologie gefunden. Ziel dieses schöpferischen Darwinismus sollte nicht allein darin bestehen, die Natur zu erklären, sondern sie zum Wohle des Menschen zu verändern. Und dazu hatte Lyssenko eine Theorie entwickelt nach der diskrete Erbanlagen, also Gene, nicht existieren sollten. Die Vererbung wäre vielmehr eine Eigenschaft des gesamten Organismus, der durch veränderte Umwelteinflüsse formbar, veränderbar wäre. Und die in der Auseinandersetzung mit den Umweltbedingungen erworbenen Eigenschaften wären vererbbar.

Das war eine recht extreme Ansicht, leugnete sie doch die Erkenntnisse einer ganzen Generation von Genetikern. Aber sie war nicht eine wirklich ungewöhnliche. Denn in der Sowjetunion hatte, wie in anderen Ländern auch, Zwietracht unter den Biologen geherrscht, wenn es um die Mechanismen der Evolution ging. Und wie in anderen Ländern waren nicht alle Naturforscher, die bisher evolutionäre Veränderungen durch die Vererbung erworbener Eigenschaften erklärt hatten, sofort zur synthetischen Theorie „bekehrt" worden.

Aber während in anderen Ländern die Auseinandersetzungen zwischen den Biologen auf der Grundlage wissenschaftlicher Erkenntnisse stattfanden, mussten die Gegner Lyssenkos bald erfahren, dass das in der Sowjetunion nicht möglich war.

Denn Lyssenko war es gelungen, die Ideologen der herrschenden Partei unter Josef Stalin zu überzeugen, dass seine Theorie im Gegensatz zu den Lehren von Mendel, Weismann und Morgan vollständig mit der von Marx, Engels und Lenin entwickelten Philosophie übereinstimmte. Und mit dieser philosophischen Lehre, die Lenin wahr und allmächtig genannt hatte, begründeten auch die kommunistischen Führer der Sowjetunion ihren Herrschaftsanspruch. Damit musste jeder Einwand gegen Lyssenkos Lehre zu einer Kritik an der Partei und ihren Führern mit ernsten Folgen für den Kritiker werden.

Und das bekamen der Amerikaner Hermann Josef Muller und der Pflanzengenetiker Nikolei I. Wawilow zu spüren, als sie es 1936 auf einer großen Konferenz der All-Unionsakademie der Agrarwissenschaftler gewagt hatten, Lyssenkos Lehre anzugreifen. Sie wurden als Antidarwinisten und Lakaien des Imperialismus beschimpft und mussten fürchten, verhaftet zu werden. Muller floh zunächst als freiwilliger Arzt in den spanischen Bürgerkrieg, um dann 1937 die Sowjetunion für immer zu verlassen. Er ging zunächst nach Schottland und 1940 zurück in die USA. Wawilow wurde 1940 verhaftet und starb im Gefängnis. Wir wissen nicht, ob die Verknüpfung von Lyssenkos laienhafter Hypothese mit dem dialektischen Materialismus der schlaue Trick eines nach Anerkennung gierenden Glücksritters oder das Werk eines gläubigen Kommunisten war, für die verheerende Wirkung dieser Lehre ist das auch ohne Bedeutung. In der Sowjetunion, in der sich der Führungskreis um Stalin im Besitz der Wahrheit wähnte, führte Lyssenkos Pseudobiologie nicht nur zur Drangsalierung anders denkender Gelehrter, zu Verhaftung und Tod bedeutender Wissenschaftler, nicht nur zur Erziehung einer ganzen Generationn von Sowjetbürgern im Geiste Lyssenkos, sondern mit dem Niedergang von Biologie und Züchtung auch zu einem Niedergang der sowjetischen Landwirtschaft.

Forschung in dunkler Zeit

Am 30. Januar 1933 war der Führer der NSDAP zum Reichkanzler Deutschlands ernannt worden. Danach hatten er und seine Anhänger nicht lange gewartet, das deutsche Staatswesen in eine totalitäre Diktatur umzuwandeln. Dazu hatten sie sich offener Gewalt, Einschüchterung aber auch scheinbar rechtstaatlicher Mittel bedient. Dies hatte eine Auswanderungswelle ausgelöst, mit der bis 1939 etwa 500 000 Personen aus dem Herrschaftsbereich Hitlers geflohen waren. Unter den Vertriebenen befanden sich viele Wissenschaftler, die nach dem Gesetz zur Wiederherstellung des Berufsbeamtentums vom April 1933 aus politischen Gründen oder wegen ihrer „nicht arischen" Herkunft entlassen und ihrer Existenzgrundlage beraubt worden waren. Die deutschen Hochschulen verloren durch die Anwendung dieses Gesetzes etwa ein Fünftel ihrer habilitierten Lehrer.

Otto Warburg erlebte diese Entwicklung mit Entsetzen, Hilflosigkeit und Trotz. Und jetzt Anfang März 1939 forderte das zuständige Reichsministerium die Kaiser-Wilhelm Gesellschaft auf, Angaben über die arische Abstammung Otto Heinrich Warburgs des Direktors des KWI für Zellphysiologie in Berlin-Dahlem zu machen. Was hatte das zu bedeuten?

Aus seinem Institut wollte er sich nicht vertreiben lassen. War hier doch alles sein Werk. Er hatte 1929 in den USA das Geld für den Bau von der Rockefeller Stiftung beschafft. Nach seinen Plänen waren die Arbeitsräume und Laboratorien gestaltet worden. Er hatte dafür gesorgt, dass hier nicht in einem fabrikartigen Zweckbau, sondern in einem Gebäude geforscht wurde, das im Stile eines märkischen Herrenhauses bei aller preußischen Geradheit durch Eleganz und Luftigkeit den Geist von Freiheit und Unabhängigkeit ausstrahlte. Sollte hier in das Kaiser–Wilhelm-Institut für Zellphysiologie ein den brauen Machthabern höriger Direktor einziehen? Hatte sein Fachgebiet, die moderne dynamische Biochemie, nicht schon genug seiner fähigen deutschen Forscher verloren?

Gustav Embden, der wichtige Forschungsarbeiten zum Verständnis des Abbauweges des Traubenzuckers, der Glykolyse, geleistet hatte, war schon im Sommer 1933 in einem Sanatorium, wie es hieß, an Depression gestorben. Zuvor hatten Studenten den fast sechzigjährigen Professor aus seinem Institut gezerrt und mit dem Schild „Ich bin ein Jude" durch die Stadt getrieben. Die freie Stelle an der Universität Frankfurt am Main hatte ein Parteigenosse besetzt, einer, der nicht willens und wohl auch nicht in der Lage war, Embdens Forschung fortzusetzen.

Ein Jahr später war hier in Berlin Carl Neuberg der langjährige Direktor des KWI für Biochemie entlassen worden. Neubergs Forschungen zum Gärungsprozess und zu Enzymen hatten wichtige Voraussetzungen für die erfolgreiche Forschung von Embden und Meyerhof gebildet. Seine Entlassung war erfolgt, weil Neuberg, Direktor und Jude, einem Labordiener und Parteigenossen gekündigt hatte, nachdem dieser im Institut eine Prügelei angefangen hatte. Auch Neubergs Nachfolger, Butenandt, war Mitglied der Hitlerpartei, aber wohl ein tüchtiger Forscher.

Und im September des vergangenen Jahres hatte auch Warburgs Freund Otto Meyerhof dem Druck der Naziaktivisten, Denunziationen und gezielter Isolierung durch Kollegen nicht mehr standgehalten. Noch rechtzeitig vor der „Reichskristallnacht", noch rechtzeitig vor vom Staat organisiertem Raub und Mord war er mit Frau und Sohn in die Schweiz geflohen. Inzwischen arbeitete er in Paris als Direktor des „Institut de Biologie physicochemique".

Und jetzt war er, Otto Heinrich Warburg, der letzte Wissenschaftler jüdischer Abkunft, der als Leiter eines KWI geduldet wurde, und einer der wenigen, die in Deutschland auf seinem Fachgebiet weiterhin forschten.

Dabei hatte sich alles so gut entwickelt. Trotz verlorenem Krieg, trotz anfänglicher wissenschaftlicher Isolierung, trotz Inflation und leerer Kassen hatten die deutschen Naturwissenschaften wieder Weltgeltung erlangt. Und die Biochemiker hatten ihren Teil dazu beigetragen. Bei Embden in Frankfurt, bei Neuberg und Warburg in Berlin und vor allen bei Meyerhof in Heidelberg war im Wettbewerb und Austausch mit ausländischen Arbeitsgruppen in den Jahren von 1924 bis 1938 ein Riesenpuzzle gelöst worden. Es waren die zehn Reaktionsschritte der Glykolyse aufgeklärt worden. Und die Hauptarbeit dazu war in Meyerhofs Institut für Physiologie am KWI für Medizinische Forschung in Heidelberg geleistet worden.

Begonnen aber hatte Meyerhofs Triumphzug hier in Dahlem. 1924 war Meyerhof ans KWI für Biologie nach Berlin gekommen, nachdem der Nobelpreisträger als Jude an keiner deutschen Universität eine angemessene Anstellung hatte finden können. Warburg erinnerte sich, dass auch die Kaiser-Wilhelm–Gesellschaft nicht gerade einen roten Teppich für den Nobelpreisträger Meyerhof ausgerollt hatte. Es war ein recht kleines Labor im dritten Stock, eine Etage unter seinen Arbeitsräumen, das Meyerhof damals mit seinem ersten Assistenten Karl Lohmann bezogen hatte. Und hier hatten die beiden Forscher begonnen, ihre zellfreien Muskelextrakte herzustellen. Muskelextrakte, zellfreie Pressäfte aus Muskelgewebe, weil sich Meyerhof besonders für die energetischen Vorgänge bei biologischen Reaktionen interessiert hatte. Folgerichtig hatte er sich mit der Umwandlung von Traubenzucker in Milchsäure bei der Muskelarbeit in Abwesenheit von Sauerstoff beschäftigt. Und schon 1918 hatte er in Kiel gefunden, dass der Kohlenhydratabbau zur Milchsäure auch im zellfreien Muskelpress-Saft studiert werden konnte, analog zu Buchners Hefepress-Saft. Aus den ersten Versuchen mit den Muskelextrakten war die Vermutung, dann die Gewissheit erwachsen, dass die alkoholische Gärung und die Milchsäurebildung im Muskel über eine längere Wegstrecke auf dem gleichen Gleis verliefen. Dies hatte es Meyerhof ermöglicht, für seine Forschungen auf die schon für die alkoholische Gärung erhaltenen Erkenntnisse zurückzugreifen. So hatten 1911 Arthur Harden und John William Young in England schon 1911 aus einem Gärungsansatz Fructose- 1,6-diphosphat isoliert, nachdem sie schon vorher beobachtet hatten, dass die Gärung in Hefezellen nach Phosphatzusatz bedeutend schneller verläuft. In den folgenden Jahren waren dann weitere Phosphorsäureester von Trauben- und Fruchtzucker als Zwischenprodukte des Gärungsprozesses entdeckt worden. Aber in welcher Reihenfolge die isolierten Zwischenprodukte der Gärung entstanden waren, wie es überhaupt zur Bildung der Phosphorsäureester kommt und wie die bei dem Glucoseabbau freiwerdende Energie zur Muskelarbeit genutzt wird, war damals noch völlig unbekannt.

Doch die Arbeiten mit den zellfreien Muskelextrakten in Meyerhofs Labor sollten sich als erfolgreicher Weg zur Trennung, Isolierung und Charakterisierung von Zwischenprodukten, Enzymen und Coenzymen erwiesen. Konnten doch durch Variation der Untersuchungsbedingungen die Reaktionskomponenten unabhängig von der Zellstruktur untersucht werden.

Bei diesen Experimenten war es nötig gewesen, die verschiedenen Phosphorsäureester unterscheiden zu können. Da die bekannten Fällungsmethoden sich als dazu unzureichend erwiesen hatten, hatte Lohmann eine Methode entwickelt, die Ester auf Grund der unterschiedlichen Geschwindigkeiten, mit denen sie durch Säuren gespalten werden, zu unterscheiden.

Und dabei hatte Lohmann die Entdeckung seines Lebens gemacht. Er hatte in den Reaktionsgemischen eine unbekannte leicht hydrolysierbare Substanz entdeckt. Sie hatte sich durch Fällung mit Barium– oder Bleisalzen isolieren lassen. Und die folgende Analyse hatte dann ergeben, dass die Substanz aus der an dem Einfachzucker Ribose gebundenen organischen Base Adenin und drei Phosphorsäureresten bestand. Es war Adenosintriphosphat, ATP.

Das war 1929, in dem Jahr, das mit dem New Yorker Börsenkrach, mit dem Beginn der Weltwirtschaftskrise zu Ende gehen sollte. Für Meyerhof trotzdem ein Glücksjahr. Es gab nicht nur die ATP –Entdeckung, sondern Meyerhof war auch die Leitung der physiologischen Abteilung am neu gegründeten KWI für medizinische Forschung in Heidelberg übertragen worden. Zum ersten Mal hatte er über hervorragende Arbeitsbedingungen verfügt. Die Laboratorien waren nach Meyerhofs Plänen erbaut und eingerichtet und mit modernen Geräten bestückt worden. Warburg erinnerte sich, wie glücklich Meyerhof damals gewesen war.

Dort in Heidelberg war nicht nur ein Großteil der Substanzen, die bei der Glykolyse eine Rolle spielen, entdeckt worden, es war nicht nur entdeckt worden, wie und in welcher Reihenfolge diese Stoffe miteinander reagieren, sondern es war auch entdeckt worden, wie dabei Energie gewonnen, biochemisch umgewandelt, gespeichert und für die Leistungen der Zelle in Form der energiereichen Verbindung ATP zur Verfügung gestellt wird.

Dieses Adenosintriphosphat, das in allen Zellen vorhanden war, spielte bei vielen, wenn nicht bei allen, Energieumwandlungen in lebenden Zellen eine entscheidende Rolle. Und dies ist möglich, weil die beiden endständigen der drei Phosphorsäuregruppen im ATP untereinander energiereich durch eine Anhydrid - Bindung verbunden sind. Dadurch wird bei Bildung dieser Bindungen ein größerer Energiebetrag gespeichert oder bei ihrer Aufspaltung freigesetzt, als es bei normalen Esterbindungen der Fall wäre. Und dieser chemische Vorgang, der im Reagenzglas genauso funktioniert, wie in der lebenden Zelle, dieser Vorgang ermöglicht, dass in Organismen die chemische Energie der Nahrung ohne den Umweg über Wärme fast verlustfrei in nutzbare chemische Energie umgewandelt und zur Arbeitsleistung herangezogen werden kann. Es ist ganz normale Chemie und Physik, es bedarf keiner geheimnisvollen Lebenskräfte, um die erstaunlichen Leistungen lebender Zellen erklären zu können. Und den Zugang zu diesen Vorgängen zuerst gefunden zu haben, darin bestand das Verdienst von Meyerhof und seinen Mitarbeitern.

Doch eine so großartige Pionierleistung zählte jetzt im Jahre 1939 bei den Regierenden nicht, gerichte nach deren Ideologie doch alles von Juden ersonnene und entdeckte zum Schaden für das deutsche Volk. Dass Deutschland durch die betriebene Ausgrenzung und Vertreibung seine führende Rolle in der Wissenschaft verlieren könnte, und dass andere Nationen vom Wissen und Können der Vertriebenen profitieren könnten, kam den Herrschenden in ihrem dümmlichen Glauben an die Überlegenheit der „arischen Rasse" nicht in den Sinn.

Und so hatten Trauer und Freude Warburg bewegt, als einer der Vertriebenen und noch dazu einer seiner Schüler im Ausland einen weiteren zentralen Stoffwechselweg aufklären konnte. Der aus Hildesheim stammende studierte Mediziner Hans Krebs war von 1924 bis 1930 hier in Berlin Warburgs Assistent gewesen. 1932 inzwischen an der Medizinischen Klinik der Universität Freiburg tätig, hatte Krebs den Stoffwechselzyklus entdeckt, der den beim Eiweißabbau entstehenden giftigen Stoff Ammoniak in Harnstoff umwandelt. Aber schon im Frühjahr 1933 war Krebs entlassen worden und auf Warburgs Rat hin nach Großbritannien emigriert.

Dort an der Universität Sheffield hatte sich Hans Krebs der Erforschung eines weiteren Stoffwechselproblems angenommen. Es war bekannt, dass der Abbau von Traubenzucker im Zuge der Glykolyse bis zur Stufe der Brenztraubensäure erfolgt, ohne dass Sauerstoff erforderlich ist. Aus einem Molekül Glukose werden dabei zwei Moleküle Brenztraubensäure gebildet. Bei der alkoholischen Gärung mit Hefezellen oder bei der anaeroben Milchsäurebildung in Muskelzellen wird die Brenztraubensäure weiter in Ethanol bzw. in Milchsäure umgesetzt. Bei sauerstoffatmenden Zellen dagegen erfolgt eine „Verbrennung" zu Kohlendioxid und Wasser unter Energiegewinn. Wie dies aber geschieht war nicht bekannt.

Um hier Klarheit zu gewinnen, hatte Krebs die Oxidation der Brenztraubensäure bzw. ihres Anions, des Pyrovats, zu untersuchen begonnen. Dabei hatte er auf die Erkenntnisse anderer Forscher aufbauen können. So hatten schon Torsten Thunberg in Schweden und Albert von Szent-Györgyi in Ungarn die Oxidierbarkeit vieler organischer Substanzen im Muskelgewebe getestet und dabei die leichte Oxidierbarkeit der Salze verschiedener organischer Säuren erkannt. Thunberg und die Forscher, die seine Befunde bestätigt hatten, hatten mit erheblichen methodischen

Schwierigkeiten bei der Durchführung ihrer Versuche zu kämpfen gehabt. Denn die Oxidation von Substanzen im Muskelgewebe hatte sich nicht in zellfreien Extrakten untersuchen lassen und Suspensionen von zerkleinertem Muskelgewebe verloren schnell an Aktivität.

Es war daher ein beachtlicher Fortschritt, als Albert von Szent-Györgyi gefunden hatte, dass Suspensionen aus zerkleinerten Brustmuskeln von Tauben nicht nur eine hohe Atmungsaktivität aufwiesen, sondern diese auch lange behielten. Mit diesen Suspensionen war es Szent-Györgyi gelungen nachzuweisen, dass kleine Mengen verschiedener Dicarbonsäuren genügten, um die Sauerstoffaufnahme von Muskeln deutlich über die Sauerstoffmenge zu erhöhen, die zur Oxidation der zugesetzten Säuremenge nötig war.

Und dass dies nicht nur bei den von Szent-Györgyi getesteten Säuren, sondern auch bei der Brenztraubensäure der Fall ist, war eines der ersten Ergebnisse, die Krebs bei Versuchen mit den nach Szent-Györgyis Angaben bereiteten Muskelsuspensionen erzielt hatte. Zusätzlich hatte er gefunden, dass die Oxidation der Brenztraubensäure durch Salze der Zitronensäure und ähnlicher Tricarbonsäuren deutlich stimuliert wird; der Zusatz einer geringen Menge hatte die Oxidation einer vielfachen Menge an Brenztraubensäure zur Folge.

Den Weg zu dem Verständnis all dieser Beobachtungen hatte Hans Krebs mit seiner genialen Idee freigemacht, dass es sich bei der Brenztraubensäure, den in den Oxidationsversuchen von Szent-Györgyi untersuchten Dicarbonsäuren und den Tricarbonsäuren seiner eigenen Experimente um die aufeinander folgenden Glieder einer Reaktionskette handeln könne. Und mit dieser Hypothese war es Krebs gelungen, durch gezielte Experimente und kluge Kombinationen eine chemisch logische Reaktionsfolge zu erarbeiten, deren Anfang mit dem Ende verknüpft ist. Und in diesem Zyklus wird Brenztraubensäure über neun Zwischenverbindungen zu Kohlendioxid und Wasserstoff abgebaut. Am Ende steht das erste Glied der Kette, Oxalessigsäure, wieder zur Verfügung.

Der Wasserstoff an Überträgerstoffe, Coenzyme, gebunden wird an die Atmungskette weitergereicht, wo unter Bildung von Wasserstoffionen Elektronen aus dem Wasserstoff an das Cytochromsystem abgegeben und stufenweise bis zum letzten Glied der Atmungskette, Warburgs Atmungsferment, weitergereicht werden. Das Enzym, das inzwischen auch Cytochromoxidase genannt wurde, katalysiert, die Übertragung von Elektronen auf Sauerstoff, der dann mit den Wasserstoffionen Wasser bildet. Die bei dieser „gebremsten Knallgasreaktion" freiwerdende Energie wird dabei in die chemische Energie des energiereichen ATP überführt.

Wenn Warburg jetzt im März 1939 über diese Zusammenhänge nachdachte, war dies mit für ihn unangenehmen Erinnerungen verbunden. Denn er hatte in den zwanziger Jahren das von Thunberg und Heinrich Wieland vertretende Konzept der Wasserstoffaktivierung und –übertragung aufs heftigste bekämpft.

Das war die Zeit als er um die Anerkennung seines Konzepts der Sauerstoffaktivierung durch ein eisenhaltiges „Atmungsferment" ringen musste. Seine Forschungen hatten klar gezeigt, dass die Sauerstoffaufnahme durch atmende Zellen ein aktiver durch das „Atmungsferment" vermittelter Vorgang war.

Wieland hatte dagegen die Ansicht vertreten, dass biologische Oxidationen durch Enzyme, die Wasserstoffatome „aktivieren", katalysiert werden. Die dabei aus den zu „verbrennenden" Substanzen frei gesetzten Wasserstoffatome könnten dann passiv auf einen Wasserstoffakzeptor übertragen werden. Als ein solcher Empfänger könne Sauerstoff aber auch ein anderes hydrierbares Molekül fungieren.

Und gegenüber dieser Meinung hatte er, Otto Warburg, seine aus exakten Versuchsergebnissen gewonnene Ansicht verteidigen müssen. Dass er dabei die Grenze zwischen sachlicher Auseinandersetzung und persönlicher Beleidigung wiederholt überschritten hatte, diesen seinen Anteil an der Zuspitzung des Streits anzuerkennen, fiel Warburg auch gegenüber sich selbst schwer. Und es gab ja auch genug Tatsachen, um seine Rolle in einem günstigen Licht darzustellen.

Wer hätte damals vor fast zwei Jahrzehnten auch nur ahnen können, wie kompliziert die „Verbrennung" in der Zelle ist? Wer hätte vermuten können, dass die „Verbrennung" von Traubenzucker mit Sauerstoff, ein Vorgang, der im Labor in einem Bombenkaloriemeter augenblicklich erfolgt, in der Zelle über viele Zwischenschritte, über Glykolyse und Zitronensäurezyklus ohne direkte Beteiligung von Sauerstoff verläuft? Hätte damals irgendein Forscher auf die Idee kommen können, die einfache Verbrennung des Glucosemoleküls, seiner Reaktion mit Sauerstoff zu Kohlendioxid und Wasser, erfolge in lebenden Zellen über einen langen Abbauweg, auf dem der Glucose schrittweise Wasserstoff entzogen wird und die Kohlenstoffatome als Kohlendioxid abgespalten werden?. Hat damals irgendjemand vermutet, dass erst ganz zum Schluss Sauerstoff, aktiviert mittels des „Warburgschen-Atmungsfermentes", ins Spiel kommt?

Wieland jedenfalls nicht. Was hatte der denn damals für seine Hypothese ins Feld zu führen? Die Tatsache, dass im Labor verschiedenen organischen Stoffen bei Anwesenheit von feinverteiltem Platin oder Palladium Wasserstoff entrissen werden konnte? Dass bei Experimenten mit zerhackten Muskeln Methylenblau entfärbt worden war? Das konnte zwar nur durch Wasserstoffübertragung erfolgt sein. Aber gibt es in der lebenden, arbeitenden Zelle Platinmohr oder Methylenblau? War es da nicht verständlich, dass er damals Wielands Experimente als „unphysiologisch" abgelehnt hatte? Hätte er dafür seine Erkenntnisse, für die er dann 1931 den Nobelpreis erhalten hatte, verwerfen sollen?

Dann war dank der Forschungen von Szent-Györgyi klar geworden, dass sowohl Wasserstoff der zu verbrennenden Substanz als auch Sauerstoff für die biologische Oxidation „aktiviert" werden mussten. Aber den endgültigen Beweis dafür, hatte er, Otto Warburg, geliefert, indem er 1932 ein erstes und 1938 ein weiteres wasserstoffübertragendes Ferment entdeckt hatte. Und bei Arbeiten mit dem gleichen Experimentalsystem war es ihm außerdem gelungen, zwei Substanzen (NAD und NADP), die als Wasserstoffüberträger für die Arbeit dieser Enzyme unentbehrlich waren, zu isolieren. Und für beide Coenzyme hatte er Nicotinsäureamid, einem Bestandteil der B-Vitamingruppe, als Wirkgruppe nachweisen können. Damit war eine Brücke zwischen Enzymen und Vitaminen geschlagen worden. Warburg erinnerte sich, wie er und seine Mitarbeiter 1933 an einem Dezemberabend nach wochenlanger Arbeit, aus dem Aufarbeiten von zweihundert Litern Pferdeblut nur enttäuschend wenige Kristalle der mit Pikrinsäure gefällten unbekannten Substanz erhalten hatten. Es hatte gerade für die Elementaranalyse und die Bestimmung des Schmelzpunktes gereicht. Und Freund Walter Schoeller von der Schering Kahlbaum AG hatte die Fleißaufgabe übernommen im „Beilstein" die Substanz, für die diese Daten zutrafen, zu suchen und als Nicotinsäureamid zu finden. Ein glücklicher Moment in einem Forscherleben.

Und mit diesem Leben sollte es für ihn nun vielleicht bald zu Ende sein, galt er doch für die Regierenden als jüdischer Mischling 1. Grades und damit wohl als nicht geeignet, in Deutschland zu forschen. Was sollte er tun? Freiwillig gehen und damit diesen verbohrten Rassenideologen recht geben? Und wohin? Der Sprache wegen kämen nur England und die USA in Frage. Wie lang würde es dauern bis er dort wieder ein leistungsfähiges Labor auf die Beine gestellt haben würde? Würde er dort überhaupt die Möglichkeit haben, frei, ohne dass man ihm Vorschriften machte, zu forschen? Wäre das nicht verlorene Zeit, gerade jetzt, nachdem die Forscher angefangen hatten, den Schleier über dem, was die chemischen Mechanismen des Lebens ausmachte, zu lüften? Es hatten sich so viele neue Ansatzpunkte für eine erfolgreiche Forschung ergeben. Man wusste, dass der Zitronensäurezyklus auch bei der „Verbrennung" von Fett- und Aminosäuren eine Rolle spielte. Aber die Mechanismen dabei harrten noch der Erforschung. Noch war nicht bekannt, wie die in der Atmungskette freiwerdende Energie in ATP-Moleküle umgewandelt wird. Und überall spielten Fermente eine Rolle und warteten auf ihre Erforschung. Musste er jetzt nicht die neuen Erkenntnisse nutzen, um in der Krebsforschung voranzukommen? Nein er konnte nicht gehen, durfte sein hervorragend ausgestattetes Institut nicht arischen Pfuschern überlassen. Man würde ihm wohl auch kaum erlauben, Deutschland zu verlassen. Im vergangenen Jahr hatte man ihm schon untersagt, zum Physiologenkongress nach Zürich zu reisen. Und würde er durch seine Flucht nicht die Männer, die ihn bisher vor den braunen Machthabern beschützt hatten, gefährden? Warburg blieb und als dann am 1. September mit dem deutschen Überfall auf Polen der 2. Weltkrieg begann, gab es für ihn auch kaum noch eine Möglichkeit Deutschland zu verlassen. Es begann eine Zeit des von Deutschland ausgehenden Schreckens, die später den Dichter Paul Celan zu der Aussage veranlasste, der Tod sei ein Meister aus Deutschland.

Obwohl immer hochgradig gefährdet und vielen Denunziationen ausgesetzt, setzte Warburg seine wissenschaftliche Arbeit unbeirrt fort. Er und seine Mitarbeiter entdeckten und isolierten in dieser Zeit acht der sechzehn Enzyme, die bei Gärung und Glykolyse eine Rolle spielen. Dass Warburg die Zeit der NS-Herrschaft unbeschadet überlebte, hatte er wahrscheinlich seiner Krebsforschung und der Angst des „Führers" vor dieser Krankheit zu verdanken.

Die Phagengruppe

Als Max Delbrück im Herbst 1937 aus dem herbstlichen Berlin nach Pasadena an das California Institute for Technology (Caltech) gekommen war, hatte er sich in ein Paradies versetzt gefühlt. Das sonnige Kalifornien mit seinen Blumen und Palmen, die schöne von Bergen umgebene Stadt am großen Ozean und das freie akademische Leben im Campus waren nach der kalten ängstlich geduckten Berliner Atmosphäre einfach überwältigend.

Er war mit einem Rockefeller-Stipendium hierhergekommen, um ein Jahr lang im Labor von Thomas Hunt Morgan zu arbeiten. Eingebracht hatten ihm die Auszeichnung, mit den weltweit führenden Genetikern um Morgan zusammen arbeiten zu können, die „Drei- Männer - Arbeit" und einige weitere Veröffentlichungen, die aus seiner Zusammenarbeit mit Nikolai Timofeeff-Ressovsky und Karl Günther Zimmer hervorgegangen waren. Doch die anfängliche Begeisterung war schnell verflogen, nachdem er erkannt hatte, dass die großartige, neue Erkenntnisse über das Gen anhäufende Zeit in Morgans Labor vorbei war. Morgans Mitarbeiter unternahmen hochkomplizierte Kreuzungen mit vielen Drosophila-Mutanten, die vielleicht geeignet waren, immer genauere Feinheiten der Fliegengenetik zu erkennen, aber mit Delbrücks Anliegen, Gene als molekulare Gebilde mit vielleicht unbekannter Physik zu verstehen, nichts zu tun hatten.

In dieser Situation machte der dreiunddreißigjährige Delbrück die Bekanntschaft des gleichaltrigen Emory Ellis. Ellis forschte im Keller des imposanten Kerckhoff – Gebäudes, in dem sich auch Morgans Laboratorien befanden, über Bakteriophagen und hoffte, dabei etwas über die Entstehung von Krebszellen zu erfahren. Bakteriophagen, Viren, die Bakterien befallen und töten, waren für den Physiker Delbrück etwas Neues.

Viren, diese geheimnisvollen Gebilde zwischen belebter und unbelebter Materie hatten schon in Berlin seine Aufmerksamkeit erregt. Und sein Interesse war gewachsen, als er in Berlin von

Georg Melchers, Virenforscher am KWI, erfahren hatte, dass einige dieser infektiösen Partikel mit etwa 20 nm nicht größer als große chemische Makromoleküle wären. Der Verdacht, es könne sich bei den Viren um große Moleküle handeln, war dann noch erhärtet worden, als bekannt geworden war, dass es dem amerikanischen Biochemiker Wendell Meredith Stanley um 1935 gelungen war, die Partikel des Tabakmosaikvirus nicht nur zu isolieren, sondern auch in eine kristalline Form zu überführen. Und diese Kristalle zeigten überhaupt keinen Stoffwechsel, ließen sich unbegrenzt aufbewahren und umkristallisieren. Und das alles, ohne ihre infektiösen Eigenschaften zu verlieren. Die Elementaranalyse hatte reproduzierbare Ergebnisse geliefert, die mit der Annahme, dass es sich bei den Kristallen um Proteine handelte verträglich waren. Eine englische Arbeitsgruppe hatte inzwischen einen geringen Nicleinsäureanteil gefunden.

Um diese Erkenntnisse Stanleys war es auch auf einer kleinen Tagung gegangen, zu der Niels Bohr im Herbst 1937 nach Kopenhagen eingeladen hatte. Delbrück erinnerte sich, dass es in den Diskussionen vor allem darum gegangen war, was das war – das Virus.

Die ersten Forscher, die das Geheimnis der Viren zu ergründen suchten, Adolf Meyer in Deutschland und Dimitri Iwanowski in Russland hatten angenommen, dass es sich um sehr kleine Bakterien oder um ein Gift handeln könne. Beide Vermutungen hatte dann kurz vor Ende des 19. Jahrhunderts der Holländer Martinus Beijerinck widerlegen können. Um zu erkennen, ob es sich um ein Gift handelt, hatte er den Zellsaft einer vom Tabakmosaikvirus befallenen Pflanze auf eine gesunde gesprüht und, nachdem diese auch erkrankt war, hatte er deren Zellsaft benutzt, um eine weitere gesunde Pflanze zu infizieren. Dieses Vorgehen hatte er beliebig oft wiederholen können, ohne dass die infektiöse Wirkung nachgelassen hatte, wie es bei einem Gift der Fall gewesen wäre. Das krankmachende Etwas in den Zellsäften musste sich also in den

lebenden Zellen vermehrt haben. Die weiteren Versuche Beije-
rincks hatten ergeben, dass die Viren sich auch nur dort vermehren
konnten. Alle Versuche, Viren, wie Bakterien, auf Nährböden, in
Nährlösungen oder Zellsäften zu vermehren, waren erfolglos geblieben.

Und nun hatte Stanley entdeckt, dass Viren in vielen Eigenschaften unbelebten Partikeln glichen. In der Diskussion damals in
Kopenhagen war man sich schnell einig geworden, dass es sich
nach diesen neuen Befunden bei den Viren um Moleküle oder um
durch Anziehungskräfte zusammengehaltene Molekülaggregate
handeln müsse. Und dieses molekulare Gebilde müsse die Informationen für die Herstellung von Kopien seiner selbst mit in die
Zelle bringen. Es stelle also so etwas wie ein vielleicht primitives
Gen dar. Die Erforschung der Viren könne also ein Weg zum Verständnis des Gens sein. Doch die damals anwesenden Wissenschaftler unter ihnen auch die Genetiker Hermann J. Muller und
Nikolai Timofeeff-Ressovsky hatten keinen Weg gesehen, mit
dem Wissen und den speziellen Methoden ihrer Fachgebiete diese
Forschung voranzubringen. Denn Viren waren mit den verfügba-
ren Mikroskopen nicht zu sehen. Sie verrieten ihre Anwesenheit
nur durch die Erkrankung von Lebewesen. Und deshalb wäre es
wohl unmöglich, ihre Vermehrung messend zu verfolgen.

Und jetzt erlebte Delbrück, dass ein junger Forscher hier in Kalifornien damit beschäftigt war, Wachstumskurven von Viren zu
erstellen. Denn es war, wie er staunend erfuhr, möglich, die Bakterien befallenden Viren zu zählen. Und in knapp zwanzig Minuten
konnte ein Bakteriophagen-Partikel gut hundert Nachkommen haben. Das waren doch ideale Bedingungen, um Forschung zum
Wesen von Genen betreiben zu können. Hinzu kam das der Umgang mit Bakteriophagen oder Phagen, wie Ellis sie kurz nannte,
bereits gut ausgearbeitet war.
Delbrück erfuhr von Felix d`Herelle einer schillernden Gestalt un-
ter den Wissenschaftlern. Diesem Mann, den es nie lange an einem

Ort, bei einer Aufgabe gehalten hatte, der mikrobiologisches Arbeiten im Selbststudium erlernt hatte, diesem Autodidakten war im Weltkrieg 1917 in einem Lazarettlabor des Absterben von Bakterienkulturen aufgefallen. Und es war ihm gelungen, dieses Phänomen auf Viren, die Bakterien töten, zurückzuführen.

Und jetzt zwanzig Jahre später konnte Emory Ellis hier im Keller des Laborgebäudes vorführen, wie d`Herelle Phagen isoliert hatte. Eine klare Nährlösung wurde mit Colibakterien beimpft. Nach einigen Stunden im Brutschrank war sie trüb geworden. Nun wurde die Bakterienkultur mit Phagen infiziert. Im Falle der Colibakterien genügte dazu ein filtriertes Abwasser. Nach einem weiteren Aufenthalt im Brutschrank war die Lösung infolge des Bakteriensterbens klar geworden und die Phagen konnten durch Fitration durch ein Porzellanfilter isoliert werden. Dabei konnten nur die winzigen Phagen das Filter passieren, während Bakterienleichen und eventuell noch lebende Bakterien vom Filter zurückgehalten wurden. Und die verdünnte phagenhaltige

Lösung konnte monatelang, ohne Verlust an Phagen, aufbewahrt werden.

D`Herelles Traum so isolierte Phagen zur Heilung von Infektionskrankheiten einzusetzen, hatte sich bisher nicht erfüllt. Zu schwer ließen sich diese Winzlinge unter klinischen Bedingungen kontrollieren. Doch, davon war Delbrück überzeugt, bei der Erforschung des Gens würden sie noch wertvolle Dienste leisten. Und das auch deshalb, weil für diese Forschung keine besonders teure Laborausrüstung nötig war. Ein Autoklav zum Sterilisieren, ein Brutschrank, ein gutes Mikroskop, einfache Nährlösungen und Agarplatten reichten, um mit der Arbeit zu beginnen. Und einfach war es auch die Phagen nachzuweisen und zu zählen. Eine Suspension von Bakterien in einer geeigneten Nährlösung wird mit einer kleinen Menge einer sehr verdünnten phagenhaltigen Lösung vermischt. Diese Mischung wird auf eine nährlösungshaltige Agarplatte verstrichen und über Nacht im Brutschrank bei 37°C belassen. Danach hat sich ein „Rasen" aus Bakterien gebildet und

Löcher darin zeigen von Phagen infizierte Bakterien an. Diese Löcher, Plaques, bilden sich dadurch, dass aus der infizierten Zelle viele Phagen frei gesetzt werden, die weitere Bakterien befallen usw. Aus der Verdünnung und der Anzahl der Plaques ergibt sich dann die Anzahl der Phagen in der ursprünglichen Flüssigkeit. Mit dieser einfachen Prozedur führten Ellis und Delbrück die Versuche für ihre gemeinsame Publikation aus. Bakteriensuspensionen wurden mit einem Phagenüberschuß infiziert, dann stark verdünnt und nach bestimmten Zeiten wurde die Anzahl der Phagen gemessen. Die dabei erhaltenen Kurven wurden als Ein – Schritt- Wachstumskurven bekannt. Sie zeigten für die ersten 20 bis 25 Minuten einen konstanten Wert für Plaques, dann stiegen sie steil an, bis etwa 10 Minuten später ein Plateau erreicht wurde. Die erste konstante Phase die Latenzperiode ließ sich damit erklären, dass sich die Phagen in den intakten Zellen vermehren, in der folgenden Anstiegsphase platzen, lysieren, die infizierten Bakterienzellen und die Phagen werden frei gesetzt und im Plateau kann kein weiterer Anstieg erfolgen, weil die zur Phagenvermehrung notwendigen Zellen alle lysiert sind. Aus dem Verhältnis der Zahl der Plaques für das Plateau und der Zahl der infizierten Bakterien zu Beginn des Experiments ließ sich ein Vermehrungsfaktor bestimmen. Und es zeigte sich, dass tatsächlich ein einzelner Phage ausreicht, um in einem Bakterium nach einer Latenzzeit einige Dutzend bis Hunderte von Nachkommen zu erzeugen.

Die gemeinsame Arbeit von Ellis und Delbrück erschien Anfang 1939 im „Journal of General Physiology". Delbrück hatte in dem Jahr ihrer gemeinsamen Arbeit vorrangig seine mathematisch - statistischen Kenntnisse eingebracht aber auch gelernt, praktisch mit Phagen und Bakterien im Labor zu arbeiten.

Diese Fähigkeiten sollten bald wichtig werden, denn Ellis musste bald andere Forschungsaufgaben übernehmen. Delbrück jedoch konnte bei der Rockefeller- Stiftung eine Verlängerung seines Stipendiums bewirken und die Experimente mit Phagen fortsetzen.

Als das Stipendium dann auslief, war in Europa der Krieg ausgebrochen und Delbrück hatte kein Interesse nach Nazi- Deutschland zurückzukehren, um eventuell gar für Hitler in den Krieg ziehen zu müssen. Mit Hilfe amerikanischer Freunde und der Rockefeller Stiftung fand er eine Anstellung als Physikdozent an der Vanderbilt-University in Nashville, Tennessee. Und dies war eine Anstellung, die es ihm ermöglichte, neben der Lehre, weiter an der Forschung mit Phagen zu arbeiten.

Inzwischen hatte er auch erfahren, dass Otto Hahn und Fritz Straßmann, die Chemiker im Forschungsteam, dem er in Berlin angehört hatte, beobachtet hatten, dass bei der Bestrahlung von Uran mit langsamen Neutronen Barium gebildet worden war. Und kurz darauf fand er dazu in „Nature" eine Veröffentlichung von seiner Berliner Chefin, Lise Meitner, und ihrem Neffen Otto Frisch. Darin interpretierten die beiden die Entdeckung in Berlin als Kernspaltung. Dass diese Entdeckung aus der Grundlagenforschung in der nächsten Zeit praktische Bedeutung haben und sogar den Kriegsverlauf beeinflussen könnte, kam dem neuen Forschungen zugewandten Delbrück, wie den meisten seiner Zeitgenossen, nicht.

Kurz vor dem Jahresende 1940 machte Delbrück am Rande der Tagung der Amerikanischen Physikalischen Gesellschaft in Philadelphia die Bekanntschaft von Salvador E. Luria. Dieser junge Forscher war hoch erfreut, mit Delbrück einen der Autoren der „Drei- Männer- Arbeit" zu treffen. Schon als Student hätten ihn die in der Arbeit aufgeworfenen Fragen beschäftigt.

Luria stammte aus Italien. In seiner Heimatstadt Turin hatte er Medizin studiert und anschließend in Rom eine Ausbildung zum Radiologen absolviert. Sein aufkommendes Interesse an Wirkungen von Strahlung auf biologische Strukturen hatte ihn 1937 veranlasst, ein Physikstudium zu beginnen. Aber schon im Sommer 1938 hatte der aus einer alten jüdischen Familie stammende Luria nach Erscheinen des antisemitischen „ Manifests der Rassenforscher" das Italien Mussolinis verlassen. In Paris am berühmten Radium – Institut hatte er eine neue Wirkungsstätte gefunden. Zusammen mit bekannten Wissenschaftlern hatte er hier die Wirkung von ionisierender Strahlung auf Bakteriophagen studiert, um so etwas über das Wesen des Gens erfahren zu können.

Als im Juni deutsche Truppen Paris besetzt hatten, war Luria nach Marseille geflohen. Die fast achthundert Kilometer lange Strecke hatte er mit dem Fahrrad bewältigt. In Marseille war es ihm gelungen, ein Einreisevisum für die USA zu erhalten. Von Lissabon aus hatte er dann im September die Überfahrt nach New York antreten können. Und hier hatte er durch Vermittlung von Professor Enrico Fermi, der in Rom einer seiner Lehrer gewesen war, ein Stipendium für Forschungsaufgaben an der Columbia University erhalten.

Das gemeinsame Interesse an der Erforschung der Gene, ließ das Gespräch zwischen Delbrück und Luria bald um dieses Problem kreisen und sie verabredeten,

im kommenden Sommer in den biologischen Laboratorien von Cold Spring Harbor auf Long Island gemeinsame Experimente auszuführen.

Der Sommer 1941 in einem Laboratorium an einer schönen Meeresbucht, die gemeinsamen Experimente ließen Delbrück und Luria zu engen Freunden werden und begründete eine enge Zusammenarbeit. Ihre Veröffentlichungen und die Zusammenarbeit mit anderen Forschern, wie zur Aufnahme einiger der ersten elektronenmikroskopischen Bilder von Phagen, machten sie unter Biologen bekannt. Diese Entwicklung bewirkte auch, dass Luria im Januar 1943 eine Stelle als Dozent für Bakteriologie an der Indiana University in Bloomington antreten konnte.

Für amerikanische Verhältnisse war die Entfernung zwischen Bloomington, Indiana, und Nashville, Tennessee, nicht wirklich weit, aber mit 335 Kilometer Luftlinie für häufige gegenseitige Besuche zu weit. Delbrück und Luria behalfen sich mit Mitteilungen über die experimentellen Arbeiten per Postkarte. Und beide kamen in den 1940iger Jahren fast in jedem Sommer nach Cold Spring Harbor, um gemeinsam zu forschen und andere Forscher im Umgang mit Phagen zu unterrichten.

Wenige Wochen nach Lurias Ankunft in Bloomington hatte er eine Idee, die zur Beantwortung einer bislang ungeklärten Frage beitragen sollte. Es war 1943 noch immer umstritten, ob erbliche Veränderungen, Mutationen, Anpassungen an die Umwelt sind, oder völlig unabhängig davon spontan entstehen.

Bei seinen Experimenten mit Phagen hatte er, wie auch andere Forscher, beobachtet, dass einige der verwendeten Bakterien offenbar resistent gegenüber der Infektion durch Phagen geworden waren. Wird ein dichter Rasen von Bakterien auf einer Agarplatte mit einem Überschuss an für diese Bakterien tödlichen Phagen infiziert, ist nach etwa einem Tag im Brutschrank der gesamte Bakterienrasen verschwunden. Alle Bakterien sind scheinbar tot und die Agarplatte ist klar und durchsichtig geworden. Werden aber solche Agarplatten für einen weiteren Tag im Brutschrank belassen, passiert es immer wieder, dass sich auf einigen Platten neue Bakterienkolonien entwickeln. Und diese Bakterien, das hatten alle Beobachter gefunden, glichen vollständig den ursprünglichen Bakterien bis auf eine Eigenschaft, sie waren gegenüber den eingesetzten Phagen resistent. Und diese Eigenschaft gaben sie auch bei der Teilung an die Töchtergeneration weiter. Bisher hatte kein Forscher eine Möglichkeit gesehen durch Experimente zu erfragen, ob die Resistenz durch die Phagen hervorgerufen wird, oder zufällig erfolgt.

Die Idee für solche Experimente kam Luria in der Tanzpause bei einer Feier seiner Fakultät. Er beobachtete, wie ein Kollege einen Spielautomaten mit Münzen fütterte. Meist waren die Münzen verloren, selten gab es kleine Gewinne, dann aber, Luria hatte gerade eine spöttische Bemerkung, ob der Verluste gemacht, warf der Automat einen Regen an 10 Cent-Münzen aus, den Jackpot.

Und Luria begann zu überlegen, ob die die seltenen kleinen Gewinne nicht mit dem seltenen Überleben resistenter Bakterien, der noch seltenere Jackpot mit dem Überleben vieler resistenter Bakterien und die vielen Verluste mit dem Tod aller Bakterien in einer Kolonie zu vergleichen wäre. Und wenn dem so wäre, musste dann nicht die Verteilung dieser Ereignisse in einer Vielzahl von Bakterienkolonien nach einem Phagenangriff etwas über die Ursache für die Ereignisse verraten. Diese Überlegungen teilte er umgehend Delbrück in einem Brief mit. Und aus Nashville kam umgehend auf einer Postkarte die Antwort, dass Delbrück schon an der mathematischen Theorie arbeite.

Bei der Erarbeitung der Theorie ging Delbrück von folgender Überlegung aus: Falls die Mutationen durch die Umwelt, also die Phagen hervorgerufen wären, träten sie zum Zeitpunkt des Kontakts mit den Phagen auf. Und für jedes Bakterium bestünde die gleiche geringe Wahrscheinlichkeit, die Immunität zu erwerben. Das war ein Problemfall, den er aus seiner Arbeit bei Otto Hahn und Lise Meitner kannte. Auch beim radioaktiven Zerfall ist der Zeitpunkt des „Zerfalls" einzelner Atome unter Abgabe ionisierender Strahlung rein zufällig. Es gibt aber für jeden radioaktiven Stoff eine bestimmte Zerfallswahrscheinlichkeit pro Zeitintervall. Aus diesen beiden Voraussetzungen ergab sich, und das konnte er auch mathematisch herleiten, dass Häufigkeiten der Ereignisse pro Zeiteinheit einer bestimmten Verteilung, der Poissonverteilung folgten. Und dies müsste auch für die Mutationen bei den Bakterien gelten, wenn sie durch die Phagen ausgelöst würden.

Anders, wenn die Mutationen unabhängig von den Phagen aufträten. In diesem Falle müssten die Mutationen zur Resistenzbildung schon vor dem Phagenzusatz in der wachsenden Bakterienkultur erfolgt sein. Und nach dem Kontakt mit den Phagen könnten nur diejenigen Zellen überleben, die direkte und indirekte Nachkommen einer mutierten Zelle sind. Dies werden viele sein, wenn sich die Mutation lange vor dem Phagenkontakt ereignet hat und es werden nur wenige sein, wenn die Mutation spät erfolgt war. Die Anzahl der überlebenden Zellen wäre also wegen des zufälligen

Charakters der Mutationen von Experiment zu Experiment so unterschiedlich, dass die Häufigkeiten des Auftretens von überlebenden Bakterienkolonien nicht der Poissonverteilung folgen könnte. Es gab also die Möglichkeit, aus der experimentell ermittelten Streuung der Häufigkeiten zwischen beiden Fällen zu unterscheiden.

Und während Delbrück noch rechnete, hatte Luria schon mit der praktischen Laborarbeit begonnen. Er stellte eine große Anzahl von separaten Kulturen des Bakteriums Escherichia coli her, indem er jeweils zu einer Nährlösung eine verdünnte Suspension von 50 bis 100 nicht resistenter Bakterien hinzufügte. Diese Kolonien wurden im Brutschrank wachsen lassen, bis sie jeweils etwa Tausendmillionen Bakterien enthielten. Dann wurde jede der Kulturen auf einer nährlösunghaltigen Agarplatte einer hohen Konzentration eines für E. Coli-Bakterien tödlichen Phagen ausgesetzt. Nach einer Zeit von 24 und 48 Stunden im Brutschrank wurde für jede Platte bestimmt, ob und wie viel Kolonien resistenter Bakterien entstanden waren. Aus diesen Daten der vielen Versuchsansätze ermittelten die beiden Forscher dann die Verteilung. Und es war keine Poissonverteilung. Die Phagen hatten also keinen Anteil an der Resistenzbildung. Damit hatten Delbrück und Luria eine wichtige Frage der Evolutionsbiologie zumindest für Bakterien beantwortet: Mutationen erfolgen nicht gerichtet durch Umwelteinflüsse.

Schon Ende Mai 1943 konnten die beiden Wissenschaftler ihre gemeinsame Publikation „Mutation of Bakteria from Virus Sensitive to Virus Resistance" bei der Zeitschrift „ Genetiks" zur Veröffentlichung einreichen. Die Veröffentlichung erfolgte im November.

Spätestens nach dieser exzellenten Arbeit begann man, von der Phagen – Gruppe zu sprechen. Und noch im gleichen Jahr kam ein drittes Mitglied der Chemiker Alfred Hershey dazu. Hershey hatte schon vor einigen Jahren begonnen, für seine immunologischen Untersuchungen an der Washington University in St. Louis, Missouri, Bakteriophagen zu verwenden. Und es sollte nur wenige

Jahre dauern, bis er als „Einstieg" in die Gruppe unabhängig von Delbrück entdeckte, dass zwischen verwandten aber deutlich unterschiedlichen Phagen bei einer Mischinfektion in der Wirtszelle Austauschvorgänge zwischen den Phagengenen stattfinden können. Damit wurde klar, dass sich an Phagen tatsächlich Fragen zur Natur der Gene untersuchen lassen, und zwar schneller und einfacher als an Pflanzen, Tieren oder Fruchtfliegen.

Was ist Leben?

Der Theoretiker

Der Staat Irland umfasst etwa fünf Sechstel der gleichnamigen grünen Insel zwischen Atlantik und Irischer See. Jetzt 1943, mitten im 2. Weltkrieg, war das kleine Land auch eine der wenigen Inseln des Friedens in Europa. Bereits einen Tag nachdem deutsche Truppen am 1. September 1939 Polen überfallen hatten, hatte die irische Regierung die Neutralität ihres Staates erklärt. Und schon im Oktober 1939 war der weltbekannte Physiker Erwin Schrödinger der Einladung des irischen Regierungschefs gefolgt und in die irische Hauptstadt nach Dublin gekommen.

Schrödinger hatte mit seiner Familie schon 1938 nach dem Anschluss Österreichs an Hitlerdeutschland mit nur wenig Handgepäck heimlich die österreichische Heimat verlassen. Nach Verhören, Hausdurchsuchung und Entlassung durch die Universität Graz hatte er Schlimmeres befürchten müssen, denn 1933 nach der Machtergreifung Hitlers in Deutschland hatte Schrödinger demonstrativ den herausgehobenen Lehrstuhl für theoretische Physik in Berlin verlassen und war nach Oxford gewechselt. Eine Geste, die vor der Weltöffentlichkeit eine besonders große Beachtung gefunden hatte, da er noch im gleichen Jahr zusammen mit Paul Dirac mit dem Nobelpreis ausgezeichnet worden war.

Dem Nobelpreis und seinem Ruhm in der Wissenschaft hatte es der zweiundfünfzigjährige Schrödinger zu verdanken, dass er nach Kriegsausbruch nicht in Belgien als „feindlicher Ausländer" interniert worden war, sondern der Einladung des irischen Premierministers Eamon de Valeria folgend in Dublin einen neuen Wirkungsort gefunden hatte. Und das war ein Arbeitsplatz, der ganz auf ihn zugeschnitten war. Um den wissenschaftlichen Fortschritt in seinem erst seit 1921 unabhängigem Land voran zu bringen, hatte de Valeria die Gründung des Institute for Advanced Studies veranlasst und Schrödinger mit der Leitung der zugehörigen Schule für theoretische Physik betraut.

Der Weltruhm Schrödingers gründete sich auf seine 1926 in vier Mitteilungen in den „Analen der Physik" publizierte Arbeit „Quantisierung als Eigenwertproblem". Die Idee zu dieser Arbeit war unter anderem aus der Auseinandersetzung Schrödingers mit dem Atommodell von Niels Bohr erwachsen. Niels Bohr hatte 1913 ein Atommodell vorgestellt, das eine Lösung für das Dilemma enthielt, das die theoretischen Physiker bewegte, seit Ernest Rutherford der eindeutige Nachweis gelungen war, dass Atome aus einem sehr kleinen positiv geladenen Kern und ihn umgebene negativ geladene Elektronen bestehen.

Das Dilemma bestand darin, dass ein solcher Atombau nach den bekannten Gesetzen der Physik nicht möglich war. Nach den Gesetzen der Mechanik mussten sich die Elektronen, wie die Planeten um die Sonne, schnell um den Kern bewegen, sollten sie nicht in diesen stürzen; diese Bewegung aber musste nach den Gesetzen der Elektrodynamik zum Energieverlust der Elektronen durch Aussendung elektromagnetischer Strahlung und letzten Endes zu ihrem Sturz in den Kern führen. Aber das passierte nicht, die Atome waren stabil.

Niels Bohrs Lösung hatte darin bestanden, dass er postuliert hatte, es gebe für die Elektronen eine begrenzte Anzahl stabiler Bahnen um den Kern, auf denen sie sich ohne Abgabe von Strahlung bewegen könnten. Erst beim Sprung von einer dieser besonderen Bahnen zu einer anderen gäbe ein Atom elektromagnetische Strahlung in Form eines Lichtquants ab oder nähme die entsprechende Energie auf. Durch „richtige" Wahl der Umlaufbahnen hatte Bohr es erreicht, dass beim Wasserstoffatom die Energieunterschiede zwischen den Elektronen auf den erlaubten Bahnen sehr genau der Energieverteilung der Strahlung entsprach, die man für zum Leuchten angeregte Wasserstoffatome gemessen hatte.

Und trotz dieser willkürlichen Annahmen war das Atommodell von Niels Bohr durchaus erfolgreich. Gab es doch erstmals eine

Erklärung für das Leuchten von erhitzten Atomen, für die Röntgenspektren und erlaubte, das Periodische System der Elemente vom Atombau her zu verstehen.

Aber Schrödinger, der von seinen Wiener Lehrern zu logischer Klarheit und zu mathematischer Strenge erzogen worden war, hatte das Bohrsche Modell, das nicht durch ein physikalisches Prinzip, sondern allein durch seinen Erfolg gerechtfertigt war, nicht befriedigen können.

Zu seiner Lösung hatte er gefunden, nachdem ihn Albert Einstein auf die Dissertation des jungen französischen Physikers Louis de Broglie hingewiesen hatte. In dieser Arbeit war ausgehend von Einsteins Forderung, Licht sowohl als Welle und als Teilchen anzusehen, die Hypothese entwickelt worden, dass jedem Teilchen auch eine Welle bestimmter Wellenlänge entspreche.

Von dieser Anregung ausgehend hatte Schrödinger 1926 eine später nach ihm benannte Gleichung formuliert. Mit dieser Differenzialgleichung hatte sich das Bahnproblem in der Elektronenhülle von Atomen als Schwingungsproblem stehender räumlicher Wellen, die nur bestimmte Zustände, Eigenwerte, annehmen können, lösen lassen. Nach der Deutung von Max Born ermöglicht Schrödingers Formalismus die Angabe der Aufenthaltswahrscheinlichkeit von Elektronen im Kraftfeld des Atomkerns. Und das nicht nur bei einfachen Atomen, sondern auch bei komplizierten Atomen mit vielen Elektronen. Schrödingers Wellenmechanik war so überraschend und erfolgreich in die Welt gekommen, dass der Physiker Arnold Sommerfeld gesagt haben soll, sie sei unter allen erstaunlichen Entdeckungen des 20. Jahrhunderts die erstaunlichste.

Und der Schöpfer dieser erstaunlichen Theorie wandte sich jetzt 1943, als an den vielen Fronten des Krieges noch unvermindert gestorben wurde, als ganze Städte im Bombenhagel untergingen, der Wissenschaft vom Leben zu.

„What is Life" unter diesem Titel hielt Schrödinger eine Reihe von populären Vorlesungen an der Universität von Dublin, im vierhundertfünfzig Jahre alten Trinity-College. Die Vortragsreihe begann Schrödinger am Freitag dem 5. Februar 1943 in Anwesenheit des irischen Staatsoberhaupts de Valeria. In den Vorlesungen, die jeweils von etwa vierhundert interessierten Hörern besucht wurden, versuchte der theoretische Physiker die Frage zu beantworten, ob die Vorgänge in den Organismen, die das Leben in seinen vielfältigen Erscheinungen hervorbringen, durch Physik und Chemie erklärt werden können?

Er begann damit, dass er für seine Zuhörer herausarbeitete, wie ein lebender Organismus beschaffen seinen müsse, dass ein unvoreingenommener Physiker ihn, als mit den Gesetzen der klassischen Physik übereinstimmend, ansehen könnte. Dazu zeigte er zunächst, an Beispielen aus der Physik, wie Paramagnetismus, Brownsche Bewegung und Diffusion, dass viele physikalische Gesetze auf der Atom- oder Molekülstatistik beruhten und deshalb erst bei einer großen Anzahl beteiligter Teilchen exakte Wirkungen erzielen können. Müsste doch bei zu wenig Teilchen allein die ständige unregelmäßige Wärmebewegung der Teilchen jedes geordnete Funktionieren schnell zum Erliegen bringen. Deshalb sollten alle nicht aus außerordentlich vielen Teilchen bestehende Strukturen innerhalb von Organismen nicht für wesentliche Lebensvorgänge verantwortlich sein.

Nach dieser Aussage wandte sich Schrödinger der Frage zu, ob diese Forderung auch durch Aufbau und Funktion von Mechanismen in Lebewesen erfüllt wird. Und diese Untersuchung führte Schrödinger nicht etwa an den Organen von Pflanzen und Tieren, sondern am rätselhaften Mechanismus der Vererbung durch. Er erläuterte seinen Zuhörern zunächst die Tatsachen, die er aus der „Dreimännerarbeit" von Nikolai Timofeeff-Ressovsky, Karl Günther Zimmer und Max Delbrückaus dem Jahre 1935 kannte: Aufbau der Chromosomen, ihre Verdopplung bei der Zellteilung, Reduktionsteilung und Befruchtung. Und die von der Morgangruppe gefundene perlschnurartige Anordnung der Gene auf den Chromosomenfäden war ihm Anlass zu fragen, wie groß ein Gen sei.

Was war zur Beantwortung bekannt? Aus genetischen Experimenten war bei der Fliege Drosophila der relative Sitz von vielen, zwar nicht allen, Genen auf den Chromosomenfäden bestimmt worden. Um eine zwar recht ungenaue obere Grenze für die gesuchte Größe zu erhalten, brauchte man nur die gemessen Länge des Fadens durch die gefundene Anzahl an Genen teilen und mit dem gemessenen Querschnitt zu multiplizieren. Aber Schrödinger wusste, es ging auch noch genauer. Und zwar mit einer Entdeckung, die es ermöglichte, die Stellen, an denen sich Gene befinden, direkt unter dem Mikroskop zu sehen. Es handelte sich um die Riesenchromosomen in den Zellen der Speicheldrüsen verschiedener Insekten.

Entdeckt hatte sie der französische Forscher Edouard-Gerard Balbiani bereits 1881. Als er unter dem Mikroskop die Speicheldrüsen von Larven der Zuckmücke untersucht hatte, hatte sich ihm ein seltsames Bild geboten. In Riesenzellen befanden sich sehr große Kerne, in denen langgestreckte Strukturen mit engen dunklen Querstreifen erkennbar waren. Eine Entdeckung, die zunächst kaum beachtet worden war, da man sie nicht zu deuten vermochte. Erst in den 1930iger Jahren hatten sich die Genetiker, dafür zu interessieren begonnen und entdeckt, dass die Riesenchromosomen auch bei Larven der Taufliege, Drosophila, auftreten. Und es waren Thomas Hunt Morgan und Mitarbeiter gewesen, die dann durch mikroskopische Untersuchungen und Kreuzungsexperimente den Zusammenhang der rätselhaften Strukturen mit der Anordnung der Gene auf den Chromosomen herstellen konnten. Danach kann die Entstehung der Riesenchromosomen dadurch erklären werden, dass es in der Interphase, der Phase zwischen zwei Zellteilungen, zur mehrfachen Teilung und damit Verdopplung der Chromosomen kommt, ohne dass eine Zellteilung mit einer Trennung der Chromosomen folgt. Die Tochterchromatiden bleiben als Bündel zusammen, wobei die Kopien der jeweiligen Gene nebeneinander liegen und die Querstreifen bilden. Nach mühseligem Zählen dieser Streifen auf einem Riesenchromosom war es also möglich, einen recht genauen Wert für die Größe eines Gens zu berechnen. Und diese Fleißaufgabe war vollbracht worden. Das Ergebnis, ein Würfel mit einer Kantenlänge von höchstens 0,000003 cm, war nach Schrödingers Einschätzung viel zu klein, um einem Gen ein geordnetes Funktionieren nach den Gesetzen der klassischen Physik zu ermöglichen.

Wie aber sollte es möglich sein, dass die in den Chromosomen aufgereihten Gene die Entwicklung einer Eizelle so steuern konnten, dass sich daraus immer ein der jeweiligen Art entsprechendes Lebewesen, ein schwarzer Hahn, eine Fliege oder eine Alpenrose entwickeln konnte? Und wie war es möglich, dass diese Gene so stabil waren, dass das Gen für die stark ausgeprägte Unterlippe in der Herrscherfamilie der Habsburger über sechs Jahrhunderte hinweg weiter vererbt werden konnte?

Der theoretische Physiker Schrödinger beantwortete die Frage mit der Wissenschaft, die er mit geschaffen hatte - mit der Quantenmechanik speziell mit der Wellenmechanik. Vor sechzehn Jahren hatten seine Schüler und Mitarbeiter Walter Heitler und Fritz London in seinem Züricher Institut mit ihren wellenmechanischen Berechnungen die Grundlage für das Verständnis der chemischen Bindung geschaffen. Und nur chemische Bindungen konnten die nötige Stabilität gegenüber der allgegenwärtigen Wärmebewegung aufbringen. Mit chemischen Bindungen waren auch das seltene Auftreten von Mutationen und Rückmutationen und ihre beobachtete Zunahme durch ionisierende Strahlung zu erklären. War doch bekannt, dass verschiedene chemische Verbindungen durch Wärme oder Strahlung von einer Atomanordnung in eine andere übergehen können. Für Schrödinger gab es deshalb für die Annahme, dass die Gene chemische Verbindungen, Moleküle wären, keine Alternative. Aber es musste sich schon um besondere Moleküle handeln. Mussten sie doch in ihrer Struktur nicht nur alle Informationen, Schrödinger sprach vom Code, für alle Merkmale, für den gesamten Bau eines Lebewesens, sondern auch für deren

Verwirklichung tragen. Es müsste sich also um geordnete Verbindungen von Atomen handeln, die einerseits stabil genug sind, diese Ordnung aufrecht zu erhalten, andererseits aber eine Vielfalt möglicher isomerer Variationen zur Aufnahme des Codes bieten. Aus diesen Überlegungen leitete Schrödinger die Hypothese ab, ein Gen- und vielleicht ein ganzes Chromosom sei ein aperiodischer Kristall.

Damit wusste man zwar immer noch nicht, was genau ein Gen war. Aber Schrödinger hatte den Weg für die weitere Forschung gewiesen: Wer wissen wollte, was ein Gen ist und wie es funktioniert, musste die chemische Verbindung, die es darstellte, finden und ihre chemische und räumliche Struktur aufklären.

Diese Aussage machte das kleine Buch „ What is Life", das aus seinen Vorlesungsmanuskripten entstanden war, für die weitere Erforschung der Natur der Gene so wichtig. Und zu dieser Aussage war Schrödinger von allgemeinen gleichsam übergeordneten physikalischen Betrachtungen her gekommen, ohne mit seinem biologischen Wissen auf der Höhe der Zeit zu sein.

Wäre er das gewesen, hätte er sicher nicht versäumt eine wichtige Entdeckung zu den Genen in seine Betrachtungen mit einzubeziehen.

Denn zu Anfang der 1940iger Jahre hatten zwei amerikanische Forscher, der Biologe George W. Beadle und der Biochemiker Edward Tatum, über Mutationsexperimente mit dem Schimmelpilz Neurospora crassa berichtet.

Neurospora ist ein Pilz, der auf Nährböden wachsen kann, die nichts außer Wasser, Zucker, Biotin und einige Salze enthalten. Nach Bestrahlung mit Röntgenstrahlen hatten Beadle und Tatum unter anderen auch Mutanten erhalten, die nicht in der Lage waren die Aminosäure Arginin herzustellen d. h. sie konnten nur auf einem Nährboden, dem Arginin zugesetzt worden war, wachsen. Und diese Arginin-Mangelmutanten hatten sich in drei Gruppen einteilen lassen, wobei jede dieser Gruppe für den Ausfall eines

Reaktionsschrittes in der Arginin- Synthese stand. Beadle und Tatum war schließlich der Nachweis gelungen, dass diese Ausfälle auf dem Fehlen der intakten Enzyme für die jeweilige Reaktion beruhten und dass für jedes dieser Enzyme ein Gen existierte. Damit war bewiesen, dass Gene die Informationen zum Aufbau von Enzymen tragen.

Und diese Entdeckung erfolgte zu einer Zeit, als sich durch die Pionierleistungen der amerikanischen Biochemiker James B. Sumner und John H. Northrop und durch die Arbeiten von Otto Warburg die Ansicht durchzusetzen begann, Enzyme –wenigstens die meisten - seien Proteine. Mit dieser Ansicht und der Entdeckung von Beadle und Tatum hätte Schrödinger folgern können, seine hypothetischen Genmoleküle enthielten den Code für die Reihenfolge, die Sequenz, von Aminosäuren in Proteinmolekülen. Aber Schrödinger kannte die Arbeiten von Beatle und Tatum nicht.

Dass es sich bei den Informationsträgern den „aperiodischen Kristallen" nur um Proteine handeln könne, daran bestand für Schrödinger kein Zweifel. Nur Proteine konnten, nach allem was man wusste, die nötige strukturelle Vielfalt zur Verschlüsselung der Erbinformationen bieten.

Der Biochemiker

Unbemerkt von Schrödinger erschien gleich zu Anfang des Jahres 1944 noch vor seinem „What is Life?" in der amerikanischen Zeitschrift „Journal of Experimental Medicine" ein Aufsatz, der diese von den meisten Wissenschaftlern geteilte Überzeugung in Frage stellte.

In dieser Publikation berichteten Wissenschaftler am Rockefeller Institute of Medical Research über die Arbeiten zu einem seit sechzehn Jahren bekannten aber nicht verstandenen Phänomen. 1928 hatte der britische Bakteriologe Frederick Griffith bei Arbeiten zur Typisierung von Pneumokokken, den Erregern der Lungenentzündung, eine überraschende Entdeckung gemacht.

Er hatte mit zwei Pneumokokkenstämmen gearbeitet. Die Bakterien des einen Stammes verfügen über eine schützende Schleimkapsel, die ihnen ein glattes (smooth) und glänzendes Aussehen verleiht (S – Stamm), während die Bakterien des anderen Stammes ohne Schleimkapsel eine raue (rough) Oberfläche zeigen (R – Stamm). In Griffiths Versuchen hatte sich der S – Stamm für Mäuse als tödlich der R – Stamm jedoch als harmlos erwiesen. Die Mäuse waren auch nicht erkrankt, wenn ihnen durch Erhitzen abgetötete Erreger des tödlichen S – Stammes gespritzt worden waren. Wenn ihnen aber die toten S –Bakterien zusammen mit lebenden Bakterien des harmlosen R – Stammes injiziert worden waren, erkrankten und starben die Mäuse und in ihrem Blut hatte Griffith die Erreger des tödlichen S – Stammes nachweisen können. Das bedeutete, die vorher harmlosen R- Bakterien hatten von den toten S- Erregern irgendetwas übernommen, das sie in die tödliche Form überführt hatte.

Die Entdeckung Griffith war von den Bakteriologen zunächst sehr skeptisch aufgenommen worden.

Auch Oswald T. Avery ein sehr erfahrener Bakteriologe am Rockefeller Institute of Medical Research hatte Griffiths Beobachtung auf ungenügende Sorgfalt bei den Experimenten zurückgeführt. Bald war er jedoch eines Besseren belehrt worden. Denn nach Berichten aus zunächst ausländischen Laboratorien waren es Wissenschaftler aus dem eigenen Haus, die Griffith Entdeckung nicht nur bestätigten. M. H. Dawson und R. H. P. Sia war es gelungen, die Transformation von R- Pneumokokken in die S- Form durch Zugabe von abgetöteten S- Bakterien im Reagenzglas, in vitro, auszuführen. Und 1932 hatte James Lionel Allogam diese Transformation mit einem zellfreien Extrakt aus abgetöteten Bakterien erreichen können.

Das hatte Averys Interesse geweckt. Doch eine Erkrankung und eine Vielzahl anderer Aufgaben verhinderten immer wieder experimentelle Arbeiten zu diesem Problem. Erst 1940, Avery hatte bereits das dreiundsechzigste Lebensjahr erreicht, konnte er sich der Aufgabe widmen, die chemische Natur des transformierenden Stoffes oder Stoffgemisches zu ergründen.

Avery und seine gut dreißig Jahre jüngeren Mitarbeiter Colin McLeod und Maclyn McCarty waren bei ihren Forschungen so vorgegangen, dass sie aus abgetöteten S – Pneumokokken zunächst einen Rohextrakt hergestellt und diesen in sorgfältiger Arbeit schrittweise chemisch oder enzymatisch gereinigt hatten. Die nach jedem Reinigungsschritt erfolgte Überprüfung der transformierenden Wirkung hatte ergeben, dass diese durch die Entfernung von Fetten und fettähnlichen Substanzen, von Kohlenhydraten, Proteinen und Ribonukleinsäure nicht beeinträchtigt wurde. Erst Einwirkung eines Enzyms, das Desoxyribonukleinsäure spaltet, hatte die transformierende Wirkung aufgehoben. Danach musste es sich bei der Substanz, die eine Umwandlung von R – Pneumokokken in die S – Form bewirkte, um Desoxyribonukleinsäure handeln. Dafür sprachen auch alle chemischen Nachweisreaktionen und die Elementaranalyse. Sollte Desoxyribonukleinsäure die transformierende Substanz vielleicht gar die Gensubstanz sein? Für letztere Annahm sprachen auch weitere Versuche des Teams. Sie zeigten, dass die von der R – in S – Form umgewandelten Bakterien die S – Eigenschaften an all ihre Nachkommen stabil vererbten.

Dass Desoxyribonukleinsäure die Substanz sein sollte, mit der vererbbare Merkmale übertragen werden, war auch für Avery und seine Mitstreiter so überraschend gewesen, dass sie die Veröffentlichung mehr als ein halbes Jahr herausgezögert hatten, um alle Ergebnisse mit Hilfe von Kollegen noch einmal zu überprüfen.

Und als dann im Februar 1944 ihre Arbeit erschienen war, fand sie nur ein geringes Echo unter den Wissenschaftlern. Das lag zu einem Teil daran, dass jetzt mitten im Krieg der internationale Wissensaustausch fast zum Erliegen gekommen war. Tausende von Naturwissenschaftlern arbeiteten für militärische Projekte und hatten keine Muße, sich mit Averys Entdeckung zu befassen. Doch

der Hautgrund, dass nur wenige Forscher die Desoxyribonukleinsäure als genetische Substanz akzeptierten, war die tief verankerte
Meinung, dass nur Proteine die strukturelle Komplexität besäßen,
um als Träger der Erbinformationen infrage zu kommen. Dass die
Desoxyribonukleinsäure (DNA) komplexe Informationen tragen
könnte war kaum vorstellbar. Hatte die Forschung für diese Substanzklasse seit ihrer Entdeckung durch Miescher doch nichts weiter herausbekommen, als dass sie aus einer monotonen Aneinan-
derreihung von nur vier unterschiedlichen Nukleotiden bestand.
Wobei diese Nukleotide lediglich aus dem Zucker Desoxyribose,
Phosphorsäure und je einer von vier unterschiedlichen organischen
Basen aufgebaut waren. Was sollte daran Träger eines Codes sein,
der alle Informationen darüber tragen konnte, ob sich aus einer Eizelle ein Maikäfer, ein Baum oder ein Mensch entwickelte?

Die Doppelhelix

Es gibt Jahre, in denen die Zeit für den Ungeduldigen träge dahin kriecht, Jahre, die sich kaum von ihren Vorgängern und Nachfolgern unterscheiden. Dann gibt es Jahre mit Ereignissen, nach denen nichts so ist wie vorher. Ein solches Jahr war das Jahr 1953. In diesem Jahr starb der sowjetische Diktator Josef W. Stalin, kam es in der DDR zum Volksaufstand, wurde der Koreakrieg beendet und hatte die Sowjetunion mit der Explosion ihrer ersten Wasserstoffbombe den Anschluss im Wettrüsten mit den USA erreicht.

Und gleich zu Beginn des Jahres gab es in Paris die Uraufführung von Samuel Becketts Theaterstück „Warten auf Godot", eines Werkes, das acht Jahre nach dem 2. Weltkrieg die Absurdität des Lebens in Krieg und kaltem Krieg durch die Abkehr von sinnvoller Handlung eingefangen hatte. Auf der Bühne Nonsensdialoge, bunte Gedankensplitter nicht ohne Humor, und zuweilen schienen die Handelnden selbst vergessen zu haben, wozu sie dort waren. Aber dennoch hielt das Stück die Zuschauer fest und zwang sie, sich eine eigene Bedeutung des Stückes zu schaffen, nachzudenken, ob das auch für das Leben galt, ob das Leben nur den Sinn hat, den man ihm gab.

Im vierhundert Kilometer entfernten britischen Cambridge wünschte Doktor James D. Watson, ein junger Amerikaner, nichts sehnlicher als dem Jahr eine epochale Bedeutung und seinem Leben durch eine großartige Entdeckung einen Sinn zu geben. Seit er als achtzehnjähriger Student Schrödingers „What is life" gelesen hatte, träumte er davon, das Geheimnis des Gens zu entschlüsseln.

Für die Erfüllung dieses Traumes war er nach Beendigung des Biologiestudiums in seiner Heimatstadt Chicago zunächst an die Indiana University in Bloomington gegangen, wo der berühmte Genetiker Hermann J. Muller forschte und lehrte. Aber nicht Muller, sondern ein anderer seiner Lehrer, Salvadore Luria, hatte seinen weiteren Weg nachhaltig beeinflusst. Luria hatte ihn in ein ganz neues Gebiet der Genetik, in die Genetik von Bakteriophagen, eingeführt. Wegen der schnellen Vermehrung und wegen des relativ einfachen Baus der Bakteriophagen hatten sich die Mitglieder der Phagengruppe einen schnellen Erkenntnisfortschritt erhofft. Doch Luria war bald zu der Erkenntnis gelangt, dass auch mit Hilfe der Phagengenetik, nicht das letzte Geheimnis der Gene zu lüften wäre. Da er, wie Schrödinger, das Geheimnis der Gene in ihrem molekularen Aufbau vermutete, hatte er seinem Doktoranden Watson empfohlen, sich mit Biochemie zu beschäftigen. Und zwar mit der Biochemie der Desoxyribonukleinsäure, die nach Averys Erkenntnissen die entscheidende genetische Substanz war. Als bestens geeignetes Labor hatten Luria und dessen Freund Delbrück das Institut von Herman Kalckar in Kopenhagen empfohlen. Denn es war bekannt, dass Kalckar versuchte, durch Kombination von chemischen und genetischen Methoden neue Erkenntnisse zu gewinnen. Und so war Watson, nachdem er gerade zweiundzwanzigjährig den Doktortitel erworben hatte, nach Europa gekommen, um hier Methoden zur Erfüllung seines Traums zu erlernen.

Doch die Arbeiten im Kopenhagener Labor hatten ihn nicht fesseln können. Die Gruppe um Herman Kalckar hatte damals gerade über den Metabolismus von Nukleotiden geforscht. Und Watson hatte nicht einsehen können, wie ihn Wissen über Auf-, Um- und Abbau dieser DNA-Bausteine im Stoffwechsel von Lebewesen seinem Ziel näher bringen könnte.

Dann aber hatte sich die Möglichkeit zu einer Reise zur berühmten Zoologischen Station in Neapel ergeben. Dort hatte er einen Vortrag über röntgenkristallographische Untersuchungen von DNA gehört. Und dieses trocken vorgetragene Referat, von dem er nicht einmal viel verstanden hatte, hatte ihn elektrisiert. War es doch dem Vortragenden und seinem Team gelungen, kristalline DNA – Fasern herzustellen und damit erste klare Röntgenbeugungsmuster aufzunehmen. Wenn das möglich war, wenn DNA-Moleküle Kristalle bilden konnten, dann müsste es möglich sein, deren Struktur durch die Röntgenstrukturanalyse zu erschließen.

Und wenn er daran irgendeinen Anteil haben wollte, müsste er die Technik dieser Analysenmethode erlernen.

Diese Erkenntnis hatte ihn hierher an das Institut von Sir William Lawrence Bragg in Cambridge geführt. Voller Hoffnung war er im Herbst 1951 in diese alte Stadt mit ihren wundervollen Bauten gekommen, hatte hier in Francis Crick einen Mitstreiter gefunden. Und jetzt nach seiner Rückkehr von seinem Skiurlaub in der Schweiz hatte er erfahren, dass der Chemiker Linus Pauling die Struktur der Desoxyribonukleinsäure entschlüsselt hätte und damit wohl wisse, was das war – das Gen. Das wenigstens ging aus dem Brief hervor, den Peter Pauling von seinem Vater erhalten hatte. Dieser hatte seinem Sohn und damit auch dem Biologen Dr. James Watson und dem Physiker Francis Crick, mit denen der Forschungsstudent Pauling des Büro teilte, wissen lassen, dass er seine Ergebnisse für die Veröffentlichung zusammen schreibe und seinem Sohn eine Kopie der fertigen Arbeit zukommen lassen werde.

Für Watson und Crick schwand mit dieser Ankündigung jede Hoffnung, bei der Entschlüsselung der Struktur der DNA eine Rolle spielen zu können. Dass der große Pauling bei der Erarbeitung der Struktur der chemischen Substanz, die Vererbung, das Werden und Bestehen aller Lebewesen ermöglichen sollte, zu einem falschen Ergebnis kommen könnte, darauf konnte man nicht einmal im Traum hoffen.

Ein solcher Fehler, wie er ihnen passiert war, als sie versucht hatten, das Modell der DNA zusammen zu basteln, könnte doch einem Pauling dem Chef der Chemiker am California Institute for Technology (Caltech), der kalifornischen Eliteuniversität in Pasadena, nicht widerfahren. Gab es doch weltweit keinen Chemiker, der mehr über Struktur und Bindungen organischer Verbindungen wusste als Pauling, der Ende der 1920iger Jahre in den Instituten von Sommerfeld und Schrödinger die Geburt der Quantenchemie erlebt und seitdem erfolgreich auf diesem Gebiet gearbeitet hatte.

Paulings bisheriges Meisterstück war die Entschlüsselung einer wichtigen spiralförmig gewundenen Proteinstruktur der so genannten α- Helix. Eine großartige Leistung Paulings, durch die sich die Wissenschaftler am Cavendish Laboratory in Cambridge aber beschämt fühlten. Seit Jahren hatten sie unter der Leitung von Max Perutz und John Kendrew an er Aufklärung der Proteinstruktur von Hämoglobin und Myoglobin geforscht und nun hatten sie sich von einem Amerikaner erklären lassen müssen, wie eine Proteinstruktur beschaffen sei, die das häufigste Strukturelement ihrer Forschungsobjekte bildete.

Die Forscher des Cavendish – Laboratoriums in Cambridge hatten natürlich den für sie schmerzlichen Weg Paulings zum Erfolg analysiert. Und Frances Crick, in dessen Büro der Laborneuling untergekommen war, hatte Watson erklärt, Pauling wäre gar nicht den Weg, aus Röntgendiagrammen die Struktur zu erschließen, gegangen, sondern, weil dies aus Gründen, die Watson damals 1951 noch nicht verstanden hatte, sehr schwierig und mühselig wäre, hätte Pauling eine viel einfachere Strategie angewandt. Er hätte das Wissen der Chemiker über die chemische Zusammensetzung, über Bindungsabstände und Bindungswinkel genutzt, um ein Proteinmodell zu bauen, und dann geprüft, ob die nach diesem Modell zu erwartenden Beugungsbilder von Röntgenstrahlen, den gemessenen entsprachen.

Für den erst dreiundzwanzigjährigen Watson war das eine aufregende Erkenntnis gewesen. Wenn Paulings Erfolg weder auf aufwändigen quantenmechanischen Berechnungen noch auf komplizierten Methoden zur Deutung von Beugungsmustern, sondern auf der Anwendung der einfachen Gesetze der Strukturchemie beruhte, dann müsste sich Paulings Methode doch auch auf die DNA anwenden lassen. Und nicht nur das, sie beide, Crick und er, sollten in der Lage sein, das Problem der DNA-Struktur zu lösen. Sie verstünden beide nicht allzu viel von Chemie, aber doch genug, um den Chemikern die richtigen Fragen zu stellen. Und wo gab es

Chemiker, die mehr über die Chemie der Bausteine von Nukleinsäuren wussten, als die aus dem Team von Sir Alexander Todd im Labor gleich neben an?

Darüber hatte Crick noch nicht nachgedacht. Und es gab auch gute Gründe, der Idee des zwölf Jahre jüngeren Watson nicht zu folgen: Der Krieg, in dem er an der Entwicklung von todbringenden Minen gearbeitet hatte, hatte nicht nur das Ende der Arbeit an seiner Promotion bedeutet, sondern ihn auch dazu gebracht, sich nach dem Krieg mit dem Leben, mit der Biologie zu beschäftigen. Dazu hatte er noch als einunddreißigjähriger ein Biologiestudium aufgenommen und inzwischen beendet. Mit dem Erfolg, dass er 1951 bereits fünfunddreißig Jahre alt weder eine fertige Doktorarbeit noch eine feste Anstellung aufweisen konnte. Die Vernunft hätte geboten, alles daran zu setzen, wenigstens seine Doktorarbeit schnell zu beenden.

Doch bald hatte er sich von der Begeisterung Watsons, für die Möglichkeit das Geheimnis der Gene zu lüften, anstecken lassen.

Und so hatten sie begonnen, an einem Modell für die DNA-Struktur zu basteln. Von der reinen Chemie her erschien die DNA nicht besonders geheimnisvoll. Durch die Forschungen von Albrecht Kossel in Deutschland und später von Phoebus Levene am Rockefeller Institute for Medical Research in New York war bekannt:

Die Desoxyribonukleinsäure ist ein Riesenmolekül, das aus unverzweigten Ketten von Bausteinen, den Nukleotiden, besteht. Jedes diese Nukleotide besteht aus Desoxyribose, einem Zuckermolekül mit fünf C-Atomen, Phosphorsäure und einer der organischen Basen Adenin, Thymin, Cytosin und Guanin. Dabei ist jeweils eine der vier Basen mit dem Zucker (1. C-Atom) verbunden. Die Verbindung zwischen zwei Nukleotiden wird durch die Phosphorsäure hergestellt, indem jeweils das fünfte C-Atom des Zuckermoleküls einer Baugruppe mit dem dritten C-Atom des Zuckers in der nächsten Baugruppe verbunden ist.

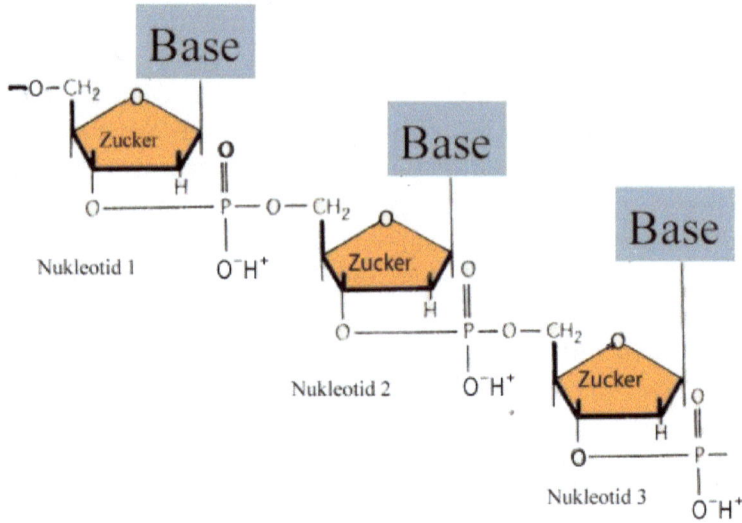

DNA-Nukleotid-Kette

Dieser einfache Aufbau eines Tausende von Nukleotidbausteinen umfassenden DNA-Stranges war für den Modellbau als gegeben hinzunehmen. Aus den bisherigen Befunden der Röntgenuntersuchungen war bekannt, dass die in den Lebewesen vorkommende DNA aus mehreren solcher Stränge bestehen müsste. Aber es war nicht zu ermitteln gewesen, wie viele Ketten vorlagen und wie diese Ketten zueinander angeordnet und zusammengehalten werden. Und das hätten sie durch ein Modell, das den Röntgenbefunden gerecht werden musste, zu ermitteln.

Zwar hatten sie keine Möglichkeit selbst Röntgenbeugungsaufnahmen anzufertigen. Aber nur zwei Stunden Bahnfahrt entfernt arbeitete Maurice Wilkins, auf dessen Anregung Watson nach Cambridge gekommen war, seit einigen Jahren an der Aufklärung der DNA-Struktur mittels Röntgenstrahlen. Und dieser Maurice Wilkins, war ein enger Freund von Francis Crick Er war sogar zu einer Besprechung über das Modellprojekt nach Cambridge gekommen, hatte bereitwillig über Ergebnisse seiner bisherigen Forschung informiert und signalisiert, dass er die Arbeit am Modell nicht behindern werde.

Wie Crick war Wilkins Physiker und hatte während des Krieges in Kalifornien an der Entwicklung der Atombombe gearbeitet. Nach Einsatz dieser schrecklichen Waffe hatte er ein neues friedliches Betätigungsfeld gesucht. Angeregt von Schrödingers „What is Life" und Averys-Arbeit hatte er sich der Röntgenstrukturanalyse der DNA zugewandt. Ab Mai 1950 hatte er die ersten Erfolge vorweisen können. Zusammen mit seinem Mitarbeiter Reymond Gosling war es ihm gelungen, kristalline DNA – Fasern herzustellen und damit erste klare Röntgenbeugungsmuster zu erhalten.

Aber bei der Besprechung hatte Wilkins den Tatendrang von Watson und Crick zu zügeln versucht, und erklärt, er glaube nicht daran, dass der Modellbau zum Ziele führen könne. Wenigstens nicht bevor weitere Röntgenbefunde vorlägen. Und mit solchen könne er in absehbarer Zeit nicht dienen, denn er habe in London das Problem, dass sein Direktor, Professor Russell, am Jahresanfang als er, Wilkins, im Ausland weilte, eine neue Mitarbeiterin eingestellt habe. Aber nicht eine technisch versierte Mitarbeiterin, die ihm, Wilkins, zur Hand gehen könne, wie er gewünscht hatte, sondern Rosalind Franklin, eine erfahrene Kristallografin, die sich von ihm, dem Anfänger, nicht vorschreiben lasse, wie sie ihre Arbeit auszuführen habe. Ja, sie sei gut in ihrer Arbeit, sehr gut sogar. Aber sie wolle nicht mit ihm zusammen arbeiten und er könne es inzwischen wohl auch nicht mehr. Man habe sich inzwischen geeinigt, aber um den Preis, dass er ihr seinen ganzen Vorrat an gut kristallisierbarer DNA übergeben habe und nun nicht wisse, wie er weiter forschen solle, denn die noch in seinem Besitz befindliche DNA zeige wenig Neigung zur Kristallisation.

Ausgang des Zerwürfnisses zwischen Franklin und Wilkins war, dass Rosalind Franklin bei ihrer Einstellung durch Professor Randall keine klare Abgrenzung ihres Aufgabenbereiches erfahren hatte. Sie hatte sich zunächst als alleinige verantwortliche Bearbeiterin des DNA- Problems gesehen, während Wilkins geglaubt hatte, dass sie als seine Assistentin eingestellt worden wäre. Das hatte natürlich zu Missverständnissen und Verletzungen geführt und das Arbeitsklima vergiftet.

Für Watson und Crick war aber die missliche Lage Wilkins kein Grund gewesen, ihre Arbeit am Modell einzustellen. Wenn es bei Wilkins nicht voranging, dann wollten doch sie alles tun, um zu verhindern, dass Pauling auch noch, den Ruhm für die Entschlüsselung der DNA-Struktur einheimsen könnte.

So hatten auch ihre Vorgesetzten gedacht und geduldet, dass sie ihre eigentlichen Forschungsaufgaben vernachlässigt hatten. Das hatte sich aber schlagartig geändert, nachdem sie ihr fertiges Modell stolz den Strukturforschern aus London präsentiert hatten. Diese, Maurice Wilkins und Rosalind Franklin, waren mit je einem Mitarbeiter angereist, um das Modell zu beurteilen. Und ihr einhelliges Urteil war vernichtend gewesen. Das Modell hatte die Röntgenbefunde nicht erklären können. Für Crick und Watson war aus der Blamage gefolgt, dass der Institutsdirektor Sir Lawrence Bragg ihnen verboten hatte, sich weiter mit dem DNA -Problem zu beschäftigen. Wollte er doch sein traditionsreiches Institut nicht der Lächerlichkeit preisgeben.

Dieses Verbot wurde auch nicht aufgehoben, nachdem in den USA Alfred Hershey und Martha Chase im März 1952 mit dem Ergebnis einer Versuchsreihe den Befund Averys, dass DNA und nicht Protein das genetische Material wäre, bestätigen konnten.

Es war vorgesehen gewesen, dass Watsons Doktorvater, Salvadore Luria, in seinem Referat auf einem Kongress in Oxford darüber berichten sollte. Aber in der damals besonders von dem Senator McCarthy durch Verschwörungstheorien angeheizten antikommunistischen Hysterie in der amerikanischen Öffentlichkeit war dem Wissenschaftler, der vor dem Krieg vor den Faschisten aus Italien in die USA geflohen war, der Reisepass verweigert worden. Und James Watson, der durch seine Doktorarbeit Mitglied der von Luria und Max Delbrück angeführten Phagengruppe geworden war, hatte die Aufgabe, übernehmen müssen, über dieses Experiment zu berichten.

Hershey und Chase hatten mit T2 Phagen experimentiert. Das sind Viren, die Bakterien der Art Escheria coli befallen und in deren Zellen vermehrt werden. Dabei reicht ein Phage aus, um Hunderte von neuen voll ausgebildeter Phagen hervorzubringen und die Bakterienzelle platzenzulassen. Dieses einzelne Phagenpartikelchen musste also die Erbinformation für all die gebildeten Bakteriophagen in die Bakterienzelle gebracht haben. Es war aber völlig unbekannt, was bei dieser Infektion in die Bakterienzelle eindringt.

War es der ganze Phage, ein bestimmtes Protein oder die Nukleinsäure? Um diese Frage zu beantworten, hatten Hershey und Chase eine neue experimentelle Möglichkeit genutzt, die sich aus der Entwicklung der Kernphysik seit Kriegsende ergeben hatte - die Markierung mit radioaktiven Isotopen. Da Phagen nur aus Protein und DNA bestehen, hatten sie durch Phagen mit radioaktivem Schwefel im Protein und Phagen mit radioaktivem Phosphor in der DNA eindeutig nachweisen können, dass nur der Phosphor, also die DNA, in die Bakterienzelle eindringt.

Watson war damals in Oxford darüber enttäuscht gewesen, dass nur wenige der über vierhundert angereisten Biologen ein Interesse gezeigt hatten, als er Abschnitte aus Hersheys Brief verlesen hatte.

Nun all diese würden nun bald ihr Denken, ihre Forschungen verändern müssen, denn die Aufklärung der DNA- Struktur durch Pauling würde die Biologie verändern.

Der Brief Paulings traf an einem der letzten Januartage in Cambridge ein. Als Peter Pauling damit nach dem Mittagessen ins Büro kam, konnte James Watson seine Ungeduld kaum zügeln. Und als Peter begann eine Zusammenfassung der Arbeit vorzutragen, zog er ihm das Manuskript aus der Manteltasche und begann, den Text aufgeregt zu überfliegen.

Paulings Modell bestand aus drei Nukleotidketten, die schraubenförmig als Helix umeinander geschlungen waren. Das Zucker-Phosphatrückgrat befand sich in der Mitte und die Basen waren nach außen gerichtet. Genauso hatten sie ihr missglücktes Modell gebaut. Wie wurden die drei Ketten zusammen gehalten? Sie hatten damals durch Magnesiumionen gebildete Salzbrücken zwischen den Säuregruppen verschiedener Ketten angenommen und waren gescheitert. Welche Lösung hatte Pauling gefunden? Aber was war das? Watson starrte die Illustrationen an, die Phosphatgruppen waren nicht ionisiert, gebundene Wasserstoffatome zwischen ihnen hielten die Ketten zusammen. Aber die Desoxyribonukleinsäure war doch eine Säure? Hatte der große Linus Pauling einen Anfängerfehler gemacht? Watson hielt es nicht im Büro, er raste mit dem Manuskript zu den Chemikern, um auch von Fachleuten diese unglaubliche Tatsache bestätigt zu bekommen. Als er zur Teezeit wieder zurück war, stand fest: Watson und Crick waren wieder im Rennen. Und sie gingen zum nahe gelegenen „Eagle" – Pub hinüber und stießen mit Whisky auf Paulings Misserfolg an.

Und dieser Misserfolg bewirkte auch, dass Sir Lawrence Bragg nicht nur das verhängte Verbot aufhob, sondern sogar drängte, wieder mit dem Modellbau zu beginnen und die benötigten Atombausteine unverzüglich von der Institutswerkstatt herstellen zu lassen. Denn alle Beteiligten wussten, es war keine Zeit zu verlieren. Würde doch Pauling, sobald er seinen beschämenden Fehler erkannt hätte, alles daran setzen diese Scharte auszuwetzen.

Bevor er mit dem erneuten Modellbau begann, fuhr Watson nach London, um Maurice Wilkins und Rosalind Franklin über die aufregende Neuigkeit zu informieren. Von Wilkins erfuhr er, dass die gegenseitige Blockade zwischen ihm und Rosalind Franklin bald vorbei wäre und Franklin in wenigen Wochen das Labor verlassen werde. Er, Wilkins, bereite sich schon darauf vor, dann wieder richtig loslegen zu können. Da Franklin völlig aus der DNA-Forschung aussteigen werde, habe er mit Hilfe eines Assistenten bereits begonnen, auch röntgenografische Arbeiten von Franklin und ihrem Doktoranden zu kopieren.

Dann berichtete er von einer neuen DNA-Form, die Franklin schon im vergangenen Sommer entdeckt habe. Diese Form träte auf, wenn DNA-Moleküle von viel Wasser umgeben wären. Und dann zeigte er Watson eine der Röntgenaufnahmen von dieser neuen Form. Watson schrieb später dazu, in dem Augenblick, als er das Bild sah, sei ihm der Unterkiefer heruntergeklappt. Das Bild war viel einfacher als alle, die man bis dahin erhalten hatte. Watson hatte im vergangenen Jahr, besonders bei seiner selbständigen Arbeit über die Struktur des Tabakmosaikvirus, viel über die Interpretation von Röntgendiagrammen gelernt und konnte sofort erkennen, dass ein schwarzes Kreuz von Reflexen, das sich in dem Bild deutlich abhob, nur von einer Helix- Struktur stammen konnte.

Wie konnte Franklin nach einer solchen Aufnahme immer noch behaupten, dass die DNA keine Helixstruktur besitze? Und wie stand es mit ihrer Behauptung, dass sich das Zucker-Phosphatrückgrat außen und nicht in der Mitte befand? Dazu äußerte Wilkins, zu Franklins Meinung zur Helixfrage könne er nur mit den Schultern zucken. Für ihn bestünde nach seinen Untersuchungen im vergangenen Jahr und nach den theoretischen Überlegungen, die Francis Crick mit anderen erarbeitet hatte, nicht der geringste Zweifel an der Helixstruktur. Aber hinsichtlich der Lage der Phosphate habe Franklin Recht. Der Aufforderung Watsons jetzt, da die Zeit drängte seine Forschungsarbeit zu beschleunigen, erteilte Wilkins eine Absage. Für ihn sei es besser und vielleicht erfolgreicher, wenn er sich nicht drängen lasse, sondern den eigenen Intuitionen folge.

Bei dieser Meinung blieb er auch, als er am 8. Februar nach Cambridge kam, um den Sonntag, wie so oft mit den befreundeten Cricks zu verbringen, und von Watson und Crick gedrängt wurde, mit dem Modellbau zu beginnen. Sein Kollege Fraser hätte in London bisher erfolglos an einem Dreikettenmodell mit außen liegenden Phosphatgruppen herum probiert. Und er, Wilkins, glaube nicht, dass man damit Erfolg haben könne, ohne vorher aus den Röntgendiagrammen eine Hypothese für die Anordnung der Basen erarbeitet zu haben. Er zeigte sich aber damit einverstanden, dass in Cambridge erneut an einem Modell gearbeitet werde, und erklärte sich bereit, durch Informationen dazu beizutragen.

Crick war wegen des Einverständnisses von Wilkins sehr erleichtert, denn Watson hatte schon vor einigen Tagen mit dem Modellbau begonnen. Und zwar mit dem Zucker-Phosphat- Gerüst.

Beim Modellbau konnten sie nach den neuesten Röntgenaufnahmen von Franklin mit großer Sicherheit von schraubenförmig umeinander gewundenen Polynukleotidketten, einer Helixstruktur, ausgehen. Aber Watson und Crick verfügten über keine Informationen über die Anzahl dieser Ketten. Außerdem war es nicht sicher, ob Wilkins und Franklin in London Recht hatten, wenn sie behaupteten, das Zucker-Phosphat-Rückgrat befände sich auf der Außenseite des Moleküls.

Watson wollte daher mit einem Modell mit einem zweikettigen Rückgrat im Inneren beginnen. So könne man leichter zu einer Beantwortung der Frage kommen, wie die Ketten zusammengehalten werden, und man brauche sich nicht, um die Anordnung der Basen zu kümmern. Denn die beiden Purinbasen Adenin und Guanin wären deutlich größer als die beiden Pyrimidinbasen. Und er könne sich nicht vorstellen, wie sich zwei Polynukleotidketten so umwinden könnten, dass eine regelmäßige Helixstruktur gebildet werden könne, wenn sich zwischen den Ketten die unterschiedlich großen Basen befänden. Crick dagegen war von der Richtigkeit der Argumentation von Franklin und Wilkins überzeugt und schlug ein dreikettiges Modell mit außenliegendem Phosphatgruppen vor.

Schließlich einigten sie sich darauf, mit einem zweikettigen Modell mit außen liegendem Rückgrat zu beginnen. Und es zeigte sich schnell, dass diese Wahl die Richtige sein könnte. Denn es war einfach die beiden Ketten in eine Form zu winden, die mit den Röntgenbefunden vereinbar war. Dabei halfen ihnen die Informationen aus London. Nicht nur die von Wilkins. Über ihren Chef Max Perutz, der einem Komitee angehörte, das über die Zuteilung von Forschungsmittel befand, hatten sie auch Zugang zu einem nicht geheimen Bericht von Rosalind Franklin. Aber dann stießen sie an eine Grenze, an der ihnen die Befunde der Forscher in London nichts mehr nutzten – die Anordnung der Basen. Sie trösten sich damit, dass sie nicht weiter basteln könnten, weil die Werkstatt die maßstabsgerechten Zinkblechmodelle noch nicht fertig gestellt hatte. Aber sie wussten auch, dass sie nicht wüssten, wo sie in ihrem Modell die fertigen Basenbausteine anbringen sollten. So warteten sie ungeduldig auf die Modelle und noch mehr auf eine Erleuchtung. Watson kam ins Büro bastelte etwas am Modell, ging dann Tennis spielen und abends häufig mit Mädchen ins Kino. Crick arbeitete intensiv an seiner Doktorarbeit.

Ihre Unruhe wäre größer gewesen, hätten sie gewusst, dass in London auch Rosalind Franklin mit dem Modellbau begonnen hatte. Lange hatte sie sich dagegen gesträubt, da sie erwartet hatte, die DNA- Struktur durch systematische Arbeit entschlüsseln zu können. Dazu hatte sie sich einer von dem amerikanischen Kristallographen Lindo Patterson 1934 entwickelten Methode bedient. Bei dieser Methode werden aus einer Vielzahl von unter verschiedenen Winkeln aufgenommenen Röntgendiagrammen durch eine mühselige Berechnung Vektoren zwischen den Atomen ermittelt. Und aus Länge und Richtung der Gesamtheit dieser Vektoren sollte sich die gesuchte Struktur offenbaren. Aber im Februar 1953 hatte sie dieses Ziel noch nicht erreicht und die Zeit drängte, denn in wenigen Wochen würde sie das King`s Kollege verlassen und dann keine Gelegenheit zur experimenteller Arbeit am DNA-Problem mehr haben. So hatte sie bereits Ende Januar begonnen, ein Modell zu bauen, dass auf den Pattersonberechungen zur A-Form beruhte. Aber ihre Bemühungen hatten zu keinem Ergebnis geführt. War sie doch zu diesem Zeitpunkt noch immer der Meinung gewesen, dass mindestens die A-Form keine Helixstruktur besäße. Aber erneute Vermessungen ihrer Röntgendiagramme zeigten ihr, dass es sich sowohl bei der A- als auch bei der B- Form um Moleküle mit Helixstruktur handelte. Und im Gegensatz zu Watson und Crick war sie sicher, dass es sich dabei um eine zweisträngige Helix mit äußerem Rückgrat handelte. Aber dieser Wissensvorsprung nutzte ihr nichts, denn auch sie konnte das Problem der Anordnung der Basen nicht lösen.

In Cambridge überlegte derweil James Watson, ob sich das Basenproblem dadurch lösen ließe, wenn sich in beiden Ketten gleiche Basen, um 180°gedreht gegenüberlägen und durch Wasserstoffbrücken die beiden Ketten zusammen halten würden. Diese Hypothese war nicht aus dem Strukturdenken, sondern aus dem Denken an die biologische Funktion der DNA entsprungen. Wenn es richtig war, dass die genetische Substanz aus zwei helixartig gewundenen Polynukleotidketten mit äußerem Zucker-Phosphat-Rückgrat bestand, dann mussten die nach innen gerichteten Basen, neben der Funktion die Ketten der Helix zusammen zu halten, auch irgendwie Speicherung und Weitergabe der genetischen Information bewirken. Die Speicherung der Information wäre durch die Reihenfolge der vier unterschiedlichen Basen denkbar. Und die Bildung einer exakten Kopie der Gene, die Replikation, erklärte sich durch die Annahme, dass ein DNA -Strang als Gussform für den anderen dadurch diente, dass jede Base der neu aufzubauenden Kette nur mit einer identischen der bestehenden Kette eine Wasserstoffbrückenbindung bilden könnte.

Doch es gab zwei Gründe, die diese Lösung des Basenproblems infrage stellten. Zum einen war seitens der Chemie kein Grund bekannt, warum sich nur die gleichen Basen paaren sollten. Zum anderen hatte jede der vier Basen eine andere Form. Und, wenn in unregelmäßiger Reihenfolge kleine mit kleinen und große mit großen Basen Wasserstoffbrücken bilden sollten, konnte kein regelmäßig gewundenes Rückgrat zustande kommen.

Aber die Natur musste einen Trick gefunden haben, all die unterschiedlichen Funktionen unter einen Hut zu bringen. Watson rief sich ins Gedächtnis, was er über die Basen im DNA-Molekül wusste.

Die beiden Basen Cytosin und Thymin gehören zu den Pyrimidinen. Das Grundgerüst dieser Substanzklasse besteht aus einem sechsgliedrigem ungesättigten Ring, der neben vier Kohlenstoffatomen zwei Stickstoffatome enthält. Dagegen gehören Adenin und Guanin zur den Purinen. Das Grundgerüst dieser Verbindungen ist ein bicyclisches Ringsystem aus Kohlenstoff- und Stickstoffatomen. Für den Modellbau war wichtig, dass die Atome in den Pyrimedinen als auch in den Purinen völlig planar angeordnet sind.

Und Watson erinnerte sich auch, wie er und Crick sich im Sommer des vergangenen Jahres wegen dieser Basen blamiert hatten. Der Biochemiker Erwin Chargaff, Professor an der Columbia University, war zu einem Arbeitsbesuch nach Cambridge gekommen und John Kendrew hatte es einzurichten gewusst, dass sie mit ihm zu einem Gespräch zusammen treffen konnten. Chargaff, der vor dem Krieg aus Hitlers Machtbereich in die USA geflohen war, galt als einer der Chemiker, die am besten über die Chemie der DNA Bescheid wussten. In seinem Labor war herausgefunden worden, dass die Zusammensetzung der DNA-Basen aus unterschiedlichen Lebewesen von Art zu Art zwar unterschiedlich war, aber das Verhältnis von Adenin zu Tymin und das Verhältnis von Guanin zu Cytosin immer fast genau Eins betrug. Und dabei war es völlig egal, ob es sich um die DNA eines Menschen, einer Pflanze oder die aus Bäckerhefe handelte. Das konnte kein Zufall sein. Aber wie konnten diese Chargaff-Regeln einen Hinweis auf die Struktur der DNA geben? Das Gespräch mit Chargaff hatte dazu nicht beigetragen und sie hatten sich blamiert, als sie beide im Gespräch mit Chargaff nicht in der Lage gewesen waren, die Strukturformeln der vier Basen aus dem Kopf aufzuzeichnen. Es war bekannt geworden, dass Chargaff danach von den „wissenschaftlichen Clowns" in Cambridge gesprochen hatte.

Nun in dieser Hinsicht hatte Watson inzwischen dazugelernt. Seinen Schreibtisch bedeckten Zettel, auf denen er die vier Basen nach seiner Hypothese der gleichen Basen gezeichnet hatte. Als der amerikanische Kristallograf Jerry Donohue einen Blick darauf geworfen hatte, fragte er Watson, warum er die beiden Basen Guanin und Thymin in der Enol- und nicht in der Ketoform aufgeschrieben habe. Watson verwies auf die Bücher, aus denen er sein chemisches Wissen bezogen hatte. Und Jerry Donohue, der für sechs Monate aus Paulings Labor nach Cambridge gekommen war, erläuterte Watson, dass diese Darstellungen in den Lehrbüchern wahrscheinlich falsch wären. In Pasadena habe man die Richtigkeit der Ketoform bisher zwar nur an einer Verbindung bewiesen. Aber die quantenchemischen Begründungen dazu, müssten auch auf Guanin und Thymin zutreffen. Watson konnte mit dieser Information zunächst wenig anfangen.

Am 27. Februar, es war ein Freitag und in Cambridge blühten bereits die Krokusse, hatten Watson und Crick erfahren, dass sich die Fertigstellung der Blechmodelle erneut um einige Tage verzögern würde. Watson machte sich deshalb daran, aus fester Pappe maßstabsgerechte Modelle der Basen auszuschneiden. Er kam aber an diesem Tag nicht mehr dazu, Versuche zu ihrer Anordnung im Modell zu unternehmen, da er mit einigen französischen Mädchen ins Theater verabredet war. Die Mädchen, die zur Verbesserung ihrer Englischkenntnisse nach Cambridge gekommen waren, wohnten in einer Pension, bei deren Leiterin Watson Französisch Unterricht nahm. Cricks Frau, Odile, hatte ihm dazu geraten in der Hoffnung, dass der fast fünfundzwanzigjährige Watson auf diese Weise endlich eine Freundin fände.

Am nächsten Morgen kam er früh ins Büro, räumte alle störenden Papiere vom Schreibtisch und begann die Pappmodelle in unterschiedlicher Weise anzuordnen. Und dann sah er es:

Wenn Thymin und Guanin in der Ketoform vorlagen, hatte ein durch Wasserstoffbrücken verbundenes Adenin – Thymin – Paar die gleiche Gestalt wie das entsprechende Guanin – Cytosin – Paar. Und bei diesen beiden Paarungen ergaben sich die Brückenverbindungen auf natürliche Weise, ohne dass ein Verbiegen oder Verzerren erforderlich war.

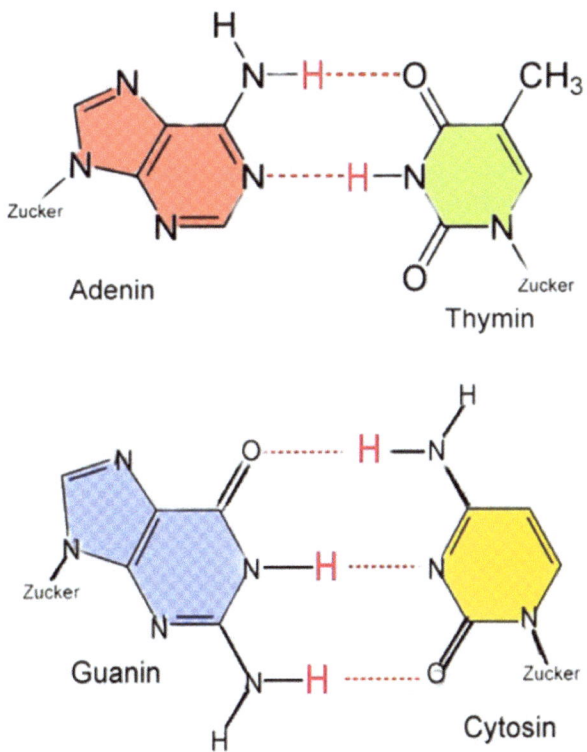

Basenpaarung durch H-Brücken

Auch war ohne langes Probieren zu erkennen, dass sich immer nur Adenin mit Thymin und Guanin mit Cytosin paaren konnten. Das erklärte nicht nur Chargaffs Befund, dass die beiden Basen jedes Paares immer in gleicher Anzahl vorkamen, sondern die fast gleiche Größe dieser Paare ermöglichte eine gleichmäßige Anordnung einer unregelmäßigen Basenfolge im Zentrum einer Helix. Was für Watson aber noch wichtiger war, - die feststehende Paarung erklärte, wie jede der beiden Helixketten als Gussform für den Aufbau der anderen dienen könnte.

Als Crick ins Büro kam wich seine anfängliche Skepsis schnell einer Begeisterung. Hatte er doch schnell erkannt, dass die gefundene Basenanordnung auch mit den Röntgenbefunden verträglich sein müsste. Die endgültige Klärung war zwar erst nach Fertigstellung des Modells und dessen genauen Vermessung möglich, aber als beide glücklich zum Mittagessen ins „Eagle" kamen, verkündete Crick dort laut, dass sie das Geheimnis des Lebens entschlüsselt hätten.

Jetzt ging alles ganz schnell. Bald war das Modell fertig und vermessen. Und als am Donnerstag, dem 12. März Maurice Wilkins nach Cambridge kam, konnten Watson und Crick ihm ein metallenes glänzendes Modell einer rechtsdrehenden Helix mit in entgegengesetzter Richtung verlaufenden Ketten präsentieren. Und diesmal gefiel das Modell. Eine endgültige Entscheidung über die Richtigkeit der gefundenen Struktur musste nun der Vergleich von gemessen Beugungsmustern mit denen, die sich aus dem Modell vorhersagen ließen, erbringen. Schon zwei Tage nachdem er wieder nach London zurückgekehrt war, rief Wilkins an. Er habe gemeinsam mit Rosalind Franklin die entsprechenden Messungen durchgeführt und das Ergebnis entspräche voll und ganz dem Modell.

Man kam überein, die Ergebnisse der Wissenschaftler des King`s Kollege in London und des Cavendish Laboratory in getrennten kurzen Aufsätzen zu veröffentlichen. Die Londoner Arbeitsgruppen unter Maurice Wilkins und Rosalind Franklin verständigten sich darauf, getrennte Aufsätze zu verfassen. Die drei Artikel erschienen am 25. April 1953 in der Zeitschrift „Nature". Einen Monat später ließen Watson und Crick einen weiteren Aufsatz folgen, in dem sie besonders auf die genetischen Konsequenzen aus der DNA-Struktur eingingen.

Die ersten sieben Jahre

1828 hatte Alexander von Humboldt über den wissenschaftlichen Fortschritt geäußert, dass jeder Schritt vorwärts, die Naturwissenschaftler an den Eingang neuer Labyrinthe führe. 1953, hundertfünfundzwanzig Jahre später, schien es als scheuten, sich die Forscher das neue Labyrinth, das sich ihnen mit der Aufklärung der DNA-Struktur geöffnet hatte, zu betreten. War doch das Echo auf diese großartige Entdeckung zunächst sehr verhalten.

Das mochte daran liegen, dass die Veröffentlichung von Watson und Crick auf kaum mehr als einer Druckseite eine präzise trockene Beschreibung der Struktur einer chemischen Verbindung gab. Da ging es um Winkel, Atomabstände und um die Deutung von Beugungsbildern - alles Dinge, von denen die Biologen damals nichts verstanden. Einen Hinweis auf die biologische Bedeutung der DNA gaben die Autoren nur in einem einzigen Satz: Es sei ihrer Aufmerksamkeit nicht entgangen, dass die vorgeschlagene Basenpaarung unmittelbar einen Kopiermechanismus des genetischen Materials nahe lege. Ein Kopiermechanismus für ein Molekül – sollte darin die Erklärung für die ganze Vielfalt des Lebendigen bestehen? Die Biologen verhielten sich abwartend. Und für die Journalisten gab es, Aufregenderes zu berichten.

Am 29. Mai 1953 wurde der höchste Berg der Erde, der 8848m hohe Mount Everest, von Edmund Hillaray und Tenzing Norgay zum ersten Mal bestiegen und im Juli folgte die Erstbesteigung des Nanga Parbat. Aber es gab auch ein wissenschaftliches Experiment, das es in die Schlagzeilen schaffte.

Am 15. Mai veröffentlichte die Zeitschrift „Science" den Artikel des jungen amerikanischen Chemikers Stanley Lloyd Miller. Dieser hatte an der University of Chicago die Hypothese bestätigt, dass sich in der Uratmosphäre der Erde die chemischen Bausteine von Lebewesen allein durch die Energiezufuhr von Gewitterblitzen bilden könnten. Dazu hatte er auf ein Gasgemisch aus Wasserdampf, Methan, Ammoniak, Wasserstoff und Kohlenmonoxid, die postulierte Uratmosphäre, elektrische Entladungen einwirken lassen und die dadurch bewirkte Bildung von Aminosäuren nachgewiesen.

Berichte über dieses Experiment schafften es auch in die sowjetische Presse. Hatte doch der sowjetische Biochemiker Alexander I. Oparin bereits 1924 als erster eine Theorie zur Entstehung des Lebens durch eine chemische Evolution entwickelt. Danach sollten sich zunächst in der Uratmosphäre durch die Energie von Blitzentladung, UV- Licht und Vulkanismus einfache organische Verbindungen gebildet und sich im Urozean angereichert haben. Durch Folgereaktionen wären immer komplexere Stoffe und schließlich die ersten einfachen Lebewesen entstanden. Die sowjetischen Berichte über Millers Versuchsergebnis sahen darin aber nicht nur einen Beleg für die Richtigkeit von Oparins Vorstellungen, sondern sahen darin vor allem eine Bestätigung der Lehre von Marx, Engels, Lenin und Stalin. Über den Erfolg von Watson und Crick, über die Struktur der DNA dagegen berichtete weder die sowjetische Presse noch die der „Bruderländer". Noch war hier die Lehre Lyssenkos, nach der es gar keine Gene gab, die offizielle Lehrmeinung.

Aber auch in den westlichen Ländern gab es kaum Berichte über die Struktur der DNA. Das änderte sich auch nicht als Anfang Oktober die Nobelpreisträger für 1953 bekannt gegeben wurden. Dabei gab es durchaus Anknüpfungspunkte, denn der Nobelpreis für Chemie wurde dem zweiundsiebzigjährigen Deutschen Hermann Staudinger zuerkannt. Staudinger hatte schon 1920 die Meinung vertreten, dass es große Moleküle, Makromoleküle, aus mehr als Hunderttausend Atomen, ja vielleicht aus Millionen von Atomen gäbe. Inzwischen war das, auch dank Staudingers Arbeit, eine allgemein anerkannte Tatsache. Und die beliebten Nylonstrümpfe, die millionenfach Damenbeine umschmeichelten, bewiesen, dass solche Moleküle jetzt auch massenhaft industriell hergestellt werden konnten. Doch wer konnte sich Ende 1953 vorstellen, dass ein solches Makromolekül alle Informationen über Aussehen und Funktion eines Lebewesens enthalten sollte.

Und wie komplex schon einzelne Stoffwechselvorgänge sind, zeigten die Forschungen der beiden Preisträger für den Nobelpreis für Medizin oder Physiologie Hans Adolf Krebs und Fritz Albert Lipmann. Krebs wurde für seine 1937 veröffentlichte Entdeckung des Citrat Zyklus geehrt.

Wie Krebs war auch Fritz Lipmann vor dem Krieg aus Deutschland geflohen. Er hatte in den USA eine neue Wirkungsstätte gefunden. Er erhielt den Nobelpreis für die Entdeckung, Strukturaufklärung und Erforschung der Wirkungen des Coenzym- A, einer Substanz, die mit organischen Säuren energiereiche Verbindungen eingehen und für durch Enzyme katalysierte Reaktionen aktivieren konnte. Im Zellstoffwechsel aktiviert Coenzym-A aus Brenztraubensäure gebildete Essigsäure für ihren Abbau im Citrat Zyklus. 1937 hatte Krebs noch angenommen, Brenztraubensäure ginge direkt in den Zyklus ein.

Beide Nobelpreisträger waren geübt, in komplexen chemischen Zusammenhängen zu denken. Doch hätte man sie damals, Ende 1953, über die DNA als genetischem Material befragt, hätten sie wahrscheinlich geäußert, dass es ihnen schwer falle, sich vorzustellen, dass alle Informationen über Lebewesen in Makromolekülen in der Reihenfolge von vier Basen gespeichert seien könnten. Es ginge ja nicht nur darum, dass diese Moleküle gemäß der Hypothese von Beadle und Tatum die Informationen für die Herstellung aller Enzyme oder allgemein für die Herstellung aller Proteine enthalten müssten, sondern sie müssten auch Informationen dazu enthalten, wann und wo die Gene aktiv sein könnten. Erfordere die Funktion einer Leberzelle doch ganz andere Genaktivitäten als die Funktion einer Nervenzelle. Zurzeit sähen sie auch keine Möglichkeit, zur Überprüfung der von Watson und Crick vorgetragenen Hypothese. Dies galt für die Biochemiker allgemein.

Und es ist daher nicht verwunderlich, dass sich zuerst ein Theoretiker, ein theoretischer Physiker zur Entschlüsselung der DNA-Struktur äußerte. Schon im Oktober 1953 erschien in der Zeitschrift „Nature" ein Beitrag des Physikers George Gamow, in dem dieser über einen möglichen Zusammenhang über DNA- und Proteinstruktur spekulierte. Der 1904 in Odessa geborene Gamow hatte in Odessa und Leningrad studiert und bei Arbeitsaufenthalten in Göttingen bei Max Born, in Kopenhagen bei Niels Bohr und bei Ernest Rutherford in Cambridge die Geburt der Kernphysik miterlebt. In dieser Zeit hatte er bereits eine international beachtete Arbeit zum Verständnis des Alpha-Zerfalls vorgelegt. Als zu Beginn der 1930iger Jahre die moderne Physik in der Sowjetunion verdächtigt wurde, im Widerspruch zur kommunistischen Lehre zu stehen, war er mit seiner Frau in die USA geflohen. Dafür war er in seiner Heimat in Abwesenheit zum Tode verurteilt worden. In den USA hatte er erfolgreich über kernphysikalische Fragen, über die Bildung von Elementen in Sternen gearbeitet und die Urknalltheorie begründet. Neben seiner wissenschaftlichen Arbeit und seiner Tätigkeit als Berater der amerikanischen Regierung zu Kernwaffen fand er noch Zeit, populäre Bücher zu schreiben, in denen er einem breiten Publikum durch die Abenteuer eines Mr. Tompkin wissenschaftliche Erkenntnisse nahe brachte.

Und dieser George Gamow mit seiner unstillbaren Neugier für alles was die Natur anging, las noch nicht lange nach ihrer Veröffentlichung die Aufsätze von Watson und Crick. Dabei wurde ihm schnell klar, dass in der DNA die Reihenfolge von Aminosäuren in Proteinen gespeichert sein müsse. Und dies könnte nur durch die Anordnung der vier unterschiedlichen Basen geschehen. Dass die DNA für die Vielfalt der Proteine die nötige Anzahl an Kombinationsmöglichkeiten bieten konnte, zeigte ihm eine für den Theoretiker einfache Rechnung. Wenn er von einem DNA-Molekül mittlerer Länge ausging und berechnete, wie viel verschiedene derartige Moleküle möglich sind, kam er zu einer Anzahl, die größer ist als die Anzahl der Atome im von Teleskopen erschlossenen Teil des Weltalls.

Als er die Angaben von Watson und Crick und die Abbildung zum Strukturmodell aufmerksam studierte, viel ihm auf, dass der Abstand der „Sprossen" in der Helix Wendel 3,4 Ångström (1Å= 10-10 m) betrug. Das ist aber auch etwa der Abstand zwischen benachbarten Aminosäuren in Proteinmolekülen. Sollte das Zufall sein? Und als er etwas herum probierte, entdeckte er eine weitere Besonderheit. Aus zwei Basen, die eine „Sprosse" bilden und je einer Base über und unter der „Sprosse" ergibt sich eine rautenförmige Struktur aus vier Basen. Da aber die „Sprossen" nur aus den Paaren Adenin– Thymin und Guanin– Cytosin gebildet werden können, sind aber, wie Gamow ausprobierte, bei freier Kombination der beiden anderen Stellen nur zwanzig unterschiedliche Rauten möglich. Zwanzig, das war aber die Anzahl der unterschiedlichen Aminosäuren, die die Biochemiker in Proteinen gefunden hatten. Sollten diese Übereinstimmungen in der DNA-Struktur mit der Struktur von Proteinen der Schlüssel sein zu der Gesetzmäßigkeit, die den Zusammenhang zwischen den Basen der DNA und den Bausteinen der Proteine, den genetischen Code, bestimmen? Gamow hielt das für möglich. Es gab jedoch ein Problem. Jede der von Gamow angenommen Rauten war etwa dreimal länger als eine Aminosäure. Das bedeutete, wenn die Synthese der Proteine an der DNA- Oberfläche stattfinden sollte, müssten sich zur Bildung einer Aminosäurekette die Rauten gegenseitig überlappen. Eine solche Überlappung bedeutete aber, dass es in der Reihenfolge der Aminosäuren Einschränkungen geben müsse. Daraus ergab sich aber, so folgerte Gamow, eine Möglichkeit zur Überprüfung seiner Hypothese. Sollte sich bei der Ermittlung der Reihenfolge von Aminosäuren zeigen, dass es keine „verbotenen Nachbarn" gab, war seine Hypothese falsch. Im anderen Falle aber wäre die Kenntnis darüber, welche Aminosäuren nebeneinander vorkommen und welche nicht, der Schlüssel zur Ermittlung des genetischen Codes.

Für eine solche Überprüfung fehlte es leider noch an ausreichend Analysenergebnissen zur Reihenfolge, Sequenz, der Aminosäuren in Proteinen. Gamow durfte aber hoffen, dass sich dies bald ändern würde; denn es war bekannt, dass im britischen Cambridge der Biochemiker Frederick Sanger die komplette Aminosäuresequenz der beiden Polypeptidketten des Rinderinsulins ermittelt hatte und seine Methode inzwischen auch in anderen Laboratorien zur Sequenzanalyse von Proteinen angewandt wurde.

Und bis genügend Material zur Prüfung seiner schönen Hypothese vorlag, wollte Gamow sich diese auch nicht zerreden lassen. Auch nicht von James Watson, der ihm 1954 erklärte, dass die Proteinsynthese unmöglich an der Oberfläche der DNA-Moleküle stattfinden könne. Seit den 1930iger sei bekannt, dass DNA im Zellkern vorkäme, nicht aber im Zytoplasma der Zellen, wo die Proteine gebildet würden. Im Zytoplasma käme eine andere Art von Nucleinsäure vor – die Ribonukleinsäure, RNA. Diese Verbindung setze sich, soweit man wisse, wie die DNA aus einer Kette aus vielen Nukleotiden zusammen. Sie enthalte statt des Zuckers Desoxyribose den Zucker Ribose und statt der Base Thymin käme in der RNA die verwandte Base Uracil neben Adenin, Guanin und Cytein vor. Zur biologischen Bedeutung wisse man nur, dass ihre Menge mit der Proteinsynthese in den Zellen ansteige. Er, Watson, vermute, dass im Zellkern die Information für etwa ein Gen in die entsprechende Basenfolge der RNA überschrieben und mit dieser zum Ort der Proteinproduktion transportiert werde.

Für Gamow ergab sich aus diesen Ausführungen Watsons keine Notwendigkeit, seine Hypothese zu verwerfen. Wenn nicht an der DNA-Oberfläche, könne die Synthese doch an der im Wesentlichen gleich gebauten RNA-Oberfläche erfolgen.

Gamow akzeptierte jedoch, dass der RNA offensichtlich eine zentrale Aufgabe bei der Übersetzung der genetischen Information in den Aufbau von Proteinen zukam. Und als ihn Watson und der Biochemiker Leslie Orgel fragten, ob er bei der Gründung eines Clubs zur Erforschung des genetischen Codes mitwirken würde, war er sofort Feuer und Flamme und erklärte sich bereit, für den RNA –Krawattenclub die Clubkrawatten, die Krawattennadeln und das Briefpapier zu entwerfen. Es wurde ein Club gegründet, der Naturwissenschaftler verschiedener Fachrichtungen zum Informationsaustausch über die mögliche Struktur und Funktion von Ribonukleinsäuren zusammen bringen sollte. Die Anzahl der Clubmitglieder wurde auf zwanzig beschränkt, eines für jede Aminosäure. Mitglieder des Clubs wurden führende Biologen, Biochemiker und Physiker.

1957 war es Sydney Brenner, ein Mitglied des Clubs, der aus allen bis dahin veröffentlichten Angaben über die Reihenfolge von Aminosäuren in Proteinen den Schluss ziehen konnte: Unter den Aminosäuren in Proteinmolekülen gibt es keine „verbotenen Nachbarn". Gamows „Rauten - Hypothese" war also falsch. Aber dennoch war Gamows Beitrag nicht umsonst. Hatte er doch den Blick der Forscher auf die Übersetzung aus der Sprache der Nukleinsäuren mit vier Buchstaben in die Sprache der Aminosäuren mit zwanzig Buchstaben gelenkt und es hatte sich gezeigt, dass der Code dazu nicht rautenförmig und nicht überlappend war.

Wenn aber der Code nicht überlappend ist, benachbarte Aminosäuren unabhängig voneinander durch die Basenfolge von Nukleotidgruppen verschlüsselt werden, stellte sich die Frage, wie viel Nukleotide zum Verschlüsseln einer Aminosäure gebraucht werden. Eine Folge aus zwei Basen ergibt mit nur 16 zu wenig mögliche Kombinationen, bei drei Basen dagegen ist die Anzahl der möglichen Kombinationen mit 64 größer als nötig. Das bedeutet, jede Aminosäure kann nur durch mindestens drei Nukleotide verschlüsselt werden. Eine solche Dreiergruppe, ein Triplett, nimmt jedoch dreimal mehr Platz ein als eine Aminosäure. Wie soll sich da eine Polypeptidkette bilden können?

Zu diesem Problem war Francis Crick bereits 1955 mitten auf dem Atlantik bei der Schiffsreise von New York nach England eine einfache Lösung eingefallen. Und er hatte sie zusammen mit seinen Mitarbeitern Brenner und Orgel den Mitgliedern des RNA-

Krawattenclubs als Adaptorhypothese vorgestellt. Diese Hypothese besagte, dass die Verbindung zwischen DNA oder RNA und den Aminosäuren durch vermittelnde Moleküle bewirkt werde. Und diese Moleküle sollten so gebaut sein, dass sie sowohl mit Nukleinsäuren als auch mit Aminosäure in Wechselwirkung treten können und dabei die größere Ausdehnung einer Basenfolge gegenüber einer Aminosäure ausgleichen können. Nach dieser Hypothese musste für jede der zwanzig Aminosäure in Proteinen ein solches Adaptormolekül existieren. Viele hatten diese Hypothese als zu spekulativ empfunden. Aber es verging nach dem Aus von Gamows Hypothese nur ein Jahr und die Adeptorhypothese wurde bestätigt. Bei Experimenten mit Rattenleberzellen konnten die amerikanischen Forscher Mahlon Hoagland und Paul Zamecnik lösliche RNA-Moleküle nachweisen, die sich mit Aminosäuren verbinden und offensichtlich den von Crick und Mitarbeitern angenommenen Zweck erfüllten. Heute werden sie Transport- Ribonukleinsäuren(t-RNA) genannt. 1958 trat Francis Crick noch mit einer weiteren Hypothese hervor. Er postulierte, dass die in der DNA enthaltene Information in die Folge von Aminosäuren in Proteinen übersetzt werden könne, der umgekehrte Informationsfluss vom Protein zur DNA aber nicht möglich sei. Zu diesem Zeitpunkt gab es aber noch keine experimentell gesicherten Vorstellungen, wie die Umsetzung der DNA-Information in ein Protein erfolgen könnte. Für wahrscheinlich wurde gehalten, dass RNA dabei eine vermittelnde Rolle spiele. Dafür sprach auch der Nachweis, dass beim Tabakmosaikvirus, der keine DNA enthält, die genetische Information durch die virale RNA übertragen wird. Sowohl Forschern um Heinz Fraenkel-Conrat im kalifornischen Berkeley als auch Alfred Gierer und Gerhard Schramm im deutschen Tübingen war es gelungen, Tabakpflanzen mit proteinfreier RNA des Virus zu infizieren.

Inzwischen hatte sich in der internationalen Forschergemeinschaft die Tatsache durchgesetzt, dass chemische Verbindungen, Moleküle, die Informationen für alle vererbbaren Eigenschaften von Lebewesen enthalten. Und in genetischen und biochemischen Laboratorien hatte man begonnen, die eigene Arbeit an dieser neuen Erkenntnis auszurichten. Und bald stellten sich erste Erfolge ein und beendeten die „ Inkubationszeit" für die experimentelle Erforschung jener Labyrinthe, die das Doppelhelix- Modell geöffnet hatte.

Zu den Ersten, die mit neuen Erkenntnissen aufwarten konnten gehörten zwei junge Forscher am Caltech im kalifornischen Pasadena, Matthew S. Meselson und Franklin W. Stahl. Ihnen gelang mit einer am Caltech gerade neu entwickelten Methode nachzuweisen, dass es den von Watson und Crick aus dem Doppelhelix Modell abgeleiteten Kopiermechanismus tatsächlich gab und die Vervielfältigung (Replikation) von DNA-Doppelsträngen so erfolgt, dass diese zunächst in zwei einzelne Stränge getrennt werden und an jedem dieser Einzelsträngen gemäß des von Watson und Crick vorgeschlagenen Kopiermechanismus (Adenin kann nur mit Thymin und Guanin nur mit Cystin stabile Wasserstoffbrücken bilden) komplementäre Stränge neu gebildet werden. Max Delbrück nannte die Art der Vervielfältigung, bei der beide Elternstränge als „Gussform" zur Vervollständigung des Doppelstranges dienen, semikonservative (halb- erhaltende) Replikation.

Der Nachweis dieser Replikation gelang den Forschern dadurch, dass sie die DNA von Eltern- und Nachkommen- Zellen durch unterschiedliche Dichten markierten. Dazu vermehrten sie Bakterien in einer Kulturflüssigkeit, die Stickstoffsalze mit dem „schweren" Isotop 15N enthielt. Da die Bakterien nicht zwischen den Isotopen unterscheiden können, musste der schwere Stickstoff zum Neuaufbau aller Stickstoffverbindungen und auch zum Aufbau neuer DNA-Stränge benutzt werden. Nach genügend Bakteriengenerationen auf diesem Nährmedium enthielten alle Bakterien dieses Stammes nur DNA mit dem schwereren Stickstoffisotop. Diese Bakterien wurden nun in eine Kulturflüssigkeit mit dem leichteren Stickstoffisotop überführt und nach der ersten (F1- Generation) und zweiten Teilung (F2- Generation) wurde ihre

Erbsubstanz der Dichtegradientenzentrifugation in Cäsiumchlorid-lösung unterworfen. Diese Trennmethode war damals am Caltech gerade neu entwickelt worden. Bei dieser Methode wird durch eine sehr schnelle Zentrifuge in der Salzlösung ein Dichtegradient erzeugt, in dem sich Makromoleküle nach ihrer Dichte verteilen. Es zeigte sich, dass die Bakterien-DNA der F1 Generation eine Sedimentationsbande bildete, die genau zwischen den Banden für DNA aus leichtem und schwerem Stickstoff lag. Die Vervielfältigung war also so verlaufen, dass die Mutter-DNA in jedem Tochtermolekül zur Hälfte erhalten geblieben war und die andere Hälfte des Doppelstranges neu gebildet worden war. Dieses Ergebnis konnte aber auch bedeuten, dass jeder Strang des neuen Doppelstranges aus abwechselnden Abschnitten aus der erhaltenen Mutter-DNA und neue gebildeter DNA bestehen konnte (disperse Replikation).

Um zwischen der semikonservativen und der dispersen Replikation unterscheiden zu können, wurde auch die Dichteverteilung der DNA aus der F2- Generation untersucht. Für eine disperse Replikation hätte die Bande für die F2-Generation genau zwischen der für die F1-Generation und der für die DNA mit dem leichteren Stickstoff liegen müssen. Es wurden aber zwei etwa gleich große Banden gefunden; eine in der Ebene der F1–Generation und die andere in der 14N -Ebene. Und das war genau die Verteilung, die für die semikonservative Replikation zu erwarten war.

Als die beiden Forscher im Mai 1958 ihre Forschungsergebnisse zur Veröffentlichung einreichten, mussten sie feststellen, dass man ihnen zuvorgekommen war. Ein anderer US- amerikanischer Forscher, James Herbert Taylor, war vor ihnen zum gleichen Ergebnis gekommen. Taylor hatte mit Wurzelzellen der Ackerbohne, Vicia faba, experimentiert. Zur unterschiedlichen Markierung von Eltern- und Nachkommen-DNA hatte Taylor die Nukleinsäure-Base Thymin benutzt, die einmal gewöhnlichen (1H) Wasserstoff und einmal das radioaktive Isotop Tritium (3H) enthielt. Die Versuche Taylors hatten hinsichtlich der DNA –Replikation zum gleichen Ergebnis geführt, wie die Versuche von Meleson und Stahl. Und die beiden jungen Forscher konnten sich damit trösten dass ihr Versuchsergebnis durch eine unabhängige Methode bestätigt worden war und ihre Versuchsreihe bald als „schönstes Experiment der Biologie" gelobt werden sollte.

Zu der Zeit als im kalifornischen Pasadena dieses elegante Experiment ausgeführt wurde, arbeiteten in Paris am Institut Pasteur zwei Forscher, deren Forschungsthemen, wie sie glaubten, nichts miteinander zu tun hatten, außer, dass es beide mit Induktionen – Aktivierungen, Auslösungen – zu tun hatten. Der eine, Jaques Monod arbeitete über die Induktion von Enzymen in Bakterienzellen und der zehn Jahre jüngere Francois Jacob arbeitete über die Induktion von „Prophagen".

Jaques Monod war auf die Fragen, die seine späteren Forschungen bestimmen sollten, zuerst als dreißigjähriger Doktorand im Dezember 1940 gestoßen. Es war ein düsterer Dezember gewesen. Deutsche Soldaten hatten Paris besetzt. Nächtliche Ausgangsperren, Demütigungen, Mangel und Verfolgung hatten das Leben der Pariser bestimmt. Und der junge Monod hatte versucht, seine Doktorarbeit, so schnell wie möglich, fertig zu bekommen.

Als Thema hatte er die Kinetik des Bakterienwachstums gewählt. Bei den Versuchen dazu hatte er auch das Wachstum von Bakterienkolonien bei Anwesenheit unterschiedlicher Kohlenhydrate im Nährmedium verfolgt. Dabei war er auf ein für ihn überraschendes Phänomen gestoßen: Wenn den Bakterien als Quelle zum Aufbau von Kohlenstoffverbindungen und zur Energiegewinnung ein Gemisch von zwei verschiedenen Zuckern angeboten wurde, dann verbrauchten sie diese Zucker nicht gleichzeitig, sondern nacheinander in deutlich unterschiedlichen Wachstumsphasen. Als er seinen Lehrer Andre Lwoff dazu befragt hatte, war die Antwort gewesen – es könne sich um eine Enzym- Adaption handeln. Eine Enzym– Anpassung? Er hätte gern mehr darüber gewusst. Hätte gern erfahren, wie Bakterien ihre Stoffwechselwege an die Umweltbedingungen anpassen.

Doch im Frankreich unter deutscher Besatzung hatte es für ihn keinen Platz zur Forschung gegeben. Bald hatte er sich dem Widerstand, der Resistance, angeschlossen. Seine Fähigkeit auch unter ständiger Lebensgefahr, umsichtig und realistisch Aktionen planen zu können, hatte ihn schnell in eine Führungsposition gebracht. Nach der Befreiung von Paris hatte er als Offizier im Stab der 1. Armee unter General de Lattre de Tassigny an Operationen der freien französischen Streitkräfte gegen Hitlerdeutschland teilgenommen.

Erst nach Kriegsende hatte Monod am Institut Pasteur als Laborleiter eine systematische Erforschung der enzymatischen Anpassung von Bakterien an wechselnde Nahrungsquellen in Angriff nehmen können. Doch um in Neuland vorstoßen zu können, hatte er zuerst sein Wissen mittels wieder zugänglicher Zeitschriften auf den Stand der Zeit bringen müssen. Denn während Monod Aktionen gegen die Besatzer, Bombenanschläge und die Störung von Telefonverbindungen geplant und ausgeführt hatte, waren in den USA wichtige Entdeckungen gemacht worden. Da hatte es die damals noch umstrittene Arbeit von Avery über die Rolle der DNA gegeben. Da waren die Arbeiten von Beadle und Tatum mit der Aussage „ Ein Gen- ein Enzym". Salvador Luria und Max Delbrück hatten die Resistenzbildung von Bakterien gegenüber Bakteriophagen untersucht.

Und bald hatte Monod auch mit einigen dieser Wissenschaftler persönlichen Kontakt aufnehmen können. Er und Lwoff konnten im Sommer 1946 am Cold Spring Harbor Symposium teilnehmen. Und erlebten dort eine kleine Sensation. Joshua Lederberg ein junger Mitarbeiter Tatums hatte über die Entdeckung von „Sex" bei Bakterien berichtet. Im Labor Tatums hätte man zwei unterschiedliche Typen des Darmbakteriums E. coli mit defekten Genen heranziehen können. Bei dem einen Typ wären die Gene zur Herstellung des Vitamins Biotin und der Aminosäure Methionin und bei dem anderen Typ die Gene für die Aminosäuren Prolin und Threonin defekt gewesen. Und als man diese beiden Elterntypen zusammen auf einem Nährboden kultiviert hätte, hätte man Nachkommen mit intakten Genen nachweisen können. Und dieses Versuchsergebnis wäre nur dadurch zu erklären, dass sich die intakten Gene des einen Elternteils mit den intakten Genen des anderen auf einem Chromosomen vereinigt hätten.

Diese Entdeckung hatte Monod sehr beeindruckt. Und er hatte in den folgenden Jahren sehr genau die Veröffentlichungen Lederbergs zum „Geschlechtsleben" der Bakterien verfolgt. Sie sollten für seine späteren Forschungen sehr wichtig werden. Es ist daher nicht verwunderlich, dass sich Monod bei der Wahl des Stoffwechselweges, an dem er die molekularen Grundlagen für die Reglung von Enzymaktivitäten untersuchen wollte, von Lederberg hatte beeinflussen lassen.

So hatte er die Untersuchung eines Vorganges gewählt, der sich an der leicht kultivierbaren Bakterienart Escherichia coli (E. coli) studieren ließ - die durch Milchzucker (Lactose) ausgelöste, induzierte, Herstellung des Enzyms β – Galactosidase (β – Gal). Soweit bekannt war, wird dieses Enzym in den Bakterienzellen sehr schnell gebildet, wenn diese auf einem Nährboden gezogen wurden, der Lactose als einzige Kohlenstoffquelle enthält. Für die Bakterien ist das lebensnotwendig, denn das Enzym bewirkt die Spaltung des in ihrem Stoffwechsel nicht verwertbaren Disaccharids Lactose in die für sie nutzbaren Einfachzucker Glukose und Galaktose.

Zum Nachweis des Enzyms hatte Lederberg bereits Tests zum Anfärben von E. coli –Kolonien auf Agar-Agar -Platten entwickelt. Damit war es Monod möglich geworden, zu verfolgen, wie die Bakterien auf Zugabe und Abwesenheit von Lactose reagierten. Er hatte beobachten können, dass durch Lactose ein schneller Anstieg der Herstellung von β– Gal erfolgte, diese aber genauso schnell wieder eingestellt wurde, wenn das Enzym nicht mehr benötigt wurde, weil die Lactose verbraucht worden war oder nach

Zugabe von Glukose ein leichter verwertbarer Nährstoff zur Verfügung stand.

Monod war bald klar geworden, dass er es hier nicht mit einer Anpassung, sondern eher mit einem An- und Abschalten der Enzymherstellung, mit Induktion und Repression, zu tun hatte. Doch wie brachte die Bakterienzelle das zustande? Wurde bei der Induktion durch Lactose eine Vorstufe des Enzyms aktiviert oder kommt es zu einer Neusynthese? Diese Frage musste zuerst beantwortet werden, bevor danach gefragt werden konnte, wie das in der Zelle geschieht.

Durch Versuche mit Substanzen, die in ihrem Molekülbau der Lactose ähnlich waren und wie diese die Induktion von β− Gal auslösten, aber in der Bakterienzelle nicht verwertet werden konnten, hatte er beweisen können, dass die Induktion zu einer Neubildung des Enzyms also zum „Anschalten" des zuständigen Gens führt. Bei diesen Versuchen war auch gefunden worden, dass in den Zellen von E. coli durch Lactose und ähnlichen Stoffen nicht nur die Herstellung von β − Galactosidase, sondern auch noch die Bildung von zwei weiteren Enzymen induziert wird. Jedes An- oder Abschalten der β− Gal − Produktion hatte sich auch mit dem An −oder Abschalten der Herstellung dieser weiteren Enzyme verbunden gezeigt. Wie, durch welchen Mechanismus waren all diese beobachteten Tatsachen zu erklären, wenn man davon ausging, dass die Information für die Enzymherstellung in DNA gespeichert war? Monod wusste nicht recht, wie er weitere Einblicke in die Reglung der Gene gewinnen könnte. Hier sollte die Zusammenarbeit mit Francois Jacob weiter helfen.

Der zehn Jahre jüngere Jacob war erst 1950 an das Institut gekommen. Wie vielen jungen Männern war es ihm nach dem Krieg schwer gefallen, seinen Platz im Leben zu finden. Als 1940 deutsche Soldaten in Paris einmarschiert waren, hatte er gerade das zweite Jahr seines Medizinstudiums hinter sich gebracht. Drei Tage später, an seinem zwanzigsten Geburtstag, war er mit Freunden aus Paris nach Süden geflohen und hatte von einem kleinen

Hafen am Atlantik aus schließlich England erreicht und sich dort der France libre, der freien französischen Armee, unter General de Gaulle angeschlossen. Es waren vier Jahre Krieg gefolgt, Kämpfe in Nordafrika, Verwundung, die Landung in der Normandie und kurz danach eine sehr schwere Verwundung. Erst nach sieben Wochen hatte er das Krankenhaus verlassen können.

Sobald es möglich war hatte er das Medizinstudium wieder aufgenommen und zu Ende gebracht. Doch nachdem die Folgen seiner schweren Verwundung sein ursprüngliches Berufsziel, Chirurg zu werden, unmöglich gemacht hatten, hatte er jegliches Interesse am Arztberuf verloren. Stattdessen hatte er sich als Journalist, Schauspieler, Drehbuchautor und Beamter versucht. Erst die Tätigkeit in einem Labor zur Antibiotikaherstellung hatte sein Interesse an experimenteller wissenschaftlicher Arbeit geweckt. Er hatte eine Doktorarbeit geschafft und sich am Institut Pasteur um eine Anstellung bemüht.

Erst nach der dritten Anfrage hatte ihn Andre Lwoff eingestellt. Lwoff hatte gerade die Induktion von Prophagen durch UV – Licht entdeckt und suchte einen jungen Mitarbeiter, der dieses Phänomen näher untersuchen sollte. Jacob hatte, ohne zu wissen, worum es sich handelt, zugesagt.

Erst später hatte er erfahren, dass es dabei um folgendes ging: Es gibt temparente (gemäßigte) Bakteriophagen, die Bakterienzellen infizieren, ohne damit eine massenhafte Phagen - Vermehrung und damit die Auflösung der Zelle, ihre Lyse, auszulösen. Vielmehr werden diese „stummen" Phagen, Lwoff hatte sie Prophagen genannt. bei jeder Zellteilung an die Tochterzellen weiter vererbt. Spontan oder durch verschiedene chemische Stoffe ausgelöst kann ein Prophage aktiv werden und zum Untergang der Wirtszelle führen. Und Lwoff hatte damals entdeckt, dass ultraviolettes Licht zuverlässig zu einer solchen Aktivierung von Prophagen führt. Es war aber gänzlich unbekannt, was dabei passiert.

Jacob hatte sich überlegt, dass er vielleicht Licht in diese Angelegenheit bringen könnte, wenn er die „Sexualität" von Bakterien ausnutzte. Seit ihrer Entdeckung durch Lederberg hatte es auf diesem Gebiet inzwischen einen beachtlichen Zuwachs an Wissen gegeben. Man wusste, dass Bakterien nur ein einzelnes Chromosom als Träger von Genen besitzen und Bakterien Chromosomen bzw. Teile von ihnen von einer Bakterienzelle auf eine andere übertragen können. In den Laboratorien von William Hayes in London und Luca Cavalli-Sforza in Italien hatte man erkannt, dass diese Übertragung gerichtet von einer „männlichen" oder Donor- in eine „weibliche" oder Rezeptorzelle erfolgt. Und man hatte auch erkannt, dass in „männlichen" Bakterien neben dem Hauptchromosom Extra-DNA-stücke, Plasmide, existieren. Und diese Plasmide könnten sowohl frei im Zellplasma, als auch in das Hauptchromosom eingebaut, vorliegen. Bei Versuchen, die Jacob zusammen mit dem Mikrobiologen und Genetiker Elie Wollmanns durchgeführt hatte, hatten sie entdeckt, dass sich die Übertragung von Erbinformationen von Donor- in Akzeptorzellen mechanisch durch Schleudern in einem Mixer unterbrechen ließ. Damit hatten sie eine Möglichkeit gefunden, die Übertragung von Erbinformationen zeitlich aufzulösen. Dieser Trick und ein bereits 1955 ausgeführter Versuch sollten die Grundlage für die spätere Zusammenarbeit von Jacob und Monod bilden. Jacob und Wollman hatten Donor-E. coli-Bakterien, die einen Prophagen enthielten, mit Empfängerzellen, ohne Prophagen, in Kontakt gebracht und dabei beobachtet, dass die Phagen- Produktion in den Empfängerzellen sofort einsetzte, wenn das Erbmaterial für den Phagen in der Empfängerzelle angekommen war. Die Forscher hatten aus dieser Beobachtung geschlossen, dass es einen Mechanismus geben müsse, der in den Donor- Zellen die Induktion aktiv verhindert und bei der Bakterienkreuzung nicht mit übertragen worden war.

Dass ein solcher Mechanismus auch für die Induktion verantwortlich war, an der sein Kollege Monod im Raum gegenüber arbeitete, war Jacob damals nicht gekommen. Erst drei Jahre später, im Sommer 1958, als er neben seiner Frau im Kino saß, war blitzartig der Gedanke da: Beide Vorgänge, die Induktion zur Synthese des Enzyms und die Induktion zur Herstellung von Phagen, müssten die gleiche Ursache haben. In beiden Fällen könnte ein Gen die Bildung von jeweils einer Substanz steuern, die als Repressor die Gene für die Synthese von Enzymen oder auch von Phagen blockiert. Und Induktion bestünde in der Inaktivierung des jeweiligen Repressors. Lactose schaltet den Repressor für die Synthese des Enzyms β – Galactosidase und UV- Licht den Repressor für die Herstellung des Phagen aus.

Diese Hypothese von Jacob sollte bald durch seine Zusammenarbeit mit Monod eine glänzende Bestätigung finden. Aus diesen Arbeiten ging das erste Modell zur Reglung der Genaktivität hervor. Ein Schlüsselexperiment auf dem Wege zu diesem Modell war ein Experiment, das Jacob und Monod zusammen mit dem amerikanischen Gastforscher Arthur Pardee ausführten. In diesem Experiment konnte durch die Kreuzung von männlichen Bakterien des Wildtyps mit weiblichen Bakterien einer Mutante, die auch in Abwesenheit von Lactose permanent β- Gal herstellt, Jacobs Vermutung von der Existenz eines Repressors bestätigt werden. Sobald die entsprechenden Gene in die weiblichen Zellen gelangt waren, stellten diese bei Abwesenheit von Lactose die Bildung des Enzyms ein. Die vorherige ständige β-Gal Bildung war also darauf zurückzuführen, dass diese Mutante kein intaktes Gen zur Herstellung des Repressors besessen hatte.

Weitere Experimente enthüllten erstmals Strukturen und Mechanismus zur Regulierung der Genaktivität. Jacob und Monod erkannten, dass es einen DNA – Abschnitt gibt, der als Startpunkt für das „Ablesen" der Information für darauf folgende Strukturgene, wie β – Gal, genutzt wird. Für diese DNA– Sektion konnte ermittelt werden, dass sie an der Spitze einen Startabschnitt, den Promotor, besitzt und auf den Promotor ein Operator genannter Abschnitt folgt. Und dieser Operator entpuppte sich als Dreh – und Angelpunkt der Reglung. Bindet ein Repressor am Operatorgen wird das Ablesen, die Transkription, des oder der nachfolgenden Strukturgene verhindert und die entsprechende Proteinsynthese kommt zum Erliegen. Umgekehrt bewirkt eine Inaktivierung des Repressors durch einen Induktor, wie Lactose beim lac-Repressor, dass der Weg zur Transkription der dem Operator folgenden Strukturgene frei wird und die Proteinsynthese erfolgt. Die Funktionseinheit aus den Kontrollgenen Promoter und Operator und den von diesen kontrollierten Strukturgenen nannten Jacob und Monod Operon. Was dabei im Einzelnen bei der von ihnen gefundenen Reglung genau passiert, war Jacob und Monod noch unbekannt, als sie Anfang 1960 ihr Operon- Modell veröffentlichten. Es bestand auch noch keine Klarheit darüber, wie die Information von der DNA im Zellkern zu den Orten der Proteinsynthese im Zytoplasma gelangt.

Dass die Orte der Proteinsynthese kleine nur 20 bis 30 nm große Partikel im Zellplasma sind, hatte im vergangenen Jahr eine Gruppe von Biophysikern am Institut für Erdmagnetismus an der Carnegie Institution New York bewiesen. Der Leiter dieser Gruppe Richard B. Roberts hatte schon vorher diesen um 1940 als Mikrosomen entdeckten Partikeln den Namen - Ribosomen gegeben und damit auf die Zusammensetzung aus RNA und Protein hingewiesen. Wegen dieser Zusammensetzung hielten viele Forscher diese massenhaft in allen Zellen vorkommenden Partikel auch für die Überträger der Information aus der DNA in die Proteine. Irgendwie sollten das „Ablesen" der Basensequenz im Kern und die Bildung der Ribosomen miteinander verknüpft sein.

Zweifel an dieser Auffassung äußerte Francois Jacob im Sommer 1960 auf einem Meeting in Cambridge zu dem Francis Crick eingeladen hatte. Jacob argumentierte, dass die Hypothese ein „Ribosom- ein Protein" weder mit dem in Paris entdeckten Regelmodell in Einklang zu bringen sei, noch das beobachtete schnelle An- und Abschalten der Enzymsynthese als Reaktion auf die An – oder Abwesenheit eines Induktors erklären könne.

Und da kam mehreren der anwesenden Forscher, wohl nahezu gleichzeitig, die Erleuchtung, dass die von Jacob aufgezeigten Ungereimtheiten durch die Annahme einer Boten – oder Messenger -

RNA zwangslos zu erklären wären. Es müsste sich um eine RNA handeln, die in Kontakt mit der DNA schnell gebildet und nach Transport ihrer Botschaft zu den Ribosomen auch schnell wieder abgebaut würde. Und man erinnerte sich, dass schon vor vier Jahren von Elliot Volkin und Lazarus Astrachan vom Oak Ridge National Laboratory in Tennessee eine solche RNA beschrieben worden war. Damals hatte niemand an eine Boten– RNA gedacht und die Entdeckung war nicht beachtet worden. Jetzt ging es darum zu untersuchen, ob diese RNA wirklich als Bote zwischen DNA und Ribosomen wirkte. Zu diesem Zweck verbrachten Francois Jacob und der aus Südafrika stammende Mitarbeiter von Francis Crick, Sydney Brenner, einen arbeitsreichen Sommer am Caltech in Kalifornien. Zusammen mit Matthew Meselson führten sie die entscheidenden Experimente durch.

Dazu ließen sie Bakterien über mehrere Generationen auf Nährböden wachsen, die schwere Stickstoff und Kohlenstoffisotope enthielten. So konnten die Ribosomen markiert werden. Dann wurden die Bakterien auf einen Nährboden mit normalen leichten Isotopen überführt und gleich danach mit einem virulenten Phagen in Gegenwart radioaktiver RNA-Bausteine infiziert. Nach Auflösung der Bakterienzellen infolge der Phagen Vermehrung wurden die Ribosomen abgetrennt und der Dichtegradientenzentrifugation unterzogen. Und diese zeigte, für die Herstellung der Phagen Proteine waren keine neuen „leichten" Ribosomen gebildet worden und die radioaktiv markierte Phagen-RNA hatte sich an die alten „schweren" Ribosomen geheftet. Damit waren Vorhandensein und Funktion der Messanger –RNA (mRNA) bewiesen.

In den sieben Jahren seit Entdeckung der Doppelhelix – Struktur war die Forschung gut vorangekommen. Man hatte den Mechanismus der Genverdopplung auf molekularer Grundlage verstanden und nachgewiesen. Es war erkannt worden, dass die Informationen der DNA zunächst in Boten – RNA überschrieben und von dieser zu den Ribosomen zu den Orten der Proteinherstellung getragen wird. Man hatte erste Mechanismen zur Reglung der

Genaktivität d.h. zum Freigeben und Abschalten von DNA – Abschnitten zum Umschreiben in mRNA erkannt.

Und Heinz Günter Wittmann in Tübingen hatte bereits 1959 nachgewiesen, dass durch salpetriger Säure hervorgerufene Veränderungen der Basenzusammensetzung in der RNA des Tabakmosaikvirus zu Veränderungen in der Aminosäurezusammensetzung seines Hüllenproteins führen. Bis Ende 1960 hatte er mehr als dreißig TMV-Mutanten untersucht und bei siebzehn den Austausch von Aminosäuren nachweisen können. Da Tübinger Forscher um Gerhard Schramm nachgewiesen hatten, dass die Einwirkung von salpetriger Säure auf RNA eine „Basenverwandlung" von Cytosin in Uracil und von Adenin in Guanin bewirkt, bewiesen die aufwendigen Experimente Wittmanns, dass die Reihenfolge der Aminosäuren in Proteinen durch die Reihenfolge der Basen in der Nukleinsäure bestimmt wird. Es gab also den vermuteten genetischen Code. Doch würde man ihn entschlüsseln können?

Photosynthese

Die Entdeckung von Watson und Crick hielt Ende der 1950iger Jahre immer mehr Einzug in das Denken und Handeln von Wissenschaftlern in den Laboratorien. Und in vielen Büros von Forschern fanden sich bald Darstellungen der Doppelhelix. Ein Trend, der schon 1956 den Biochemiker Erwin Chargaff veranlasst hatte, auf einer Tagung in Boston zu mahnen, man möge doch die übrige Biochemie nicht wegen der Nucleinsäuren vergessen. So unpassend diese Bemerkung von Watson und Crick, die anwesend waren, wohl empfunden worden war, sie hatte ihre Berechtigung. Denn in der Begeisterung für die DNA drohte die Aufklärung des wichtigsten Stoffwechselweges auf unserem Planeten in der Öffentlichkeit wenig Beachtung zu finden. Bis 1960 war es Forschern an der University of California in Berkeley gelungen aufzuklären, wie Pflanzen im Zuge der Photosynthese Kohlendioxid aufnehmen und in Zucker umwandeln.

Leiter des Teams war der Chemiker Melvin Calvin. Der 1911 in Saint Paul, Minnesota, geborene Calvin war der Sohn von Einwanderern aus dem zaristischen Russland. Die Mutter stammte aus Georgien, der Vater aus Litauen. Und es wird ihnen nicht leicht gefallen sein, aus dem Ertrag ihres kleinen Lebensmittelgeschäfts, die Ausbildung des begabten Sohnes zu bestreiten. Dennoch war Calvins Weg zu einem Spitzenforscher ziemlich gradlinig verlaufen. Nach der Highschool hatte er am Michigan College of Mining and Technology Chemie studiert. Und obwohl er während der Weltwirtschaftskrise das Studium für einige Zeit unterbrechen musste, um in einer Fabrik Geld zu verdienen, hatte er das Chemiestudium als Zwanzigjähriger beenden können. Es waren einige Jahre als Doktorand an der University of Minnesota gefolgt. Nach der Promotion 1935 war er für zwei Jahre als Rockefeller-Stipendiat nach Großbritannien an die University of Manchester gegangen. Hier am Institut des aus Nazi-Deutschland emigrierten Michael Polanyi war Calvins Interesse an katalytischen und kinetischen Problemen geweckt worden. Seine besondere Aufmerksamkeit hatten aber die elektrischen und photochemischen Eigenschaften von Porphyrinverbindungen gefunden. Die in ihrer Elektronenstruktur begründeten Eigenschaften dieser Komplexverbindungen, zu denen auch Chlorophyll und Häme gehören, hatten Calvin auch weiter beschäftigt, nachdem er 1937 in die USA zurückgekehrt war und als Chemiedozent die Arbeit an der University of California in Berkeley begonnen hatte. Im 2. Weltkrieg hatte Calvin neben anderen Arbeiten für das Militär auch für das „Manhattan-Projekt", der Entwicklung der Atombombe, gearbeitet.

Und als der Krieg endlich mit der bedingungslosen Kapitulation Japans am 2. September 1945 beendet worden war, hatte sich der Direktor des Strahlenlabors in Berkeley Ernest O. Lawerence mit der Aufforderung, es sei nun Zeit etwas Nützliches zu tun, an Calvin gewandt.

Für Calvin hatte das bedeutet, mit dem Aufbau eines Teams zur Erforschung der Reaktionsschritte der Photosynthese mit Hilfe des radioaktiven Kohlenstoffisotops C-14 zu beginnen.

Das radioaktive Kohlenstoffisotop C-14 war 1940 hier in Berkeley von den beiden Chemikern Samuel Ruben und Martin D. Kamen entdeckt worden. Die beiden damals gerade sechsundzwanzig Jahre alten Forscher hatten das von Theoretikern vorausgesagte Kohlenstoffisotop nachweisen können, nachdem sie Graphit 30 Stunden lang dem Strahl beschleunigter Teilchen aus dem 60-Zoll Zyklotron des Instituts ausgesetzt hatten. Auf die Suche nach dem C-14 hatten sie sich gemacht, weil sie schon damals vorhatten, mit dessen Hilfe, die Photosynthese zu erforschen. Zuvor hatten sie schon Versuche mit dem gleichfalls radioaktiven Kohlenstoff C-11 unternommen. Doch mit einer Halbwertzeit von nur etwa 20 Minuten zerfiel das radioaktive Element zu schnell, um damit aussagefähige Versuchsergebnisse zu erhalten. Dieser Mangel bestand bei dem C-14- Isotop mit einer Halbwertzeit von über fünftausend Jahren nicht. Doch sie hatten damals keine ausreichenden Mengen an C-14- Kohlenstoff gewinnen können. Aber mit einem Sauerstoffisotop hatten sie beweisen können, dass der von grünen Pflanzen bei der Photosynthese gebildete Sauerstoff aus Wasser und nicht aus Kohlendioxid stammt. In den dazu notwendigen Versuchen hatten sie grüne Algen in Wasser mit einem hohen Anteil an dem Isotop O-18- Sauerstoff Photosynthese treiben lassen und gemessen, dass der dabei gebildete Sauerstoff gleichfalls diesen hohen O-18 Anteil besaß.

Als die USA nach dem japanischen Überfall auf Pearl Harbor in den 2. Weltkrieg eingetreten waren, hatten die beiden jungen Wissenschaftler militärische Aufgaben übernehmen müssen. Bei Kamen waren das Arbeiten zum Atombombenprogramm und bei Ruben Forschungen zu Giftgasen.

Nach dem Krieg war durch die inzwischen arbeitenden Kernreaktoren der Mangel an C-14-Kohlenstoff behoben und doch konnte keiner von beiden Chemikern die erfolgversprechende Arbeit mit dem C-14 Kohlenstoff wieder aufnehmen. Ruben war 1943 nach einem Laborunfall mit dem hochgiftigen Phosgengas ums Leben gekommen und Kamen war unschuldig der Atomspionage für die Sowjetunion bezichtigt worden. Und es sollte in der von Senator McCarthy geschürten politischen Atmosphäre von Misstrauen und Paranoia über ein Jahrzehnt dauern bis seine Unschuld anerkannt wurde.

Beim Aufbau seines Forschungsteams war Calvin bestrebt, die Erfahrungen zur Photosyntheseforschung, die es in Berkeley aus der Zeit vor dem Krieg noch gab, zu nutzen. Und es war daher folgerichtig, dass Calvin mit Andrew Benson einen Chemiker, der vor dem Krieg mit Kamen und Ruben zusammen gearbeitet hatte, als einen der ersten Mitarbeiter für sein Team verpflichtet hatte. Der erfahrene Benson hatte es auch übernommen, das Labor für den Beginn der Experimente auszurüsten. Ein weiterer Mitarbeiter, der sich großen Anteil am Gelingen des Projekts erarbeiten sollte, war James A. Bassham. Er war 1947 als Doktorand in das Team gekommen und nach der Promotion geblieben.

Das Konzept, das Calvin bei seinen Experimenten verfolgt hatte, war denkbar einfach. Da Kohlendioxid die einzige Kohlenstoffquelle für grüne Pflanzen war, musste der mit dem Kohlendioxidgas aufgenommene Kohlenstoff irgendwann in allen Teilen und Verbindungen der Pflanzen erscheinen. Und das müsste auch für C14-Kohlenstoff gelten, wenn den Pflanzen für die Photosynthese Kohlendioxid mit diesem radioaktiven Isotop angeboten würde. Bestand doch in den chemischen Eigenschaften kein Unterschied zwischen den Isotopen. Wenn man also die Photosynthese mit radioaktiv markiertem Kohlendioxid zu verschiedenen Zeiten abbrach, müsste man an Hand der radioaktiv gewordenen Inhaltsstoffe der Pflanze verfolgen können, welchen chemischen Weg der Kohlenstoff in der Pflanze nahm. Und diese Vorgehensweise hatte auch noch den Vorzug, dass sie ohne weitere theoretische Annahmen zum Ziel führen musste. Calvin und seine Mitarbeiter konnten völlig gelassen den nach dem Krieg ausgebrochenen Streit amerikanischer Photosyntheseforscher mit Otto Warburg in Berlin über die Quantenausbeute der Photosynthese verfolgen. Und das umso mehr, als schon bei den ersten Experimenten nachgewiesen worden war, dass die Aufnahme von Kohlendioxid unabhängig von der Belichtung erfolgt; also die 1905 von Blackmann erkannte „dunkele Reaktion" darstellt.

Deshalb waren auch keine komplizierten Vorrichtungen zur Messung von Stärke und spektraler Verteilung des für die Photosynthesexperimente verwendeten Lichts erforderlich. Es hatte völlig ausgereicht die Reaktionsgefäße von beiden Seiten her mit Leuchtstoffröhren zu beleuchten. Die Reaktionsgefäße, flache runde Glasgefäße mit 12 bis 15 cm Durchmesser bei einer Dicke von nur einem halben Zentimeter, hatte Andrew Benson entworfen und anfertigen lassen. Wegen des Aussehens dieser mit grünen Algen gefüllten Gefäße wie Lutschbonbons, hatte das Laborpersonal sie bald als „Lollipops" bezeichnet.

Bei ihren Experimenten waren Calvin und Mitarbeiter so vorgegangen, dass sie in einem „Lollipop" eine Suspension von Chorella-Algen für kurze Zeit bei Belichtung und Anwesenheit von mit radioaktivem C14 markiertem Kohlendioxid Photosynthese treiben ließen. Die Injektion des radioaktiven Kohlendioxids war so ausgelegt worden, dass sie nach Bruchteilen einer Sekunde aber auch erst nach vielen Minuten unterbrochen werden konnte. Durch schnelles Herausfließen der Suspension in heißen Alkohol konnten dann die einzelligen Algen getötet, alle chemischen Reaktionen in ihren Zellen unterbrochen und die entstandenen Substanzen nach Homogenisierung herausgelöst werden. Die erhaltenen alkoholischen Auszüge konnten dann nach Reinigung und vorsichtiger Aufkonzentrierung analysiert werden.

Für diese Analysen hatte sich die erst 1941 von britischen Chemikern vorgestellte Papierchromatographie als fast unverzichtbar erwiesen. Mit dieser Methode ist es möglich, sehr kleine Substanzmengen aufzutrennen. Dazu wird die gelöste Probe auf einen Filterpapierstreifen am Startpunkt aufgebracht und der Papierstreifen dann so in einem geschlossenem Glasgefäß platziert, dass er ohne die Gefäßwand zu berühren unterhalb des Startpunktes in ein Lösemittel-Wassergemisch eintaucht. Durch die Kapillarwirkung steigt die Flüssigkeit nach oben und transportiert die zu trennenden Substanzen. Die Trennung der Substanzen wird dann durch deren unterschiedliche Verteilung zwischen dem sich bildenden Wasserfilm als stationärer Phase und der durch ein oder mehrere organische Lösemittel gebildeten mobilen Phase erreicht. Wenn die Lösemittelfront fast das obere Ende des Filterpapiers erreicht hat, wird die Trennung unterbrochen und das Papier getrocknet. Um die Positionen der durch C14 markierten Substanzen sichtbar zu machen, hatten die Forscher um Calvin auf die so erhaltenen Chromatogramme lichtgeschützte fotografische Filme gelegt. Nach „Belichtung" des Films durch die vom C14-Isotop ausgehenden Betastrahlen waren dann nach dem Entwickeln die Positionen verschiedener Substanzen als schwarze Flecken sichtbar geworden.

Doch leider waren, wie Calvin später scherzte, mit der Entwicklung der Filme die Namen der zu erkennenden Substanzflecken nicht mit ausgedruckt worden. Und es sollte eine mühselige zehn Jahre während Arbeit werden, die einzelnen Substanzen zu identifizieren und die Geschichte ihrer Entstehung zu ermitteln.

Eine Arbeit an der viele Studenten, Doktoranden und Gastwissenschaftler beteiligt waren. Dass der Kern des Teams über diese lange Zeit zusammengehalten und nicht das Ziel aus den Augen verloren hatte, ist vor allem dem Einfühlungsvermögen, dem Organisationstalent und auch der Härte Calvins zu verdanken. Täglich hatte er sich bei den einzelnen Arbeitsgruppen nach dem Fortgang der Arbeit und anstehenden Problemen erkundigt und die Seminare an jedem Freitag hatten dazu beigetragen, dass alle wissenschaftlichen Mitarbeiter ob Chemiker, Physiker, Biochemiker oder Biologen Informationen über die erzielten Erkenntnisse im gesamten Projekt erhielten und ihre Vorschläge einbringen und Kritiken äußern konnten. Und es war vorgekommen, dass Calvin Seminarteilnehmer „abgebürstet" hatte, wenn er mit ihrer Arbeit nicht zufrieden gewesen war.

Die Identifizierung der einzelnen bei den Versuchen entstandenen radioaktiven Stoffe hatte viel Einfallsreichtum und den Einsatz vielfältiger chemischer und physikalischer Methoden und Techniken erfordert. Aber es war die erste Verbindung, die nach sehr kurzem Einleiten von radioaktivem Kohlendioxid nachweisbar war, welche den Forschern die meisten „Kopfschmerzen" bereitet hatte. Und dabei war es nicht um deren Identifizierung gegangen. Die war zwar auch nicht ganz leicht gewesen, aber nach einigen Mühen hatte man gewusst, es handelte sich um 3-Phosphoglycerinsäure. Und es war auch nicht um den Weg von dieser Verbindung mit drei Kohlenstoffatomen zu den Einfachzuckern, Fructose und Glukose, mit sechs Kohlenstoffatomen und von diesen zu den Polysacchariden Stärke und Zellulose gegangen. Die genaue Erforschung dieser Wege war zwar mühselig, aber da der umgekehrte Weg, die Glykolyse, bereits gut erforscht war, ohne Geheimnisse.

Nein, es war die Bildung dieser ersten Verbindung. Wie konnte dieser Phosphorsäureester der Gycerinsäure radioaktiven Kohlenstoff enthalten, wenn das radioaktive CO_2 – Gas nur für den Bruchteil einer Sekunde eingeleitet worden war? Die Isolierung und chemische Spaltung der 3-Phosphoglycerinsäure hatten dann bald gezeigt, zu so einem frühen Zeitpunkt war nur ein einziges der drei Kohlenstoffatome radioaktiv. Und zwar dasjenige, das mit zwei Sauerstoffatomen verbunden war. Das radioaktive CO_2 musste sich also an eine andere Verbindung, an einen Akzeptor, angelagert haben. Doch an welchen? Musste es doch eine Verbindung mit zwei Kohlenstoffatomen sein. Aber eine C2- Verbindung, die als Akzeptor in Frage kam, hatte man nicht finden können. Dafür waren aber viele andere Verbindungen identifiziert worden. Unter ihnen eine Ribulose, ein C5-Zucker, und eine Sedoheptose, ein C7-Zucker. Welche Reaktionsfolgen zur Entstehung dieser Verbindungen, die sowohl als Mono- und Bisphosphate vorlagen, hatte von den Forscher die Lösung einiger Rätsel verlangt.

Die Verteilung der Radioaktivität auf die C- Atome und die Reihenfolge ihres Erscheinens hatte ihnen dabei den Weg gewiesen, einen mühseligen Weg. War es doch nötig gewesen die einzelnen Verbindungen zu isolieren und mit Hilfe enzymatischer und chemischer Verfahren C-Atom für C-Atom abzubauen. Aber die Anstrengung hatte sich gelohnt. Die Forscher hatten herausgefunden, dass die zuerst entstandene 3-Phosphoglycerinsäure in einem ersten Schritt unter Verbrauch von energiereichen Verbindungen zu Glycerinaldehyd-3-phosphat, reduziert wird. Und diese C3-Verbindung hatte sich nicht nur als Ausgangsverbindung für die Biosynthese von Kohlenhydraten, sondern auch als Ausgangssubstanz für die Bildung der Ribulosephosphate erwiesen. Dazu war eine komplizierte durch Enzyme katalysierte Reaktionsfolge aufgeklärt worden.

Sollte das Endprodukt dieser Reihe, Ribulose-1,5-bisphosphat, der gesuchte CO2-Akzeptor sein?

Einige neue Experimente hatten dann die Klärung gebracht. Die Messung der Mengen der im Verlaufe der Photosynthese gebildeten Stoffe hatte ergeben, dass sich schnell ein konstantes Verhältnis zwischen dem Primärprodukt, 3-Phosphoglycerinsäure, und Ribulose-1,5-bisphosphat einstellt. Bildung und Verbrauch hielten sich also die Waage. War aber das Licht ausgeschaltet worden, waren unmittelbar danach ein deutlicher Anstieg der Bildung von 3-Phosphoglycerinsäure und eine entsprechende Abnahme an Ribulose-1,5-bisphosphat zu beobachten. Dass Ribulose-1,5-bisphosphat der gesuchte CO_2-Akzeptor war, hatte auch ein weiterer Versuch gezeigt. Wenn bei der Photosynthese bei voller Beleuchtung die Menge an eingeleitetem CO_2 deutlich verringert wurde, kam es unmittelbar danach zu einem Absinken der Menge an 3-Phosphoglycerinsäure und zu einem Anstieg, einem Stau, an Ribulose-1,5-bisphosphat. Weitere Untersuchungen hatten dann ergeben, dass die durch Bindung von CO_2 an das Akzeptormolekül gebildete Zwischenverbindung instabil ist und spontan in zwei Moleküle 3-Phosphoglycerinsäure zerfällt. Ribulose-1,5-bisphosphat war also nicht das Endprodukt einer Reaktionsfolge, sondern als Akzeptor ein Glied in einem Reaktionszyklus, der bald Calvinzyklus genannt wurde. Für die Wissenschaft die Lösung eines weiteren Geheimnisses der Natur.

Otto Warburg, der seit den 1920iger Jahren mit der Erforschung der Photosynthese befasst war, hatte die Veröffentlichungen der Calvin-Gruppe mit wachsendem Unbehagen verfolgt. Widersprachen sie doch seinen Vorstellungen über die Photosynthese, die er erst Anfang der 1950iger Jahre zusammen mit dem Amerikaner Dean Burk entwickelt hatte. Danach sollte sich die photochemische Energieumwandlung in zwei Schritten vollziehen. Der erste dieser Reaktionsschritte bilde in einem Ein-Quanten-Mechanismus aus „gebundenem" CO_2 irgendwie Kohlenhydrat und setze dabei Sauerstoff frei. Ein Teil des so gebildeten Kohlenhydrats werde dann in einem zweiten Schritt oxidiert und liefere dadurch die Hauptmenge an Energie für die Gesamtreaktion. Doch mit dieser Hypothese stand Warburg 1956 auf verlorenem Posten.

Bei der Mehrheit der Photosyntheseforscher hatte sich die Meinung herausgebildet, dass in der „Lichtreaktion" die Lichtenergie genutzt wird, um auf noch nicht bekannter Weise chemische Energie in Form energiereicher Substanzen zu bilden. Als Beweise dazu dienten ihnen nicht nur die von der Calvin-Gruppe erforschten Dunkelreaktionen, die zum Stillstand kamen, wenn der „Nachschub" an energiereichen Verbindungen fehlte. Es gab inzwischen auch direktere Beweise dazu. Bereits 1951 hatten gleich drei amerikanische Laboratorien, die mit isolierten Chloroplasten experimentierten, beobachtet, dass diese 4 bis 6 Mikrometer langen den Farbstoff Chlorophyll tragenden Zellbestandteile bei Belichtung die Reduktion des 1931 von Warburg entdeckten Coenzyms NADP zu NADPH2 bei gleichzeitiger Sauerstoffentwicklung bewirkten. Und nur drei Jahre später hatte das Forschungsteam um den Pflanzenphysiologen Daniel I. Arnon nachgewiesen, dass die Chloroplasten auch die Orte für die lichtabhängige Bildung der energiereichen Verbindung ATP waren. Trotz dieser Beweise gegen seine Hypothese, hielt Warburg zunächst noch daran fest. Dieses Beharren nahm tragische Züge an, als der inzwischen vierundsiebzig Jahre alte Warburg 1957 auf der Hauptversammlung der „Gesellschaft Deutscher Chemiker" stolz verkündete, dass dank seiner Arbeit Deutschland trotz Krieg und Zusammenbruch bei der Photosyntheseforschung die Führung behalten habe.

Dabei bestand doch für Warburg kein Grund darüber verbittert zu sein, dass eine neue Generation von Forschern mit neuen Methoden die Führung übernommen hatte. Denn diese Forscher waren sich darin einig, dass sie ihre eigenen Erfolge auch Warburgs Pionierarbeit verdankten. Die von Warburg entwickelten Methoden hatten in vielen Laboratorien in aller Welt Einzug gehalten und waren zum Handwerkzeug der Biochemiker geworden. Warburgs Hypothesen und Forschungsergebnisse hatten ein halbes Jahrhundert lang die die Entwicklung vorangetrieben.

Und jetzt an der Schwelle des sechsten Jahrzehnts war die Lichtreaktion, die Schritte, in denen die Pflanzen die Energie der Sonne aufnehmen und in chemische Energie umwandeln, noch weitgehend unbekannt. Aber es bestand unter den Wissenschaftlern kein Zweifel darüber, dass sich diese Vorgänge früher oder später auf physikalische und chemische Vorgänge zurückführen ließen. Nicht so optimistisch zeigten sich die Wissenschaftler, wenn es darum ging, ob es in absehbarer Zeit gelingen könnte, die Biosynthese der vielen an den Zellreaktionen beteiligten Enzyme aufzuklären. Und viele Forscher sahen in Forschungsarbeiten dazu, die wichtigsten Aufgaben für die nächsten Jahrzehnte.

Der Code

Als am 12. April 1961 Radiosender rund um den Erdball ihr Programm unterbrachen und von Juri Gagarins Flug um die Erde, dem ersten bemannten Weltraumflug, berichteten, haben sicher auch Marshall Warren Nirenberg und Heinrich Matthaei in ihrer Arbeit innegehalten, ihre Bewunderung und auch ihre Besorgnis geäußert. Konnte doch eine Rakete, die einen Menschen in bisher für den menschlichen Forscherdrang unerreichbare Räume tragen konnte, auch alles zerstörende Waffen über die Kontinente tragen. Und als sie dann ihre Arbeit fortsetzten, wäre ihnen nicht im Traume eingefallen, dass noch bevor das Jahr zu Ende ginge, ein Journalist behaupten würde, nicht Gagarins Flug, sondern das Ergebnis ihrer beider Arbeit sei das wichtigste Ereignis des Jahres. Es bedeute für die Biologie einen Durchbruch, dessen Bedeutung allenfalls mit der Entdeckung des Gravitationsgesetzes für die Physik zu vergleichen wäre.

Natürlich hofften und träumten die beiden jungen Männer vom Erfolg ihrer Forschungsarbeit. Sie hatten auch nichts dagegen, berühmt zu werden. Doch ihre Arbeit erforderte viel Fleiß und Geduld und ließ nicht auf einen schnellen Erfolg hoffen. Und sie waren doch nur zwei von Hunderten an Wissenschaftlern, die hier an den National Institutes of Health in Bathesda forschten.

Der Ältere von ihnen, der gerade vierunddreißig Jahre alt gewordene Marshall Warren Nirenberg, war 1957 als Postdoktorand ans NIH gekommen und hatte bis Ende des folgenden Jahres das Arbeitsgebiet gefunden, das er in den folgenden Jahren völlig selbständig bearbeiten wollte- die Biosynthese von Proteinen. Dazu hatte er in der siebenten Etage des wuchtigen Ziegelbaus Nr. 10 ein kleines Labor einrichten können.

Nirenbergs Interesse an den Erscheinungen des Lebendigen war durch die Natur, durch die reiche Tier – und Pflanzenwelt des subtropischen bis tropischen Florida geweckt worden. Hierher nach

Orlando war die Familie gezogen als Nirenberg zwölf Jahre alt war. Und der Junge hatte bald angefangen, das Leben in der Natur, Vögel und Insekten zu beobachten. Diesen Interessen folgend hatte Nirenberg an der University of Florida in Gainesville Zoologie studiert und das Studium mit einer Masterarbeit über Köcherfliegen abgeschlossen. Aber dann hatten ihm das Beobachten, die Erscheinungen des Lebendigen nicht mehr gereicht. Er hatte das Leben von seinen physikalischen und chemischen Grundlagen her verstehen wollen und hatte ein Studium der Biochemie an der University of Michigan angeschlossen. Dieses hatte er 1957 mit dem Erwerb des Doktortitels (Ph.D.) durch eine Dissertation über den Zuckerstoffwechsel von Tumorzellen abgeschlossen.

Und jetzt versuchte er die erworbenen Kenntnisse und Fähigkeiten anzuwenden, um zu verstehen, wie lebende Zellen Proteine herstellen. Und das wollte er nicht durch Warten auf eine geniale Eingebung, wie einige im RNA-Krawattenklub, sondern durch solides biochemisches Arbeiten erreichen.

Seit Anfang der 1950iger Jahre wusste man, dass Proteinherstellung auch ohne intakte lebende Zellen möglich war. Wenn man, wie Buchner es für die alkoholische Gärung gezeigt hatte, die Zellen zerstörte, konnte im resultierenden Zellsaft, dem Lysat, bei Anwesenheit von Aminosäuren eine Proteinproduktion nachgewiesen werden. Für solche Experimente waren zellfreie Auszüge aus Rattenleberzellen, Hefezellen und ganz neu auch aus E. coli – Bakterien benutzt worden. Aber bei keinem dieser Experimente war bisher die gezielte Synthese eines bestimmten Proteins gelungen. Die Herstellung eines solchen komplizierten Stoffes, etwa eines funktionsfähigen Enzyms, auf biochemischem Wege war ein unerfüllter Traum geblieben. Und Nirenberg war entschlossen daran zu arbeiten, diesen Traum zu verwirklichen. Ein erster Schritt auf dem Weg dazu war, die für die Proteinsynthese notwendigen Komponenten zu ermitteln und ihr Zusammenwirken zu verstehen. Doch auch bevor er dazu kam, hatte er erst lernen müssen, mit einem solchen zellfreien System zu arbeiten.

Und dazu hatte er fast zwei Jahre gebraucht. Des einfacheren und damit übersichtlicheren Stoffwechsels von Bakterien wegen hatte er sich für die Arbeit mit E.coli-Lysaten entschieden. Um diese zu erhalten musste er zunächst Bakterien in einer Nährlösung züchten und nach Erreichen ihrer produktivsten Wachstumsphase ernten, waschen und dann ihre Zellwände zerstören. Dazu wurde der Bakterienbrei mit Aluminiumoxid vermischt und im Mörser zerrieben. Unzerstörte Zellen, Zellbruchstücke und das Aluminiumoxid konnten danach durch Zentrifugieren entfernt werden. Der so gereinigte Zellsaft konnte durch eine weitere Hochgeschwindigkeitszentrifugation in einen Überstand und eine Ribosomen – Fraktion getrennt werden. Und Nirenberg hatte sich überzeugen können, dass weder die Fraktion mit den Ribosomen noch der Überstand mit den darin gelösten Substanzen allein für eine Proteinsynthese ausreichten. Diese forderte die Mischung beider Fraktionen und unbedingt die energiereiche Verbindung Adenosintriphosphat(ATP) zur Aktivierung der Aminosäuren. Andere Forscher hatten herausgefunden, dass bei dieser Aktivierung die Aminosäuren an lösliche RNA-Moleküle gebunden werden. Erschwerend für die Arbeit Nirenbergs war, das bei den Experimenten mit dem zellfreien Saft derartig winzige Mengen an Aminosäuren zu Proteinen umgesetzt werden, dass der Nachweis der Proteinbildung nur mit radioaktiven, C-14 markierten Aminosäuren möglich war.

Nirenberg war gegen Ende des Sommers 1960 soweit, dass er die Herstellung, Konservierung und Handhabung des zellfreien E. coli- Systems beherrschte und begonnen hatte, nach Bedingungen für eine spezifische Proteinsynthese zu suchen, als er Hilfe bekam. Heinrich Matthaei, ein junger deutscher „Postdoc" war mit einem Nato – Stipendium in die USA gekommen, um sich in moderner Forschung weiter zu bilden. Die ersten gemeinsamen Versuche hatten bestätigt, was sie schon aus der Fachliteratur wussten, die DNA nimmt nicht direkt an der Proteinsynthese teil. Es musste also einen Überträger der Information aus der DNA geben. Und da die Kunde von der kurz zuvor in Pasadena erfolgten Entdeckung der Messanger – RNA noch nicht zu ihnen gelangt war, hatten auch Nirenberg und Matthaei die Ribosomen sowohl für Informationsüberträger als auch Orte der Proteinsynthese gehalten. Aber sie hatten bald erkannt, dass dabei etwas nicht stimmte. Denn die Proteinbildung in ihren Bakterien-Lysaten kam nach einiger Zeit zum Erliegen, obwohl noch alle als notwendig erkannten Zutaten in ausreichender Menge vorhanden waren. Sie brauchten jedoch nur RNA – Moleküle aus Ribosomen hinzufügen und schon begann eine schnelle Proteinproduktion. Wurde dabei die in der Basensequenz der zugesetzten RNA gespeicherte Information in die Reihenfolge der Aminosäuren im gebildeten Protein übersetzt? Wie konnte man das nachweisen? War es egal, woher die RNA stammte?

Um darüber Aussagen zu erhalten, begannen die beiden Forscher jetzt im Frühjahr 1961 die Wirkung von RNA verschiedener Herkunft auf die Proteinsynthese zu untersuchen. Dabei bestand die Gefahr, dass die Ergebnisse durch RNA aus den Bakterienzellen im Lysat verfälscht werden könnten. Um das auszuschließen, führten sie eine Vorinkubation aus, sie ließen die Proteinsynthese anlaufen und fügten die zu prüfende RNA erst dann hinzu, wenn die durch die E. coli –RNA ausgelöste Syntheseaktivität zum Stillstand gekommen war. Es war ein mühseliges Geschäft mit ungewissen Aussagen. Wie sollte man bei den winzigen Mengen an produziertem Protein nachweisen, ob nach der Zugabe von Tabakmosaikvirus –RNA vielleicht das Hüllprotein dieses Virus hergestellt wurde? Und sie fragten sich, ob man nicht leichter zu einem aussagekräftigen Ergebnis kommen könne, wenn man synthetisch hergestellte RNA einsetzte, RNA deren Basenfolge man kannte. Und die Herstellung solcher RNA war ein Spezialgebiet von Leo Heppel des Leiters der Abteilung, zu der Nirenbergs Labor gehörte.

Heppel benutzte, um aus Nukleotiden mit den Basen Cytosin (C), Guanin(G), Adenin(A) und Uracil(U) lange RNA-Ketten herzustellen, ein bereits 1955 von Severo Ochoa und Marianne Grunberg-Managao in New York entdecktes Enzym. Und es wurde geplant, dass Heppel für die Versuche einige nur aus einer einzigen und weitere aus zwei unterschiedlichen Nukleotiden bestehenden RNA- Moleküle herstellen sollte. Zur Ausführung dieser Versuche kam es erst, als Nirenberg für drei Wochen zu einem lange vorgesehenen Forschungsaufenthalt an der University of California gereist war.

Am 21. Mai 1961 begann Heinrich Matthaei mit den Versuchen mit synthetischer RNA. Er verwendete eine RNA, die nur eine einzige Nukleotidsorte, die mit der Base Uracil, enthielt. Um zu erkennen, ob bei den Experimenten eine bestimmte Aminosäure in ein gebildetes Protein eingebaut wird, musste Matthaei jeden Versuch in zwanzig verschiedenen Varianten ausführen. In jeder Variante wurde eine andere radioaktiv markierte Aminosäure zusammen mit den übrigen neunzehn normalen Aminosäuren dem zellfreien System hinzugefügt. Am 30. Mai morgens in der Frühe hatte Matthaei einen Versuchsansatz mit der radioaktiv markierten Aminosäure Phenylalanin nach der Vorinkubation mit der PolyU-RNA versetzt und eine Stunde lang inkubiert. Als er nun zur Fällung von eventuell gebildeten Proteins Trichloressigsäure hinzugefügt und die Mischung filtriert hatte, zeigte sich, nahezu der gesamte Anteil an radioaktiver Säure war auf dem Filter als Protein verblieben. Und das war von allen zwanzig Versuchsansätzen nur bei diesem Einen mit dem radioaktiven Phenylalanin der Fall. Das bedeutete Poly-Uridylsäure codierte die Bildung des künstlichen Proteins Poly-Phenylalanin. Das erste Wort in der Sprache der Nukleinsäuren und seine Bedeutung in der Sprache der Aminosäuren war ermittelt. Eine Sensation von der die Welt erst im August erfahren sollte.

Im August reiste Nirenberg nach Moskau, wo vom 10. bis 16. August der V. Internationale Kongress für Biochemie stattfand.

Für die sowjetischen Forscher ein bedeutendes Ereignis hofften sie doch, durch Kontakte zu ausländischen Spitzenforschern wieder Anschluss an die internationale biologische Forschung finden zu können; Anschluss an eine Forschung, die über die materiellen Grundlagen, von dem arbeitete, was für die Forscher in der Sowjetunion bis zur Entmachtung Lyssenkos nicht zu existieren hatte - das Gen. Für die Kongressteilnehmer aus der westlichen Welt war der Kongress eine Möglichkeit, einen Blick hinter den eisernen Vorhang werfen zu können. Und Moskau erwartete sie mit einem besonderen Ereignis, dem feierlichen Empfang von German Titow, der wenige Tage zuvor die Erde in einer Raumkapsel in 25,6 Stunden siebzehnmal umrundet hatte.

Eine wissenschaftliche Neuigkeit beim Kongress dagegen erwartete wohl niemand. Kannte man sich doch gut und wusste um die neuesten Entwicklungen in den Laboratorien der anderen. Und der junge Biochemiker Marshall Nirenberg war noch so unbekannt, dass er seinen Vortrag über die „Abhängigkeit zellfreier Proteinsynthese in E. coli von natürlicher und synthetischer Schablonen RNA" vor nur wenigen Kongressteilnehmern halten konnte. Diese aber waren beeindruckt und schnell machten Gerüchte über die sensationelle Entdeckung die Runde. Und Francis Crick organisierte hastig für den letzten Tag einen großen Vortrag Nirenbergs vor Hunderten von Zuhörern. Die Welt erfuhr, dass das erste Wort des genetischen Codes geknackt war. Und der schüchterne Nirenberg war plötzlich berühmt. In seinen Labor hatte inzwischen Heinrich Matthaei ein weiteres Wort entschlüsselt: Poly –C- RNA codiert die Aminosäure Prolin.

Nach den Versuchen von Nirenberg und Matthaei blieb noch ungewiss, durch wie viel aufeinanderfolgende Basen im RNA - Molekül der Code verschlüsselt war. Vieles sprach für Drei, ein Triplett, aber das war Theorie kein Beweis.

Diesen lieferte das „Haus Crick". In der „Nature" erschien am 31. 12. 1961 ein Beitrag von Crick und Mitarbeitern. Diese hatten durch Behandlung von T4-Phagen mit Proflavin verschiedene Mutanten erhalten. Von der Substanz Proflavin war bekannt, dass sie das Hinzufügen (+Mutanten) und Herausschneiden (-Mutanten) von Basen aus Nukleinsäuren bewirkt. Und das war auch bei diesen Mutanten geschehen. Durch gezielte Kreuzungsexperimente, bei denen man zwei unterschiedliche Mutanten in einer Bakterienzelle aufeinander treffen ließ, waren dann diese Mutanten analysiert worden. Die Auswertung der Versuchsreihe hatte dann noch einmal bestätigt, dass der genetische Code nicht überlappend ist und die einzelne Codons, die Basenfolgen, die für eine Aminosäure stehen, ohne Trennzeichen zwischen ihnen hintereinander abgelesen werden. Und dass es sich bei diesen Codons auch wirklich um Basentripletts handelt, hatten dann funktionsfähige (+++) – und(---) Mutanten bewiesen, indem sie lediglich Genprodukte mit einer weiteren bzw. einer fehlenden Aminosäure gebildet hatten.

Für die Entdeckungen von Nirenberg und Matthaei bedeutete, dass das Codon UUU die Aminosäure Phenylalanin und das Codon CCC die Aminosäure Prolin codieren. Mit den beiden Codons hatten Nirenberg und Matthaei nicht nur die beiden ersten Wörter in der Sprache der Nukleinsäuren gefunden, sondern auch den Weg angedeutet, wie der Rest entschlüsselt werden könnte. Und in der internationalen Presse begann man zu schreiben, sie hätten den „Stein von Rosetta" für die Entschlüsselung des genetischen Codes gefunden. Wie jener schwarze Basaltstein mit seinem in drei Sprachen verfassten Text, zur Entzifferung der Hieroglyphen geführt habe, werde die Entdeckung von Nirenberg und Matthaei dazu führen, die Sprache des Lebens zu verstehen. Und während Bilder der beiden Forscher um die Welt gingen, sah sich Nirenberg mit seinem kleinen Labor plötzlich einem ungleichen Wettkampf ausgesetzt. Bisher waren nur zwei Basenkombinationen je einer Aminosäure zugeordnet worden, aus den vier Basen der Nukleinsäuren ließen sich aber 64 unterschiedliche Anordnungen bilden. Es gab viel zu entdecken. Und auch andere Wissenschaftler mit großen leistungsfähigen Labors stürzten sich auf das neue Arbeitsgebiet. Unter ihnen Severo Ochoa mit seinen Mitarbeitern, die große Erfahrung bei der Herstellung synthetischer RNA besaßen.

Nirenberg und die NIH aber waren nicht gewillt, sich aus ihrem Forschungsgebiet herausdrängen zu lassen. Und Nirenberg erhielt jede mögliche Unterstützung. Sein Labor vergrößerte sich schnell und junge Wissenschaftler drängten sich, bei Nirenberg zu arbeiten. Und in den nächsten Jahren arbeitete Nirenberg immer mit einem Team aus zwanzig Postdocs und weiteren Labortechnikern. Matthaei konnte sich mit diesen völlig neuen Arbeitsbedingungen nicht recht anfreunden und verließ, nachdem sein Visum abgelaufen war, das Team und kehrte nach Deutschland zurück.

Nirenberg und Matthaei hatten zunächst nur mit sehr einfach aus nur einer Base bestehenden synthetischen RNA gearbeitet. Wollte man den ganzen Code knacken, musste zu komplizierter zusammen gesetzter RNA übergegangen werden. Und da gab es ein Problem. Die Chemiker konnten zwar RNA-Tripletts aber keine langen RNA- Ketten mit genau bekannter Basenfolge herstellen. Die langen Ketten waren aber nötig, um überhaupt nachweisen zu können, dass sich aus Aminosäuren ein Polypeptid gebildet hatte. Denn dazu musste das durch mindestens eine Aminosäure radioaktiv markierte Peptid gefällt und durch Filtration von den nicht umgesetzten Aminosäuren getrennt werden und dazu musste es eine ausreichend lange Aminosäurekette besitzen.

Wie man trotz dieses Problems weiter kommen konnte zeigten Ochoa und Mitarbeiter. Sie stellten RNA- Ketten aus genau bekannten Anteilen verschiedener Basen her und berechneten mit welcher Wahrscheinlichkeit sich dabei die jeweils möglichen Codons bilden konnten und verglichen diese Werte mit dem Gehalt von Aminosäuren in den gebildeten Peptiden. Das war ein sehr arbeitsaufwändiges Verfahren, musste man doch für jede so hergestellte RNA zwanzig Versuche ausführen mit jeweils zwanzig Aminosäuren, von denen je eine andere radioaktiv markiert war. Und man konnte bestenfalls heraus bekommen, dass bestimmte

Basenkombinationen für bestimmte Aminosäuren standen, erhielt aber keine Informationen über die Reihenfolge der Basen in diesen Kombinationen. Um auch die Reihenfolge der Basen in den Codons ermitteln zu können, musste man statistische Verfahren anwenden, die viel Zahlenmaterial d.h. viele Versuche erforderlich machten. Hinzu kam, dass der Code offensichtlich degeneriert war, mussten doch bei vierundsechzig Möglichkeiten zur Codierung von zwanzig Aminosäuren für einige Aminosäuren mehrere unterschiedliche Codons stehen.

Nirenberg war aus diesen Gründen bemüht, eine einfachere und schnellere Methode zur Ermittlung des Codes zu finden. Er verfolgte dabei die Idee die Proteinsynthese in einem frühen Stadium, bevor sich die Peptidkette vom Ribosom getrennt hat, zu kontrollieren. Nach vielen vergeblichen Versuchen fand Nirenberg zusammen mit seinem Mitarbeiter Philipp Leder eine Methode, die zum Erfolg führte. Sie fanden, dass einzelne RNA-Tripletts ausreichen, damit sich daran die passenden t-RNAs mit den dazu passenden Aminosäuren anlagern und eine Verbindung mit einem Ribosom eingehen. Es kam also darauf an, eine Möglichkeit zu finden diese Ribosomen, von den freien also nicht passenden Aminosäuren zu trennen. Und dies gelang ihnen mit einem speziellen Zelluosenitratfilter. Dieses Filter hielt alle, die beladenen und freien Ribosomen zuverlässig zurück, so dass noch anhaftende freie Aminosäuren mit einer Salzlösung herausgewaschen werden konnten. Nun brauchte nur noch geprüft werden, ob die bei dem jeweiligen Versuch radioaktiv markierte Aminosäure mit dem Ribosom im Filter zurückgehalten wurde, War das der Fall, codierte der zugesetzte RNA-Codon diese Aminosäure. Mit dieser schnellen indirekten Methode konnten Nirenberg und seine Mitarbeiter die Konkurrenz aus dem Feld schlagen.

Aber es verging nur wenig Zeit und an der Universität von Wisconsin in Madison entwickelte der gebürtige Inder Har Gobind Khorana eine direkte Methode zur Entschlüsselung des Codes. Der Biochemiker Khorana hatte sich jahrelang mit der Chemie der

DNA beschäftigt. Mit seinen Mitarbeitern war es ihm gelungen, aus genau definierten Basentripletts langkettige DNA- Moleküle herzustellen. Inzwischen war auch bereits das Enzym, das die Übertragung der DNA- Information in RNA katalysiert, entdeckt und isoliert worden. Die Biochemiker waren also in der Lage diesen Vorgang im „Reagenzglas" vorzunehmen. Und dies tat auch Khorana und gewann RNA-Ketten mit genau bekannter Basensequenz. Diese setzte er nun nach Nirenbergs ursprünglicher Methode ein, um zu erkennen, welche Aminosäure durch welchen Codon codiert wird. Khoranas Arbeiten erwiesen sich als eine wertvolle Ergänzung der Forschungen Nirenbergs. So gelang es Khorana zu ermitteln, dass es drei Codons gibt, die keine Aminosäure codieren, sondern Stoppsignale darstellen.

Und die Forscher in den verschiedenen Laboratorien gingen jetzt auch dazu über, ihre am zellfreien E. coli-System erhaltenen Ergebnisse mit Systemen aus anderen Zellen zu überprüfen. In Tübingen konnte Heinz –Günter Wittmann mit klar durchdachten Experimenten zum Tabakmosaikvirus zeigen, dass der genetische Code auch für Pflanzen gilt. In anderen Laboratorien wurde dieser Nachweis auch für tierische und menschliche Zellen geführt. Es zeigte sich der Code gilt für alle Lebewesen auf unserer Erde, er ist, wie man damals sagte, universell.

Als sich Anfang Juni1966 etwa 350 Wissenschaftler an einer malerischen Bucht von Long Island zum jährlichen Cold Spring Habor Symposium trafen waren alle Codons sauber bestimmt und konnten der Weltöffentlichkeit vorgestellt werden.

In der Eröffnungsrede hatte Francis Crick an die Erfolge erinnert, die die internationale Gemeinschaft der Wissenschaftler in Wettstreit und Zusammenarbeit in den dreizehn Jahren seit Entdeckung der DNA - Struktur erreicht hatte. Danach berichteten andere Forscher über den Anteil ihres Teams an der geleisteten Arbeit. Und als das Treffen mit einer Cocktailparty auf dem Rasen vor der Blackford Halle zu Ende ging, empfanden alle, dass ein großer Sieg errungen worden war.

Der Weg zur Gentechnik

Der genetische Code war entschlüsselt. Mit dem Stolz etwas Großes geleistet zu haben, ging bei vielen Forschern das Nachdenken über den weiteren Weg der Wissenschaft einher. Und nur ein Jahr nach der Konferenz in Cold Spring Harbor äußerte Marshall W. Nirenberg im Magazin „Science", dass die begonnene schnelle Ausweitung des genetischen Wissens die Zukunft der Menschen einschneidend beeinflussen könne. Denn der Mensch erhielte die Macht, sein eigenes biologisches Schicksal zu gestalten. Und diese Macht könne klug oder unklug, zum Nutzen oder zum Schaden der Menschheit angewandt werden. Der Mensch könne fähig werden, das genetische Programm seiner Zellen zu verändern, noch bevor er die langfristigen Folgen dieser Manipulationen einschätzen könne.

Und als es zwei Jahre später einem Forschungsteam gelungen war erstmals ein Gen zu isolieren, trat der Leiter dieses Teams Jonathan Beckwith auf der dazu einberufenen Pressekonferenz ans Mikrofon und warnte die Öffentlichkeit vor einer bevorstehenden genetischen Revolution. Die Gesellschaft müsse sich vor einem Missbrauch dieses neuen Wissens durch Regierungen und Industrien schützen.

Ein breites Echo fand diese Warnung des Professors an der Harvard Medical School im November 1969 nicht. War die amerikanische Öffentlichkeit doch mit den Auseinandersetzungen um den Vietnamkrieg beschäftigt. Wegen des immer schrecklicher werdenden Krieges hatte die amerikanische Regierung an Glaubwürdigkeit verloren. Und nun hatte die Öffentlichkeit erfahren, dass amerikanische Soldaten in dem kleinen Dorf My Lai ein Massaker verübt hatten. Über fünfhundert Zivilisten, Männer, Frauen, Schwangere und Kinder, Menschen, für deren Schutz die Amerikaner angeblich in Vietnam kämpften, waren ermordet worden. Die Antikriegsbewegung hatte dadurch einen großen Aufschwung genommen. Am 15. Oktober 1969 hatten 250 000 Amerikaner in Washington gegen den Vietnamkrieg protestiert. In dieser politischen Atmosphäre konnte eine nur von wenigen Wissenschaftlern behauptete abstrakte Gefahr noch keine Massenbewegung auslösen.

Zumal es gerade unter den Wissenschaftlern viele gab, die die Warnungen vor dem Missbrauch neuer genetischer Forschung falsch fanden. Könnte sich dadurch doch die öffentliche Meinung gegen Forschung und Fortschritt richten. Und wo waren denn die Gefahren, vor denen Nirenberg und Beckwith warnten?

Beckwiths Team hatte zwei Monate lang an der Isolierung des E. coli Gens lacZ gearbeitet. Sie hatten Fleiß, Erfindungsreichtum, Ausdauer und Wissen in diese Arbeit gesteckt. Und wozu das alles? Nur um das Gen, einen kurzen Faden, im Elektronenmikroskop zu besehen und zu fotografieren? Weder Beckwith noch irgendein anderer Forscher konnte das, wovor gewarnt wurde - Gene verändern. Man kannte weder eine Möglichkeit, die Reihenfolge, die Sequenz, der Basen in der DNA zu bestimmen noch sie gezielt zu verändern. Auch die Übertragung von Genen zwischen verschiedenen Zellen hatte bisher nur bei Bakterien geklappt. Weder die Übertragungen durch Transformation, der durch Avery bekannt gewordenen Übergabe freier DNA, weder die Transduktion, die Übertragung von DNA durch Phagen, noch die Weitergabe von Genen durch Konjugation, dem Sex der Bakterien, ließen sich steuern. Alle diese Gentransfers erfolgten ungezielt und zufällig. Und schon gar nicht war es gelungen, fremde Gene in pflanzliche oder tierische Zellen einzubringen.

Aber es gab bereits Forscher, die daran arbeiteten, dass das nicht so bleiben sollte. Einer davon war Paul Berg, Professor an der kalifornischen Stanford University. Der 1926 in New York geborene Berg hatte nach Abschluss der Highschool an der Pennsylvania State University Biochemie studiert und hatte nach Promotion und einem Jahr als „Postdoc" in Kopenhagen und danach im Labor des späteren Nobelpreisträgers Arthur Kornberg gearbeitet. 1959 war er mit Kornberg an die Stanford University gewechselt, um dort eine moderne biochemische Abteilung aufzubauen.

Bisher hatte Berg über Fragen, wie die Information in der DNA in Proteine übersetzt wird, gearbeitet. Jetzt nachdem der genetische Code geknackt war, sah er sich nach einem neuen erfolgversprechenden Arbeitsgebiet um. Und eines war die molekulare Genetik von Säugetierzellen, worüber nur wenig bekannt war. Berg wusste auch, dass die Forscher der Phagengruppe die Fähigkeit einiger Bakteriophagen, Gene aus einer Bakterienzelle in eine andere zu übertragen, nutzten, um etwas darüber zu erfahren, wie Gene organisiert sind und gesteuert werden. Und Berg hoffte, dass ihm ähnliche Experimente auch mit Viren und Säugerzellen gelingen könnten.

Aber, um mit Säugerzellen und Viren arbeiten zu können, brauchte er Wissen über die Kultivierung von tierischen Zellen und den Umgang mit deren Viren.

Und die meisten Erfahrungen und das größte Wissen darüber hatten damals die Forscher am Salk-Institute in San Diego. Hier in einem der Betonbauten des auf einer der Felsenklippen hoch über dem Pazifik errichteten Instituts hatte Renato Delbecco seit 1962 das weltweit führende Laboratorium zur Erforschung der Wechselwirkungen zwischen tierischen Zellen und ihren Viren aufgebaut. Und hier konnte Paul Berg in einem „Sabbat- Jahr" die nötigen Techniken erlernen, um 1968 nach seiner Rückkehr nach Stanford mit der vorgesehenen Forschung zu beginnen.

Berg wählte für seine Forschungen ein kleines hüllenloses Virus, das in seinem Bau den Bakteriophagen ähnelt und als tempentes Virus in die DNA der Wirtszelle eingebaut und mit dieser vermehrt wird. Dass das Virus auch zur Bildung von Krebszellen beitragen konnte, interessierte Berg damals nicht. Galt es doch als für Menschen ungefährlich. Außerdem konnten die infizierten Zellen aus seinen Zellkulturen nicht außerhalb des Labors überleben. Berg wollte das Virus als Genfähre zur Übertragung von Genen zwischen Zellen benutzen. Im Gegensatz zu den Phagenforschern wollte Berg es nicht dem Zufall überlassen, welches Gen übertragen werden sollte. Denn da durch das Virus nur DNA- Stücke aus höchstens 5000 Basenpaaren übertragen werden könnten, die Gesamtheit aller Gene, die Genome, von Tieren und Menschen aber einige Milliarden Basenpaare umfasst, war bei zufälliger Übertragung kaum mit Erkenntnissen über das gesamt Genom zu rechnen. Und wenn es jetzt schon möglich war, einzelne Gene zu isolieren, sollte es auch möglich sein, diese gezielt mit der Virus-DNA zu verbinden und dann mit dem Virus in eine tierische Zelle einzubringen.

Berg und seine Mitarbeiter David A. Jackson und Robert H. Symons waren jedenfalls davon überzeugt und begannen 1970 mit den Arbeiten. Dazu wollte Berg das Vorkommen von kleinen ringförmigen DNA-Fäden, Plasmiden, in Bakterienzellen nutzen. Nach seinem Plan sollten die ringförmige DNA des SV40 Virus und die aus wenigen Genen bestehende ebenfalls ringförmige DNA eines E. coli Plasmids zu einem neunen DNA-Ring vereinigt werden. Es kam also darauf an, die beiden DNA-Ringe aufzuschneiden und dann die Enden der Virus-DNA mit den Enden der Bakterien-DNA zu verbinden. Für das Spalten der Ringe waren Enzyme, Endonucleasen, bekannt. Und auch für das nahtlose Zusammenfügen von DNA-Fragmenten waren in den letzten Jahren Enzyme, DNA-Ligasen, entdeckt und isoliert worden. Aber die Ligasen können erst tätig werden, wenn die zu verbindenden Enden zueinander finden. Und wie das in der Natur erreicht wird, hatte schon 1963 Alfred Hershey bei Experimenten mit dem Lambda-Phagen entdeckt. Wenn die zu verbindenden Enden doppelsträngiger DNA- Moleküle jeweils in Einzelstränge mit zu einander komplementären Basenfolgen auslaufen, heften sich diese „klebrigen" Enden, wie von Magneten gezogen, aneinander. Um diese Eigenschaft auszunutzen, beschlossen Berg und Mitarbeiter, die zu verbindenden DNA-Fragmente mit synthetisch hergestellten „klebrigen" Enden auszustatten. Das waren alles sehr zeitaufwendige und schwierige Arbeiten, für die es kein Vorbild gab. Nicht alle Arbeitsschritte verliefen so glatt, wie es der Plan vorsah und machten zusätzliche Reinigungsoperationen nötig. Und manche Enzyme konnten nicht beschafft werden und mussten aus Bakterienkolonien isoliert und gereinigt werden. Als es Bergs Team dann Anfang 1972 allen Schwierigkeiten zum Trotz gelang das Hybridmolekül fertig zu stellen, zeigte sich, dass der Ring aus viraler und bakterieller DNA dreimal größer als das SV40 Genom war. Und damit passten die so mühselig hergestellten Moleküle nicht in die SV40-Kapsel.

Und damit war es auch nicht möglich die neue DNA – Kombination in eine tierische Zelle einzubringen. Man hätte aber noch versuchen können, die Hybrid-DNA in eine Bakterienzelle zu überführen, um zu prüfen, ob die SV40 Gene in der fremden Umgebung aktiv werden können.

Aber Berg verzichtete auch auf diese Möglichkeit. Denn inzwischen war sein Experiment einer heftigen Kritik ausgesetzt. Es wurde heftig darüber gestritten, ob solche Experimente nicht mit großen Gefahren für die Menschheit verbunden wären. Die Kontroverse war von Bergs Doktorandin Janet Mertz ausgelöst worden. Die junge Wissenschaftlerin hatte schon 1971in Absprache mit Berg einen Plan ausgearbeitet, die Hybrid –DNA, an der noch gearbeitet worden war, in E. coli Zellen einzufügen. Und als sie im Juni 1971 an einem Lehrgang am Cold Spring Harbor- Laboratorium teilnahm, hatte sie dort völlig unbefangen von ihrem Vorhaben berichtet. Der Leiter und einige Teilnehmer des Lehrganges waren entsetzt.

Die Erbinformationen eines potentiell krebserzeugenden Virus sollten in das Bakterium E. coli eingeschleust werden, in eine Bakterienart, die im Darm eines jeden Menschen lebt! Und es war den Kritikern bald gelungen auch Paul Berg zu überzeugen, dass es ratsam wäre solche Experimente erst wieder dann durchzuführen, wenn die Fragen zur Sicherheit geklärt wären.

Einen Grund für eine solche Beschränkung ihrer Forschungsarbeit sahen zwei junge Forscher am 12. November 1972 nicht. Am späten Abend dieses Tages, eines Sonntages, unterhielten sie sich während eines längeren Spazierganges in der Nähe des weltbekannten Strandes von Waikiki in Hawaii angeregt über ihre Forschungsarbeit. Der siebenunddreißig Jahre alte Stanley N. Cohen und der ein Jahr jüngere Herbert W. Boyer waren Teilnehmer einer wissenschaftlichen Tagung, die am nächsten Tag in Honolulu beginnen sollte. Sie waren mit einer kleinen Gruppe von Tagungsteilnehmern auf der Suche nach einem Restaurant aufgebrochen, um in der Tropennacht noch etwas zu essen und ein kühles Bier zu erhalten.

Cohen berichtete während des Gesprächs ausführlich über sein Forschungsvorhaben, denn er wollte Boyer zur Zusammenarbeit gewinnen. Cohen, Professor an der medizinischen Fakultät der Stanford Universität hatte neben seinen Hauptaufgaben als Leiter der klinischen Pharmakologie ein kleines Forschungslabor mit wenigen Mitarbeitern eingerichtet. In diesem Labor wollte er Forschungen zur Antibiotikaresistenz von Bakterien durchführen. Es war inzwischen bekannt, dass sich die Gene für die Widerstandsfähigkeit von Bakterien gegenüber den sonst für sie tödlichen Substanzen häufig in kleinen ringförmigen DNA-Fäden, Plasmiden, im Zellplasma der Bakterien befinden. Die Voraussetzung, um aufzuklären, wie diese Resistenzgene funktionieren, war nach Cohens Meinung deren Isolierung. Und er erklärte seinem Gesprächspartner, dies könne geschehen, indem man die resistenzgentragenden R- Plasmide in viele DNA- Fragmente zerteilte und in Transportplasmide einbaue. Dass dies möglich sei, hätte ja Paul Bergs Herstellung rekombinanter DNA gezeigt. Als Transportplasmide, Vektoren oder Genfähren, stelle er sich eine Sorte kleiner Plasmide vor, die alle Gene zur Vermehrung in der Bakterienzelle in sich trage. Das dabei anfallende Gemisch aus Plasmiden mit unterschiedlichen R- Plasmidfragmenten im DNA-Ring könne man wieder in Bakterien einbringen und den Bakterien dann das Auftrennen und die Vervielfältigung überlassen. Dazu wäre es lediglich nötig, die Hybrid- Plasmiden mit einem Überschuss an Bakterien zusammenzubringen. Durch den Überschuss erreiche man, dass statistisch nur ein einziges Plasmid in eine Bakterienzelle gelangen könne. Wenn man jetzt diese Bakterien auf einen Nährboden brächte, könnten aus diesen Bakterienzellen Kolonien aus Milliarden von Bakterien heran wachsen. Und all diese Bakterienzellen in jeweils der gleichen Kolonie enthielten ein Plasmid mit dem gleichen spezifischen DNA-Fragment. Man hätte es „kloniert". Man brauche jetzt nur diejenige Kolonie mit dem Zielgen herauszufinden, etwa durch Nachweis eines speziellen Proteins. Für die Anwendungen, die ihm vorschwebten, den Genen für Antibiotikaresistenzen dürfte diese Selektion ganz einfach sein. Man brauche den Agar-Nährboden nur mit dem jeweiligen Antibiotikum anzusetzen, dann könnten darauf nur die Bakterien mit dem Ziel-, dem Resistenzgen, wachsen.

Dieser schöne Plan wäre aber bisher am Zerteilen der R-Plasmide und am Einbau der DNA- Fragmente in Bakterienplasmide gescheitert. Und er hoffe, dass Boyers Entdeckung und Isolierung eines speziellen E. coli Enzyms weiterhelfen könne. Boyer bejahte diese Annahme und erläuterte, dass im Frühjahr in seinem Labor an der California University in San Francisco entdeckte Enzym sei ein so genanntes Restriktionsenzym. Ein Enzym, mit dem sich Bakterien gegen den Angriff von Bakteriophagen wehrten, indem sie in die Bakterienzelle eingedrungene Phagen-DNA zerschneiden. Erst vor wenigen Jahren hätten Werner Arber in der Schweiz und Matthew Meselson und Robert Yuan hier in den USA die ersten Enzyme dieser Art isoliert. Er könne sich vorstellen, dass solche Enzyme und speziell das aus seinem Labor, er hatte es EcoR1genannt, bei Cohens Vorhaben helfen könnten. Denn sein Enzym schneide die DNA nicht nur bei einer bestimmten Basensequenz, sondern, wie Forscher in verschiedenen Labors inzwischen festgestellt hätten, auch so, dass „klebrige Enden" entstünden. Alle mit dem EcoR1 –Enzym geschnittenen DNA-Fragmente hätten zueinander passende Enden und wären daher leicht durch eine Ligase zu vereinigen. Die mühselige Arbeit, die Paul Berg und Mitarbeiter beim Anbringen von klebrigen Enden für den Zusammenbau ihrer rekombinanten DNA verrichten mussten, wäre nun nicht mehr nötig. Und Boyer war gern bereit, das Enzym für Cohens Experimente zur Verfügung zu stellen. Von einer Zusammenarbeit wollte er aber zunächst nichts wissen. Hatte doch die Antibiotikaresistenz nichts mit seinen Forschungen zu Bakterienenzymen zu tun.

Dann aber berichtete Cohen, er habe mit seiner Mitarbeiterin Annie Chang schon eine gut funktionierende Methode zum Transport von Plasmiden durch die Zellwand von E. coli-Bakterien erarbeitet. Die Methode beruhe auf der Kompensation der sich abstoßenden negativen Ladungen der bakteriellen Zellwand und der DNA- Moleküle durch zweifach positiv geladene Calciumionen.

Jetzt wurde Boyer klar, dass damit alle Schritte in Cohens Plan in biochemischen Laboratorien bereits beherrscht wurden. Ob aber Gene aus einer Bakterienart in einem Wirtsbakterium einer anderen Art, oder gar pflanzliche und tierische Gene in Bakterien aktiv sein könnten war noch völlig unbekannt. Aber Cohens phantastisch anmutender Plan hatte eine realistische Chance aufzugehen. Und wenn das so wäre, hätte man damit nicht nur eine neue Methode zur Erforschung von Bakteriengenen gefunden, sondern auch die Grundelemente einer künftigen Gentechnik erarbeitet. Ein faszinierender Gedanke. Und Boyer sagte zu. Und nachdem sie in einem Schnellimbiss ihren Appetit gestillt hatten, entwarfen Boyer und Cohen auf Papierservietten den ersten Plan für ihre Zusammenarbeit.

Diese begann gleich zu Beginn des Jahres 1973. Es war eine aufregende aber anstrengende Arbeit. In Cohens Labor wurden die Plasmide isoliert und gereinigt, dann zum fast 60 km entfernten

Labor von Boyer transportiert, wo die enzymatische Schere E-coR1eingesetzt wurde. Aus den dabei gewonnenen Fragmenten wurden neue Plasmide zusammengesetzt, dann ging es zurück nach Stanford. Dort wurden die gewonnen Plasmide in E. coli-Wirtszellen eingeschleust. Dabei erwies sich das von Cohen aus E. coli isolierte Plasmid pSC 101 als geeignete „Genfähre". Es wurde von Boyers Enzym EcoR1 nur an einer Stelle geschnitten. Und was wichtig war, durch diese Spaltung des DNA-Ringes wurde weder dessen Fähigkeit, die Resistenz gegenüber Teracyclin zu übertragen, noch die Fähigkeit sich in der Wirtszelle zu vermehren, beeinträchtigt. Die Schnittstelle konnte, wie sich schnell zeigte, durch enzymatisches Einfügen eines DNA-Fragments mit „klebrigen" Enden wieder zu einem neuen Ring geschlossen werden. Zur Charakterisierung der Plasmide und DNA-Fragmente nutzten die Forscher Gel-Elektrophorese, Ultrazentifugation und Elektronenmikroskopie.

Die Arbeiten waren äußerst erfolgreich. Schon im November konnten Boyer, Cohen und ihre Mitarbeiter in der Fachpresse berichten, dass es ihnen gelungen wäre, ein aus DNA- Fragmenten hergestelltes Plasmid in E. coli-Zellen einzufügen. Dabei habe es sich um Fragmente aus verschiedenen E. coli Stämmen gehandelt. Einer der beiden DNA-Stränge habe die genetische Information für die Resistenz gegenüber dem Antibiotikum Tetrazyclin und der andere die für die Resistenz gegenüber Kanamycin getragen. Aus dem Experiment wären E. coli-Bakterien hervorgegangen, die gegenüber beiden Antibiotika resistent seien. In der fremden Wirtszelle waren also beide Genabschnitte des neu kombinierten, des rekombinanten, DNA-Moleküls aktiv. Nur wenige Monate später konnten sie nachweisen, das Gene aus nicht verwandten Bakterienarten unter Verwendung der gleichen Verfahrensschritte kombiniert und vermehrt werden können. Und bald darauf folgte die gemeinsame Entdeckung, dass sogar tierische Gene, Gene des afrikanischen Krallenfrosches, in Bakterienzellen eingebracht, die Wirtzellen zur Herstellung von Froschproteinen veranlassten. Was viele Forscher erhofft, andere befürchtet hatten: Die Manipulation von Genen war Wirklichkeit geworden. Und die Arbeiten von Cohen und Boyer sorgten schon für heftige Diskussionen unter den Molekularbiologen bevor die Aufsätze über ihre Arbeiten veröffentlicht worden waren. Denn Herbert Boyer sorgte schon im Juni 1973 in New Hamton, New Hamphire, auf einer Konferenz über Nucleinsäuren für große Aufregung, als er über Ergebnisse der gemeinsamen Forschung berichtete. „Jetzt können wir jede DNA kombinieren!", rief einer der Zuhörer laut in den Saal.

Wussten doch die Teilnehmer dieser Gordon-Konferenz recht gut über den Stand der Forschungen in den führenden Laboratorien Bescheid. Sie kannten Paul Bergs Experimente und sie wussten auch, dass im Labor von David Baltimore am Massachusetts Institute of Technology (MIT) ein neuer relativ einfacher Weg zur Isolierung von Genen auch aus tierischen und pflanzlichen Zellen gefunden worden war. Dazu hatte dort der Postdoc Inder M. Verma das Enzym Reverse Transkriptase benutzt. Dieses Enzym hatte David Baltimore 1970 fast gleichzeitig mit Howard Temin entdeckt. Baltimore und Temin hatten unabhängig voneinander gefunden, dass es Viren, so genannte Retroviren, gibt, die ihre genetische Information in Form einer Einzelstrang-RNA in ihrer Kapsel tragen. Die Beobachtung, dass die RNA des Virus sobald sie in die infizierte Zelle eindringt in eine doppelsträngige DNA konvertiert wird, hatte dann zur Entdeckung des dafür genutzten viralen Enzyms geführt. Diese Entdeckung hatte in der Fachwelt für beträchtiges Aufsehen gesorgt. Hatte man doch bisher geglaubt der Informationsfluss könne nur von der DNA zur RNA aber nicht umgekehrt erfolgen.

Und jetzt hatte Verma gezeigt, dass die Reverse Transkriptase nicht nur zur Übersetzung von viraler RNA in DNA taugte, sondern jede Art von RNA in DNA überführt. Damit war es möglich geworden, die kurzlebige Boten-RNA (mRNA), die von aktiven Genen als Vorlage für die Proteinsynthese gebildet wird, durch die Überführung in stabile DNA abzufangen. Und da in pflanzlichen oder tierischen Zellen von den Vieltausenden Genen in ihren Chromosomen jeweils nur wenige aktiv sind, war das ein wichtiger Schritt zur Gewinnung und Übertragung von Genen zwischen Lebewesen. Die folgenden Schritte - den Einbau der isolierten Gene in die DNA von Plasmiden, deren Übertragung in Bakterienzellen und die Vermehrung und Selektion der fremden Gene in und mit den Bakterien, diese Schritte waren jetzt Boyer und Cohen gegangen. Und ihr Weg war viel einfacher, als der von Paul Berg. Damit aber konnten solche Experimente auch in Laboratorien ohne teure Spitzenausrüstung ausgeführt werden.

Doch konnte das nicht gefährlich sein? Konnte die Kombination von Genen aus Bakterien, Viren mit denen von Pflanzen, Tieren und eventuell Menschen und deren Vermehrung in bisher harmlosen Bakterien nicht gefährliche Lebensformen hervorbringen? Bestand nicht die Gefahr, dass aus den Reagenzgläsern der Forscher tödliche Mikroben krochen und das Leben auf der Erde bedrohten? Etliche der Tagungsteilnehmer hielten das für möglich.

Sie initiierten, dass am letzten Tag der Konferenz über diese Probleme beraten wurde. Dabei wurde beschlossen, die National Academy of Sciences und die National Academy of Medicine in je einem Brief über die neuen experimentellen Möglichkeiten, die damit verbundenen Gefahren und auch Hoffnungen zu informieren. Diese Informationen waren mit der Bitte verbunden, einen Ausschuss zur rekombinanten DNA zu gründen.

Dieser Ausschuss, das „Comittee on Recombinat DNA", trat am 17. April 1974 zum ersten Mal unter der Leitung von Paul Berg zusammen. Die Mitglieder dieses Komitees, sieben Wissenschaftler und der Bio-Ethiker Richard J. Roberts, riefen in einem offenen Brief die Forscher in aller Welt auf, vorerst freiwillig auf bestimmte Experimente, wie das Klonieren von Genen gefährlicher Viren in Bakterien, zu verzichten. Überhaupt sollten alle Experimente mit tierischen Genen sorgfältig überdacht und im Zweifelsfalle zurückgestellt werden, bis auf einer internationalen wissenschaftlichen Konferenz das weitere Vorgehen erörtert worden wäre.

Diese Konferenz fand vom 24. bis 27. Februar 1975 statt. Das Berg-Komitee hatte in das etwa drei Autostunden von San Francisco entfernte Asilomar – Kongresszentrum in Pacific Grove eingeladen. Und 140 Teilnehmer aus sechzehn Ländern waren angereist unter ihnen auch Deutsche und Wissenschaftler aus der Sowjetunion.

Asilomar- der aus dem spanischen "asilo al mar – Zuflucht, Refugium am Meer abgeleitet Name des gleich hinter den Dünen des großen Ozeans gelegene Kongresszentrums versprach Ruhe zu Überlegung und Sammlung. Doch die schöne Umgebung mit rustikalen Bungalows in einem Hain aus Kiefern und Mammutbäumen reichte nicht aus, die angereisten Wissenschaftler, Journalisten und Juristen zu beruhigen. Zu aufregend waren die zu behandelnden Themen. War doch bekannt geworden, dass es inzwischen auch gelungen war Ratten – und Drosophila-DNA in E. Coli – Zellen einzubringen. Gleich nach der Eröffnung der Konferenz am Montagmorgen durch David Baltimore waren alle Sitzungspausen von hitzigen Diskussionen geprägt. Argumente und Gegenargumente prallten beim Essen, beim Strandspaziergang und beim abendlichen Drink aufeinander. Bis in die tiefe Nacht wurde gestritten.

Baltimore hatte die Teilnehmer beschworen, sich über Richtlinien für den Umgang mit den neuen Techniken zu einigen. Nur so könnten sie, die Fachleute, die Hoheit über ihre Wissenschaft behalten und ihre Arbeit vor Reglementierung durch Juristen und Beamte und vor militärischem Missbrauch schützen.

Die Schwierigkeit einen Konsens zu finden, bestand vor allem darin, dass niemand konkrete Vorstellungen zu Nutzen und Gefahren der neuen experimentellen Techniken hatte. Wie aber konnte man ein realistisches Bild gewinnen, ohne zu experimentieren? Ohne Risiko?

Für einige war die rekombinante DNA Teufelszeug, das verboten werden sollte.

Und diese Wissenschaftler befürchteten auch, dass die Erkenntnisse der Wissenschaft für Kriege missbraucht werden könnten. Denn das Weltbild der Menschen hatte sich durch den Vietnamkrieg und die erfolgreichen Mondmissionen der NASA verändert. Sie hatten die Mondlandung erlebt, hatten erstmals Bilder von der Erde aus dem Weltall gesehen. Bilder des wunderschönen blauen Planeten, der klein und verletzlich seine Bahn durch Leere und Dunkelheit zog und von seinen Bewohnern beschützt und weder durch Kriege noch durch Umweltvergiftungen der Industrien verheert werden sollte. Und nun war eine neue Gefahr dazu gekommen.

Aber das sahen nicht alle so. Für diese besaßen gerade die neuen Gentechniken das Potential, den Planeten schöner und bewohnbarer zu machen. Verhießen doch die neuen Techniken die zukünftige Befreiung der Menschheit von Erbkrankheiten, neue Medikamente und die Herstellung von Pflanzen und Tieren mit Wunscheigenschaften. Waren dagegen die Bedenken nicht lächerlich kleinlich? Und bestanden die Gefahren überhaupt? Beherrsche man doch auch den Umgang mit gefährlichen Krankheitserregern. Für viele bestanden zwar Gefahren aber nur in der Arbeit anderer, nicht aber in den eigenen geplanten oder bereits begonnenen Experimenten. Und die Furcht dieser Vielen, dass die hier beschlossenen Regeln und Vorschriften ihre eigene Arbeit und die ihres Fachbereiches behindern könnten, drohte die Konferenz scheitern zu lassen.

Zu diesem Zeitpunkt trat Sydney Brenner vor die Versammlung. In einer brillanten Rede griff der Forscher am Medical Research Council im englischen Cambridge die widerstreitenden Positionen auf. Ja es sei richtig, bei dieser neuartigen Forschung mit rekombinanter DNA auf die bewährten Sicherheitsvorkehrungen für die Arbeit mit gefährlichen Viren und Bakterien zurückzugreifen. Es sei richtig und notwendig diese baulichen und methodischen Maßnahmen je nach Größe der Gefährdung gestaffelt anzuwenden. Aber auch diejenigen, die sagten, das reiche nicht, hätten Recht. Und deshalb müsste neben all diesen wichtigen Maßnahmen noch eine biologische Sicherung treten. Es sei notwendig, für die Experimente nur solche Bakterien, Phagen und Viren zu verwenden, die durch Züchtung oder Gentechnik so verändert seien, dass sie außerhalb des Labors nicht überleben könnten.

Dieser Verweis Brenners auf flankierende biologische Methoden am Nachmittag des zweiten Konferenztages machte es möglich, nun ernsthaft an der Aufstellung eines Regelwerkes für Experimente mit rekombinanter DNA zu arbeiten.

Und als der Kongress zu Ende ging, herrschte Einigkeit darüber, dass die Forschung zur Genmanipulation weitergehen könne und müsste. Natürlich unter Einhaltung der hier erarbeiteten Richtlinien. In diesen wurden alle bisher bekannten Methoden der Genmanipulation in vier Kategorien eingeteilt – von solchen mit geringem Risiko bis zu jenen, von denen man möglichst die Finger lassen sollte. Der Hauptweg, möglichen Gefahren zu begegnen, sahen die Konferenzteilnehmer darin, Bakterien, Phagen und Viren, die außerhalb der Laboratorien nicht fortpflanzungsfähig sind, zu „konstruieren". Diese Richtlinien bildeten später die Grundlage für nationale Leitlinien und Gesetze. Und sie haben sich bewährt. In den mehr als vierzig Jahren seit der Asilomar-Konferenz sind auf der ganzen Welt unzählige Experimente mit der Kombination von DNA unterschiedlichster Lebewesen ausgeführt worden, ohne dass es eine Gefährdung von Menschen gegeben hat.

Die zunächst sehr strengen Richtlinien wurden zwar oft als hinderlich empfunden. Aber sie gaben den Forschern auch eine gewisse Sicherheit beim Vordringen in das neue Forschungsfeld. Immer anspruchsvoller wurden die Erkundungsexperimente. Und viele der Forscher konnten sich eine kommerzielle Nutzung der neuen Techniken vorstellen. Zu einer solchen Meinung kam auch der Direktor für das Patentwesen an der Standford University, nachdem er in der „New York Times" einen Artikel über die Forschung von Boyer und Cohen gelesen hatte. Und er drängte die beiden Forscher, ihre Erfindung zur Herstellung und Vermehrung rekombinanter DNA patentieren zu lassen.

Boyer und Cohen wollten davon zunächst nichts wissen. Sie führten an, dass ihre Forschung doch aus öffentlichen Mitteln finanziert worden sei. Außerdem wären etliche der angewandten Techniken und Enzyme Erfindungen und Entdeckungen anderer Forscher. Und die Werkzeuge, mit denen sie hantierten, habe die Natur selbst hervorgebracht. Der erfahrene Patentexperte hielt ihnen entgegen, dass ihre, wie jede Erfindung, auf dem Stand der Technik aufbaue. Aber durch Kombination und Neubewertung bekannter Mittel wären sie zu einem neuen nicht vorhersehbaren Ergebnis gekommen. Und dessen Patentierung würde die Forschung nicht behindern. Im Gegenteil, ein Patent gewähre zwar das Recht, über die kommerzielle Nutzung der Erfindung für einen Zeitraum von zwanzig Jahren zu bestimmen, wäre aber zwingend mit der Offenlegung der Informationen zu der Erfindung verbunden. Diese Informationen würden also weltweit der Allgemeinheit zugänglich gemacht und könnten so die weitere Forschung und Entwicklung vorantreiben. In ihrem Fall könne durch Lizenzvergabe verhindert werden, dass die aus öffentlichen Mitteln bezahlte Forschung zur privaten Bereicherung durch kommerzielle Nutzer diene, ohne dass daraus Gelder für die gemeinnützige Forschung zurück flössen. Und nach Ablauf des Patentschutzes gingen ihre Erfindungen in das Gemeingut der gesamten Menschheit über.

Die beiden Forscher stimmten schließlich der Anmeldung von drei Patenten zu. Diese Patente, die nach einigen Jahren und vielen Auseinandersetzungen erteilt wurden, sollten den beiden Universitäten über 200 Millionen Dollar an Lizenzgebühren einbringen.

Die Berichte der Presse über die Arbeiten von Boyer und Cohen machten auch den jungen Finanzexperten Bob Swanson darauf aufmerksam. Swanson arbeitete in San Francisco für eine Firma, zu deren Geschäftsmodell es gehörte, junge Hi-tech – Firmen im kalifornischen Silicon Valley zu finanzieren. Und Swanson, der auch eine naturwissenschaftliche Ausbildung besaß, konnte sich vorstellen, dass mit der Gentechnik bei kleinem Einsatz viel Geld zu verdienen wäre. Man bräuchte dazu doch nur Bakterien so zu manipulieren, dass sie fabrikmäßig als Medikamente nutzbare Proteine, wie Insulin, produzierten.

Und er hatte sich kundig gemacht: in den USA gab es etwa 8 Millionen Diabetiker, von denen die meisten auf Insulin angewiesen waren. Die chemische Synthese des Hormons war zwar im Labor gelungen, aber sie war für eine industrielle Produktion zu kompliziert. Der Bedarf wurde bisher nur notdürftig durch Insulin gedeckt, das aus den Pankreas – Drüsen von Schweinen und Rindern gewonnen wurde. Die Gewinnung war aufwändig und es war abzusehen, dass der Bedarf bei der steigenden Anzahl an Erkrankten bald das Aufkommen übersteigen könnte. Außerdem wurden die tierischen Insuline von manchen Menschen schlecht vertragen. Wenn es also gelänge, menschliches Insulin rein und billig durch Bakterien produzieren zu lassen, könne man also einen großen Markt bedienen und reich werden. Um zu klären, ob dieser Traum zu realisieren wäre, nahm Swanson 1976 Kontakt zu Boyer auf. Es kam zum Treffen, das für zehn Minuten vereinbart nach drei Stunden mit der Absicht endete, die erste Gentechnik Firma „Genentech"(genetic engineering technologie) zu gründen. Sawanson gelang es, die für den Arbeitersohn Boyer große Summe von 100 000 Dollar für die Gründung bereit zu stellen. Dass sie in wenigen Jahren mit dem Börsengang ihrer Firma zu Multimillionären werden würden, konnte im April 1976 niemand ahnen. Besaß ihr Unternehmen doch noch kein markfähiges Produkt, nichts womit Geld verdient werden konnte. Und sie mussten, um ihr kühnes Vorhaben zu verwirklichen, potentiellen Investoren so schnell wie möglich zeigen, dass die Insulinherstellung im Labor klappte.

Um dahin zu kommen, konnte man die mRNA für die Insulinbiosynthese aus menschlichen insulinproduzierenden Zellen gewinnen, mit dem Enzym Reverse Transkriptase in die entsprechende DNA umschreiben und mit einer geeigneten Genfähre in Bakterien einführen. Dieser Weg erforderte aber wegen des Hantierens mit menschlichen Genen die zeitaufwendige Einhaltung strikter aufwändiger Sicherheitsvorkehrungen und besonderer Laborausrüstungen. Aber die Firmengründer besaßen weder Zeit noch ein unternehmseigenes Labor.

Es gab jedoch noch einen anderen Weg zum Erfolg – die Arbeit mit synthetischer DNA. Dass es möglich ist, mit chemischen und enzymatischen Methoden ein funktionsfähiges Gen aus Nukleotidbausteinen herzustellen, hatten einige Jahre zuvor die Wissenschaftler um Har Gobind Khorana am MIT gezeigt.

Und Boyer kannte Arthur Riggs, einen Forscher, der etwas davon verstand. Und es bedurfte keiner Überredungskunst, um Riggs und seinen Kollegen Keiichi Itakura mit ins Boot zu holen. Denn die beiden Forscher am „City of Hope National Medicinal Center" hatten kurz vor Boyers Anfrage erfahren, dass ihr Antrag zu Forschungen zur gentechnischen Herstellung eines menschlichen Hormons von der Gesundheitsbehörde NIH abgelehnt worden war – wegen nicht erkennbarem Nutzen.

Und nun hatten sie durch Zusammenarbeit mit Genentech die Möglichkeit, diesen Nutzen nachzuweisen. Es wurde vereinbart, bevor der Weg zur gentechnischen Insulinproduktion in Angriff genommen wurde, mit einem einfacheren Hormonmolekül Erfahrungen zu sammeln. Bei den folgenden Laborarbeiten erwies sich der aus Japan stammende Itakura als ein Meister der Gensynthese. In kurzer Zeit hatte er eine Technik zur drastischen Beschleunigung der Syntheseschritte entwickelt. Schon im Sommer 1977 war es soweit: Zum ersten Mal wurde ein menschliches Hormon, das Wachstumshormon Somatostatin, von E. coli-Bakterien produziert. Und am 24. August war auch die gentechnische Herstellung von Insulin im Labor geglückt. Genentech war gerettet! Und 1982 erhielt das unter dem Namen „Humulin"von Bakterien produzierte menschliche Insulin die behördliche Zulassung als Arzneimittel.

Heute beschäftigt das Unternehmen, das inzwischen zur Hoffmann-La- Roche-Gruppe gehört, über 14000 Mitarbeiter. Und neben Genentech existieren etwa 2600 Unternehmen, die Produkte durch gentechnische Verfahren herstellen. Ein Großteil dieser Produkte sind Medikamente der Anwendungsfelder Diabetes, Multiple Sklerose, Rheuma, angeborene Blutgerinnungs- und Stoffwechselstörungen und Krebserkrankungen. Bei diesen Arzneimittel handelt es sich zu einem großen Teil um menschliche Proteine, die ohne Gentechnik gar nicht oder nur unter großem Aufwand aus Leichengewebe gewonnen werden könnten. Aber auch bei der Herstellung von Impfstoffen hat die Gentechnik Einzug gehalten. Und alle diese Wirkstoffe werden von gentechnisch veränderten Organismen, Bakterien, Hefen und Zellkulturen produziert. Eine Erfolgsgeschichte, die von der Entwicklung immer neuer Forschungstechniken und den damit erzielten neuen Erkenntnissen begleitet wurde. Am Anfang dieser Entwicklung stand die Erarbeitung von Methoden zur schnellen Bestimmung der Reihenfolge der Nukleotide in einer DNA-Kette. 1977 stellten gleich zwei Forschungsteams ihre Methoden dazu vor. Die eine Methode stammte aus dem Labor des Physikers und Biochemikers Walter Gilbert in den USA und die andere aus dem Labor von Frederick Sanger im englischen Cambridge, wo schon eine Methode zur Ermittlung der Aminosäuresequenz in Proteinen entwickelt worden war. Und es war auch die Sanger-Methode, die sich wegen ihrer leichteren Automatisierbarkeit durchsetzen sollte.

Die Idee zu einer anderen für die Entwicklung der Gentechnik wichtigen Methode hatte der Biochemiker Kary B. Mullis, als er im Frühjahr 1983 in einer Nacht mit dem Auto auf einer kalifornischen Bergstraße unterwegs war. Die Verfolgung dieser Idee aus der vom Duft blühender kalifornischer Rosskastanien erfüllten „magischen" Mondscheinnacht führte zur Polymerase-Kettenreaktion, PCR. Die Methode nutzt die Tatsachen, dass bei hohen Temperaturen (um 95°C) der Doppelstrang eines DNA-Moleküls in zwei Einzelstränge getrennt wird und jeder dieser Einzelstränge nach Herabsetzung der Temperatur und Anwesenheit des Enzyms DNA-Polymerase von einer Startsequenz(Primer) aus die Gussform für die Bildung eines neuen Doppelstranges bildet. Heute lassen sich mittels PCR im Labor mit Automaten winzige DNA-Mengen, z.B. aus Speichelproben oder einem Bluttropfen, millionenfach identisch für weitere Verwendungen und Untersuchungen vermehren. Aber für die Entwicklung der Gentechnik waren nicht nur Forschungserfolge nötig. Genauso wichtig waren Investoren, die bereit waren, die oft schwierige und teure Suche nach therapeutisch wirksamen Proteinen, die Isolierung und den Transfer von deren Genen in Wirtszellen und die kostspieligen Zulassungsverfahren zu finanzieren. Den Anreiz dazu bildete, der nach erfolgreicher Forschung und Entwicklung zu erzielende Gewinn. Doch wie sicher war der?

Mit der Industrialisierung hatte sich das Patentwesen herausgebildet. Durch Erwerb eines Patents erhält der Patenteigner das Recht, für einen Zeitraum von zwanzig Jahren Nutzung und Nachahmung seiner Erfindung durch Mitbewerber zu verhindern. Das ermöglicht es ihm, für sein Produkt einen Preis zu erzielen, der nicht nur die Kompensation der Forschungs- und Entwicklungskosten, sondern einen darüber hinausgehenden Gewinn ermöglicht. Und das, ohne durch Geheimhaltung Forschung und Entwicklung zu behindern. Der ehemalige amerikanische Präsident Abraham Lincoln war vom Patentwesen so begeistert, dass er es als Brennmaterial für das Feuer des Genies bezeichnet hatte.

Doch wie war das bei der Gentechnik? Gene und die sie repräsentierenden Gensequenzen gibt es schon in der Natur, darf auf sie ein Patent erteilt werden? Wie ist das bei synthetisch hergestellten DNA-Fragmenten? Sie können leicht kopiert werden. Und die Mikroorganismen mit neuen Genen, sie können sich sogar selbst vermehren? Wie kann verhindert werden, dass Konkurrenten die Ergebnisse langwierige Arbeit unentgeltlich nutzen? Können Lebewesen patentiert werden?

In den USA wurde diese Unsicherheit 1980 durch eine Entscheidung des obersten Gerichts, des Supreme Court, beendet. Nach dieser Entscheidung ist nach dem US - Patentrecht alles, was von Menschen hergestellt worden ist, patentierbar, auch Lebewesen, wenn sie gegenüber dem Naturzustand technisch verändert wurden. Auch in Europa werden inzwischen Patente auf Lebewesen und nützliche Gensequenzen erteilt. Diese Entscheidungen wurden vielfach kritisiert. Gegner jeglicher Gentechnik sprachen von einem Frevel an der Schöpfung oder von einer frevelhaften Missachtung der Weisheit der Evolution. Häufig wurde angeführt, dass Lebewesen mit ihren Organen, Zellen und Genen bereits in der Natur vorhanden wären. Sie könnten daher nur entdeckt, nicht erfunden werden. Aber nur Erfindungen, nicht aber Entdeckungen dürften nach den internationalen Gesetzen patentiert werden. Also dürfe es keine Patente auf Leben geben.

Diese Beweisführung verkennt aber, dass die Gentechnik durch neuartige Kombinationen von in der Natur vorkommenden oder nach Vorbild der Natur geschaffenen Genen Organismen mit neuen geplanten Eigenschaften schafft. Bakterien, die Insulin, Wachstumshormone oder Blutgerinnungsfaktoren herstellen, kommen in der Natur nicht vor. Ihre Herstellung geht also weit über eine bloße Entdeckung hinaus.

Doch es war wohl nicht das Erkennen dieses Denkfehlers, sondern der Erfolg der Gentechnik, dass Menschen, die durch ihren leidenschaftlichen Widerstand die gentechnische Herstellung von Insulin in Deutschland fast fünfzehn Jahre lang verhindert hatten, die Herstellung nützlicher Stoffe durch gentechnisch veränderter Mikroorganismen zu akzeptieren begannen. Menschen, die als „Grüne", in Umweltverbänden und in Bürgerinitiativen erbittert gegen jegliche Gentechnik gekämpft hatten, hatten erkennen müssen, dass es aussichtslos ist, eine Technik zu bekämpfen, wenn diese Bluter mit den Gerinnungsfaktoren für ein Leben ohne Angst, Diabetiker mit dem lebensnotwendigen Insulin und viele leidende Menschen mit Medikamenten zur Behandlung von Lungen – und Nervenkrankheiten, Gelenkentzündungen, Wachstumsstörungen und Krebs versorgt. Und noch dazu hatte sich diese Technik als sicher erwiesen. All die Schreckenszenarien von aus den Anlagen entweichenden Mikroorganismen, die ihre veränderten Gene unkontrollierbar in der Umwelt verbreiten, waren nicht eingetreten.

Die geschlossenen Systeme und die Einhaltung der Prinzipien von Asilomar hatten sich bei der Herstellung von Medizinprodukten und auch bei der Gewinnung von Enzymen für technische Anwendungen bewährt. Niemand kann wirklich wollen, dass viele Millionen von jungen Kälbern sterben müssen, um den gesamten Bedarf an Labferment zur Käseherstellung zu decken. Reichte doch die Anzahl von etwa 6 Millionen jährlich in der EU geschlachteten Kälbern gerade aus, um die Hälfte der deutschen Käseproduktion zu ermöglichen.

An dieser stillen Duldung der Gentechnik änderten auch die Jagd der Gentechnikfirmen nach Genen für potentielle Medikamente und das dadurch vorangetriebene Humangenomprojekt nichts.

Aber die Akzeptanz erstreckt sich nicht auf Lebewesen, Pflanzen und Tiere, die in die Umwelt entlassen werden sollen. Und es waren nicht zuletzt die wissenschaftlichen Entdeckungen zur Andersartigkeit von Tieren und Pflanzen gegenüber Bakterien, die alte Ängste bestärkten und neue entfachten.

Bis Ende der 1970iger Jahre war die Wissenschaft überzeugt, dass die durch Experimente mit Bakterien, Organismen ohne Zellkern (Prokaryoten), gewonnenen Erkenntnisse für alle Lebewesen gelten. Dann aber wurde in den USA und den Niederlanden entdeckt, dass bei Eukaryoten, Organismen, deren DNA sich wie bei Pflanzen und Tieren in Chromosomen organisiert in einem Zellkern befindet, die Mehrheit der Gene nicht aus einer zusammenhängenden DNA-Sequenz, sondern aus einem Mosaik kodierender(Introns) und nicht kodierender(Exons) Abschnitte besteht.

Und bis Anfang der 1990iger Jahre wusste man: Bei der Übersetzung der DNA-Information dieser Gene in die m- RNA wird zunächst die gesamte Basenfolge der Exon- und Intronabschnitte in eine lange prä-m-RNA übersetzt. Aus dieser RNA werden dann die den Introns entsprechenden Abschnitte herausgeschnitten und die verbleibenden Abschnitte zur reifen m-RNA zusammengefügt. Diese Nukleinsäure verlässt den Zellkern, um im Cytoplasma an den Ribosomen die Proteinsynthese zu steuern. Für das Herausschneiden und Verbinden der RNA-Abschnitte hat sich Spleißen als Fachausdruck herausgebildet. In der Seefahrt bezeichnet Spleißen das Zusammenflechten von Seilen. Und dieses Spleißen in den Zellkernen von Tieren, Pflanzen und verschiedener Einzeller erwies sich als ein äußerst komplexer und sehr präziser Vorgang. Reicht es doch aus, die Schnittstelle nur um ein Basenpaar zu verfehlen, um die zu bildende Boten-DNA und damit das entsprechende Gen unwirksam zu machen. Für eine weitere Überraschung sorgten kurz nach Entdeckung des Spleißvorganges die Beobachtungen, dass aus ein und derselben prä-mRNA durch alternatives Spleißen verschiedene reife mRNA- Moleküle und durch deren Translation auch mehrere unterschiedliche Proteine oder Polypeptide gebildet werden können.

Die DNA in den Chromosomen der Zellkerne von Tieren und Pflanzen ist also in einer höchst komplexen ausbalancierten Weise organisiert. Und war es da nicht höchst fahrlässig und vermessen, zu versuchen in dieses System fremde Gene einzuführen? Musste das Einfügen fremder DNA in ein System, indem einzelne DNA-Abschnitte je nach Spleißvorgang als Introne oder Exone fungieren konnten, nicht unvorhersehbare vielleicht gefährliche Folgen haben? Sprachen dafür nicht auch die Befunde von Krebsforschern, die um 1976 entdeckt hatten, dass erst bestimmte Anordnungen von so genannten Krebsgenen zum Tumorwachstum führen?

So sahen es jedenfalls die Gegner der Gentechnik, als es 1983 in Köln einer Forschungsgruppe um die belgischen Molekularbiologen Jezef Schell und Marc van Montagu gelang Bakteriengene in das Genom von Pflanzen zu übertragen.

Die Forscher hatten entdeckt, dass, ein Bodenbakterium von Natur aus das konnte, wonach viele Wissenschaftler suchten, Teile seines Erbmaterials, in Pflanzenzellen übertragen. Und die von Agrobakterien tumefaciens übertragenen Gene waren in den Pflanzenzellen aktiv und sorgten für das Wohlergehen des Bakteriums. Einige veranlassten die infizierten Zellen zur Produktion von Hormonen, die durch Stimulierung vermehrter Teilung zu tumorartigen Wucherungen und damit für einen geschützten Lebensraum für die Bakterien sorgten. Andere Gene zwangen die Wirtzellen zur Produktion von Stoffen zur Ernährung der Bakterien.

Wenn es gelänge diese für die Bakterien nützlichen Gene aus dem Bakterienplasmid für den Gentransfer herauszuschneiden und durch andere für den Menschen nützliche Gene und deren Steuerungsgene zu ersetzten, sollten die Agrobakterien gute Fähren für den Gentransfer in Pflanzenzellen darstellen. Und dieser Nachweis war den Forschern in Köln mit der Erzeugung transgener Tabakpflanzen gelungen.

Wenn die Kölner Forscher auch nicht erwartet hatten, in der Öffentlichkeit nur bejubelt zu werden, der Sprengstoffanschlag auf ihr Institut im Sommer 1985 kam völlig überraschend. Genauso überraschend war, dass sich die „Rote Zora", eine Gruppe radikaler Feministinnen zu diesem Anschlag bekannte. Die „roten" Kämpferinnen sahen in der Gentechnik ein Machtinstrument in der Hand der herrschenden Klasse. Und wenn auch die Explosion in der Nacht an einem Rohbau des Instituts damals kaum jemand aufgeweckt hat, sie wurde zu einem Startschuss zum Widerstand gegen die Gentechnik.

So wurde schon der erste Freilandversuch, der ausschließlich der Grundlagenforschung diente, von heftigen Protesten begleitet. Die Forscher des Kölner Max-Planck-Institutes hatten in Petunien, die weiß blühten, weil ihnen wegen eines Gendefekts ein Enzym zur Pigmentbildung fehlte, das entsprechende Gen aus Maispflanzen übertragen. Die Übertragung hatte zu lachsroten Petunien geführt. Dieser Farbwechsel stellte also einen einfach zu verfolgenden Indikator für die Aktivität des fremden Gens im Petuniengenom dar. Und die Forscher wollten diesen Farbindikator nutzen, um ein eventuelles „Abschalten" des Maisgens durch so genannte „springende Gene" nachzuweisen. Da die Positionswechsel bestimmter Gene im Genom seltene Ereignisse sind, waren dazu sehr viele Pflanzen, also ein Freilandversuch, nötig.

Dazu waren am 14. Mai 1990 auf einem Versuchsfeld des Max-Planck-Institutes für Pflanzenzüchtungsforschung 30.700 Petunien ausgepflanzt worden. Diesen für die Gegner der Gentechnik ungeheuren Vorgang wollten etwa 200 Demonstranten verhindern. Zu dieser Demonstration aufgerufen hatte das Bündnis "Kölner BürgerInnen beobachten Petunien". Die Gentechnikgegner argwöhnten, dass die Freisetzung der wahrscheinlich harmlosen Blumen als Türöffner für einen Feldbau mit gentechnisch veränderten Pflanzen dienen solle.

Der friedliche Protest hatte zwar die Freisetzung der Petunien nicht verhindern können, aber die weitere Beobachtung zeigte einen für Gegner und Wissenschaftler gleichermaßen unvorhergesehenen Versuchsverlauf. Hatten die Forscher eine Hand voll weißer Punkte in einem lachsroten Blütenmeer erwartet, so waren sie von einem Feld mit massenhaft (über 60%) gesprenkelten Blüten überrascht worden.

Für die Forscher des Instituts war das ein Beweis für die Notwendigkeit von Freilandversuchen, die gerade mit unerwarteten Ergebnissen zu neuen Forschungen veranlassen. Und inzwischen wissen die Wissenschaftler, dass die intensive Sonnenstrahlung im Freiland über natürliche Steuerungsmechanismen bei den meisten Petunien die fremden Gene abgeschaltet hatte. Heute kennt die Wissenschaft viele solcher epigenetischer Effekte. Und die Epigenetik, die unter anderem das An- und Abschalten von Genen durch

Umwelteinflüsse erforscht, ist zu einem hoch aktuellen Forschungsfeld geworden. All das Erkenntnisse aus langwierigen Forschungsarbeiten.

Für die Gegner der Gentechnik aber war nach dem Kölner Versuchsergebnis sofort klar: Die Gentechnik war von den Wissenschaftlern im Elfenbeinturm nicht kontrollierbar und daher unsicher und mit unabsehbaren Folgen gefährlich.

Doch die Wenigen, die zu Beginn der neunziger Jahre vor manipulierten Blumen warnten, konnten die Aufbruchsstimmung von Wissenschaft und Unternehmen zur Gentechnik nicht trüben. Eröffnete die neue Technik doch völlig neue Möglichkeiten für Forschung, Züchtung und vielleicht zukunftsträchtige Wirtschaftsfelder. Neben Universitäten und anderen öffentlichen Forschungseinrichtungen beteiligten sich auch zunehmend Unternehmen an der Herstellung und Erforschung transgener Pflanzen. Und dabei handelte es sich zunehmend nicht mehr um Modellpflanzen, wie Petunien und Tabak, sondern um wichtige Kulturpflanzen. Für den Gentransfer war neben den Agrobakterien die in den USA entwickelte „Genkanone" getreten. Mit Hilfe dieses Gerätes können sehr kleine mit DNA beschichtete Gold- oder Wolframpartikel mit fast vierfacher Schallgeschwindigkeit in Pflanzenzellen geschossen werden.

Diese Forschungsarbeiten machten eine schnell steigende Anzahl von Freisetzungsversuchen erforderlich. Im Jahre 2000 sind allein in Deutschland über 200 solcher Versuche durchgeführt worden. All diese Versuche hatten ein strenges Genehmigungsverfahren durchlaufen und waren nur erlaubt worden, wenn sicher war, dass Mensch und Umwelt nach dem Stand der Wissenschaft nicht gefährdet werden.

Nach dem Stand der Wissenschaft- das reichte den Gegnern der Gentechnik nicht, hätten doch die Petunien das unvollkommene Wissen der Forscher offenbart. Und damit war für die Kritiker entschieden, gentechnisch veränderte Pflanzen bargen unbekannte

Gefahren und hatten in der Umwelt nichts zu suchen. Mit der Verfestigung dieser Überzeugung waren die Aktionen gegen die landwirtschaftliche Gentechnik immer wirkungsvoller geworden. Hatte die Antigentechnikbewegung sich zunächst mit Plakatkampagnen, offenen Briefen, der Teilnahmen an Fernsehdiskussionen und Demonstrationen begnügt, waren bald nächtliche anonyme Verwüstungen der Versuchsfelder und seit 1993 Feldbesetzungen hinzugekommen. Bei den Feldbesetzungen errichteten meist junge Aktivisten beiderlei Geschlechts auf für Freisetzungen vorgesehenen Äckern Protestcamps und leisteten bei der polizeilichen Räumung passiven Widerstand.

Die Aktionen erreichten, dass sich in einer Bevölkerung, die nach den Unfällen in Seveso und Tschernobyl Wissenschaft und Industrie misstraute und von Gentechnik kaum etwas wusste, Missbehagen und diffuse Ängste gegenüber der neuen Technik entwickelten. Und als dann im Herbst 1996 in den USA die erste Ernte kommerziell angebauter gentechnisch veränderter Mais – und Sojapflanzen eingefahren wurde und sich abzeichnete, dass daraus hergestellte Lebensmittel bald auch Europas Supermärkte erreichen würden, fürchteten diese Menschen, sie könnten als Versuchskaninchen missbraucht werden.

Und diese Stimmung griff Greenpeace auf und reihte sich mit einer europaweiten Kampagne gegen „Genfood" in die Front der Gentechnikgegner ein. Es begann in Hamburg, am 10. Oktober 1996 demonstrierten 40 Greenpeaceaktivisten unter dem Banner „Wir sind keine Versuchskaninchen" in Kaninchenkostümen vor der Unileverzentrale. Und am 5. November empfingen Greenpeaceaktivisten in Schlauchbooten einen Frachter mit 65. 000 Tonnen Sojabohnen aus gentechnisch veränderten Pflanzen schon auf der Elbe und projizierten unübersehbar an die Bordwand des Schiffes: „ Kein Gentech-Soja in unsere Lebensmittel!"

Die Aussicht verhasstes „Genfood" bald unerkannt auf dem Frühstücksteller zu haben, trieb auch die unabhängigen Gentechnikgegner Europas zu radikaleren Protesten. In Frankreich entwickelte eine linksgerichtete gegen die Industrialisierung der Landwirtschaft kämpfende Bauernbewegung eine neue Kampfmethode – die Feldbefreiung. Nach vorherigen öffentlichen Ankündigungen möglichst in Anwesenheit von Reportern stürmten die Befreier häufig in weißen Schutzanzügen Gentechnik-Felder, rissen die Pflanzen heraus, trampelten oder walzten sie mit Traktoren nieder. Bestrebt einen möglichst hohen Schaden anzurichten, gingen die Aktivisten bewusst das Risiko einer empfindlichen Strafe ein. Boten doch die folgenden Gerichtsverhandlungen eine Bühne, vor der Öffentlichkeit zu verkünden, dass die Aktionen ein Akt von Zivilcourage und Notwehr wären, um der Ausbreitung der Gentechnik auf den Feldern Einhalt zu gebieten.

Das französische Vorbild fand Nachahmer in Spanien und Deutschland, wo die Organisation „Gendreck –weg" ab 2005 zahlreiche Feldbefreiungen durchführte. Greenpeace und andere Umweltorganisationen distanzierten sich zwar vom Vorgehen der Feldbefreier, unterstützten aber propagandistisch deren Aktionen. Und das gemeinsame Vorgehen war erfolgreich. Heute mehr als ein Vierteljahrhundert nach Freisetzung der Petunien finden in Deutschland keine Freisetzungsversuche mehr statt, sind Deutschlands Felder frei von Gentechnik. Und außer in Spanien hat der Anbau von transgenen Pflanzen in keinem europäischen Land Fuß fassen können. Weltweit übersteigt derweil die Anbaufläche für Gentechnik-Pflanzen deutlich die gesamte landwirtschaftliche Nutzfläche aller Länder der Europäischen Union. Neben Soja, Mais, Raps und Baumwolle werden inzwischen auch transgene Zuckerrüben, Kartoffeln Zucchini, Papaya und Auberginen angebaut. Und in den USA ist seit November 2015 ein gentechnisch veränderter Lachs als Lebensmittel zugelassen. Glückliches Deutschland, glückliches Europa?

Studenten 2016

„Hallo, ihr seid ja schon da! Hier sieht es ja immer noch total wie im Buch aus. Das helle Haus, das an einen Mississippidampfer erinnert, an ein gestrandetes Schiff, das sich durch die Kiefern hindurch hinab ins Meer stürzen will. Und die Terrasse, da am Rande sind ja auch die überdachten Tische, die wie Futterraufen aussehen!"

Lisa und ihr Begleiter Jan traten an einen der Biergartentische heran und begrüßten zwei weitere junge Paare. Allesamt Studenten. Sie waren gestern auf der kleinen Insel Hiddensee angekommen und hatten sich am Abend im „ Goodewind" in Vitte kennengelernt und dort lange zusammen gesessen. Und dabei hatte sich herausgestellt, dass sie alle Lutz Seilers „Kruso" gelesen hatten. Und man hatte sich für den heutigen Nachmittag zu einem Treffen im „Klausner" verabredet, dem Hauptschauplatz des Romans, einem Restaurant hoch über dem Meer. Die neu hinzugekommenen Lisa und Jan studierten in Kiel, Lukas und Anne in Rostock und Johanna und Alexander waren Studenten aus Greifswald. Sie alle hatte das für Anfang Mai außerordentlich schöne und warme Wetter in diesem Jahr 2016 herausgelockt, ein verlängertes Wochenende auf Hiddensee zu verbringen.

„ Wir sind heute den ganzen Tag über die Insel gewandert und ich wenigstens bin dabei dem Buch, wie soll ich es sagen, atmosphärisch irgendwie näher gekommen. Diese Landschaft, nicht wirklich fremd, herb und bilderbuchsüß zugleich, aber kaum mit etwas Bekanntem vergleichbar. Irgendwie konnte ich empfinden, dass man sich hier außerhalb der realsozialistischen DDR fühlen konnte, ohne sie eigentlich verlassen zu haben", sagte Lisa.

Jan ergänzte: „Und hier stieß der schier allmächtige Staat an seine Grenzen. Und das konnte man sehen. Hier verstellte keine Mauer, kein Stacheldrahtzaun den Blick aufs freie Meer und, wenn man Glück hatte, schaute man sehr, sehr weit hinaus. Bei guter

Sicht reichte der Blick zwar nicht bis ins Jenseits aber doch bis zu den weißen Kreideklippen der dänischen Insel Møn."

„Und niemand konnte das Sehen verbieten. Gegen Sehnsucht und Träume waren die grauen Wachschiffe und die Grenzsoldaten machtlos. Ziemlich machtlos auch gegenüber den Liedern, wenn Greifswalder Studenten hier auf der Litzenburg oder in einer Inselkneipe ‚Freiheit, die ich meine‘, ‚Die Gedanken sind frei‘ oder auch ‚Die Gewi-Leut sein`s, sein`s kreuzbrave Leut, denn sie lesen nur die Prawda, halten sich für Wissenschaftler … , sangen", warf die Pharmaziestudentin Anna ein.

„Gewi-Leut?", fragte Jan. „ Gesellschaftswissenschaftler – das waren jene, welche Vorlesungen und Seminare für Studenten aller Fachrichtungen zur Lehre des Marxismus-Leninismus und zur Politik der DDR-Regierung abhielten und versuchten Begeisterung für den Sozialismus zu entfachen", antwortete Alexander.

„Darin waren sie wohl nicht besonders erfolgreich, wie der Verlauf der Geschichte zeigt.", erwiderte Jan.

„Sie standen auf verlorenem Posten", sagte Alexander. „Sie hatten die Theorien von Marx, Engels und Lenin genau studiert und hielten sich, wie die Mächtigen der DDR, für eine Avantgarde, die glaubte, den einzig richtigen Weg in eine paradiesische Zukunft zu kennen. Aber die Wirklichkeit hielt sich nicht an ihre Lehre. Hätten doch nach Abschaffung des Privateigentums an Produktionsmitteln die Quellen des Wohlstands nur so sprudeln sollen; stattdessen Mangelwirtschaft, Rückstand, grauer Alltag. Da aber die Lehre als unumstößlich, wissenschaftlich bewiesen galt, machten sie als Grund für die Misserfolge Diversion und Sabotage, eben den Klassenfeind aus.".

„Mit dem Ergebnis, dass ein ganzes Volk in ein Hochsicherheitsgefängnis gesperrt wurde und ein unsinnig großer Apparat zur Bespitzelung der Bevölkerung geschaffen wurde. Was, wie sich zeigte, auch das geduldigste Volk, nicht dauerhaft zu ertragen gewillt war", ergänzte Lukas.

„Es war schon schockierend für mich, anerkennen zu müssen, dass nicht ausgesprochen böse Menschen für die Tragödien des vergangenen Jahrhunderts verantwortlich waren, sondern ganz gewöhnliche Menschen, Menschen, deren Denken in einem geschlossenen Weltbild, einer Ideologie gefangen war", warf Johanna ein.

„Und wenn es um die Nation, das auserwählte Volk, die Zukunft der Rasse oder gar der ganzen Menschheit ging,", ergänzte Alexander, „ was zählten da schon die Toten im Krieg, die Menschen, die in Hitlers und Stalins Lagern umkamen, was die Toten an der Grenze. Was schützt davor, uns in einem solchen Denken zu verfangen?"

„Der beste Schutz ist, so denke ich, wenn wir immer vor Augen haben, dass niemand den alleinig richtigen Weg in die Zukunft kennt, dass wir uns alle irren können. Deshalb, denke ich, sollten wir, wie alle die eine Wissenschaft studieren oder studiert haben, für eine offene Gesellschaft eintreten", ergriff Jan das Wort und fuhr fort: „Der Begriff - offene Gesellschaft – stammt von Sir Karl Popper, einem ursprünglich aus Österreich stammenden britischen Philosophen. Philosophie, das ist eigentlich nicht mein Ding. Ich glaube nicht, dass der Mond weg ist, wenn ich nicht hinsehe. Und wenn ich bei Lisa bin, beschäftigen wir uns nicht mit dem Ding an sich, aber Popper hat mich interessiert, weil er von der Frage ausgeht, was wir Naturwissenschaftler von der Welt wissen können. Schon Anfang der 1930iger Jahre, noch bevor er wegen des drohenden Anschluss Österreichs an das Hitlerreich ins Exil gegangen war, hatte er ein Buch über die Logik der Forschung veröffentlicht. Dieses Buch war nicht das Produkt eines einsamen Denkers im stillen Kämmerlein, sondern eine Auseinandersetzung mit der damaligen Revolution in der Physik, mit Relativitäts- und Quantentheorien. Mit Erwin Schrödinger und Niels Bohr hatte er darüber intensive Gespräche geführt. Für mich als Physiker war es zunächst etwas schockierend, dass Popper in dem Buch ganz logisch nachvollziehbar nachweist, dass man aus empirischen Beobachtungen kein allgemeines Gesetz ableiten kann. Hatte ich doch die Verallgemeinerung von experimentellen Ergebnissen für einen sicheren Weg zur Erkenntnis gehalten. Stattdessen schlägt Popper vor, dass Theorien, Modelle für die Wirklichkeit, aufgestellt, ja erfunden werden sollen und dann durch Beobachtungen und Experimente versucht werden soll, diese zu widerlegen. Gelänge das, müsse die Theorie durch eine verbesserte oder durch eine völlig neue ersetzt und diese wiederum auf ihre Widerlegbarkeit geprüft werden. Durch das Aussieben falscher Theorien käme man in einem evolutionären Selektionsprozess der Wahrheit immer näher, ohne je beweisen zu können, dass man sie endgültig erreicht hätte."

„Und was hat das mit offener Gesellschaft zu tun?", warf Alexander ein.

„Wie in den Naturwissenschaften nicht aus Einzelfällen auf eine allgemeine Wahrheit geschlossen werden könne, so könne, nach Popper, auch aus dem bisherigen Verlauf der Geschichte nicht auf Gesetze für den zukünftigen, einzig wahren Weg geschlossen werden. Die Zukunft bliebe offen. Niemand könne zukünftige Entwicklungen, Entdeckungen und Erfindungen voraussagen. Und jeder noch so gut gemeinte Versuch, einen am Reißbrett geplanten Idealstaat aufzubauen, müsse in Unfreiheit, in Diktatur enden. Dagegen könne eine für Veränderungen und neue Ideen offene Gesellschaft durch ständige Fehlersuche und Fehlerbeseitigung eine evolutionäre Entwicklung zum Besseren erreichen."

„Und was soll das konkret für eine Gesellschaft sein?", fragte Lukas.

„Nur in einer Gesellschaft, die nicht an Dogmen und starre Lebensweisen gebunden ist, besteht die Möglichkeit zu Reformen, zur ständigen Verbesserung des Staatswesens. Und nach Popper hat die Menschheit dazu noch nichts Besseres als die Demokratie erfunden.", antwortete Jan.

„Demokratie - Volksherrschaft, Herrschaft des Staatsvolkes –
das klingt immer wieder gut, trotzdem habe ich damit einige
Bauchschmerzen. Ich frage mich, ob mit Entscheidungen durch die
Mehrheit Fortschritt nach der Versuch- und- Irrtum-Methode
wirklich klappen können", erwiderte Lucas.

„ Nun Popper war keineswegs der Meinung, dass die Mehrheit
immer Recht hat, für ihn bestand der wesentliche Aspekt der Demokratie auch weder in der Herrschaft des Volkes als Souverän
noch in der Legitimation der Regierenden durch das Volk, sondern
darin, dass Regierungen ohne Blutvergießen ausgetauscht und
auch zur Verantwortung gezogen werden können. Und damit
schlechte Regierungen nicht zu viel Schaden anrichten können,
sollte, nach Popper die Zeit bis zur nächsten Wahl nicht zu lang
sein.", ergänzte Jan.

„Das klingt alles total vernünftig. Aber entscheidet sich nicht
oft erst nach Jahrzehnten, wenn das Kind schon in den Brunnen
gefallen ist, ob Entscheidungen zu politischen und wirtschaftlichen
Ausrichtungen richtig oder falsch waren. Die Regierungen haben
dann inzwischen schon mehrmals gewechselt. Wer soll dann noch
zur Verantwortung gezogen werden?", fragte Lukas.

„Ich traue unseren Abgeordneten schon zu, dass sie vor schwer-
wiegenden Entscheidungen erst nach eingehender Beratung in der
Fraktion, nach Anhörung verschiedener Meinungen, nach Beratung durch Experten und Befragung des eigenen Gewissens für o-
der gegen eine bestimmte Weichenstellung stimmen. Dass sich
eine solche Mehrheitsentscheidung auch schon mal im Nachhinein
als unglücklich erweist, ist sicher nicht auszuschließen", warf Alexander ein.

„Solche unglücklichen Weichenstellungen sind für mich die
Entscheidungen unserer Politiker zur Grünen Gentechnik.", erwiderte Lukas, „Die von Grünen und Umweltverbänden gefeierte Befreiung der deutschen Felder von gentechnisch veränderten Pflanzen, das Verbot von Bt-Mais MON810, das Aus für die

Stärkekartoffel Amflora und inzwischen das bevorstehende Total-verbot für gv-Pflanzen bedeutet auch das Ende für eine Zukunfts-technologie in Deutschland. Damit koppelt sich unsere Republik endgültig von einer Entwicklung ab, die weltweit aus den Labora-torien heraus wächst und die Ackerflächen der Erde erobert. Eine Höherentwicklung kann ich in dieser Politik nicht erkennen."

„Das überrascht mich", wandte sich Alexander an Lukas." Ist es nicht ein Segen, dass sich verantwortungsbewusste Politiker für die Bewahrung der Schöpfung stark gemacht haben? Ist es nicht notwendig die Vielfalt der Schöpfung zu achten und zu erhalten? Hat nicht die Natur einen eigenen von uns Menschen unabhängi-gen Wert, der unserer Nutzung Grenzen setzt?

Sind doch einmal in die Umwelt freigesetzte Gen-Pflanzen nicht mehr rückholbar, stellen aber eine Gefahr für das ökologi-sche Gleichgewicht und die menschliche Gesundheit dar. Macht das nicht der großflächige Anbau in Nord- und Südamerika deut-lich: Mäßige Erträge, teures Saatgut, Schulden, Abhängigkeit von Konzernen, erhöhter Verbrauch von Kunstdünger und Pestiziden und Umweltschäden durch vergiftete Insekten und resistente Su-perunkräuter?"

„Dass du dir als zukünftiger Pastor Sorgen um die Schöpfung machst, wenn es um Genmanipulationen geht, ist ja okay", entgeg-nete Lukas." Dass du dir aber die Argumente, mit denen uns Grüne und Umweltverbände bombardieren, ungeprüft zu Eigen machst … Merkt ihr denn nicht, dass die so nicht stimmen können? Glaubt ihr denn, dass die amerikanischen und kanadischen Farmer völlig verblödet sind? Dass die Farmerfamilien und die Manager der rie-sigen Landwirtschaftsunternehmen auf Gentechnik setzen würden, wenn diese mit all den aufgezählten Nachteilen verbunden wäre?"

„Die sind durch die Konzerne, durch Monsanto, mit Verspre-chungen total überrumpelt worden und können jetzt aus den Kne-belverträgen nicht mehr raus", verteidigte Johanna ihren Partner.

„Wenn dem so wäre, wie erklärst du dann, dass seit nun schon zwanzig Jahren der Anbau von gv-Pflanzen in Kanada und den

USA stetig zugenommen hat? Und das trotz des teureren Saatguts. Dass die Gegner der Gentechnik nicht Recht haben können, zeigt auch eine Publikation der Uni Göttingen. Darin werden die Auswirkungen des Anbaus von gv-Pflanzen an Hand von 147 Studien aus verschiedenen Ländern analysiert. Und darunter waren auch durchaus Gentechnik kritische Untersuchungen. Die Analyse der Göttinger Wissenschaftler ergab, dass mit dem Anbau von gv-Pflanzen die Ernteerträge und die Einkommen der Farmer deutlich gestiegen sind. Und das bei Rückgang der eingesetzten Pflanzenschutzmittel. Diese positiven Effekte seien in Entwicklungsländern besonders stark gewesen.

Das erklärt auch den Anbau in Südamerika. In der Pampa, wo früher einzelne halbwilde Rinderherden weideten, erstrecken sich jetzt weite Felder mit gentechnisch veränderten Sojabohnen; in Argentinien auf der Hälfte der gesamten Anbaufläche des Landes. Und das, obwohl der Monsanto-Konzern dort keinen Patentschutz für die transgenen Pflanzen erhalten hatte, also weder Patentgebühren kassieren noch Druck durch Knebelverträge ausüben konnte", argumentierte Lukas und fuhr fort. „Da Monsanto und andere Saatgutfirmen in Argentinien für glyphosatresistentes gv-Soja keinen Patentschutz erhalten hatten, konnten sie auch nicht verhindern, dass die Farmer das begehrte Saatgut nur einmal kauften und dann die nächsten Aussaaten mit einem Teil der vorherigen Ernten bestritten und dazu sogar noch mit dem gv- Saatgut handelten. Und dieser Handel vorbei an den Saatgutkonzernen überschritt schnell die Landesgrenze und verbreitete Gen-Soja auch in Brasilien. Und das nicht, weil Monsanto oder die Regierungen das wollten. Und dass dabei dort bisher ungenutzte natürliche Landschaft zu Ackerland wurde, liegt nicht an den neuen Pflanzen, sondern daran, dass die übrige Welt, auch wir, nicht mehr mit ihren Ackerflächen auskommt."

„Wenn vielleicht nicht an den Gen-Pflanzen, so hat Monsanto ganz sicher an Glyphosat verdient. Und verdient noch immer an dem Gift, mit dem raffgierige Farmer nicht nur dauerhaft ihre Böden, sondern auch sich selbst vergiften", sagte Alexander.

„Dass Monsanto in Südamerika besonders gut an dem Unkrautvernichter verdient hat und noch verdient, kann ich mir nicht vorstellen, ist doch der dortige Siegeszug der Gen-Soja durch den Preisverfall des Glyphosats nach Ende des Patentschutzes für diesen Stoff angetrieben worden.", erwiderte Lukas. „Jedes Unternehmen in der Welt, das dazu in der Lage ist, darf seit 2000 diesen Wirkstoff herstellen, ohne an Monsanto Gebühren zahlen zu müssen. Allein in Argentinien sind das mehr als 20 Hersteller. Und dazu kommen noch die Billigimporte aus China. Diese haben den südamerikanischen Markt derart überschwemmt, dass Monsanto 2004 ohne Erfolg in Argentinien eine Antidumping-Klage gegen die chinesische Konkurrenz eingereicht hat."

Lukas nahm einen kräftigen Schluck aus seinem Bierglas und fuhr fort: „Ich glaube schon, dass euch das Herz aufgeht, wenn ihr ein gelbes Kornfeld mit blauen Kornblumen und blühendem Klatschmohn seht. Doch als Landwirtschaftsstudent weiß ich, dass all die so schön anzusehenden Wildkräuter Landwirten massive Probleme bereiten, wenn sie auf den Feldern überhand nehmen. Denn die schnellwachsenden Unkräuter konkurrieren mit den Kulturpflanzen um Nährstoffe, Wasser und Licht und können mit steigender Anzahl Ertrag und Qualität der Ernten erheblich sinken lassen. Bei einigen Kulturen bis um die Hälfte. Und ich bin ganz gegen den Zeitgeist der Meinung, dass Felder mit hohen Erträgen besser für die Umwelt sind, als solche voller blühender Wildkräuter. Hohe Erträge verhindern, dass immer größere Flächen naturnaher Landschaft zu Ackerland werden müssen. Wenn zukünftig auf den vorhandenen Flächen noch Pflanzen für Bioplastik, Biodiesel und Blühstreifen für die Insekten wachsen sollen, müssen die Erträge noch steigen. Und dabei hilft das so verteufelte Glyphosat, das übrigens ziemlich schnell abgebaut wird und schon deshalb den Boden nicht dauerhaft vergiften kann. Ich habe allerdings keine Ahnung, ob auch die anderen Gefährdungen durch

Glyphosat frei erfunden sind. Zu vermuten ist es, nehmen es doch diejenigen, die am lautesten dagegen schreien, mit der Wahrheit nicht so genau. Da vertraue ich den deutschen Beamten vom Bundesinstitut für Risikobewertung schon mehr, wenn sie feststellen, dass Glyphosat bei sachgerechter Anwendung kein Gesundheitsrisiko darstellt. Sollte das aber nicht der Fall sein, muss die Chemikalie natürlich vom Acker verschwinden und anderen Stoffen und Methoden Platz machen. Die beste Lösung wird wohl eine ökologisch kluge Kombination unterschiedlicher Unkrautvernichtungsmethoden sein. Für die Insekten könnten Blühstreifen nicht aber Felder voller blühender Unkräuter sorgen. Zu den Zuständen in der Jugend unserer Großeltern, als ganze Schulklassen zum Unkraut hacken auf die Felder gekarrt wurden, wird die Landwirtschaft jedoch sicher nicht zurückkehren."

„Sollen wir nun das Monsantogift in unserer Umwelt geil finden und den Konzern wegen des schlechten Südamerikageschäftes bedauern? Monsanto, diesen Weltkonzern, der selbst dann von Landwirten Lizenzgebühren verlangt, wenn die Rapsernte auf ihren Feldern, ohne ihr Zutun, von patentierten Gen-Pflanzen verunreinigt wird?", ereiferte sich Johanna.

„Als ich zuerst davon hörte, habe ich wie du reagiert", antwortete Lukas. „Wahrscheinlich noch empörter. War ich doch damals mit gerade vierzehn voll der Meinung, Greenpeace und Co. wären sichere Häfen für die Meinungsbildung zu Umweltfragen. Und die hatten enthüllt, da gäbe es einen Konzern, dessen Gen-Raps die Felder Nordamerikas verseuche, weil es unmöglich sei, den Gen-Pollen aufzuhalten. Und ohne eine Möglichkeit zu haben, diese Kontamination zu verhindern, sollten Bauern an den Monsanto-Konzern Gebühren zahlen für Gen-Pflanzen, die ohne ihr Zutun gegen ihren Willen auf ihren Äckern gewachsen waren. Und dem Farmerehepaar, das mutig gegen diese himmelschreiende Ungerechtigkeit siegreich angekämpft hätte, wäre jetzt 2007 der verdiente Alternativnobelpreis verliehen worden. Waren das nicht echte Helden? Echte, tolle Vorbilder? Und ich hatte begonnen, alles darüber zu sammeln. Dabei kam ich natürlich auch nicht an den Begründungen der kanadischen Gerichte für die Urteile im Rechtsstreit zwischen dem Farmer Percy Schmeiser und dem Monsanto-Konzern vorbei. Und nach dieser Lektüre fühlte ich mich von den grünen Verbänden belogen und betrogen.

Wenn ich erwartet hatte, dass dort ein einfacher aufrechter Mann siegreich dem Unrecht die Stirn geboten hätte, erlebte ich das genaue Gegenteil. Schmeiser ist in einem Prozess über drei Instanzen der Patentverletzung schuldig gesprochen worden. Und das zu Recht! Selbst das nüchterne Juristenenglisch zeichnete das Bild eines Menschen, der durch Ausflüchte, Spitzfindigkeiten und juristischen Tricks, einer hohen Schadensersatzzahlung und Strafe zu entgehen suchte.

Er war nach anonymer Anzeige vom Monsanto-Konzern auf Zahlung einer Lizenzgebühr für den Anbau von Roundup-Ready-Canola verklagt worden. RR-Canola ist eine patentierte Rapssorte, der durch Einführung eines Fremdgens Resistenz gegen Glyphosat verliehen wurde. Der Vorteil dieser Pflanzen besteht darin, dass die Unkrautbekämpfung nicht nur vorbeugend mit unnötig viel Herbizid, sondern auch nach Auflaufen der Sojasaat bei Bedarf erfolgen kann. Das spart Pflanzenschutzmittel und macht teure Bodenbearbeitung überflüssig.

Schmeiser bestritt zunächst, diesen Raps bewusst ausgesät zu haben und versuchte sich zunächst als doppeltes Opfer darzustellen. Erst wären die Samen gegen seinen Willen durch Wind und Pollenflug oder Verwehungen von offenen Fahrzeugen auf seinen Acker gelangt, hätten seine Aussaat von konventionellem Raps verunreinigt und nun hätte Monsanto auch noch Gebühren dafür verlangt. Er wurde jedoch schnell überführt, den Gen-Raps selbst ausgesät zu haben. Denn auf seinen Feldern wuchs 1998 auf einer Fläche von mehr als 580 Fußballfeldern kein konventioneller, sondern Roundup-Ready-Raps, der nur zu zwei bis fünf Prozent durch konventionellen Raps verunreinigt war. Außerdem konnte

Schmeiser nachgewiesen werden, dass er im Frühjahr von einer Firma Rapssamen zur Aussaat hatte reinigen und beizen lassen. Und auch bei diesem Raps handelte es sich, eindeutig um fast reinen RR-Raps, wie Experten für das Gericht anhand der Rückstellmuster, die die Aufbereitungsfirma routinemäßig zurückbehalten hatte, feststellen konnten. Woher Schmeiser dieses Saatgut mit dem gentechnisch veränderten Raps hatte, konnte nicht wirklich festgestellt werden. Nach der bestellten Ackerfläche muss es sich um 1,5 bis 2 Tonnen gehandelt haben und Schmeiser hätte dafür nach dem Gerichtspapier etwa 15000 Dollar an Lizenzgebühren zahlen müssen.

Durch die Tatsachen in die Enge getrieben hatte Schmeiser schließlich eingeräumt, das Saatgut stamme von Pflanzen, die ohne sein Zutun auf einem Randstreifen eines seiner Felder im Gemisch mit konventionellem Raps gewachsen wären. Um die Verunreinigung seines Anbaus durch Monsanto-Pflanzen auf diesem Randstreifen nachweisen zu können, hätte er die konventionellen Pflanzen auf einer Fläche von etwa drei Hektar durch Glyphosat vernichtet und die Samen der überlebenden Pflanzen geerntet und im folgenden Jahr ausgesät. Eine Darstellung, die für mich wenig glaubhaft ist, denn alle Versuchsberichte zu Vermischungen von in unterschiedlichen Abständen gepflanzten Kulturen zeigen, dass eine so starke Vermischung, wie sie Schmeiser angegeben hat, schlicht nicht möglich ist. Wie dem auch sei, für das Gericht war auch so bewiesen, dass der Held der Grünen nach der Behandlung mit Glyphosat wusste oder wissen musste, dass auf seinem Feld transgener RR-Raps heranwuchs. Aber anstatt sich darüber bei Nachbarn oder Monsanto zu beschweren, hatte er die angeblich unerwünschten Samen geerntet, gesondert aufbewahrt, aufbereiten lassen und auf mehr als der Hälfte seiner Felder ausgesät."

„Haben aber die grünen Umweltorganisationen dem kanadischen Farmer nicht gerade deshalb den Rücken gestärkt, weil er von dem uralten Recht der Bauern, Saatgut selbst zu vermehren, Gebrauch gemacht hat? Verlieren die Bauern dieses Recht nicht und geraten in Abhängigkeit von Konzernen, wenn die Saatgutkonzerne über Patente in den alleinigen Besitz von Lebewesen gelangen?", wandte sich Johanna an Lukas.

„Wer eine solche Ansicht in die Welt setzt, hat entweder keine Ahnung oder lügt", antwortete Lukas aufgebracht. „Der Patentinhaber wird nicht zum Besitzer der von ihm erfunden Pflanzensorte, sondern hat lediglich das Recht erworben, 20 Jahre lang für den Anbau der Sorte Lizenzgebühren zu verlangen. Und solche Reglungen gab es schon lange, bevor es gentechnisch veränderte Pflanzen gab. Auch das Sortenrecht erlaubte Züchtern bei uns und in Kanada, für die von ihnen auf herkömmliche Weise entwickelten neuen Sorten Lizenzgebühren zu verlangen. Und zwar 25 Jahre lang. Wie sollte es sonst eine erfolgreiche wettbewerbsstarke Pflanzenzüchtung geben. Dauert doch die Züchtung einer neuen konventionellen Sorte etwa fünfzehn Jahre und verschlingt schon mal einen Millionenbetrag. Und wer könnte oder wollte sich das leisten, wenn erfolgreiche Züchter nicht die Möglichkeiten hätten, ihre Arbeiten mit Gewinn vergütet zu bekommen. Bei uns erlaubt das Sortenschutzgesetz zwar Landwirten, nach einmaliger Zahlung der Lizenzgebühr einen Teil der Ernte für die Aussaat im nächsten Jahr zurück zu behalten, das aber nicht, ohne den Züchter darüber zu informieren und eine angemessene Gebühr, die Nachbaugebühr, zu zahlen. Auch in unserer gentechnikfreien Zone hätte Schmeisers Handlungsweise als Betrug gegolten."

„Aber der Nachweis, dass der Farmer vielleicht ein kleiner Betrüger war, wäscht doch die grüne Gentechnik nicht weiß", antwortete Johanna. „Das ändert doch alles nichts daran, dass in den Gentechnik-Labors die Artgrenzen ignoriert werden. Dass Gene aus anderen Lebewesen in Pflanzen hineinmanipuliert werden, ohne zu wissen und beeinflussen zu können, welche Wechselwirkungen mit anderen Genen auftreten können. Da kann doch niemand unerwartete Wirkungen ausschließen."

„Als Medizinerin weißt du aber auch, dass es bei der sexuellen Fortpflanzung, egal ob bei Menschen, Tieren oder Pflanzen, immer zu einer tiefgreifenden Neukombination des gesamten Genoms kommt", ergriff Lisa das Wort. „Da kommt es zu Neukombinationen ganzer Chromosomen und innerhalb der Chromosomen durch Crossing-over zu neuen Arrangements der verschiedenen Zustandsformen der Gene. Und richtig kompliziert wird es, wenn bei der konventionellen Züchtung Mutationen hinzukommen. Und egal, ob es sich um spontane Mutationen oder durch Bestrahlung der Samen mit radioaktiven Strahlen erzeugte Genveränderungen handelt, immer ist es möglich, dass daraus Lebewesen mit für uns schädlichen Eigenschaften hervorgehen. Anders ist es auch nicht, wenn durch Gentechnik nützlich Gene hinzugefügt oder unerwünschte entfernt werden. Hier wie dort sind vorteilhafte wie auch schädliche neue Kombinationen möglich. Und weil das so ist, werden gentechnisch veränderte Pflanzen in einem langwierigen aufwändigen Prozess auf mögliche Gefahren für Mensch und Umwelt geprüft. Und diese Prüfungen gehen weit über das hinaus, was für die Zulassung konventioneller Sorten üblich ist. Sie sind etwa so streng, wie die Prüfungen zur Zulassung von Arzneimitteln."

„Aber reicht das! ", ergriff Alexander das Wort. „Hört und liest man doch, Fütterungsstudien hätten die Schädlichkeit von gv-Pflanzen erwiesen. Die unabhängigen Wissenschaftler hätten es aber schwer sich gegen die Lobby der Konzerne durchzusetzen. Soll das alles nicht wahr sein?"

„Es gibt eine solche Studie für Monsanto-Mais", griff Anna in das Gespräch ein. „Aber diese Versuchsergebnisse der Gruppe um den Franzosen Séralini stehen im Widerspruch zu Langzeitversuchen anderer unabhängiger europäischer Forscher. Die Veröffentlichung musste auch wegen methodischer Mängel zurückgezogen werden. Seralinis verwirrende Versuchsdurchführung abseits international anerkannter Standards, die unvollständige Veröffentlichung der Versuchsbedingungen und eine medienwirksame Kampagne gegen die Gentechnik lassen vermuten, dass es bei dieser Studie von vornherein darum gegangen war, nicht Klarheit zu gewinnen, sondern Verwirrung im Sinne der Gentechnikgegner zu stiften. Und das klappt hervorragend mit Außenseiterergebnissen bei Medien, die ehrlich bemüht sind, ausgewogen zu berichten.

„Aber, wenn die Kritiker Recht hätten? Wäre es doch nicht das erste Mal, dass Außenseiter zu den richtigen Ergebnissen kommen.", ereiferte sich Johanna.

„Ja, was wäre dann?", erwiderte Lisa. „Wenn ohne die handwerklichen oder bewussten Fehler der von Greenpeace gelobten Biochemiker, deren Ergebnisse bestätigt werden sollten, muss die entsprechende genveränderte Sorte ihre Zulassung verlieren, von den Feldern verschwinden und neuen Sorten Platz machen. Ein Vorgang, der auch in der herkömmlichen Züchtung völlig normal ist. Auch dort mussten in der Vergangenheit Sorten aus dem Verkehr gezogen werden, weil sie toxische Wirkungen zeigten. Erst im vergangenen Jahr ist in Deutschland ein Mann an einer Zucchinivergiftung gestorben. Der dafür verantwortliche Cucurbitan-Giftstoff, mit dem sich die Pflanze vor Insektenfraß schützt, ist eigentlich auf herkömmliche Weise aus den Zucchinisorten herausgezüchtet worden. Durch Mutation, Rückkreuzung und aber auch schon durch hohe sommerliche Temperaturen, wie der Hitze im vergangenen Jahr, kann es wieder zur Bildung des Giftstoffs kommen. Aber niemand wird deshalb die Pflanzenzüchtung verbieten wollen. Stell dir dagegen vor, die Zucchini wären ein Produkt der Gentechnik!"

„Lisa, damit hast du sehr gut gezeigt, dass es bei der Beurteilung der Risiken einer neuen Sorte zuallererst auf deren Eigenschaften ankommt, nicht aber auf deren Herkunft aus einer konventionellen Zucht oder einfacher und billiger aus der Gentechnik", riss Lukas das Gespräch wieder an sich. „ Und wenn du dich richtig ins Zeug legst, werden Johanna und Alexander vielleicht ihre Meinung zur Gentechnik überdenken.

Doch was wäre damit gewonnen? Den Gegnern der Gentechnik ist es, ich glaube nachhaltig, gelungen, gentechnisch veränderte Kulturpflanzen von Deutschlands vielleicht von Europas Feldern fern zu halten. Unter dem Deckmantel der so vernünftig, so demo-kratisch anmutenden Wahlfreiheit für Verbraucher, ist es ihnen gelungen, gentechnisch hergestellte Pflanzen zu stigmatisieren, als Gefahrgut zu behandeln und ihren Handel nahezu unmöglich zu machen. Und damit meine ich nicht, die vielleicht vernünftige be-sonders genaue Prüfung der gentechnisch erzeugten neuen Sorten vor ihrer Zulassung. Nein ich meine die in Gesetze gegossene völ-lig andere Behandlung der gv-Sorten auch nach der Zulassung. Stellt euch einen Kartoffelhändler vor. Bei den herkömmlichen Sorten braucht er keine Angst zu haben, wenn es durch Gebrauch derselben Transportfahrzeuge und Sortiermaschinen beim Sorten-wechsel zu leichten Vermischungen kommt. Bei Abpackungen für Supermärkte ist es nicht einmal nötig anzugeben, um welche Sorte es sich handelt. Ganz anders, wenn er in seinem Sortiment auch durch Gentechnik erzeugte Sorten hätte. In diesem Falle müsste er, obwohl nicht die geringste Gefahr bestünde, auf strikte Trennung zwischen den Sorten aus herkömmlicher Züchtung und aus der Gentechnik achten, um zu vermeiden, dass einige Gen-Kartoffeln zu viel in die Abpackungen gentechnikfreier Sorten gelangen. Welcher Händler wird sich das antun? Und das gilt für alle Kultu-ren! Nach diesem Erfolg, hätten es die Gegner eigentlich nicht nö-tig gehabt, ihre Abneigung vor der grünen Gentechnik so massiv in die Herzen und Hirne einer ziemlich unwissenden Bevölkerung zu trommeln. Aber von der Notwendigkeit ihres Kampfes zur Ret-tung der Erde durchdrungen, werden die in ihrer Ideologie befan-genen Widersacher der Gentechnik nicht nachlassen, für einen gentechnikfreien Planeten jedes Mittel einzusetzen. Und bei so ei-nem hehren Ziel muss man es mit der Wahrheit nicht so genau nehmen, darf man lügen und verdrehen und Andersdenkende mit Dreck bewerfen, darf man demokratisch nach Wahlfreiheit rufen, um zu verbieten. Und in diesem misstönendem Konzert selbster-nannter Experten gehen die leisen Töne echter Wissenschaftler unter. Die Rostocker Professorin, Inge Broer, die immer noch zur

Gentechnik forscht, musste sich als Hexe, als Weib des Weltver-
gifterteufels, beschimpfen lassen. Wer kennt schon die Proteste
von Bio-Wissenschaftlern gegen die Anbauverbote, wer weiß
schon von der Stellungnahme der Leopoldina zur grünen Gentechnik.

Und die Politik folgt den verdummten Massen. Als vor einigen
Jahren die Uni Rostock, deren Versuchsfelder mehrmals von so
genannten Feldbefreiern verwüstet worden waren, nicht bereit
war, einem anarchistischen militanten Feldbefreier, einen Raum
für einen Vortrag bereit zu stellen, empörte sich eine Politikerin
der Grünen im Schweriner Landtag, an der Uni sei die Freiheit der
Gedanken – die Voraussetzung jeglicher Forschung nicht gegeben.
Und andere Grüne forderten, der Uni die Mittel zu kürzen.

Bürgermeister und Politiker empfangen den kleinen Gauner
Schmeiser als Ehrengast und gibt man diesen Namen in eine Inter-
netsuchmaschine, findet man Hunderte von Einträgen über den
grünen Helden ohne Furcht und Tadel. Nein die Gentechnik ist für
Deutschland, vielleicht auch für Europa verloren."

„Geht das auch etwas weniger dramatisch. Glaubst du nicht,
dass die Gentechnik, wenn sie anderswo so ungefährlich und erfolgreich ist, wie du annimmst, auch bei uns akzeptiert werden
wird", wandte sich Jan an Lukas.

Lukas erwiderte: „In meiner Heimatstadt Teterow findet all-
jährlich am Wochenende vor Pfingsten das traditionelle Hechtfest
statt. Dabei wird einer den Teterower Bürgern zugeschriebenen
Schildbürgerei gedacht.

Der Stadtfischer hatte einen riesigen Hecht gefangen. Und der
wohllöbliche Magistrat hatte befunden, dieses Prachtexemplar für
das in wenigen Tagen stattfindende Schützenfest aufzubewahren.
Um ihn frisch zuhalten, band man dem Hecht eine Glocke um den
Hals und warf ihn wieder in den See. Zur Sicherheit wurde die
Stelle, an der man den Fisch ins Wasser gesetzt hatte, noch durch
eine Kerbe im Boot markiert. Beides half nichts. Für das Festessen
musste teurer Fisch gekauft werden."

„Du siehst das zu schwarz. Die bisherige Gentechnik war doch nur ein stümperhaftes Vorspiel", wandte sich Lisa an Lukas. „Was konnte man den bisher: DNA-Fragmente irgendwie blind in die Zelle, in den Kern von Pflanzen oder Tieren bringen und hoffen, dass die eingeschleusten Informationsträger so im Wirtsgenom integriert werden, dass sie aktiv werden ohne andere Gene ungünstig zu beeinflussen. Und die wenigen zufälligen Treffer mussten mühsam gesucht und isoliert werden. Das erforderte High-Tech-Labors und die Kosten konnten nur die ganz Großen, die Konzerne, stemmen. Und die Erfolge waren überschaubar. Ein Paar herbizidresistente Soja–, Mais– und Getreidesorten, Pflanzen, die selbst Gifte gegen die sie bedrohenden Fressfeinde produzieren – das konnte bei uns, wo es im Gegensatz zu Amerika schon eine super Saatzucht gab, die Bauern nicht vom Hocker reißen.

Doch inzwischen hat eine Revolution stattgefunden. In vielen Forschungsgruppen weltweit werden zurzeit die Instrumente geschärft, mit denen die Gentechniker demnächst ganz präzise, ganz gezielt im Genom von Lebewesen operieren können. Und Europa und Deutschland sind dabei gut aufgestellt. Die Zinkfinger-Proteine wurden im britischen Cambridge im Labor von Aaron Klug entdeckt, die TALEN-Technik beruht auf Forschungsergebnissen an der Uni-Halle an der Saale und die Pionierin der Crisper-Technik Emmanuella Charpantier ist inzwischen Direktorin am Max-Planck-Institut für Infektionsbiologie in Berlin."

„Dein Optimismus in Ehren. Er ist ja auch nötig, wenn du an eine Zukunft als Molekularbiologin denkst. Aber teilen kann ich ihn echt nicht. Glaubst du, diejenigen, die glauben, dass der alt böse Feind mit groß Macht, viel List und Gentechnik die Welt verderben will, lassen sich durch neue Werkzeuge überzeugen? Und erst jene, deren berufliche Karriere sich auf die Bekämpfung der Gentechnik gründet … Glaubst du der Agrartechniker, die Germanistin, der Tierarzt, die Biologin und all die anderen, die als Gentechnikexperten in den Medien die Deutungshoheit über die Gentechnik erlangt haben, werden sagen, es tut uns leid, wir haben uns geirrt?

Nein, stattdessen gingen sie im vergangenen Jahr auf die Barrikaden, als das Bundesamt für Verbraucherschutz entschieden hatte, eine Rapssorte mit einer durch Genome Editing herbeigeführten Mutation unterliege nicht dem Gentechnikgesetz und könne in Deutschland angebaut werden. Von Bioland bis zum katholischen Landvolk haben Organisationen und natürlich auch Greenpeace gegen diese Entscheidung nicht nur protestiert, sondern auch geklagt. Und sie werden gewinnen. Die Deutschen wollen keine Gen-Technik. Und es tut mir leid, dass ich bei diesem schönen Wetter unsere Unterhaltung zu einen so verminten Acker geführt habe."

„Lukas bleib cool, wie anders als durch Austausch und auch Streit, können wir zu Urteilen kommen", sagte Alexander, „Und als Vertreter der Kirche, die sich auch protestantisch nennt, brauche ich auch zu Protest oder Zustimmung Informationen. Und deshalb möchte ich jetzt, wenn ihr nichts dagegen habt, unsere Fachfrau Lisa bitten, uns aufzuklären, was auf dem Vorspiel folgt, was das ist Gen- oder Genome Editing. Bei Editing fällt mir nur Editieren- Texte bearbeiten, Texte aufbereiten oder montieren ein."

„Genau das versteht man auch unter Genome Editing– im Genom, einem DNA-Text aus einigen Milliarden Basenpaaren, an einer ganz bestimmten Stelle eine Änderung vorzunehmen.", antwortete Lisa . „Dabei kann es sich um das Hinzufügen oder Entfernen einzelner Basenpaare, den Buchstaben der DNA-schrift, oder aber um das Herausschneiden, Einfügen und Austauschen von Genen handeln. Eine angesichts des riesigen Textumfanges fast unmögliche Aufgabe. Aber die Natur hat mit der Entwicklung des Lebens seit fast vier Milliarden Jahren einige Methoden dazu erfunden. Und die Molekularbiologen sind dabei, daraus für uns händelbare Werkzeuge zu basteln."

„Das wird ja ein Bildungswochenende", bemerkte Anna. „Gestern Abend hast du uns verraten, dass wir Sex den Parasiten, Bakterien und Viren zu verdanken haben, und heute sollen wir erfahren, wie Gene auch ohne Sexpartner neu kombiniert werden können."

„Das mit dem Sex habe ich im Praktikum am MPI in Plön erfahren", antwortete Lisa. „Die Evolutionsbiologen dort, erklären als Ergebnis ihrer Forschungen den Siegeszug des Sexes mit dem Wettlauf zwischen der Bedrohung durch sich schnell vermehrende Krankheitserreger und einem wirkungsvollem Immunsystem höherer Lebewesen. Denn Sex sorgt für die Durchmischung des Genpools. Männer sind danach unsere Krankenversicherung. Einige Lebewesen, Moose und Salpen wechseln sogar von Generation zu Generation die Fortpflanzungsart. Sie profitieren so vom Sex und der schnelleren und einfacheren ungeschlechtlichen Art der Fortpflanzung. Wollt ihr es euch bei dem schönen Wetter wirklich antun, dass ich euch jetzt etwas über Genome Editing erzähle? Eigentlich wollte ich ja noch baden. Muss aber erst den Badeanzug holen."

„Du bist auf Hiddensee. Hier gilt es fast als unschicklich, bekleidet ins Wasser zu gehen. Aber bevor es ins kühle Wasser geht, sind wir heiß auf das Editieren von Genen", warf Johanna ein.

„ Wie ihr wollt, ich muss euch aber warnen: Ich bin nur eine arme kleine Studentin, die vor jeder Prüfung ausreißen möchte und keine Fachfrau. Daher habe ich sicher auch Wissenslücken, wenn ich euch zu erklären versuche, was es mit Genome Editing auf sich hat.

Unter Genome Editing werden molekularbiologische Techniken mit sonderbaren Namen zusammengefasst: Zinkfinger, TALEN, CRISPR-CAS und Oligonukleotid- gesteuerte Mutagenese. Ihnen ist gemeinsam, dass mit ihnen gezielte Veränderungen in der genetischen Ausstattung von Organismen ausgelöst werden können. Dazu sind Werkzeuge aus zwei Komponenten nötig: Ein Eiweiß, ein Enzym, das als molekulare Schere, die DNA des Zielorganismus an einer ganz bestimmten Stelle schneidet und ein Lotse, der die Schere an diese Stelle navigiert. Der Lotse kann aus einem Stück DNA, einer RNA oder einem Protein bestehen. Er wird im Labor auf chemischen und enzymatischen Weg so hergestellt, dass er in die Zelle die gewünschte Stelle im Zielorganismus sicher findet. Als Schere dient eine Nuklease, die entweder von außen in die Zelle eingebracht wird oder dort von Natur aus vorhanden ist. In der Zelle sorgt der Lotsenteil des Editierwerkzeugs dafür, dass sich die Schere an einer gewünschten Stelle im Genom anlagert und den DNA-Strang zerbricht. Dieser Doppelstrangbruch kann nun auf unterschiedliche Weise genutzt werden, um Veränderungen in der DNA herbeizuführen.

Im einfachsten Fall überlässt man alles dem natürlichen Reparaturmechanismus. Dabei entstehen zufällige Veränderungen einzelner Basenpaare, mitunter kommt es auch zum Einfügen oder Entfernen kurzer DNA-Stücke. Durch diese Punkt-Mutationen können kurze Genabschnitte verändert oder gezielt ausgeschaltet werden. Der Schnitt durch die DNA-Spirale kann aber auch genutzt werden, ein Stück fremder DNA einzuschleusen. Dieses DNA-Fragment kann bis auf eine oder wenige Abweichungen mit der ursprünglichen Basensequenz an der Schnittstelle übereinstimmen. Die Zelle nutzt diese DNA dann als Vorlage, um den Schnitt zu schließen. Dadurch wird die eingebaute Änderung ins Zellgenom übernommen. Nach dem gleichen Prinzip können auch längere Fremd-DNA-Stücke bis hin zu ganzen Genen in die Bruchstelle eingebaut werden.

All diesen Techniken ist gemeinsam, dass die irgendwie in die Zelle eingebrachten Werkzeuge nach vollbrachter Operation in der Zelle abgebaut werden und später nicht mehr nachzuweisen sind. Daher kann außer beim Einbau von Fremdgenen das Ergebnis der Genombearbeitung nicht von Veränderungen durch natürliche Mutationen unterschieden werden. Und wenn es sich bei dem Fremdgen nicht um ein artfremdes Gen, sondern um etwa ein Gen für die Resistenz gegenüber einem Krankheitserreger aus Wildpflanzen der gleichen Art handelt, kann das Ergebnis nicht von einer durch Kreuzung erhaltenen Sorte unterschieden werden. Aber gegenüber allen herkömmlichen Techniken, mit den vergleichbare Ergebnisse zu erzielen sind, gelingt das mit Genome Editing sehr, sehr viel schneller und billiger.

Die Oligonukleotid- gesteuerte Mutagenese, OGM, nutzt zum Auffinden einer bestimmten Stelle im Genom die komplementäre Basenpaarung, die die beiden Stränge der Doppelhelix durch Wasserstoffbrücken zusammenhält. Ihr erinnert euch an die Schule: Adenin paart sich mit Thymin und Guanin mit Cytosin.

Ein kurzes synthetisch erzeugtes DNA-Stück, ein Oligonukleotid, mit einer Länge von 20 bis 100 Nukleotiden kann sich daher nur an eine DNA-Kette anlagern, wenn die Kette einen Bereich mit einer zur Basensequenz des Oligonukleotids komplementären Sequenz besitzt. Dieses einfache Prinzip, kurze DNA-Stücke als Lotsen zu benutzen, hat aber einen Haken. Die DNA liegt im Genom nicht als Einzelstrang sondern als durch Basenpaare zusammengehaltener Doppelstrang vor. Deshalb hat man, als vor vierzig Jahren begonnen wurde, Oligonukleotide als Lotsen für punktgenaue Genveränderungen zu nutzen, zunächst solche Veränderungen nur an Genomen von Bakterien und Viren vorgenommen. Die relativ kleinen DNA-Stränge konnten isoliert, außerhalb der Zelle in Einzelstränge getrennt, bearbeitet und danach wieder in Bakterienzellen eingefügt werden. Inzwischen haben die Molekularbiologen eine Reihe von Wegen gefunden, gezielte Mutationen mittels OGM vorzunehmen.

Eine überraschend einfache Methode hat die kalifornische Firma Cibus vorgestellt. Sie nutzt dabei den natürlichen Mechanismus, dass Zellen kurze Nukleotidsequenzen als Prüfschablonen herstellen, um Kopierfehler in der DNA erkennen und ausbessern zu können. Bei der Cibus-Methode werden nun diese Schablonen künstlich hergestellt und dabei gezielt mit Veränderungen versehen. Und entsprechend dieser Veränderungen wird die ursprüngliche Nukleotidkette geändert und die Modifikationen werden als Mutationen in das Genom übernommen. Die Methode wurde bereits bei verschiedenen Nutzpflanzen wie Mais, Reis, Weizen und Raps erfolgreich erprobt.

Dazu gehört auch ein herbizidtoleranter Raps von Cibus, der in den USA im vergangenen Jahr erstmalig ausgesät wurde. Da Pflanzen dieser Rapssorte nicht von solchen aus herkömmlicher Mutationszüchtung zu unterscheiden sind, hat die Cibus-Firma in verschiedenen Ländern beantragt, ihre neue Rapssorte, wie eine konventionell gezüchtete zuzulassen. In den USA und in Kanada ist das bereits geschehen. Auch unser Amt für Verbraucherschutz und Lebensmittelsicherheit ist dafür. Wie Lukas vorhin schon berichtet hat, sehen das aufrechte Kämpfer gegen die Gentechnik ganz anders. Für sie sind nur spontane, durch natürliche Radioaktivität ausgelöste Genveränderungen und durch giftige Chemikalien oder harte Röntgen-, Gamma- und Neutronenstrahlen erzeugte Mutationen gute Veränderungen im Pflanzengenom. Hauptsache es handelt sich nicht um gezielte Veränderungen durch Menschenhand. Vielleicht fürchten sie, Menschenwerk könnte den Einfluss höherer Mächte beeinträchtigen.

Zinkfingernukleasen und TALEN sind Werkzeuge, die erst in der Zelle gebildet werden. Dazu wird die Information für ihren Aufbau als DNA- oder besser RNA-Fragment in geeigneter Weise in die Zelle gebracht. Das Proteinsynthesesystem der Zelle übernimmt dann die Herstellung dieser Verbundwerkzeuge. Bei diesen bestehen in beiden Fällen sowohl Lotse als auch Schere aus einer Proteinkette. Bei den Zinkfingenukleasen übernimmt ein Bereich des Proteins, die Zinkfingerdomäne, die Aufgabe des Lotsen. In diesem Proteinbereich bewirken und stabilisieren Zink- Ionen eine schleifenförmige Faltung der Polypeptidkette – den Zinkfinger. Und ein solcher Zinkfinger kann ein bestimmtes Basen Triplett in der Ziel-DNA erkennen und sich daran binden.

Ihr habt sicher schon irgendwo eine räumliche Darstellung der DNA-Helix gesehen. Die beiden Einzelstränge winden sich so gegenläufig umeinander, dass zwei seitliche Lücken bleiben. In diesen Furchen liegen die Basen direkt an der Oberfläche. Und in die breitere dieser Furchen krallen sich die Zinkfinger und binden sich an die Basen. Dabei interagieren unterschiedliche Zinkfinger mit unterschiedlichen Basenkombinationen. Man kann daher die Zinkfingerdomäne durch modulartiges Aneinanderfügen von Zinkfingern so konstruieren, dass sie eine gewünschte DNA-Sequenz in einem Genom von Millionen von Basen sicher erkennt. Diesen Trick hat man der Natur abgeschaut. Dort spielen die Zinkfinger bei Lebewesen von Hefen über Fröschen bis zum Menschen eine wichtige Rolle bei der Genregulierung. Sie finden die richtigen Stellen zum Ein- oder Ausschalten von Genen. Entdeckt wurden sie daher auch an einem solchen Schalter, an einem Transkriptionsfaktor eines Krallenfrosches.

Die Konstruktion und synthetische Herstellung solcher treffsicheren Zinkfingernukleasen wird als sehr zeitintensiv beschrieben und scheint auch nicht so einfach zu sein, da es wohl Beeinflussungen der Zinkfinger untereinander gibt.

Das scheint bei den TALENs günstiger zu sein. Dabei stehen TALE für Transcription Activator-like Effector und das N für Nuklease. Wie der Name sagt ist die Nuklease, die Genschere, mit einem Transkriptionsaktivator ähnlichem Effektor gekoppelt. Und solche Effektor- Proteine sind bei TALEN die Spürnasen, die im Genom die richtige Stelle zum Schneiden suchen und finden.

Bakterien der Gattung Xanthomonas, gefürchtete Pflanzenschädlinge, bedienen sich dieser Suchmaschinen, um Pflanzen auf besonders elegante Art zu infizieren. Sie spritzen solche Proteine in die Pflanzenzellen. Und dort im Zellkern docken diese Proteine an ganz spezielle Gene an und aktivieren diese zur Herstellung von Nährstoffen für die Bakterien. Die Forschungen zum Mechanismus, wie Xanthomonas-Eiweiße das richtige Gen im Genom ihrer Opfer finden, hat zur Entdeckung der TAL-Effektoren durch das

Team um Professorin Ulla Bonas in Halle geführt. Inzwischen ist bekannt, wie bei Zinkfingern gibt es auch unterschiedliche TALE-Proteine, die unterschiedliche DNA-Basen erkennen und daran binden. Und auch hier lassen sich durch Kombination unterschiedlicher TAL-Module zielgenaue Lotsenproteine herstellen. Dabei ist die Trefferquote sehr hoch, wenn auch nicht fehlerfrei.

Noch treffsicherer und dabei einfacher, schneller und billiger soll die neueste der Genome-Editing–Methoden sein-CRISPR/Cas.

Diese Methode zur gezielten Genveränderung hat in der Natur ein Vorbild, einen Mechanismus mit dem sich verschiedene Bakterien vor für sie schädliche Viren, Bakteriophagen, schützen.

Bei der Erforschung von Bakteriengenomen hat man in Japan schon Ende der 1980iger Jahre einen Bereich von kurzen sich wiederholenden DNA-Mustern, die von variablen Sequenzen getrennt werden, im Erbgut von E.coli- Bakterien gefunden. Von der Funktion dieser Clustered Regularly Interspaced Short Palindromic Repeats, kurz CRISPR, wie man sie später nannte, hatte man damals natürlich Null-Ahnung. Palindromic bedeutet dabei, dass bei den Wiederholungen, den Repeats, beide DNA-Stränge gegenläufig gleiche Sequenzen besitzen. Solche CRISPR- Abschnitte, fand man dann auch bald bei vielen anderen Mikroorganismen. Und in den Genomen all dieser untersuchten Lebewesen fiel in unmittelbarer Nähe zu den CRISPR-Genen eine weitere Gruppe von Genen auf. Man nannte sie kurzerhand CRISPR-associated, - Cas. Als dann so nach 2000 die Sequenzanalysen schneller und billiger wurden, hat man bemerkt, dass es sich bei den Spaces, den Trennsequenzen zwischen den Wiederholungen offenbar um Bruchstücke aus Phagen-DNA handelt.

Und man fragte sich, sollten die Spaces so etwas wie ein immunologisches Gedächtnis sein? Und das bei Bakterien und Archaen, Prokaryoten- Organismen, die nicht mal einen richtigen Zellkern haben? Genau das hat dann, ich glaube 2007, Rodolphe

Barrangou beweisen können. Dieser in den USA forschende Franzose und sein Team haben gezeigt, dass Bakterien, die von Bakteriophagen angegriffen wurden, Teile der Phagen-DNA als Spacer in ihre CRISPR- Abteilung speichern und dadurch Immunität gegenüber den Angreifern erlangen können. Und zwar eine Immunität, die nicht, wie bei uns, jeder selbst erwerben muss, sondern eine Immunität, die vererbt wird. Die Forscher um Barrangou konnten diese Immunität durch Einfügen oder Entfernen von Viren-DNA-Fragmenten beliebig herstellen oder aufheben. Außerdem bemerkten sie, dass die Cas-Gene eine wichtige Rolle bei der Phagenabwehr spielen. Die Ausschaltung einiger dieser Gene verhinderte die Phagenabwehr, trotz gespeicherter DNA-Stücke von diesen Phagen. Und die Aktivität anderer Cas - Gene war erforderlich, um neue DNA-Fragmente als Spacer in den CRISPR- Bereich zu integrieren.

Die Entdeckung der CRISPR/Cas – Verteidigung bei Prokaryoten, hat natürlich einen gewissen Forschungs-Run ausgelöst. Erklärte die Entdeckung doch auch, weshalb es nie richtig gelungen ist, Phagen als Waffe gegen Krankheitserreger einzusetzen.

Und so ist es wohl auch kein Zufall, dass das CRISPR/Cas-System eines Krankheitserregers, Streptococcus pyogenes, zum Vorbild für ein gentechnisches Werkzeug wurde. Bei diesem Erreger, der Haut-und Atemwegserkrankungen hervorruft, fungiert nur ein einziges Protein als Schere zur Zerstörung angreifender Phagen. Bei Streptococcus pyogenes wird diese Nuklease Cas9 genannt. Die Abwehr von viruellen Angriffen funktioniert bei diesem Bakterium, wie auch bei anderen, in drei Schritten.

Das Ganze beginnt mit der Aquisitionsphase. Ein Phage greift an, heftet sich an die Oberfläche eines Bakteriums und schießt sein Erbmaterial in die Bakterienzelle. Diese hat Glück, die fremde Nucleinsäure wird von einem ihrer Enzyme als fremd erkannt und zerschnitten. Die übrig bleibenden Phagen-DNA- Schnipsel werden als Spacer in den CRISPR-Abschnitt der Bakterien-DNA eingefügt.

Die folgende Bearbeitungsphase beginnt damit, dass vom gesamten CRISPR –Bereich eine RNA- Abschrift hergestellt wird. Diese wird anschließend in die fertigen reifen RNAs zerschnitten. Jede dieser CRISPER-RNAs, enthält die Abschrift einer Repeat- und einer Spacersequenz. Wobei die Spacersequenz die Erkennungssequenz für die DNA eines Phagen bei erneuten Angriff darstellt. Die reife cr-RNA reicht aber noch nicht aus, um die Cas9 Schere an die richtige Stelle der Angreifer-DNA zu führen. Wie die französische Mikrobiologin Emmanuelle Charpentier und ihr Team fanden, bedarf es dazu noch einer weiteren RNA –Kopie von einer zum CRISPR-System gehörenden DNA-Sequenz. Diese transaktivierende CRISPR-RNA, tracrRNA, besitzt eine teilweise zum Repeat-Teil der CRISPR-RNA komplementäre Sequenz, so dass sich beide über Basenpaare festhalten, hybridisieren, können. Und die so entstandene Duplex-Einheit bildet schließlich mit der Cas9-Schere einen festen RNA-Proteinkomplex, der sich mit seiner Erkennungssequenz an die komplementäre Sequenz am DNA-Faden eines Eindringlings andockt. An der so gefundenen Stelle zerschneidet Cas9 in Phase 3, der Interferenzphase, dann endlich die beiden Stränge der DNA des Phagen. Dieser für den Phagen tödliche Schnitt kann jedoch nur erfolgen, wenn sich auf der Phagen-DNA in der Nähe der anvisierten Schnittstelle die so genannte PAM-Sequenz befindet. PAM steht dabei für –protospacer adjacent motif- und meint eine kurze Sequenz, die im Bakteriengenom nicht vorkommt. Durch die PAM ist das Bakterium vor einer Zerstörung seiner eigenen DNA durch das Abwehrsystem geschützt.

Aus diesen kurz skizzierten Erkenntnissen haben Emmanuelle Charpentier, damals in Schweden, und Jennifer Doudnda in den USA mit ihren Forschergruppen in nur einem Jahr ein präzises Messer zu Operationen im Genom gebastelt. Dieser schnelle 2012 publizierte Erfolg war möglich geworden, durch die Erkenntnisse, dass die Cas9 – Genschere nicht nur in Bakterien, sondern universal einsetzbar ist, wenn sie von einer Guide-RNA an ihr Ziel geführt wird. Diese Guide-RNA stellt eine Vereinfachung des bakteriellen Vorbildes dar. Sie entsteht aus dem Zusammenbau einer an das Ziel angepassten Spacer-cr-RNA, der konstanten Wiederholungssequenz und einer ebenfalls konstanten tracrRNA. Durch diesen Aufbau wird das System total flexibel. Um eine Guide-RNA herzustellen, muss man aus der Genomanalyse nur eine PAM-Sequenz im Zielbereich kennen, kann von da aus der DNA-Sequenz folgend ein Stück komplementärer Spacer-RNA synthetisieren und mit den vorgefertigten konstanten Anteilen verbinden. Und das alles kann man inzwischen, wie ich hörte, in zwei, drei Tagen für etwa 20 Euro. Um dann in irgendeiner Zelle einen präzisen Schnitt durch die DNA zu veranlassen, ist es dann im einfachsten Fall nur nötig, die Guide-RNA zusammen mit der RNA, die Cas9 kodiert, in die Zelle zu injizieren.

Die flexible Einsetzbarkeit, die billige und schnelle Herstellung dieser neuen Genschere hat ein regelrechtes Hype ausgelöst. Von Hefen, Pflanzen, Tieren und Menschen wurden schon Gene im Labor verändert. In den USA soll sogar ein durch CRISPR/Cas gewonnener mehltauresisternter Weizen im Freiland getestet werden. Durch herkömmliche Züchtung ist es nahezu unmöglich, die Gene für diese Resistenz in das Weizengenom zu bringen. Dabei ist die entsprechende Mutante bekannt, doch im sehr komplexen Weizengenom liegt jedes Gen dreifach vor und jedes müsste durch Einkreuzen ersetzt werden. Mittels CRISPR/Cas ist es dagegen recht einfach, die nötigen Mutationen im Genom auszulösen. Aber das kann man nur, wenn man das Genom der zu verändernden Organismen kennt. Und das gilt auch für die anderen Methoden des Genome Editing. Es ist also nicht richtig, wenn die Gegner der Gentechnik immer wieder behaupten, die Molekularbiologen stocherten blind im Erbgut von Lebewesen herum und wüssten nicht was sie dort anrichteten. Wir haben heute sehr wohl Mittel, um festzustellen, ob die gewünschte Mutation an der richtigen Stelle erfolgt und die beabsichtigte Wirkung eingetreten ist. Es ist natürlich richtig, dass wir mit der kompletten DNA-Sequenz noch nicht die Funktion aller einzelnen Gene und deren Wechselwirkungen kennen. Aber die neuen Werkzeuge sind auch hervorragend dazu geeignet, diese Zusammenhänge zu entschlüsseln. Und sie bieten die Möglichkeit künftig effizienter als bisher neue Pflanzensorten zu entwickeln; Pflanzen, die widerstandsfähiger gegen Schädlinge, unempfindlicher gegen Trockenheit und dazu noch ertragreicher und gesünder sind. Und wenn keine artfremden Gene eingefügt werden, sind diese Sorten nicht von Pflanzen aus herkömmlicher Zucht zu unterscheiden.

So nun raucht euch der Kopf. Und ich brauche, was zu trinken."

Während Lisa ihren Durst stillte, wandte sich Jan mit erhobenem Bierglas an die Runde: „ Ist das nicht eine echt tolle Entwicklung. Jetzt nach einer von Zufällen bestimmten Milliarden Jahren alten Evolutionsgeschichte des Lebens, hat der Mensch Werkzeuge entwickelt, mit denen er gezielt und wohl überlegt die Erbsubstanz von Lebewesen, ja sogar die eigene verändern kann. Leben wir nicht in einer aufregenden wunderbaren Zeit."

„Das klingt ja wie Ulrich von Huttens -Oh Jahrhundert, oh Wissenschaft: Es ist eine Lust zu leben", warf Alexander ein.

„Das klingt nicht nur so. So empfinde ich auch. Und habe dazu, denke ich mehr Grund als der Renaissancemensch Hutten. Die damals begannen, im großen Buch der Natur anstatt in religiösen Schriften zu lesen, mussten fürchten, als Ketzer verbrannt zu werden. Und es waren wenige inmitten einer von Höllenangst und Aberglauben erfüllten unmündigen Mehrheit. Heute dagegen, jährlich verlassen allein in Deutschland Zehntausende von Absolventen nach einer naturwissenschaftlichen Ausbildung die Hochschulen. Damals richteten einzelne ängstlich ihre selbstgebauten Fernrohre auf den Sternenhimmel. Heute gibt es Sternwarten mit riesigen Teleskopen, die immer tiefer in den Weltraum und damit in der Zeit zurück blicken. Teleskope im Orbit erlauben Beobachtungen ohne störende Atmosphäre. Aber nicht nur das ganz Große auch das ganz Kleine wird immer besser verstanden. Denkt nur an die Entdeckung des Higgs-Teilchens und an den Nachweis von Gravitationswellen. Und auch die Gentechnik ist eine Erfolgsgeschichte. Sie hat sich nicht nur als sicheres Werkzeug in der Grundlagenforschung erwiesen, sondern sie hat auch unseren Alltag verändert. Denkt doch nur an die vielen gentechnisch hergestellten Medikamente, Mittel die Behandlungen erlauben, an die früher nicht zu denken war. Und da sollten wir kleinlaut werden, wenn nicht alle Blütenträume reiften?"

„Jan, deine Begeisterung für Wissenschaft und Fortschritt in Ehren", ergriff Johanna das Wort, „aber kannst du dir vorstellen, dass die neuen Entdeckungen, die neuen Möglichkeiten und das Tempo der Entwicklung viele Menschen ängstigen? Und die, ich gehöre dazu, sind nicht gegen Pflanzen und Tiere mit großartigen, vorteilhaften Eigenschaften. Aber sie haben Angst, dass Forscher, denen Lebewesen, Menschen inbegriffen, nichts weiter sind als komplizierte Maschinen, berauscht von eigenem Können, von den gewaltigen Möglichkeiten befeuert Dinge mit katastrophalen Folgen tun könnten. Und, Lisa, da ist es auch nicht beruhigend, wenn Manipulationen mit den neuen Werkzeugen anschließend nicht von natürlichen Mutationen zu unterscheiden sind. Das mag bei Pflanzen nicht so gefährlich sein. Aber bei Menschen? Auch unsere Gene lassen sich mit den neuen Methoden editieren, umschreiben, ein-und ausschalten. Ich bin hin und her gerissen, wenn ich an die Möglichkeiten und an die Gefahren denke. Natürlich möchte ich, dass Menschen, die an schweren Erbkrankheiten leiden, geholfen werden kann. Dass es endlich Erfolge in der Gentherapie gibt. Aber ich weiß auch, dass das so einfach erscheinende Reparieren von geschädigten Genen auch mit den neuen Methoden sehr schwierig ist. Weiß doch noch niemand, wie man die Editierwerkzeuge in einem Körper aus Milliarden von Zellen in die richtigen Zellkerne bringt.

Scheint es da nicht einfacher, Erfolg versprechender, wenn Keimzellen, Eizellen oder Spermien repariert werden? So könnten

Menschen, die das Gen für die schreckliche Krankheit – Chorea Huntington in sich tragen, Kinder bekommen, ohne befürchten zu müssen, dieses Gen vererbt zu haben. Denn dieses Gen ist Ursache für eine Erkrankung, die erst im vierten oder fünften Lebensjahrzehnt ausbricht und schnell zum Verlust jeglicher Bewegungskontrolle und aller intellektueller Fähigkeiten führt. Oder denkt an die Thalassaemien im Mittelmeerraum. Auf Zypern tragen etwa 14% der Bewohner ein resessiv vererbbares Gen für diese Krankheit in sich. Es passiert also recht häufig, dass sich Liebende finden, die beide das fatale Gen besitzen. Und Kinder, die das Gen von beiden Elternteilen erben, wären ohne Behandlung einem allmählichen körperlichen Verfall und einem frühen Tod preisgegeben. Die heute mögliche belastende Behandlung verringert aber nicht die Häufigkeit des Thalassaemie-Gens. Das wäre aber, mit einer Keimbahntherapie einfacher zu erreichen. Aber eine Veränderung in der Keimbahn bedeutet, veränderte Gene unwiderrufbar in den Genpool der Menschheit entlassen. Und wissen wir dazu schon genug? Wie könnten wir das fehlende Wissen erlangen? Können wir doch Kinder nicht versuchsweise in die Welt setzen.

Ich wenigstens wünsche und befürchte eine solche Therapie zugleich. Und ist es da nicht verständlich, wenn Menschen, die von Gentechnik noch weniger verstehen, als ich, Angst bekommen, wenn sie lesen, dass es chinesischen Forschern im vergangenen Jahr gelungen ist, in menschlichen Eizellen mit der CRISPR/Cas9-Methode Thalassaemie-Gene zu reparieren. Und diese Angst bleibt, auch wenn man Tausend Mal erklärt, dass bei uns solche Experimente verboten sind und auch die Chinesen es vorerst nicht vorhaben, genetisch veränderte Menschen zu erzeugen. Und, Lukas, spricht es gegen die Demokratie, wenn die Menschen in demokratischen Staaten ihre Macht nutzen, um hinsichtlich der Gentechnik Zurückhaltung zu fordern?"

„Johanna, irgendwie haben wir doch alle das Problem", antwortete Anna, „dass wir außerhalb unseres Fachbereiches mehr oder weniger unwissende Laien sind. Aber alle - Regierung, Schule,

Uni, alle fordern, dass wir mündige Bürger sein sollen. Bürger, die neben ihrer beruflichen Arbeit mit ihrem Arzt auf Augenhöhe die günstigste Therapie aushandeln und über Für und Wider von Kern- und Gentechnik nachdenken. Bürger, die über die Notwendigkeit des Datenschutzes genauso informiert sind wie über die Nutzung der Windenergie und die Höchstgeschwindigkeit auf den Autobahnen und außerdem noch die Programme aller Parteien kennen. Kennt jemand von euch einen solchen Bürger? Ich nicht. Dafür aber überforderte Menschen, die sich mit Vorurteilen, unausgegorenen Argumenten und fraglichen Emotionen in einer ihnen immer unverständlicher werdende Welt an Bewährtem zu orientieren suchen. Beim Praktikum in der Apotheke habe ich Leute erlebt, die dem Heilpraktiker mehr vertrauten als dem Schulmediziner und ihre Wehwehchen lieber mit unwirksamen homöopathischen Globuli als mit wirksamen Medikamenten behandeln. Sie fürchteten die Substanzen mit den unverständlichen Namen aus den Giftküchen der Pharmakonzerne. Wie diese haben viele Menschen durch Berichte über gefährliche oder überflüssige Arzneimittel und dem Streit so genannter Experten darüber das Vertrauen in die Wissenschaft verloren. Man vertraut dem Piloten, wenn ein Flieger bestiegen wird, obwohl jeder weiß, dass er Fehler machen kann. Aber der Wissenschaftler wird als Zauberlehrling und nicht als Meister, nicht als Löser von Problemen wahrgenommen. Ich denke es ist nötig, etwas zu tun, damit das Vertrauen in die Wissenschaft wieder hergestellt wird."

„Wie aber soll das gehen?", warf Jan ein, „Sollen Regierungen im Verbund mit Vertretern einer Wissenschaftsrichtung und einer gleichgeschalteten Presse andere Meinungen unterdrücken? Das wäre doch nicht nur das Ende der Demokratie, sondern auch das Ende jeglicher Wissenschaft. Hat doch der Zweifel die moderne Wissenschaft begründet. Lebt doch der wissenschaftliche Fortschritt davon, dass seine Voraussetzungen und Folgen diskutiert und kontrolliert werden."

Lukas erwiderte: „Es wäre schon viel gewonnen, wenn anerkannte wissenschaftliche Befunde auch dann akzeptiert werden, wenn sie nicht in das eigene Weltbild passen. Wenn nicht in solchen Fällen durch Verbreitung von Lügen, Halbwahrheiten und Außenseitermeinungen versucht würde, die Menschen vom Gegenteil zu überzeugen. Natürlich will ich nicht, dass Forschungsergebnisse als unumstößliche Wahrheiten angesehen werden. Aber um in einem Wust von Für und Wider nicht aus Angst vor Fehlern handlungsunfähig zu werden, sollten wir den wissenschaftlichen Empfehlungen folgen, welche der klaren Mehrheitsmeinung der betreffenden Disziplin entsprechen. Und dazu gehört, dass eine Regierung nicht das totale Verbot für den Anbau von gv-Pflanzen betreiben sollte, wenn die Mehrheit der Fachleute gegenteiliger Meinung ist. Wollen wir doch auch nicht, dass Politiker und nicht Statiker über die Standsicherheit von Gebäuden befinden."

„Da bin ich ganz auf deiner Seite", stimmte Jan zu. „Absolute Sicherheit können wir nicht erwarten. Wenn wir die Zukunft gewinnen wollen, gibt es nur einen Weg, den Weg ins Unbekannte, ins Ungewisse, ins Unsichere weiter zu gehen. Und auf diesem Weg sollten wir den Verstand benutzen, aus Fehlern lernen und so gut wir es eben können die Balance zwischen Sicherheit und Freiheit halten."

„Jan, deine schönen Formulierungen sind mir zu abstrakt, klingen total angelesen", warf Anna ein. „Damit wirst du nicht erreichen, dass hart arbeitende Leute, die von einem Sachverhalt wenig verstehen, wissen, welche Ansicht dazu von der Mehrheit ausgewiesener Fachleute vertreten wird. Noch weniger werden sie wissen, welche Partei, welcher Politiker sich die Argumente dieser Mehrheit zu Eigen macht. Und wenn es sich um eine neue Technik handelt, eine Technik, die, und sei es nur von Außenseitern, als gefährlich eingeschätzt wird, werden sich viele dagegen entscheiden."

„Und das sind meine Vorbehalte gegen unsere gegenwärtige Demokratie", sagte Lukas. „ Weil es schier unmöglich ist, über alle

Auswirkungen der Wahl einer Partei oder eines bestimmten Kandidaten informiert zu sein, lassen es viele überhaupt sein. Glauben sie doch ohnehin nicht, mit ihrer einen Stimme Entscheidendes bewirken zu können. Das Ergebnis: Viele Wähler sind ignorant, falsch informiert und voreingenommen. Sie nehmen Informationen, die ihrer Weltsicht widersprechen nicht zur Kenntnis, sind aber innerhalb ihrer ideologischen Ausrichtung leicht zu manipulieren. Dabei gibt das Wahlrecht Macht, Macht über andere. Wahlen entscheiden über Frieden oder Krieg, über Wohlstand und Armut, Wachstum oder Stillstand. Manchmal wünsche ich mir schon, wir würden regiert, wie so ein alter Grieche es erträumt hat, von einer Elite, von den besten, edelsten und fähigsten Menschen."

„Abgesehen, dass ich mehr der Meinung bin, es sei wichtiger herauszufinden, wie unfähige schlechte Regierungen möglichst wenig Schaden anrichten, frage ich mich, wie du diese Elite finden willst? Etwa durch Wahlen?", fragte Jan spöttisch.

„Ich weiß es nicht", antwortete Lukas. „Aber vielleicht erfindet Lisa ja mal einen Gentest dazu oder die Menschen werden in Zukunft mit Hilfe der Gentechnik viel intelligenter als wir."

Das, denke ich, wäre gerade die Gesellschaft, die du nicht wünschst", sagte Alexander. „Denn, wenn es möglich werden sollte, die Menschen so zu manipulieren, dass einige auf Grund ihrer überragenden Intelligenz über den Rest herrschen könnten, müsste man, schon des gesellschaftlichen Friedens willen, die Gehirne der Mehrheit so programmieren, dass jeder nur den für seine Stellung, seine Aufgabe in der Gesellschaft nötigen Grips besitzt. Nicht mehr und nicht weniger. Und schon hätten wir so etwas wie einen Bienenstaat, einen Staat, in dem alles beim Alten bleibt."

„Zum Glück ist es wohl auch kaum möglich, einen solchen Staat zu schaffen", warf Lisa ein. „Wir wissen zwar, dass bei dem, was wir Intelligenz nennen, unsere Gene eine Rolle spielen, aber genauso wichtig ist die Prägung durch die Umwelt, das Lernen."

„Da begeben wir uns aber auf ein ganz unsicheres Terrain. Dieses Feld zwischen Physiologie und Psychologie gilt als eines ohne festen Boden", erwiderte Jan.

„Da muss ich dir aber widersprechen", antwortete Johanna. „Dass auch so genannte intellektuelle Eigenschaften wie Lernvermögen und Verhalten vererbt werden, ist schon vor fast fünfzig Jahren durch die Forschungen von Semour Benzer eindeutig nachgewiesen worden. Benzer und Mitarbeiter hatten bei der Taufliege Drosophila Mutanten mit verändertem Verhalten entdeckt, die veränderten Gene isoliert und gezeigt, dass schon einfache Basenaustausche in Genen komplexe Verhaltensmuster verändern können.

Und ein anderer US - amerikanischer Forscher, Eric Kandel, hat die elementaren Grundlagen für Gedächtnis und Lernen erforscht. Dank seiner Forschungen wissen wir heute, das, was wir Gedächtnis nennen, beruht auf Veränderungen der Verbindungen zwischen den Nervenzellen, den Synapsen. Wir verstehen inzwischen, wie es in der Auseinandersetzung mit der Umwelt zur Bildung neuer synaptischer Verbindungen und damit zur anatomischen Veränderungen des Gehirns kommt."

„Ich warne euch", warf Alexander ein, „wenn ihr noch baden wollt, der Hirnforschung gilt Johannas besondere Begeisterung."

„Keine Angst. Ich hab weder vor, euch einen langen Vortrag über das zu halten, was wir über die Arbeit des Gehirns inzwischen wissen und schon gar nicht über das was wir alles noch nicht wissen. Aber nach bisherigem Wissen spricht nichts dagegen, dass all unsere intellektuellen Leistungen, unser Wollen und Entscheiden, unser Planen und Denken auf neuronalen Vorgängen in unserem Gehirn beruhen."

„Hallo Johanna", rief Jan." Da bleibt ja kein Platz für die Religion. Was sagt dein Freund dazu."

Alexander erwiderte: „Ich bin der Meinung die Theologen müssen, die Wahrheiten der Naturwissenschaften akzeptieren. Aber die Naturwissenschaften decken nicht alle Ebenen der Wirklichkeit ab. Es bedarf also weiterer Modelle, um das allumfassende

Sein zu erfassen. Ihr Physiker habt doch auch kein Problem damit, dass für die Welt der Elementarteilchen zwei unvereinbare Modelle, Teilchen und Welle, genutzt werden.

Und es gibt genug Tatsachen, die für ein religiöses Weltmodell sprechen. Denkt doch nur daran, dass es zu allen Zeiten Menschen gab, die völlig selbstlos für andere Menschen, für völlig fremde eingetreten sind. Ist das mit der Evolution egoistischer Gene zu erklären? Spricht es nicht eher für einen göttlichen Funken in uns?"

„Und wegen dieser Eigenschaft von uns Menschen, sich um andere zu sorgen, nicht ohne andere auskommen zu können, sich für andere einzusetzen, glaube ich an eine Zukunft für die Menschheit", ergänzte Johanna. „ Lukas, du hast vielleicht damit Recht, dass unser Heil nicht in einem romantischen `zurück zur Natur`, nicht in einem `Leben im Einklang mit der Natur` bestehen kann. Aber dieser göttliche Funke in uns, natürlich gepaart mit Vernunft, kann uns irgendwie eine Richtschnur sein. Ich habe jedenfalls keine Angst, dass uns einst Maschinen beherrschen könnten. Kann ich mir doch nicht vorstellen, dass auf Effizienz getrimmte Apparate ein maschinelles Gemeinwesen entwickeln könnten. Aber ich habe Angst, dass unser Streben nach Verbesserung, etwa mittels Gentechnik, uns den Maschinen immer ähnlicher werden lässt. Jetzt ist aber genug philosophiert worden. Jetzt aber ab zum Strand! Ist heute Abend auf der Insel irgendetwas los."

„Vielleicht Tanz im Wieseneck. Wir können nachher dort vorbei gehen", wurde ihr geantwortet.

Es waren noch nicht zwei Monate nach dem Treffen der Studenten vergangen, da forderten am 29. Juni 2016 über Hundert Nobelpreisträger in einem offenen Brief an die Vereinten Nationen, an die Regierungen der Erde und an Greenpeace die Ablehnung der grünen Gentechnik zu beenden. Der Appel der Nobelpreisträger bezog sich auf die Einschätzung der UNO-Organisation zu Ernährung und Landwirtschaft, dass im Kampf gegen Hunger die weltweite Nahrungsmittelproduktion bis 2050 verdoppelt werden müsse. Vor diesem Hintergrund sollten Greenpeace und gleichgesinnte Organisationen die Erkenntnisse maßgeblicher wissenschaftlicher Institutionen anerkennen und ihre Kampagnen gegen gentechnisch veränderte Organismen einstellen.

Bisher hätten die genannten Organisationen wissenschaftliche Tatsachen bestritten, Risiken, Auswirkungen und Vorteile der grünen Gentechnik falsch dargestellt und die kriminelle Zerstörung von Versuchsflächen und wissenschaftlicher Einrichtungen unterstützt.

Dagegen hätten Wissenschaftler auf der ganzen Welt wiederholt und übereinstimmend festgestellt, dass gentechnisch verbesserte Pflanzen und Nahrungsmittel genauso sicher, wenn nicht sicherer sind, als solche aus herkömmlicher Züchtung. Sie stellten keine Gefahr für die Umwelt dar und wären ein Segen für die Biodiversität. Es habe keinen einzigen bestätigten Fall gegeben, dass der Verzehr dieser Pflanzen zu einer gesundheitlichen Schädigung von Menschen oder Tieren geführt hätte.

Trotz dieses Wissens führe Greenpeace die Opposition gegen den „Goldenen Reis" an. Diese gentechnisch veränderte Pflanze könne dazu beitragen, bei 250 Millionen Menschen Krankheit und Tod durch Vitamin-A-Mangel zu verhindern.

Die Nobelpreisträger appellierten daher an alle Regierungen der Welt, den Kampagnen gegen den „Goldenen Reis" und anderen genveränderten Pflanzen entgegen zu treten und den Landwirten Zugang zu den Erkenntnissen moderner Biologie, speziell zu biotechnologisch verbessertem Saatgut zu ermöglichen.

Der Aufruf endete mit der emotionalen Frage:

„How many poor people in the world must die before we consider this a ´crime against humanity`?" (10)

Anhang

Quellen

1) Zit. nach Theodor Körner, Männer und Buben, bei Zeno
2) Zit. nach Adelbert von Chamisso,
   Der Invalid im Irrenhaus, bei Zeno
3) Zit. nach August von Platen, Tristan, in Gedichte, bei Zeno
4) Ber. Dtsch. Chem. Ges. 23, (1890), 1265 -1312
5) Zit. aus Friedrich Gottlieb Klopstock, „Die Frühlingsfeier"
   https://deutsche-poesie.com/klopstock/die-fruhlingsfeier
6) Carl Correns (Hrsg.): Gregor Mendels Briefe an
   Carl Nägeli 1866–1873. Abhandlungen der Mathematisch-
   Physikalischen Klasse der Koeniglich-Saechsischen
   Gesellschaft der Wissenschaften Vol. n 29, Nr. 3 (05)
7) Zit. nach Dörthe Kähler, Andrea Tran-Betcke in
   „Der Nobelpreisträger, Emil Fischer, in Berlin", rainStein,
   2009,S.231
8) Zit. nach Georg Trakel „Die Nacht"
   in https://www.textlog.de/17589.html
9) Zit. nach Timoffeeff-Ressovsky, Nikolai V.
   ,Karl G. Zimmer, Max Delbrück
   Über die Natur der Genmutation und der Genstruktur.1935
   Nachrichten von der Gesellschaft der Wissenschaften zu
   Göttingen, Mathematisch-physikalische Klasse, Fach
   gruppe VI, Biologie, Neue Folge, 1,13: 189 – 245
10) Zit. nach offenem Brief: To the Leaders of Greenpeace, the
    United Nations and Governments around the world
    http://supportprecisionagriculture.org/
    nobel-laureate-gmo-letter_rjr.html
    Zugriff: 15.3.2019

Umschlagsbild: Ausschnitt aus einem Kalotten Modell
eines DNA-Moleküls
Autor: Yikrazuul , Quelle Wikipedia, gemeinfrei

Literatur

1: Der Dichter und die Ordnung in der Vielfalt der Natur
Chamisso, Adelbert von :Reise um die Welt, Aufbau
Taschenbuch, 2001

Chamisso Adelbert von: Ansichten und Bemerkungen in
Otto von Kotzebue: Entdeckungsreise in die Südsee und
nach der Berings-Straße zur Erforschung einer nord-
östlichen Durchfahrt, in Projekt Gutenberg

Baer Karl Ernst von: Die Entwicklungsgeschichte der Tiere,
Bornträger, Königsberg, 1928

Jahn, Ilse; Schmitt, Michael: Darwin &Co. Eine Geschichte
der Biologie in Portraits", C.H. Beck, 2001

2: I think

Darwin, Charles: Die Entstehung der Arten. Kommentierte und
illustrierte Ausgabe, Hrsg. von Paul Wrede und Saskia Wrede,
VCH-Wiley Verlag, Weinheim 2013
Mayr, Ernst : Die Entwicklung der biologischen Gedanken-
welt, Springer-Verlag, Berlin-Heidelberg, 2002

3: Zellen

Schleiden Matthias J.: Beiträge zur Phytogenesis. Archiv für Anatomie, Physiologie und wissenschaftliche Medicin (Müllers Archiv) 5:137-176, 1838

Schleiden Matthias J.: Grundzüge der wissenschaftlichen Botanik nebst einer methodologischen Einleitung als Anleitung zum Studium der Pflanze.
2 Teile. Leipzig 1842, 1843, 1850

Schwann Theodor: Mikroskopische Untersuchungen über die Übereinstimmung in der Struktur und dem Wachsthum der Tiere und Pflanzen.
Verlag der Sanderschen Buchhandlung (G E Reimer), Berlin, 1839

Remak Robert: Über extracellulare Entstehung thierischer Zellen und über Vermehrung derselben durch Theilung. Archiv für Anatomie, Physiologie und wissenschaftliche Medizin (Müllers Archiv) 19:47-72, 1852

4: Chemie und Leben

Justus von Liebig:
 Anleitung zur Analyse organischerKörper,1837, Verlag Vieweg, Braunschweig
 Die Chemie in ihrer Anwendung auf Agricultur und Physiologie, 1840, Verlag Vieweg, Braunschweig
 Die organische Chemie in ihrer Anwendung auf Physiologie und Pathologie, 1842, Braunschweig
 Chemische Briefe. Bohmeier, 2007

Brock, William H.: Justus von Liebig, Vieweg, 1999

Kekulè, August von: Ann. D, Ch. 104, 129 (1857)
        Ann. d. Ch. 106, 129 (1858)
        Ber. Dtsch. Chem. Ges. 23, (1890), 1306
Anschütz, Richard: August Kekulè, Verlag Chemie,
        Berlin 1929

5: Studenten 1866

Haeckel Ernst: Generelle Morphologie der Organismen, Berlin,
1866
Haeckel Ernst: Natürliche Schöpfungsgeschichte, G. Reimer,
Berlin, 1868
Krauße, Erika (1984) Ernst Haeckel, Teubner, Leipzig,1984

Manfred Meckl: Archaeopteryx. Ein befiederter Dinosaurier
wird   als Stammvater der Vögel entlarvt. (Eine paläontologi-
sche Detektivgeschichte). Braun, Fürstenfeldbruck 1995

6: Gregor Mendel

Mendel, Gregor: Versuche über Pflanzen- Verhandlungen
des naturforschenden Vereines in Brünn, Bd. IV (1865),
 S. 3-47 Hybriden, 1866

Correns C, Hrsg. (1924) Gregor Mendels Briefe an Carl Nägeli,
1866-1873. In: Carl Correns, Gesammelte Abhandlungen zur
Vererbungswissenschaft aus periodischen Schriften 1899-1924,
Berlin: Julius Springer, 1924

Robin M. Henig: Der Mönch im Garten. Die Geschichte des Gregor Mendel und die Entdeckung der Genetik. Argon, Berlin 2001,
Hans Stubbe: Zum 150. Geburtstag von Gregor Mendel.
S. 297–301 in Wissenschaft und Fortschritt,
Juliheft 1972 (22. Jg.)

7: Nuclein, der Stoff aus dem Zellkern

Friedrich Miescher, „Über die chemische Untersuchung der Eiterzellen", Medicinisch – chemische Untersuchungen, 4, 441 – 460, 1871

Friedrich Miescher, „Die Spermazoen einiger Wirbeltiere, Ein Beitrag zur Histochemie", Verhandlungen der Naturforschenden Gesellschaft in Basel, 6, 138 – 208

8: Der Tanz der Chromosomen

Flemming Walther: Zellsubstanz, Kern und Zellteilung,
F.C.W. Vogel, Leipzig, 1882
Peters, Gudrun: Walther Flemming 1843-1905
Sein Leben und sein Werk; Wachholz-Verlag 1967

Roux Wilhelm: Über die Bedeutung der Kerntheilungsfiguren. Eine hypothetische Erörterung.

Leipzig: Wilhelm Engelmann, 1883
Rabl, Carl: (1885) Über Zelltheilung. Morphologisches Jahr-Buch 10:214-330,1885

Weismann August: Das Keimplasma. Eine Theorie der Vererbung; Gustav Fischer, Jena,1892

Gaupp, Ernst: August Weismann, Sein Leben sein Werk Gustav Fischer, Jena 1917
Cremer, Thomas: Von der Zellentheorie zur Chromosomentheorie
Springer- Verlag Berlin, Heidelberg, New York, Tokyo, 1985

9: Gene

Boveri Theodor: Über mehrpolige Mitosen als Mittel zur Analyse des Zell-kerns. Verhandlungen der physikalisch-medizinischen Gesellschaft zu Würzburg (Neue Folge) 35:67-90, 1902

Boveri Theodor: Über die Konstitution der chromatischen Kernsubstanz. In: Verhandlungen der Deutschen Zoologischen Gesellschaft, 13. Jahresversammlung zu Würzburg, S. 10-33. Leipzig: Wilhelm Engelmann,1903

Sutton, Walter S.: On the morphology of the chromosome group in Brachystola magna. Biological Bulletin 4:24-39, 1902
Sutton, Walter S.: The chromosomes in heredity. Biological Bulletin 4:231-251,1903

Morgan Thomas H. : Die stoffliche Grundlage der Vererbung. Berlin: Gebrüder Borntraeger,1921
Garland E. Allen: Thomas Hunt Morgan: The Man and His Science. Princeton University Press, 1978

10: Zucker und Proteine, Moleküle des Lebens

Fischer, Emil Aus meinem Leben, Verlag von Julius Springer, 1922

Fischer, Emil Erinnerungen aus der Straßburger Studienzeit in Adolf von Baeyer: Erinnerungen aus meinem Leben, Friedrich Vieweg und Sohn, 1905

Fischer, Emil : Einfluss der Configuration auf die
Wirkung der Enzyme
Ber. Dt. Chem. Ges. 27 (1894)
Bd.III,   2985-2993
Über die Hydrolyse der Proteinstoffe
Chemiker-Ztg. 26 (1902), 939-940
Synthesen von PolypeptidenXVII ,
Ber. Dt. Chem. Ges. 40,   (1907), 1754-1767

Die Chemie der Proteine und ihre Beziehungen zur
Biologie . Wissenschaftliche Festrede, gehalten
am 24.Januar 1907, Sitzungsberichte der
Königlich-Preußischen Akademie der Wissenschaften zu
 Berlin, 1907
Buchner, Eduard: Alkoholische Gärung ohne Hefezellen
(Vorläufige Mitteilung). In: Berichte der Deutschen
Chemischen   Gesellschaft. Band 30

11: Atmung und Energie

Warburg, Otto: Über Eisen, den sauerstoffübertragenden Bestandteil des Atmungsfermentes. In: Biochemische Zeitschrift, Band 152, 1924, S. 479–494,

Werner, Petra: Otto Warburg. Von der Zellphysiologie zur Krebsforschung. Biographie, Berlin 1988
Informationen der Nobelstiftung zur Preisverleihung   1931 an Otto H. Warburg

12: Tod am Schneeberg

Kammerer, Paul: Sind wir Sklaven der Vergangenheit oder Werkmeister der Zukunft? ;2. Aufl., Leipzig ;
Frankfurt am Main : Deutsche National-bibliothek, 2016

Taschwer Klaus: Der Fall Paul Kammerer. Das abenteuerliche Leben des umstrittensten Biologen seiner Zeit. Carl Hanser Verlag, München, 2016

13: Gene und Strahlen

Timoffeeff-Ressovsky, Nikolai V.; Zimmer, Karl G.; Delbrück, Max: Über die Natur der Genmutation und der Genstruktur.
1935 Nachrichten von der Gesellschaft der Wissenschaften zu Göttingen, Mathematisch-physikalische Klasse, Fachgruppe VI, Biologie, Neue Folge, 1,13: 189 – 245

Informationen der Nobelstiftung zur Preisverleihung 1946 an Hermann Joseph Muller

Muller Hermann J.: The production of mutations by X-rays.
Proc. Natl. Acad. Sci. USA 14:714-726, 1928

Fischer, Ernst Peter: Licht und Leben. Ein Bericht über
Max Delbrück, dem Wegbereiter der Molekularbiologie,
Universitätsverlag Konstanz, Konstanz 1985

14: Forschung in dunkler Zeit

Ekkehard Höxtermann: Otto Heinrich Warburg (1883–1970) –
ein „Architekt" der Naturwissenschaften.
Humboldt-Universität Berlin 1984.
(Beiträge zur Geschichte der Humboldt- Universität
zu Berlin, Band 9)

Gottfried Meyerhof: Erinnerungen an das Leben von Otto
Meyerhof in Deutschland. In: Naturwissenschaftliche
Rundschau. 44. Jahrgang, 1991, Heft 19, S. 384–386.

Lothar Jaenicke: Eine kleine Geschichte des
Embden-Meyerhof- Zyklus: Gustav Embden und die
vegetative Physiologie.
In: Biospektrum 6. Jahrgang S. 129–136;
Spectrum Akademischer Verlag, 2000

Ute Deichmann: Flüchten - Mitmachen - Vergessen.
Chemiker und Biochemiker in der NS-Zeit.
Wiley-VCH, Wein heim 2001,

15: Die Phagengruppe

Luria, Salvadore E.; Delbrück Max: Mutations of Bacteria
from Virus Sensitivity to Virus Resistance.
Genetics. 1943 Nov;28(6):491-511

Fischer Ernst Peter: Das Atom der Biologen. Max Delbrück
und der Ursprung der Molekulargenetik.
Piper, München / Zürich 1988,

16: Was ist Leben?

Schrödinger E (1951) Was ist Leben? , Lehnen, München 1951
Englische Original-ausgabe: What is life? The physical aspect
of the living cell. Cambridge 1944

Avery O T, MacLeod C M, McCarthy (1944) Studies on the
chemical nature of the substance inducing transformation
of pneumococcal types. J. exp. Med. 79:137-158

17: Die Doppelhelix

Watson, James D., Crick, Francis H.: A structure for
deoxyribose nucleic acid. Nature 171:737 738, 1953

Watson, James D., Crick, Francis H.: Genetical implication for
the structure of deoxyribonucleic acid
Nature 171:964-967, 1953

Watson, James D.: Die Doppelhelix,
Rowohlt Taschenbuch Verlag, 1973

Maddox, Brenda: Rosalind Franklin: Die Entdeckung der DNA oder der Kampf einer Frau um wissenschaftliche Anerkennung, Campus Verlag. Frankfurt-New York, 2002

Knippers, Rolf: Eine kurze Geschichte der Genetik, Springer Verlag, Berlin Heidelberg, 2012

18: Die ersten sieben Jahre

Watson James D.: Gene, Girls und Gamow, Piper München 2003

Watson James D.; Berry, Andrew: DNA – The Secret of life, Alfred Knopf, New York

Monod, Jaques: Zufall und Notwendigkeit. Philosophische Fragen der modernen Biologie, Piper, München 1971

Jacob, Francois: Die Maus, die Fliege und er Mensch. Dt. Taschenbuchverlag, 2000
Jacob, Francois: Die innere Statue, Ammon, Zürich 1988

19: Photosynthese

Calvin, Melvin: Following the trail of light: a scientific Odyssey. American Chemical Society, Washington 1992

Häder, Donat-Peter (Hrsg.): Photosynthese. Georg Thieme Verlag, Stuttgart, New York 1999

20: Der Code

Nirenberg, Marshall. W.; Matthaei, Heinrich: The dependence of cell-free pro-tein synthesis in E. coli upon naturally occurring or synthetic polyribonucle-otides.
In: Proc. Natl. Acad. Sci. U.S.A. Bd. 47, S. 1588–1602.
Hans-Jörg Rheinberger: 1961

Experimentalsysteme – Eine Geschichte der Proteinsynthese im Reagenzglas. Wallstein Verlag, ISBN 3-89244-454-4.

Weitze, Marc-Denis: Vor 50 Jahren geknackt:
Der genetische Code ,2011
Internet: https://www.academics.de/ratgeber/genetischer-code
Zugriff. 12.3.2019

21: Der Weg zur Gentechnik

Annie CY Chang und Stanley N. Cohen: Genomkonstruktion zwischen Bakterienspezies in vitro: Replikation und Expression von Staphylococcus- Plasmidgenen in Escherichia coli
PNAS 1. April 1974 71 (4) 1030-1034;
Internet: https://doi.org/10.1073/pnas.71.4.1030   pdf

Hughes, Sally Smith: Interviews with HERBERT W. BOYER PH.D. RECOMBINANT DNA RESEARCH AT UCSF AND COMMERCIAL APPLICATION AT GENENTECH
Internet:

https://www.ucsf.edu/sites/default/files/legacy_files/boyer.pdf
Zugriff: 11.4.2000

Cohen, Stanley N.: DNA-cloning: A personal view after 40
years
Proc Natl Acad Sci U S A. 2013 Sep 24; 110(39): 15521–1552
Internet:
 https://www.ncbi.nlm.nih.gov/pmc/articles/PMC3785787/
Online seit 16.09.2013

Berg, Paul: Asilomar 1975: DNA modification secured,
Nature 455(2008); 290 – 291

Kary B. Mullis: Polymerase Chain Reaction,
Internet: https://www.karymullis.com/pcr.shtml
Online: seit 2009
Jany, Klaus Dieter; Höfer, Eberhard: Die deutsche Imkerschaft
und grüne Gentechnik; Verlag Dr. Kovač, 2014

Greenpeace: Spiel mit ungewissem Ausgang
Online:
 https://www.greenpeace.de/themen/landwirtschaft/gentechnik

22: Studenten 2016

Federal Count (Kanada) zu Rechtsstreit Monsanto
v. Schmeiser
http://
decisions.fct-cf.gc.ca/en/2001/2001fct256/2001fct256.html
http://
decisions.fca-caf.gc.ca/en/2002/2002fca309/2002fca309.html
(Zugriff: 22.8.2016)

Zu Séralini et al.: gv-Mais Langzeitfütterungsstudie
mit Ratten
Séralini et al.: Long term toxicity of a Roundup herbicide and
a Roundup-tolerant genetically modified maize. In: Food and
Chemical Toxicology. 50, Nr. 11, 2012, S. 4221–31

Jung, Klaus Dieter: BGF-biotech –gm-food unter
https://www.biotech-gm-food.com/kommentare/
Seralini-langzeitfuetterungsstudie
Zugriff: 15.3.2019

Stellungnahme Nr. 037/2012 des BfR vom 28.9.2012

Transparenz Gentechnik: Séralini-Studie: Erst großes
Medien-Echo, dann zurückgezogen und jetzt auch widerlegt
Internet:
https://www.transgen.de/sicherheit/1392.tumore-gentechnik
-mais-seralini-studie.html
Zugriff: 16.3.2019

Karberg, Sascha: Die zweischneidige Genschere
Bild der Wissenschaft 19-2016, 12-17

Brief der Nobelpreisträger zur Unterstützung der Präzisions-
Landwirtschaft (Genetisch Modifizierte Organismen, GMOs)
Internet:
http://supportprecisionagriculture.org/
nobel-laureate-gmo-letter_rjr.html
Zugriff: 15.3.2019